“十二五”职业教育国家规划教材

经全国职业教育教材审定委员会审定

机械检测技术

（第二版）

主　编　罗晓晔　王慧珍　陈发波

副主编　胡　麟　黄　颖　杨忠悦

ZHEJIANG UNIVERSITY PRESS

浙江大学出版社

·杭州·

图书在版编目（CIP）数据

机械检测技术 / 罗晓晔等主编. —2 版. —杭州：
浙江大学出版社，2015.1（2025.2 重印）
ISBN 978-7-308-13591-7

Ⅰ. ①机… Ⅱ. ①罗… Ⅲ. ①机械—检测 Ⅳ. ①TH17

中国版本图书馆 CIP 数据核字（2014）第 167085 号

内容简介

本书详细介绍了机械检测技术基础知识（零件的尺寸公差、形位公差、表面粗糙度等）、测量器具及其使用、坐标测量技术知识及坐标测量仪的使用。全书共 14 章，包括：绪论，机械检测基础、极限与配合、几何量公差、表面粗糙度及其检测、通用测量器具及使用方法、尺寸链、坐标测量机介绍、坐标测量准备工作、测头的选择和校验、零件坐标系的建立、几何特征的测量、尺寸评价和报告输出、三坐标测量项目。

本书并不只局限于概念的讲解，通过融合检测项目，着重介绍机械检测过程的基本思路培养，并注意事项的剖析和操作技巧的指点，以帮助读者切实掌握机械检测的方法和技巧。

针对教学的需要，本书由浙大旭日科技配套提供全新的立体教学资源库（立体词典），内容更丰富、形式更多样，并可灵活、自由地组合和修改。同时，还配套提供教学软件和自动组卷系统，使教学效率显著提高。

本书是"十二五"职业教育国家规划教材，适合用作为应用型本科、高等职业院校机械检测课程等课程的教材，还可作为各类技能培训的教材，也可供相关工程技术人员的培训自学教材。

机械检测技术（第二版）

主　编　罗晓晔　王慧珍　陈发波
副主编　胡　麟　黄　颖　杨忠悦

责任编辑　王　波
封面设计　刘依群
出版发行　浙江大学出版社
　　　　　（杭州市天目山路 148 号　邮政编码 310007）
　　　　　（网址：http://www.zjupress.com）
排　　版　杭州好友排版工作室
印　　刷　杭州高腾印务有限公司
开　　本　787mm×1092mm　1/16
印　　张　23
字　　数　574 千
版 印 次　2015 年 1 月第 2 版　2025 年 2 月第 15 次印刷
书　　号　ISBN 978-7-308-13591-7
定　　价　59.00 元

《机械精品课程系列教材》
编审委员会

序　言

　　测量是工业和科技的眼睛。现代测量技术是现代制造业,尤其是高端制造业提升和发展的关键技术。可以说,没有测量,就没有科学,就没有现代工业。几何量测量是覆盖面最广的测量门类,主要是指各种零部件的尺寸、形状和相互位置等几何量参数的测量。同时,几何量测量是确保产品机械性能和质量的不可或缺的手段保证。

　　作为功能最强大、通用性最强的数字化测量设备,三坐标测量机是现代几何量测量技术的代表。它是集机械、电子、计算机、软件、光学为一体的高科技、高精度的三维几何量测量系统。它能够对各种零件的几何量特征进行测量,并可对连续曲面进行高速线性或点云扫描,还可对没有图纸的实物零件进行测绘,实现产品模型的逆向复制。三坐标测量机功能强大、精度高、效率高、通用性强,能与柔性制造系统进行集成,在制造业中有"测量中心"之称,已经被广泛应用于科研,产品开发和生产制造过程中,是我国重点发展的新兴产业。

　　本书以国际上最为流行和通用的三坐标测量机产品及最为广泛使用的 PC-DMIS 测量软件为案例进行讲解,通过技术专家团队的倾力工作,与各位读者分享在产品制造各个行业最先进检测技术及方案的经验,包括:汽车、航空航天、模具、机床工具、国防军工和家电等重点行业,帮助在校学生在踏上职业岗位之前就能得到良好的实战技能教育,成为就业和职业发展的重要基础和敲门砖,为中国制造业水平的提升和发展做一些工作。

　　海克斯康多年来一直致力于在高校进行坐标测量技术的推广与普及,先后与多所国内知名高校建立了战略合作伙伴关系,联合培养和资助有志于在几何量计量领域有所发展的优秀学生,并提供良好的实习和项目开发机会,为培养国内的计量人才尽绵薄之力。

　　本书的作者汇集了国内多年从事三坐标测量机的教学、研发和工程应用专家的实战经验和对检测技术独到、深刻的理解,希望本书能够成为读者学习几何量检测技术的得力工具。

海克斯康测量技术(青岛)有限公司

前　言

　　机械检测技术对产品质量提供保障,是生产中不可或缺的重要环节,是制造业工程师最常用的、必备的基本技能。《机械检测技术》是高等工科院校制造类专业群的一门重要专业技术平台课程,其内容涉及机械设计、机械制造、质量控制与生产管理等多方面标准及其技术知识。该课的程教学目的是使学生了解公差基础知识、掌握机械产品的检测项目和方法、旨在培养学生的综合设计能力。

　　2012年1月,本书第一版在浙江大学出版社出版,以其检测技术内容全面且"三坐标检测与粗糙度检测"等新技术、案例实用、编写严谨、理实兼顾的优点,获得了院校师生的好评。但由于受到当时技术水平和开发资源的制约,仍有一定的改进空间。

　　本次修订是根据全国机械职业教育教学指导委员会对制造类专业群课程改革的要求,"对接产业、工学结合、提升质量,推动职业教育深度融入产业链,有效服务经济社会发展"的大背景下,根据新的课程标准和教学标准,践行和创新"理实一体化教学"先进职业教育理念而进行修订。修订过程中,整合了全球最大的检测技术设备生产企业-海克斯康测量技术有限公司(产)、高职院校(学)、汽车零部件制造企业(用)三方,从而确保本教材与检测技术的发展同步、与高职院校的教学需求匹配、与测量技术的实际应用对接。与第一版相比,本书进一步完善并跟踪三坐标检测新技术(如数字化、网络化、集成化检测技术等),并以基于生产过程,任务驱动、项目导向的方式介绍,与现代产业发展同步,从而更适合专业与产业的对接,更适合服务现代产业需要,提升对社会的融入度与贡献力。此外,为全面提升机械检测技术课程的教学效果,本书还配套提供三维虚拟工量具虚拟测量仿真动画,以先进的虚拟现实技术逼真地展示量具的结构、测量等知识。

　　全书共分14章,主要由三部分内容组成,即机械检测基础知识(第1～4章),表面粗糙度知识、通用测量工具检测以及尺寸链计算(第5～7章)、坐标检测知识与项目实践(第8～14章)。这种由"基础知识、通用检测技能、三坐标检测技能"构成的三位一体教学内容,充分体现了实际制造业中机械检测的有机组成。为了让读者能真正理解掌握相关的检测技术,本书提供了典型检测实例,以便读者能边学边练,扎实掌握。

　　此外,我们发现,无论是用于自学还是用于教学,现有教材所配套的教学资源库都远远无法满足用户的需求。主要表现在:1)一般仅在随书光盘中附以少量的视频演示、练习素材、PPT文档等,内容少且资源结构不完整。2)难以灵活组合和修改,不能适应个性化的教学需求,灵活性和通用性较差。为此,本书特别配套开发了一种全新的教学资源:立体词典。所谓"立体",是指资源结构的多样性和完整性,包括视频、电子教材、印刷教材、PPT、练习、试题库、教学辅助软件、自动组卷系统、教学计划等等。所谓"词典",是指资源组织方式。即把一个个知识点、软件功能、实例等作为独立的教学单元,就像词典中的单词。并围绕教学单元制作、组织和管理教学资源,可灵活组合出各种个性化的教学套餐,从而适应各种不同的教学需求。实践证明,立体词典可大幅度提升教学效率和效果,是广大教师和学生的得力助手。

本书是"十二五"职业教育国家规划教材,适合用作为应用型本科、高等职业院校机械检测课程等课程的教材,还可作为各类技能培训的教材,也可供相关工程技术人员的参考资料。

本书主要由罗晓晔(杭州科技职业技术学院)、王慧珍(海克斯康测量技术有限公司)、陈发波(海克斯康测量技术有限公司)、胡麟(宁波北仑职业高级中学)、黄颖(天津轻工职业技术学院)、杨忠悦(天津轻工职业技术学院)编写,另外海克斯康测量技术有限公司的姜超、郝光亮、崔久涛、张宁、孟德军、樊吉龙、李靖、胡坤、胡超慧、孙立海、郝荣、宋亮、刘春艳,廖鲁等工程师参与了部分内容的编写并提供了技术指导。限于编写时间和编者的水平,书中必然会存在需要进一步改进和提高的地方。我们十分期望读者及专业人士提出宝贵意见与建议,以便今后不断加以完善。请通过以下方式与我们交流:

- 网　　站:www.51cax.com
- E-mail:book@51cax.com
- 致　　电:0571－28811226,28852522

杭州浙大旭日科技开发有限公司为本书配套提供立体教学资源库、教学软件及相关协助;海克斯康测量技术有限公司为本书提供了大量素材及相关协助,在此表示衷心的感谢。

最后,感谢浙江大学出版社为本书的出版所提供的机遇和帮助。

编　者

2014 年 7 月

目　　录

第1章　绪　论

本章提要：

　　机械检测技术是现代化、大规模协同生产有序运作的技术保障。本章学习主要要求了解有关互换性、标准化、优先数、产品几何量技术规范等概念及其在设计、制造、使用和维修等方面的重要作用，同时能够清楚认识到机械检测技术的发展。

1.1　互换性

1.1.1　互换性的概念

　　现代化的机械制造，常采用专业化协作组织生产的方法，即用分散制造、集中装配的方法，既能为企业提高生产效率，又能保证产品质量和降低成本。随着流水线传送带的运动，产品的各部位的零部件被拼装。装配时，工人不需对零部件进行选择，都能被装上。那么，是什么实现不同零件都能统一装配？

　　我们都知道，无论如何复杂的机械产品，都是由大量的通用标准零件和专用零件组成。对于这些通用标准零件可以由不同厂家生产制造。这样，产品生产商就只需生产关键的专用零件，不仅可以大大减少生产成本，还可以缩短生产周期，及时满足市场需求。同样的疑问，不同厂家生产的零件，是如何解决之间装配问题？

　　零部件之所以能实现组合装配，因为这些产品零件都具有互换性。互换性是指机械产品中同一规格的一批零件（或部件），任取其中一件，不需作任何挑选、调整或辅助加工就能进行装配，必能保证满足机械产品的使用性能要求的一种特性。在日常生活中，有许多现象涉及互换性，我们经常会碰到如灯泡损坏这样的问题，维修时，我们只需购买相同规格的灯泡装上就好。这是因为灯泡制造规格相同，都是按互换性要求制造的，无论哪个厂家生产，只要产品合格，都具有互相替换的性能。相同的例子还有很多，例如：汽车、自行车或手表、电脑中的部件损坏，通过更换新部件便能重新使用；仪器设备掉了螺钉，按相同规格更换就可以。

1.1.2　互换性的作用

　　互换性在提高产品质量和可靠性、提高经济效益等方面具有重大作用，已成为现代机器制造业中普遍遵守的准则。互换性对我国机械行业的发展具有十分重要的意义，现代的工业，要求机械零件具有互换性，才能将一台设备中的成千上万个零件（或部件），分散到不同的工厂、车间进行高效率的专业化生产，然后集中进行装配。互换性生产为产品的设计、制造、使用和维修带来很大的方便，使得各相关部门获得最佳的经济效益和社会效益。

(1)设计方面。由于大量零部件都已标准化、通用化,只要根据需要选用即可,从而大大简化了设计过程,缩短了设计周期,同时有利于产品多样化和计算机辅助设计。

(2)制造方面。互换性有利于组织大规模专业化协作生产,专业化生产又有利于采用高科技和高生产率的先进工艺和装备,实现生产过程机械化、自动化,从而提高生产率、提高产品质量、降低生产成本。

(3)装配方面。由于装配时不须附加加工和修配,减轻了工人的劳动强度,缩短了劳动周期,并且可以采用流水作业的装配方式,大幅度地提高生产效率。

(4)使用维修方面。零部件具有互换性,可以及时更换损坏的零部件,减少机器的维修时间和费用,延长机器使用寿命,提高使用价值。

由上可知,互换性生产对提高生产率,保证产品质量和可靠性,降低生产成本,缩短生产周期,增加经济效益具有重要作用。因此,互换性生产已成为现代制造业中一个普遍遵守的原则,也是现代工业发展的必然趋势。

1.1.3 互换性的分类

按互换性程度,可分为完全互换和不完全互换。

完全互换是指零件在装配或更换时,不需选择、调整或辅助加工;不完全互换是指允许零部件在装配前预先分组或在装配时采取修配、调整等措施,也称为有限互换。当装配精度要求较高时,采用完全互换将使零件制作公差很小,加工困难,成本增加。这时将零件加工精度适当降低,使之便于加工,加工完成后,通过测量将零件按实际尺寸的大小分为若干组,两个相同组号的零件相装配,这样既可保证装配精度和使用要求,又能解决加工困难、降低成本。仅同一组内零件有互换性,组与组之间不能互换的特性,称为分组装配法。

但是并不是在任何情况下,互换性都是有效的。有时零部件也采用无互换性的装配方式,这种方式通常在单件小批量生产中,特别在重型机器与高精度的仪器制造中应用较多。例如,为保证机器的装配精度要求,装配过程中允许采用钳工修配的方法来获得所需要的装配精度,称为修配法;装配过程中允许采用移动或互换某些零件以改变其位置和尺寸的办法来达到所需的精度,称为调整法,这些方法都是没有互换性的装配方式。

按互换性范围,可分为功能互换和几何参数互换。

功能互换是指零部件的几何参数、机械性能、理化性能及化学性能等方面都具有互换性(又称为广义互换);几何参数互换是指零部件的尺寸、形状、位置及表面粗糙度等参数具有互换性(又称为狭义互换)。

对于标准件,互换性又可分为内互换和外互换。

标准部件内部零件之间的互换称为内互换。如滚动轴承外圈内滚道、内圈外滚道与滚动体之间的互换即为内互换。标准部件与其他零件(或部件)之间的互换称为外互换。如滚动轴承外圈外径与机壳孔、内圈内径与轴径的互换为外互换。

设计采用何种互换性生产方式,要由产品精度、产品复杂程度、生产规模、设备条件及技术水平等一系列因素决定。一般来说,企业外部的协作、大量和成批生产,均采用完全互换法生产,如汽车、电视机、手机、手表等。采用不完全互换法生产的往往是一些特殊行业;精度要求很高的如轴承工业,常采用分组装配生产;而小批和单件生产的如矿山、冶金等重型机器业,常采用修配法或调整法生产。

1.1.4 互换性的实现条件

1. 几何参数误差

既然现代化的生产是按专业化、协作化组织生产的,必须面临保证互换性的问题。事实上,任何一种加工都不可能把零件制造得绝对精确。在零件在加工过程中,由于工艺系统(零件、机床、刀具、夹具等)误差和其他因素的影响,使得加工完成后的零件,总是存在不同程度几何参数误差。几何参数误差对零件的使用性能和互换性会有一定影响。实践证明,生产时,只需将产品按相互的公差配合原则组织生产的,遵循了国家公差标准,将零件加工后各几何参数(尺寸、形状、位置)所产生的误差控制在一定的范围内,就可以保证零件的使用功能,实现互换性。

零件的几何参数误差分为尺寸误差、形状误差、位置误差和表面粗糙度。

尺寸误差 指零件加工后的实际尺寸相对于理想尺寸之差,如直径误差、孔径误差、长度误差等。

几何形状误差(宏观几何形状误差) 指零件加工后的实际表面形状相对于理想形状的差值,如孔、轴横截面的理想形状是正圆形,加工后实际形状为椭圆形等。

相互位置误差 指零件加工后的表面、轴线或对称平面之间的实际相互位置相对于理想位置的差值,如两个表面之间的垂直度、阶梯轴的同轴度等。

表面粗糙度(微观几何形状误差) 指零件加工后的表面上留下的较小间距和微小峰谷所形成的不平度。

2. 公差

公差是零件在设计时规定尺寸变动范围,在加工时只要控制零件的误差在公差范围内,就能保证零件具有互换性。因此,建立各种几何参数的公差标准是实现对零件误差的控制和保证互换性的基础。

3. 技术检测

实际生产中,判断加工后的零件是否符合设计要求,必须通过技术检测实现对产品尺寸、性能的检验或测量,从而判断产品是否合格。

技术检测不仅能评定零件合格与否,而且能分析不合格的原因,指导我们及时调整工艺过程,监督生产,预防废品产生。事实证明,产品质量的提高,除设计和加工精度的提高外,往往更依赖于技术测量方法和措施的改进及检测精度的提高。

公差标准是实现互换性的应用基础,技术检测是实现互换性的技术保证。合理确定公差与正确进行检测,是保证产品质量、实现互换性生产的两个必不可少的条件。

1.2 标准化和优先数

1.2.1 标准化及其作用

1. 标准

标准是以生产实践、科学试验和可靠经验的综合成果为基础,对各生产、建设及流通等领域重复性事物和概念统一制定、发布和实施的准则,是各方面共同遵守的技术法规,在一定的范围内获得最佳秩序和社会效益的活动。标准代表着经济技术的发展水平和先进的生产方式,既是科学技术的结晶、组织互换性生产的重要手段,也是实行科学管理的基础。

标准的范围广泛,种类繁多,涉及生产、生活的方方面面。标准按照适用领域、有效作用范围可分为基础标准、产品标准、方法标准、安全标准、卫生标准、环境保护标准等。按照颁布的权利级别可分为国际标准,如 ISO(国际标准化组织)、IEC(国际电工委员会);区域标准,如 EN(欧盟);国家标准,如 GB(中国)、SNV(瑞士)、JIS(日本)等标准;行业标准,如我国的 JB(原机械部)、YB(原冶金部)等标准;地方标准 DB 和企业标准 QB。标准即技术上的法规。标准经主管部门颁布生效后,具有一定的法制性,不得擅自修改或拒不执行。

各标准中的基础标准则是生产技术活动中最基本的,具有广泛指导意义的标准。这类标准具有最一般的共性,因而是通用性最广的标准。例如,极限与配合标准、几何公差标准、表面粗糙度标准等。

2. 标准化

在机械制造中,标准化是实现互换性生产、组织专业化生产的前提条件;是提高产品质量、降低产品成本和提高产品竞争能力的重要保证;是消除贸易障碍,促进国际技术交流和贸易发展,使产品打进国际市场的必要条件。随着经济建设和科学技术的发展,国际贸易的扩大,标准化的作用和重要性越来越受到各个国家特别是工业发达国家的高度重视。

可以说,标准化水平的高低体现了一个国家现代化的程度。在现代化生产中,标准化是一项重要的技术措施,因为一种机械产品的制造过程往往涉及许多部门和企业,甚至还要进行国际间协作。为了适应生产上各部门与企业在技术上相互协调的要求,必须有一个共同的技术标准。公差的标准化有利于机器的设计、制造、使用和维修,有利于保证产品的互换性和质量,有利于刀具、量具、夹具、机床等工艺装备的标准化。

自 1959 年起,我国陆续制订了各种国家标准。1978 年我国正式参加国际标准化组织,由于我国经济建设的快速发展,旧国际已不能适应现代大工业互换性生产的要求。1979 年原国家标准局统一部署,有计划、有步骤地对旧的基础标准进行了两次修订。随着改革开放,我国标准体系逐渐与国际标准接轨。

总之,标准化在实现经济全球化、信息社会化方面有其深远的意义。

1.2.2 优先数和优先数系

机械产品总有自己一系列技术参数,在设计中常会遇到数据的选取问题,几何量公差最终也是数据的选取问题,如:产品分类、分级的系列参数的规定;公差数值的规定等。对各种技术参数值协调、简化和统一是标准化的重要内容。为了使各种参数值协调、简化和统一,前辈们在生产实践中总结出一套科学合理的统一数值标准,就是优先数字系列,简称优先数字系;优先数系中的任一个数值都为优先数。优先数和优先数系标准是重要的基础标准。

国家标准 GB/T321-2005《优先数和优先数系》给出了制定标准的数值制度,也是国际上通用的科学数值制度。

优先数系公比为 $\sqrt[5]{10}$,$\sqrt[10]{10}$,$\sqrt[20]{10}$,$\sqrt[40]{10}$,$\sqrt[80]{10}$,分别用 R5,R10,R20,R40,R80 表示,其中前 4 个为常用的基本系列;R5 是为了满足分级更稀的需要而推荐的,其他 4 个都含有倍数系列,R80 为补充系列,仅用于分级很细的特殊场合。

R5 系列公比为 $\quad q_5 = \sqrt[5]{10} \approx 1.60$

R10 系列公比为 $\quad q_{10} = \sqrt[10]{10} \approx 1.25$

R20 系列公比为 $\quad q_{20} = \sqrt[20]{10} \approx 1.12$

R40 系列公比为 $\quad q_{40} = \sqrt[40]{10} \approx 1.06$

R80 系列公比为 $\quad q_{80} = \sqrt[80]{10} \approx 1.03$

按公比计算得到的优先数的理论值,除 10 的整数次幂外,都是无理数,工程技术上不便直接使用,实际应用的都是经过圆整后的近似值。根据圆整的精确程度,可分为:计算值:对理论值取 5 位有效数字,供精确计算;常用值:即经常使用的优先数,取 3 位有效数字。

表 1-1 中列出了 1～10 范围内基本系列的常用值和计算值。可将表中所列优先数乘以 10,100,…,或乘以 0.1,0.01,…,即可得到所需的优先数,例如 R5 系列从 10 开始取数,依次为 10,16,25,40,…

表 1.1 优先数系的基本系列(摘自 GB321-2005)

基本系列(常用值)				计算值
R5	R10	R20	R40	
			1.00	1.0000
			1.06	1.0593
		1.00	1.12	1.1220
		1.12	1.18	1.1885
1.00	1.00	1.25	1.25	1.2589
	1.25	1.40	1.32	1.3335
			1.40	1.4125
			1.50	1.4962
			1.60	1.5849
			1.70	1.6788
		1.60	1.80	1.7783
		1.80	1.90	1.8836
1.60	1.60	2.00	2.00	1.9953
	2.00	2.24	2.12	2.1135
			2.24	2.2387
			2.36	2.3714
			2.50	2.5119
			2.65	2.6607
		2.50	2.80	2.8184
	2.50	2.80	3.00	2.9854
2.50	3.15	3.15	3.15	3.1623
		3.55	3.35	3.3497
			3.55	3.5481
			3.75	3.7581

续表

基本系列（常用值）				计算值
R5	R10	R20	R40	
4.00	4.00 5.00	4.00 4.50 5.00 5.60	4.00 4.25 4.50 4.75 5.00 5.30 5.60 6.00	3.9811 4.2170 4.4668 4.7315 5.0119 5.3088 5.6234 5.9566
6.30	6.30 8.00	6.30 7.10 8.00 9.00	6.30 6.70 7.10 7.50 8.00 8.50 9.00 9.50	6.3096 6.6834 7.0795 7.4980 7.9433 8.4140 8.9125 9.4405
10.00	10.00	10.00	10.00	10.0000

　　优先数系中的所有数都为优先数，即都为符合 R5,R10,R20,R40 和 R80 系列的圆整值。在生产中，为满足用户各种需要，同一种产品的同一参数从大到小取不同的值，从而形成不同规格的产品系列。公差数值的标准化，也是以优先数系来选数值。

　　优先数系的主要优点是分档协调，疏密均匀，便于计算，简单易记，且在同一系列中，优先数的积、商、乘方仍为优先数。因此，优先数系广泛适用于各种尺寸、参数的系列化和质量指标的分级，如长度、直径、转速及功率等分级。在应用上，机械产品的主要参数一般遵循 R5 系列和 R10 系列；专用工具的主要尺寸遵循 R10 系列；通用型材、通用零件及工具的尺寸、铸件的壁厚等遵循 R20 系列。所以，优先数系对保证各种产品的品种、规格、系列的合理简化，分档和协调配套具有十分重要的意义。

1.3　互换性与检测技术

1.3.1　检测技术

1. 检测技术重要作用

　　检测技术是互换性得以实现的必要保障。加工完成后的零件是否满足几何精度的要求，需要通过测量加以判断，机械检测是测量与检验的总称，就是确定产品是否满足设计要求的过程，即判断产品合格性的过程。

　　测量是指将被测量对象与测量单位的标准量进行比较，从而确定被测量值的实验过程；

而检验则只需确定零件的几何参数是否在规定的极限范围内,并判断零件是否合格而不需要测出具体数值。

检验和测量的区别在于:检验只评定被测对象是否合格,而不用给出被测对象值的大小;测量是通过被测对象与标准量的比较,得到被测对象的具体量值,一次判别被测对象是否合格的过程。例如,用光滑极限量规检验被测零件尺寸,可以直接判断被测尺寸是否在其极限尺寸范围之内,从而得到被检零件是否合格的结论,然而却不能得出其实际尺寸。因此检验和测量的概念是明显不同的。检测的核心是测量技术,通过测量得到的数据,不仅能判断产品的合格性,还为分析产品制造过程中的质量状况提供了最直接而可靠的依据。一般说来,在大批量生产条件下,检验精度要求不太高的零件时常用检验,因为检验的效率高;而高精度、单件小批生产条件下或需要进行加工精度分析时,多采用测量。

测量技术包括测量的仪器、测量的方法和测量数据的处理和评判。通过测量不仅可以评定产品质量,而且可以分析产品不合格的原因,及时调整生产工艺,预防废品产生。

2. 检测技术的发展

近年来,随着工业现代化快速发展,行业对制造精确度和产品质量提出了更高的要求,使得机械检测的作用与地位愈加重要。同时,现代计算机科学、电子与微机械电子科学与技术的迅速发展又为机械检测技术的发展提供了知识和技术支持,从而促使检测技术极大的发展和广泛应用。

制造业的发展,促使检测技术中的新原理、新技术、新装置系统不断出现。与传统的测量技术比较,现代测量技术呈现出一些新的特点:测量精确度不断提高,测量范围不断扩大;从静态测量到动态测量,从非现场测量到现场在线测量;简单信息获取到多信息融合;测量对象复杂化、测量条件极端化。

国外对测量及相关技术研究力度和资金投入加大,测量仪器设备有了长足进步,大量新型高性能测量仪器设备不断出现,如便携式形貌测量、基于视觉的在线检测、基于机器人的在线检测与监控、微/纳米级测量等。仪器设备的测量精确度有了质的飞跃,自动化程度显著改善,同时在计算机软、硬件的支持下,功能得到极大拓展。

国内测量技术的研究及仪器设备水平与国外比较还有一定差距,与国内快速发展的制造业很不协调。存在自主创新能力差;高端、高附加值测量仪器设备空白;不重视技术创新等问题。差距存在是客观的,但同时也应看到,当前全球同步发展的计算技术、信息技术,高性能器件、全球市场的开放和融合,加之国内制造业的兴起等,为国内测量技术及仪器设备的振兴提供了现实的机遇。

3. 坐标检测技术的诞生

伴随着众多制造业如汽车、电子、航空航天、机床及模具工业的蓬勃兴起和大规模生产的需要,要求零部件具备高度的互换性,并对尺寸位置和形状提出了严格的公差要求,在加工设备提高工效、自动化更强的基础上,要求计量检测手段应当高速、柔性化、通用化,而固定的、专用的或手动的工量具大大限制了大批量制造和复杂零件加工业的发展;平板加高度尺加卡尺的检验模式已完全不能满足现代柔性制造和更多复杂形状工件测量的需要,所有这些促成了坐标测量行业的形成。

坐标测量技术的原理:任何形状都是由空间点组成的,所有的几何量测量都可以归纳为空间点的测量,因此精确进行空间点坐标的采集,是评定任何几何形状的基础。

坐标测量机的基本原理是将被测零件放入它允许的测量空间,精确地测出被测零件表面的点在空间三个坐标位置的数值,将这些点的坐标数值经过计算机数据处理,拟合形成测量元素,如圆、球、圆柱、圆锥、曲面等,经过数学计算的方法得出其形状、位置公差及其他几何量数据。

在测量技术上,光栅尺及以后的容栅、磁栅、激光干涉仪的出现,革命性地把尺寸信息数字化,不但可以进行数字显示,而且为几何量测量的计算机处理,进而用于控制打下基础。

坐标测量机的特点是高精度(达到 μm 级)、万能性(可代替多种长度计量仪器)、数字化(把实体的模型转化成数字化的三维坐标),因而多用于产品测绘、复杂型面检测、工夹具测量、研制过程中间测量、CNC 机床或柔性生成线在线测量等方面;只要测量机的测头能够瞄准(或触碰)到的地方(接触法与非接触法均可),就可测出它们的几何尺寸和相互位置关系,并借助于计算机完成数据处理。这种三维测量方法具有极大的万能性,可方便地进行数据处理与过程控制,因而测量机不仅在精密检测和产品质量控制上扮演着重要角色,同时在设计、生产过程控制和模具制造方面发挥着越来越重要的作用,并在汽车工业、航空航天、机床工具、国防军工、电子和模具等领域得到广泛应用。

1.3.2 机械检测的现状及趋势

1. 检测技术的现状及发展导向

随着近几年世界经济格局的变化和我国经济高速发展的趋势,我国的机械制造行业也发生了新的变革。测量技术的先进程度将成为我国未来制造业赖以生存的基础和可持续发展的关键。随着制造业的规模扩大和技术发展,检测设备越来越普遍地被各相关部门和车间使用,如图 1-1 所示。诸多检测设备的管理和测量信息的收集成为日趋明显的问题:

如何统一管理各部门测量数据?

如何快速利用检测数据指导产品制造?

如何使检测过程高效、产品质量可控?

如何管理供应商检测数据?

如何保证检测信息的共享和保密管理,让各部门得到自己所需的检测信息高效工作?

图 1-1　现代化工厂的众多测量设备

如何将现场手动量具的检测数据纳入数据库管理?

产品制造的各环节和部门的技术也在不断发展,产品设计的和检测规划的三维无纸化设计;企业的网络技术发展;测量设备及技术的更加自动化和企业信息化管理的需求,使得检测自动化和无纸化成为机械检测的发展方向。机械检测的未来发展趋势呈现以下特点:

- 无纸化:三维 CAD 模型取代了传统的二维图纸测量编程。
- 网络化:测量文件及任务信息通过网络公告和通知取代传统的人员通知。
- 集成化:各种设备和部门的测量结果和数据通过网络进行中心化、远程化管理。

2. 数字化检测-从传统的蓝图打印跨越到无纸数字化检测

致力于持续不断的产品创新、效率提升、成本降低与品质提高,从而在日渐激烈的市场竞争中脱颖而出,无疑是现代制造业的普遍追求。为此,各种现代的制造技术,如 CAD(计算机辅助设计技术)、CAM(计算机辅助制造)、CIM(计算机集中管理)、高性能数控加工中心、网络系统以及先进的生产管理系统(ERP)在企业当中得到了广泛应用与推广。

(1) 数字化检测概念及特点

以 PC-DMIS 为核心的 EMS 企业计量解决方案,在企业现有 CAD 系统、先进生产管理系统和网络技术的基础上,实现了将用户的计量操作从设计一直延伸到最后的检测,改传统的蓝图打印为现代的无纸数字化检测。

所谓数字化检测是指充分利用测量相关环节的先进资源,通过先进的 CAD 技术、先进的 IT 技术和先进的测量设备及软件,从检测编程、测量、数据处理、报告生成和传递等全部过程的电子化、无纸化、自动化,如图 1-2 所示。

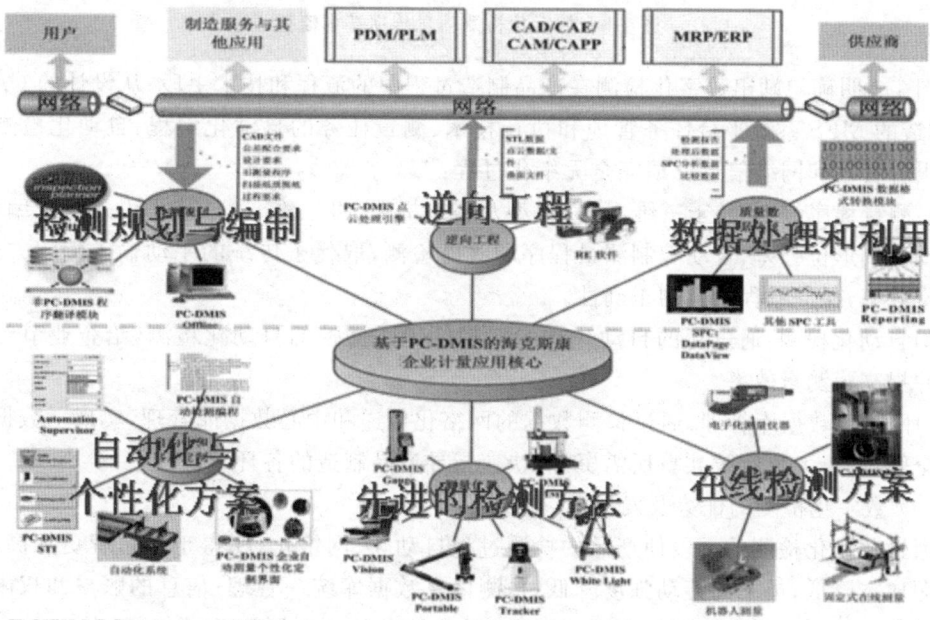

图 1-2 数字化检测方案

（2）数字化检测实现及基本流程

从产品设计、产品加工、质量检测、数据处理、信息反馈等环节；将各车间、各部门、各种测量设备、各种软件进行信息集成和联通，使每个环节的检测信息进行统一收集和管理；统一数据库保存和报告的自动分发，保证各相关部门和人员各取所需；及时获取所需检测信息快速指导工作。数字化检测信息传递基本流程如图 1-3 所示。

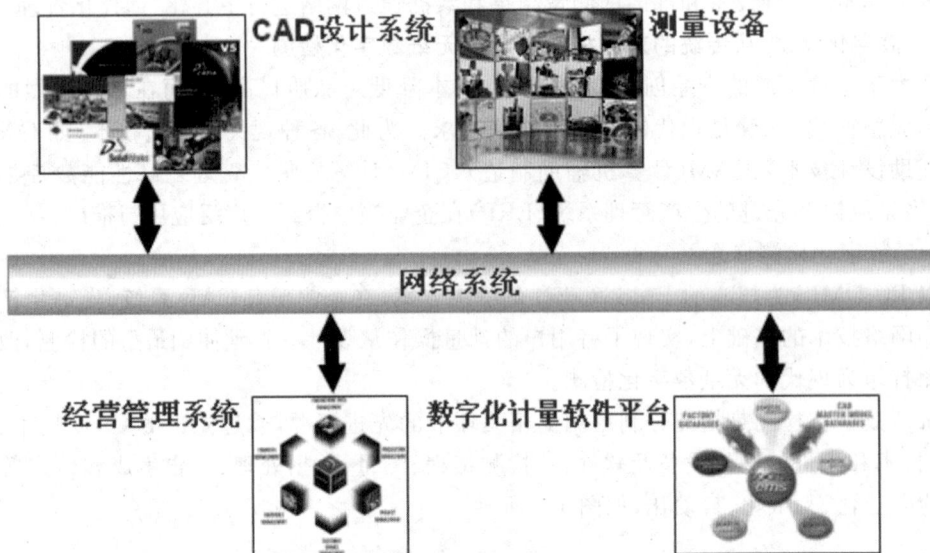

图 1-3　数字化检测信息传递基本流程

图 1-3 明确勾勒出数字化检测在产品制造过程中的流程和技术手段；从设计的 CAD 技术、制造的 MES 系统平台任务管理和执行技术、测量任务的自动化编程、自动化检测和数据库报告管理和网络信息反馈完全无纸化过程：

a）测量程序编制：基于三维 CAD 模型及公差标注，将三维 CAD 技术引入测量编程，实现自动识别形位公差，自动编制测量程序和碰撞检测，取代了传统的手动输入编程方式，提高测量效率，保证编程信息的正确性。

b）自动化检测：通过新的自动化技术实现的无人操控的自动化检测，给企业节约人力成本并提高了测量效率。

c）网络化数据库管理：通过检测数据的网络化传递和中心数据库管理，实现了数据的快速安全管理，最大化有效共享所需资源，快速指导产品制造的各环节。

（3）数字化检测的优势及发展

通过数字化检测的手段使产品的检测过程自动化、网络化，使得工作过程更加高效，人力资源成本降低；员工的劳动强度降低；检测信息数据库统一管理；信息的账户和权限管理提高了信息管理的安全性和保密性。图 1-4 为数字化检测工厂管理平台示意图。

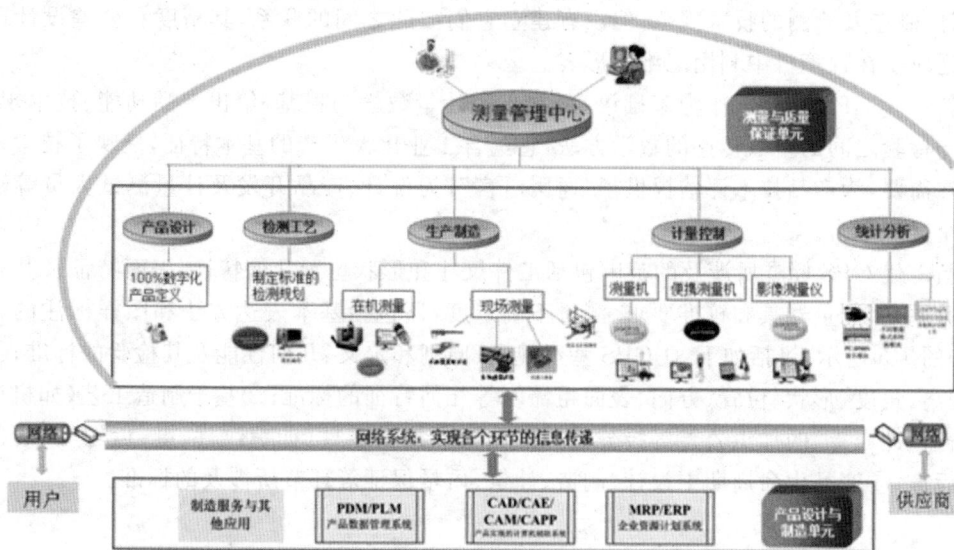

图 1-4　数字化检测工厂管理平台

1.4　产品几何量技术规范(GPS)

1.4.1　产品几何量技术规范概念及作用

随着 21 世纪知识的快速扩张和经济的全球化,企业规模和地域分散性的扩大,传统的内部交流和联系机制日趋消失,国家之间、地域之间的经济竞争日趋激烈。因此,在世界领域内提供和实施可靠的交流与评判工具,已成为满足工业的全球化竞争的急需任务。

在机械制造领域,最主要的工具就是产品几何量技术规范(GPS,geometrical product specification)一套有关工件几何特性的技术规范,它是覆盖产品尺寸、几何公差和表面特征的标准,贯穿于几何产品的研究、开发、设计、制造、检验、销售、使用和维修等整个过程。

GPS 的发展与应用有多种原因,最根本的是使产品的一些基本性能得到了保证,主要体现在:

(1)功能性　组成汽车的零件能够满足一定的几何公差要求,汽车才能够良好地工作。

(2)安全性　发动机的曲轴表面通过磨削加工能够达到规定的表面粗糙度要求,因疲劳断裂损坏发动机的危险就会大大降低。

(3)独立性　保证压缩机气缸的表面粗糙度要求,就可以直接保证机器的使用寿命。

(4)互换性　互换性作为 GPS 的最初应用,其目的是有利于机器或设备的装配和修理。

1.4.2　新一代 GPS 体系简介

新一代 GPS 是国际上近几年才提出的、正在研究与发展中的、引领世界制造业前进方向的、基础性的新型国际标准体系,是实现数字化制造和发展先进制造技术的关键。这一标准体系与现代设计和制造技术相结合,是对传统公差设计和控制实现的一次大的改革。

传统的 ISO GPS 标准是一套基于几何学的产品几何标准与检测规范,它虽然提供了产品设计、制造及检测的技术规范,但没有建立它们彼此之间的联系,其精度和公差设计理论已不适应于在计算机中利用三维图形表达。

新一代 GPS 以数学作为基础语言结构,用计量数学为根基,给出产品功能、技术规范、制造与检验之间的量值传递的数学方法,它蕴含工业化大生产的基本特征,反映了技术发展的内在需要,为产品技术评估提供了"通用语言",为设计、产品开发及计量测试人员等建立了一个交流平台。

新一代 GPS 标准所涉及的范围包括工件尺寸和形状位置几何特性、表面特征及其相关的检验原则、测量器具和校准要求、测量不确定度,还包括基本表达方法和图样标注的解释等,如图 1-5 所示,概括如下:①GPS 基本规则、原则和定义、几何性能及其检验的标准;②尺寸、距离、角度、形状、位置、方向、表面粗糙度等几何特征的标准;③基于制造工艺(如机械加工、铸造、冲压等)的加工公差等级分类标准和标准机械零件(如螺纹件、键、齿轮等)的公差等级标准;④产品生命周期中设计、制造、计量、质量保证等环节所涉及的标准。

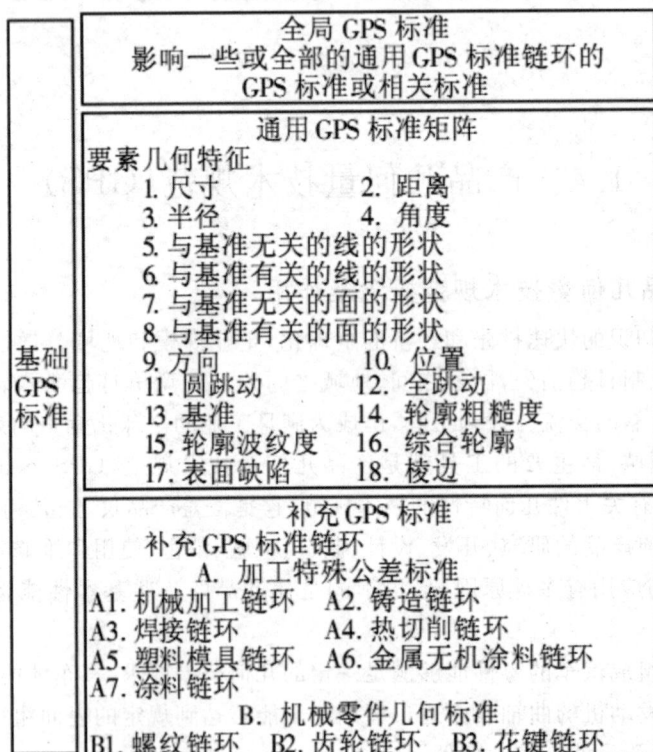

基础GPS标准	全局 GPS 标准 影响一些或全部的通用 GPS 标准链环的 GPS 标准或相关标准
	通用 GPS 标准矩阵 要素几何特征 1. 尺寸　　　　　　2. 距离 3. 半径　　　　　　4. 角度 5. 与基准无关的线的形状 6. 与基准有关的线的形状 7. 与基准无关的面的形状 8. 与基准有关的面的形状 9. 方向　　　　　　10. 位置 11. 圆跳动　　　　　12. 全跳动 13. 基准　　　　　　14. 轮廓粗糙度 15. 轮廓波纹度　　　16. 综合轮廓 17. 表面缺陷　　　　18. 棱边
	补充 GPS 标准 补充 GPS 标准链环 A. 加工特殊公差标准 A1. 机械加工链环　　A2. 铸造链环 A3. 焊接链环　　　　A4. 热切削链环 A5. 塑料模具链环　　A6. 金属无机涂料链环 A7. 涂料链环 B. 机械零件几何标准 B1. 螺纹链环　　B2. 齿轮链环　　B3. 花键链环

图 1-5　GPS 标准体系总体结构

1.5 本课程的性质与主要内容

本课程是机械类各专业的一门技术基础课,是基础课程学习过渡到专业课学习的桥梁。课程包括几何量公差与误差检测两大内容,把标准化和计量学两个领域的有关部分有机地结合在一起,与机械设计、机械制造、质量控制等多方面密切相关,是机械工程技术人员和管理人员必备的基本知识技能。

通过课程学习,学生应达到以下要求:

(1)掌握各有关公差标准的基本内容、特点和表格使用。

(2)了解技术测量的基本概念,常用的测量方法即测量器具的工作原理,掌握常用计量器具的操作技能,并能分析测量误差及其处理方法。

(3)初步掌握三坐标测量机的基本使用,能对产品几何量公差进行三坐标检测,并能数据采集,评价及检测报告输出。

总之,通过本课程学习,需要掌握几何测量技术的基本理论知识,了解公差、检测之间的关系,对三坐标测量机的检测过程、基本操作有初步认识,具有继续自学并结合工程实践应用、扩展的能力。

习　　题

1. 什么叫互换性? 它在机械制造中有何重要意义?

2. 公差、检测、互换性、标准化有什么关系?

3. 什么是优先数系?

第2章 检测技术基础

本章提要:

了解检测技术基础概念知识是本课程专业知识学习的基础,本章节学习主要要求了解机械检测技术相关的基本常识、常用术语,包括检测的量值传统系统、测量方法、测量误差以及误差产生原因和误差处理方法,同时简单认识在检测中使用到的测量器具。

2.1 检测技术基本概念

机械制造业的发展以检测技术发展为基础,测量技术的发展促进了现代制造技术的进步。测量在机械制造业占有极其重要的地位。

关于检测的方面的国家标准,有:GB/T6093-2001《几何量技术规范(GPS)长度标准块》,GB/T1957-2006《光滑极限量规技术条件》,GB/T3177-1997《光滑工件尺寸的检验》,GB/T10920-2008《螺纹量规和光滑极限量规形式与尺寸》等。

为了满足机械产品的功能要求,在正确合理地完成了强度、运动、寿命和精度等方面的设计以后,还必须进行加工、装配和检测过程的设计,即确定加工方法、加工设备、工艺参数、生产流程和检测方法。其中,非常重要的环节就是保证机械零件的几何精度及互换性,而质量保证的首要就是检测。

检测过程可对其进行定量或定性的分析,从而判断其是否符合设计要求。定性检测的方法只能得到被检验对象合格与否的结论,而不能得到其具体的量值。如用光滑极限量规检验工件的尺寸;定量检验就是将被测的量和一个作为计量单位的标准量进行比较,以获得被测量值的实验过程。通常有以下几种检测方式。

1. 测量

测量是指以确定被测对象的几何量量值为目的进行的实验过程,在这过程中,实质是将被测几何量 L 与计量单位的标准量 E 进行比较,从而获得两者比值 q 的过程,为

$$q = \frac{L}{E}$$

被测几何量的量值 L 为测量所得的量值 q 与计量单位 E 的乘积,即

$$L = q \times E$$

显然,进行任何测量,首先要明确被测对象和确定计量单位,其次要有与被测对象相适应的测量方法,并且测量结果还要达到所要求的测量精度。

2. 测试

测试是指具有试验研究性质的测量,也就是试验和测量结合。

3. 检验

检验是判断被测对象是否合格的过程。通常不需要测出被测对象的具体数值,常使用量规、样板等专用定值无刻度量具来判断被检对象的合格性。

几何量测量主要是指各种机械零部件表面几何尺寸、形状的参数测量,其几何量参数包括零部件具有的长度尺寸、角度参数、坐标尺寸、表面几何形状与位置参数、表面粗糙度等。几何量测量是确保机械产品质量和实现互换性生产的重要措施。

测量是各种公差与配合标准贯彻实施的重要手段。为了实现测量的目的,必须使用统一的标准量,有明确的测量对象和确定的计量单位,还要采用一定的测量办法和运用适当的测量工具,而且测量结果要达到一定的测量精度。

因此,一个完整的测量过程应包括被测对象、计量单位、测量方法和测量精度四个要素:

(1)测量对象

测量对象是指被测定物理量的实体,如测量量块长度时的量块、测量表面粗糙度时的各种工件、测量平面度时的平板灯。而被测量则是指某一被测的物理量或被测对象的某一被测参数。课程中涉及的测量对象主要指几何量测量,包括长度、角度、形状、相对位置、表面粗糙度、形状和位置误差等。

(2)测量单位

测量单位是在定量评定物理量时,作为标准并用以与被测的量进行比较的同类物理量的量值。我国采用的法定计量单位,长度的计量单位为米(m),角度单位为弧度(rad)和度(°)、分(′)、秒(″)。

机械制造中,常用的长度单位为毫米(mm),$1mm=10^{-3}m$。

(3)测量方法

测量时所采用的测量原理、计量器具以及测量条件的总和。

(4)测量精确度

测量结果与被测量真值的一致程度,即测量结果的正确与可靠程度。由于任何测量过程总不可避免地会出现测量误差,误差大,说明测量结果离真值远,准确度低,因此准确度和误差是两个相对的概念。而测量时的精度要求并不是越高越好,而是根据被测量的精度要求按最经济的方式完成测量任务。

测量是机械生产过程中的重要组成部分,测量技术的基本要求是:在测量过程中,应保证计量单位的统一和量值准确;应将测量误差控制在允许范围内,以保证测量结果的精度;应正确地、经济合理地选择计量器具和测量方法,以保证一定的测量条件。

2.2　测量基准与量值传递

测量工作过程需要标准量作为依靠,而标准量所体现的量值需要由基准提供,因此,为了保证测量的准确性,就必须建立起统一、可靠的计量单位基准。

计量基准是为了定义、实现、保存和复现计量单位的一个或多个量值,用作参考的实物量具、测量仪器、参考物质和测量系统。在几何量计量中,测量标准可分为长度基准和角度基准两类。

2.2.1 长度基准与量值传递系统

为了进行长度计量,必须规定一个统一的标准,即长度计量单位。目前国际上使用的长度单位有米制和英制两种,统一使用的公制长度基准是在 1983 年第 17 届国际计量大会上通过的,以米作为长度基准。1984 年我国国务院发布了《关于在我国统一实行法定计量单位的命令》,决定在采用先进的国际单位制的基础上,进一步统一我国的计量单位,并发布了《中华人民共和国法定计量单位》,其中规定长度的基本单位为米(m)。

机械制造中常用的长度单位为毫米(mm),

$$1 \text{ mm} = 10^{-3} \text{ m}$$

精密测量时,多采用微米(μm)为单位,

$$1 \mu\text{m} = 10^{-3} \text{ mm}$$

超精密测量时,则用纳米(nm),

$$1 \text{nm} = 10^{-3} \mu\text{m}$$

国际长度单位"米"的最初定义始于 1791 年法国。随着科学技术的发展,对米的定义不断进行完善。1983 年 10 月第十七届国际计量大会通过了米的新定义:"米是光在真空中 1/299792458 秒时间间隔内所经路程的长度"。新定义的米,可以通过时间法、频率法和辐射法来复现把长度单位统一到时间上,就可以利用高度精确的时间计量,大大提高长度计量的精确度。

在实际生产和科研中,不便于用光波作为长度基准进行测量,而是采用各种计量器具进行测量。为了保证量值统一,必须把长度基准的量值准确地传递到生产中应用的计量器具和工件上去。因此,必须建立一套从长度的国家基准谱线到被测工件的严密而完整的长度量值传递系统。

量值传递就是将国家的计量基准所复现的计量单位值,通过检定,传递到下一级的计量标准,并依次逐级传递到工作用计量器具,以保证被检计量对象的量值能准确一致。各种量值的传递一般都是阶梯式的,即由国家基准或比对后公认的最高标准逐级传递下去,直到工作用计量器具。长度量值分两个平行的系统向下传递,其中一个是刻线量具(线纹尺)系统(图 2-1),另一个是端面量具(量块(图 2-2))系统。

2.2.2 角度基准与量值传递系统

角度也是机械制造中重要的几何参数之一,常用角度单位(度)是由圆周角 360° 来定义的,而弧度与度、分、秒又有确定的换算关系。

我国法定计量单位规定平面角的角度单位为弧度(rad)及度(°)、分(′)、秒(″)。

1 rad 是指在一个圆的圆周上截取弧长与该圆的半径相等时所对应的中心平面角。

$$1° = (2\pi/360) = (\pi/180)\text{rad}$$

度、分、秒的关系采用 60 进位制,即:

$$1° = 60′; 1′ = 60″$$

由于任何一个圆周均可形成封闭的 360° 中心平面角,因此,角度不需要和长度一样再建立一个自然基准。但在计量部门,为了工作方便,在高精度的分度中,仍常以多面棱体(图 2-3)作为角度基准来建立角度传递系统(图 2-4)。

多面棱体是用特殊合金或石英玻璃精细加工而成。它分为偶数面和奇数面两种,前者

基准谱线

光波干涉仪　　绝对量法

刻线量具	国家基准米尺
	工作基准米尺
	一等线纹尺
	二、三等线纹尺
	工程技术中应用的刻线尺

基准组量块

光波干涉仪　　绝对量法

一等量块

光波干涉仪　　绝对量法

二等量块

接触式干涉仪

三等量块

接触式干涉仪

四等量块　　　→ 计量仪器

光学计

五等量块　　　→ 量具、量规

光学计

六等量块

工件尺寸

端面量具

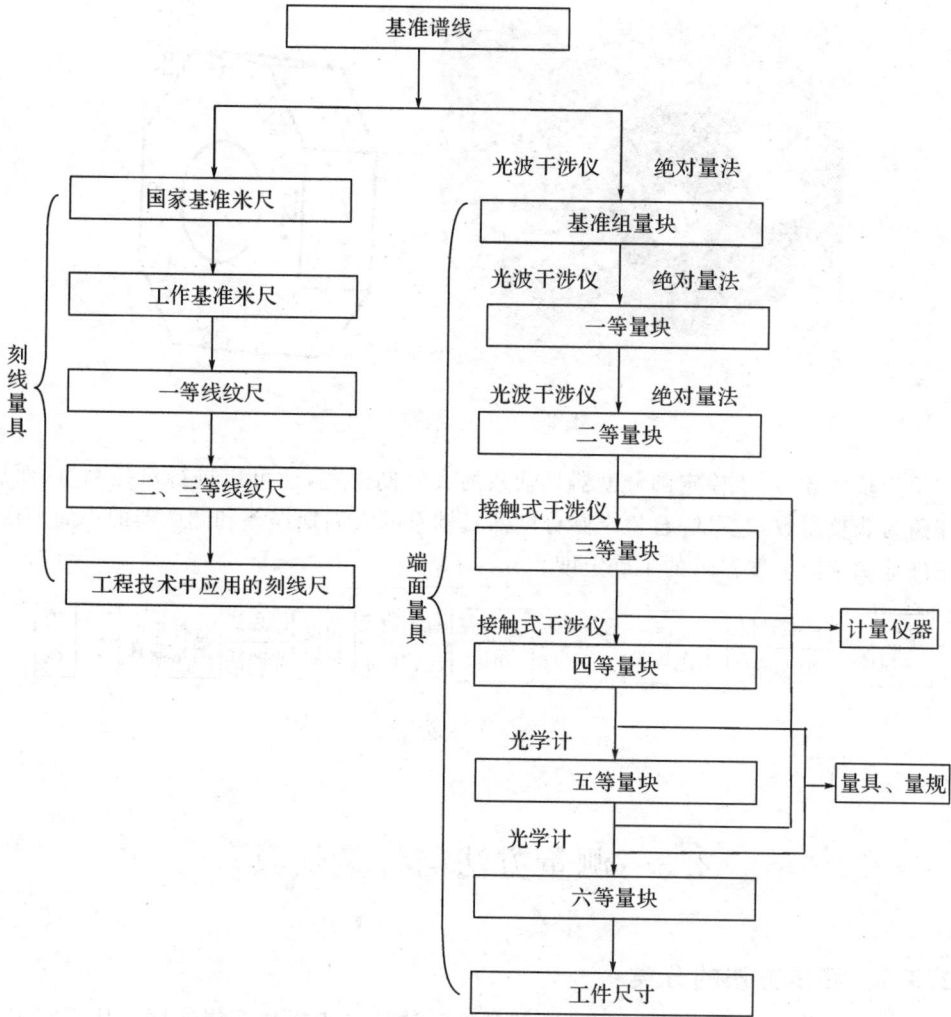

图 2-1　长度量值传递系统

图 2-2　量块

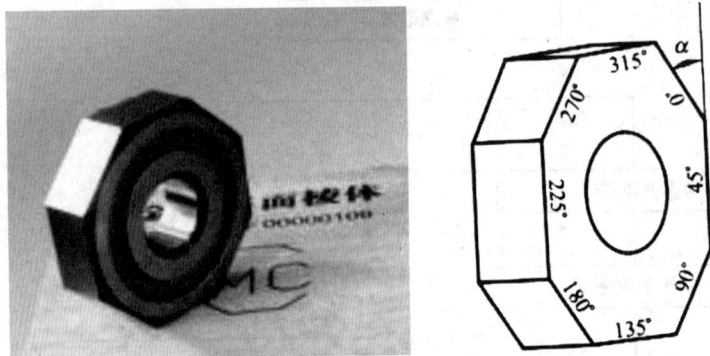

图 2-3 正八面棱体

的工作角为整度数,用于检定圆分度器具轴系的大周期误差,还可以进行对径测量,而后者的工作角为非整度数,它可综合检定圆分度器具轴系的大周期误差和测微器的小周期误差,能较正确地确定圆分度器具的不确定度。

图 2-4 角度量值传递系统

2.3 测量方法与计量器具

2.3.1 测量方法的分类

测量方法是指在进行测量时所用的,按类别叙述的一组操作逻辑次序。从不同观点出发,可以将测量方法进行不同的分类,常见的方法有:

1. 直接测量和间接测量

按实测几何量是否为欲测几何量,可分为直接测量和间接测量。

(1)直接测量

直接测量是指直接从计量器具获得被测量的量值的测量方法。如用游标卡尺、千分尺。

(2)间接测量

间接测量是测得与被测量有一定函数关系的量,然后通过函数关系求得被测量值。如测量大尺寸圆柱形零件直径 D 时,先测出其周长 L,然后再按公式 $D=L/\pi$ 求得零件的直径 D,如图 2-5 所示。

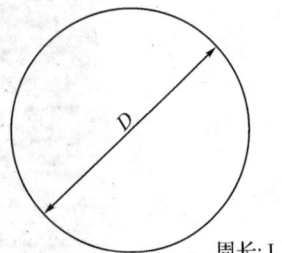

周长: L

图 2-5 用公式测直径

直接测量过程简单,其测量精度只与测量过程有关,而间接测量的精度不仅取决于几个实测几何量的测量精度,还与所依据的计算公式和计算的精度有关。因此为减少测量误差,一般都采用直接测量,必要时才用间接测量。

2. 绝对测量和相对测量

按示值是否为被测量的量值,可分为绝对测量和相对测量。

(1)绝对测量

绝对测量是指被计量器具显示或指示的示值即是被测几何量的量值。如用测长仪测量零件,其尺寸由刻度尺直接读出。

(2)相对测量

相对测量也称比较测量,是指计量器具显示或指示出被测几何量相对于已知标准量的偏差,测量结果为已知标准量与该偏差值的代数和。

一般来说,相对测量的测量精度比绝对测量的要高。

3. 接触测量和非接触测量

按测量时被测表面与计量器具的测头是否接触,可分为接触测量和非接触测量。

(1)接触测量

接触测量是指计量器具在测量时,其测头与被测表面直接接触的测量。如用卡尺、千分尺测量工件。

(2)非接触测量

非接触测量是指计量器具在测量时,其测头与被测表面不接触的测量。如用气动量仪测量孔径和用显微镜测量工件的表面粗糙度。

在接触测量中,由于接触时有机械作用的测量力,会引起被测表面和计量器具有关部分的弹性变形,因而影响测量精度;非接触测量则无此影响,故适宜于软质表面或薄壁易变形工件的测量,但不适合测量表面有油污和切削液的零件。

4. 单项测量与综合测量

按零件上同时被测集几何量的多少,可分为单项测量和综合测量。

(1)单项测量

单项测量是指分别测量工件各个参数的测量。如分别测量螺纹的中径、螺纹和牙型半角。

(2)综合测量

综合测量是指同时测量工件上某些相关的几何量的综合结果,以判断综合结果是否合格。如用螺纹通规检验螺纹的单一中径、螺距和牙型半角实际值的综合结果,即为作用中径。

单项测量的效率比综合测量低,但单项测量结果便于工艺分析,综合测量适用于大批量生产,且只要求判断合格与否,而不需要得到具体的误差值。

5. 被动测量和主动测量

按测量结果对工艺过程所起的作用,可分为被动测量和主动测量。

(1)被动测量

被动测量是指在零件加工后进行测量。测量结果只能判断零件是否合格。

(2)主动测量

主动测量是指在零件加工过程中进行测量。其测量结果可及时显示加工是否正常,并可以随时控制加工过程,及时防止废品的产生,缩短零件生产周期。

主动测量常用于生产线上,因此,也称在线测量。它使检测与加工过程紧密结合,充分发挥检测的作用,是检测技术发展的方向。

6. 自动测量和非自动测量

按测量过程自动化程度,可分为自动测量和非自动测量。

自动测量是指测量过程按测量者所规定的程序自动或半自动地完成。非自动测量又叫手工测量,是在测量者直接操作下完成的。

此外,按被测零件在测量过程所处的状态,可分为动态测量和静态测量;按测量过程中决定测量精度的因素或条件是否相对稳定可分为等精度测量和不等精度测量。

2.3.2 计量器具的分类

测量器具(也称计量器具)是指测量仪器和测量工具的总称,包括量具和量仪。通常把没有传动放大系统的测量工具称为量具,如游标卡尺、直角尺和量规等;把具有传动放大系统的测量器具称为量仪,如机械比较仪、长度仪和投影仪等。测量器具按其原理、结构特点及用途可分为:

1. 基准量具和量仪

用来校对或调整计量器具或作为标准尺寸进行相对测量的量具称为基准量具。如量块、角度量块、激光比长仪等。

2. 通用量具和量仪

可以用来测量一定范围内的任意尺寸的零件。它有刻度,可测出具体尺寸值,根据所测信号的转换原理和量仪本身的结构特点,可分为:

固定刻线量具:米尺、钢板尺、卷尺等。

游标类量具:游标卡尺、游标深度尺、游标高度尺、齿厚游标卡尺、游标量角器等;

螺旋类量具:千分尺、公法线千分尺、内径千分尺等;

机械式量仪:机械式量仪是指用机械方法实现原始信号转换的量仪,如百分表、千分表、杠杆齿轮比较仪等;

光学式量仪:利用光学方法实现原始信号转换的量仪,如光学计、工具显微镜、光学测角仪、光栅测长仪、激光干涉仪等;

电学式量仪:将零件尺寸的变化量通过一种装置转变成电流(电感、电容等)的变化,然后将此变化测量出来,即可得到零件的被测尺寸。如电感比较仪、电动轮廓仪、容栅测位仪等;这种量仪精度高、测量信号易与计算机连接,实现测量和数据处理的自动化。

气动式量仪:将零件尺寸的变化量通过一种装置转变成气体流量(压力等)的变化,然后将此变化测量出来,即可得到零件的被测尺寸。如压力式气动量仪、浮标式气动量仪等;

综合类量仪:微机控制的数显万能测长仪,三坐标测量机等。

3. 极限量规类

一种没有刻度的专用检验工具,用来检验工件实际尺寸和形位误差的综合结果。量规只能判断工件是否合格,而不能获得被测几何量的具体数值,如塞规、卡规、螺纹量规等。

4. 测量装置

指为确定被测量所必需的测量装置和辅助设备的总体。能够测量较多的几何参数和较复杂的工件,与相应的计量器具配套使用,可方便地检验出被测件的各项参数,如检验滚动轴承用的各种检验夹具,可同时测出轴承套圈的尺寸及径向或轴向跳动等。

2.3.3 计量器具的度量指标

度量指标是选择、使用和研究计量器具的依据,也是表征计量器具的性能和功用的指标。计量器具的基本度量指标如下:

(1)分度值(i)。分度值是计量器具的刻度尺或度盘上相邻两刻线所代表的量值之差。例如,千分尺的分度值 i=0.01mm。分度值是量仪能指示出被测件量值的最小单位。对于数字显示仪器的分度值称为分辨率,它表示最末一位数字间隔所代表的量值之差。

(2)刻度间距(a)。量仪刻度尺或度盘上两相邻刻线的中心距离,一般为 1~1.25mm。

(3)示值范围(b)。计量器具所指示或显示的最低值到最高值的范围。

(4)测量范围(B)。在允许误差限内,计量器具所能测量零件的最低值到最高值的范围。

(5)灵敏度(K)。计量器具对被测量变化的反应能力。若用 ΔL 表示计量器具的变化量,用 ΔX 表示被测量的增量,则 $K=\Delta L/\Delta X$。

(6)灵敏限(灵敏阈)。灵敏限(灵敏阈)是指能引起计量器具示值可察觉变化的被测量的最小变化值,它表示计量器具对被测量微小变化的敏感能力。例如,1 级百分表灵敏阈为 $3\mu m$,即被测量只要有 $3\mu m$ 的变化,百分表示值就会有能观察到的变化。

(7)测量力。测量过程中,计量器具与被测表面之间的接触压力。在接触测量中,希望测量力是一定量的恒定值。测量力太大会使零件产生变形,测量力不恒定会使示值不稳定。

(8)示值误差。计量器具上的示值与被测量真值之间的差值。示值误差可从说明书或检定规程中查得,也可通过实验统计确定。

(9)示值变动性。在测量条件不变的情况下,对同一被测量进行多次(一般 5~10 次)重复测量时,其读数的最大变动量。

(10)回程误差。在相同测量条件下,计量器具按正反行程对同一被测量值进行测量时,计量器具示值之差的绝对值。

(11)修正值。为消除系统误差,用代数法加到未修正的测量结果上的值。修正值与示值误差绝对值相等而符号相反。

(12)不确定度。在规定条件下测量时,由于测量误差的存在,对测量值不能肯定的程度。计量器具的不确定度是一项综合精度指标,它包括测量仪的示值误差、示值变动性、回程误差、灵敏限以及调整标准件误差等综合影响,放映了计量器具精度的高低,一般用误差限来表示被测量所处的量值范围。如分度值为 0.01mm 的外径千分尺,在车间条件下测量一个尺寸小于 50mm 的零件时,其不确定度为 $\pm0.004mm$。

2.4 测量误差及其处理

2.4.1 测量误差的概念

由于计量器具本身的误差和测量方法和条件的限制,任何测量过程都是不可避免地存在误差,测量所得的值不可能是被测量的真值,测得值与被测量的真值之间的差异在数值上表现为测量误差。

测量误差可以表示为绝对误差和相对误差。

1. 绝对误差 δ

绝对误差是指被测量的测得值 x 与其真值 x_0 之差,即

$$\delta = x - x_0$$

由于测得值 x 可能大于或小于真值 x_0,所以测量误差 δ 可能是正值也可能是负值。因此,真值可用下式表示:

$$x_0 = x \pm \delta$$

用绝对误差表示测量精度,只能用于评比大小相同的被测值的测量精度。而对于大小不相同的被测值,则需要用相对误差来评价其测量精度。

2. 相对误差 ε

相对误差是测量误差(取绝对值)除以被测量的真值。由于被测量的真值不能确定,因此在实际应用中常以被测量的约定真值或实际测得值代替真值进行估算。

相对误差 ε 是绝对误差 δ 的绝对值 $|\delta|$ 与被测量真值 x_0 之比,即

$$\varepsilon = \frac{|x - x_0|}{x_0} \times 100\% = \frac{|\delta|}{x_0} \times 100\%$$

相对误差比绝对误差能更好地说明测量的精确程度。

2.4.2　测量误差的来源

实际测量中,产生测量误差的因素很多,主要原因有以下几个方面:

1. 测量方法误差

测量方法误差是指由于测量方法不完善所引起的误差,包括:工件安装、定位不合理或测头偏离、测量基准面本身的误差和计算不准确等所造成的误差。

2. 计量器具误差

计量器具误差是指计量器具本身在设计、制造和使用过程中造成的各项误差,包括原理误差、制造和调整误差、测量力引起的测量误差等。这些误差的综合反映可用计量器具的示值精度或不确定度来表示。

3. 基准件误差

基准件误差是指作为标准量的基准件本身存在的制造误差和检定误差。例如,用量块作为基准件调整计量器具的零位时,量块的误差会直接影响测得值。因此,为保证一定的测量精度,必须选择一定精度的量块。

4. 测量环境误差

测量环境误差是指测量时的环境条件不符合标准条件所引起的误差,包括温度、湿度、气压、振动、照明等不符合标准以及计量器具或工件上有灰尘等引起的误差。

其中,温度对测量结果的影响最大。图样上标注的各种尺寸、公差和极限偏差都是以标准温度 20℃ 为依据的。在测量时,当实际温度偏离标准温度 20℃ 时温度变化引起的测量误差为

$$\Delta L = L[\alpha_2(t_2 - 20℃) - \alpha_1(t_1 - 20℃)]$$

式中:ΔL——测量误差;

L——被测尺寸;

t_1, t_2——计量器具和被测工件的温度,℃;

α_1,α_2——计量器具和被测工件的线膨胀系数,℃^{-1}

测量时应根据测量精度的要求,合理控制环境温度,以减小温度对测量精度的影响。

5. 人为误差

人为误差是指由于测量人员的主观因素所引起的人为差错。如测量人员技术不熟练、使用计量器具不正确、视觉偏差、估读判断错误等引起的误差。

2.4.3 测量误差的分类及处理

任何测量过程,由于受到计量器具和测量条件的影响,不可避免地会产生测量误差。测量误差按其性质分为随机误差、系统误差和粗大误差。

1. 随机误差

随机误差是指在相同测量条件下,多次测量同一量值时,其数值大小和符号以不可预见的方式变化的误差。

随机误差是由于测量中的不稳定因素综合形成的,是不可避免的。产生偶然误差的原因很多,如温度、磁场、电源频率等的偶然变化等都可能引起这种误差;另一方面观测者本身感官分辨能力的限制,也是偶然误差的一个来源。

消除随机误差可采用在同一条件下,对被测量进行足够多次的重复测量,取其平均值作为测量结果的方法。

2. 系统误差

系统误差是指在相同测量条件下,多次重复测量同一量值时,误差的大小和符号均保持不变或按一定规律变化的误差。前者称为定值系统误差,可以用校正值从测量结果中消除。如千分尺的零位不正确而引起的测量误差;后者称为变值系统误差,可用残余误差法发现并消除。

计量器具本身性能不完善、测量方法不完善、测量者对仪器使用不当、环境条件的变化等原因都可能产生系统误差。系统误差和随机误差是两类性质完全不同的误差。系统误差反映在一定条件下误差出现的必然性;而随机误差则反映在一定条件下误差出现的可能性。

系统误差的大小表明测量结果的准确度,它说明测量结果相对直值有一定的误差。系统误差越小,则测量结果的准确度越高。系统误差对测量结果影响较大,要尽量减少或消除系统误差,提高测量精度。

3. 粗大误差

粗大误差是指由于主观疏忽大意或客观条件发生突然变化而产生的误差。在正常情况下,一般不会产生这类误差。例如,由于操作者的粗心大意,在测量过程中看错、读错、记错以及突然的冲击振动而引起的测量误差。显然,凡是含有粗大误差的测量结果都是应该舍弃的。

2.4.4 测量精度

测量精度是指被测量的测得值与其真值的接近程度。测量精度和测量误差从两个不同的角度说明了同一个概念。因此,可用测量误差的大小来表示精度的高低。测量精度越高,则测量误差就越小,反之,测量误差就越大。

由于在测量过程中存在系统误差和随机误差,从而引出以下的概念:

1. 准确度

准确度是指在规定的条件下,被测量中所有系统误差的综合,它表示测量结果中系统误差影响的程度。系统误差小,则准确度高。

2. 精密度

精密度是指在规定的测量条件下连续多次测量时,所得测量结果彼此之间符合的程度,它表示测量结果中随机误差的大小。随机误差小,则精密度高。

3. 精确度

精确度是指连续多次测量所得的测得值与真值的接近程度,它表示测量结果中系统误差与随机误差综合影响的程度。系统误差和随机误差都小,则精确度高。

通常,精密度高的,准确度不一定高,反之亦然;但精确度高时,准确度和精密度必定都高。

可以射击打靶为例,如图 2-6 所示,圆圈表示靶心,黑点表示弹孔。图 2-6(a)表现为弹着点密集但偏离靶心,表示随机误差小而系统误差大;图 2-6(b)表示弹着点围绕靶心分布,但很分散,说明系统误差小而随机误差大;图 2-6(c)表示弹着点既分散又偏离靶心,说明随机误差与系统误差都大;图 2-6(d)表示弹着点既围绕靶心分布而且弹着点又密集,说明系统误差与随机误差都小。

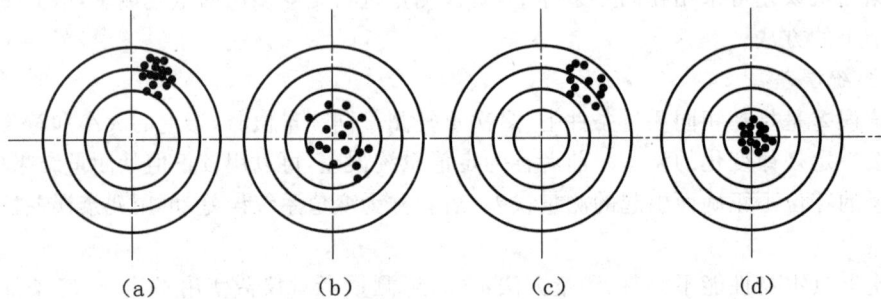

图 2-6　测量精度分类示意图

习　题

1. 测量的实质是什么?一个完整的测量过程包括哪几个要素?
2. 什么是测量误差?测量误差的主要来源有哪些?
3. 何为系统误差、随机误差和粗大误差,有何区别?
4. 随机误差如何产生?应怎么对它进行处理?

第 3 章　极限与配合

本章提要：

　　圆柱结合是机械制造中应用最广泛的一种结合，由孔和轴构成。这种结合由结合直径与结合长度两个参数确定。圆柱结合的公差制是机械公差方面重要的基础标准，包括极限制、配合制、检验制及量规制等。这些公差制不仅用于圆柱形内、外表面的结合，也适用于其他结合中由单一尺寸确定的部分。本章内容主要介绍极限与配合相关知识内容，结合最新的国家标准。

3.1　极限与配合的基本术语及定义

　　在国家标准 GB/T 1800.1-2009"术语及定义"中，规定了有关要素、尺寸、偏差、公差和配合的基本术语和定义。

3.1.1　要素

1. 尺寸要素（Feature of Size）

　　由一定大小的线性尺寸或角度尺寸确定的几何形状。尺寸要素可以是圆柱形、球形、两平行对应面、圆锥形或楔形。

2. 实际（组成）要素（Real（Integral）Feature）

　　有接近实际（组成）要素所限定的工件实际表面的组成要素部分。

3. 提取组成要素（Extracted Integral Feature）

　　按规定方法，由实际（组成）要素提取有限数目的点所形成的实际（组成）要素的近似

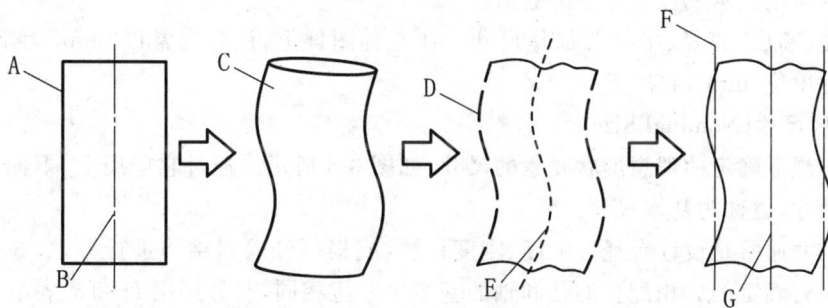

A-公称组成要素；B-公称导出要素；C-实际要素；D-提取组成要素；
E-提取导出要素；F-拟合组成要素；G-拟合导出要素

图 4-1　各要素的含义

替代。

4. 拟合组成要素(Associated Integral Feature)

按规定方法,由提取组成要素形成的并具有理想形状的组成要素。

3.1.2 孔和轴

1. 孔(hole)

通常指工件的圆柱形内表面,也包括非圆柱形内表面(由二平行平面或切面形成的包容面)。

2. 轴(Shaft)

通常指工件的圆柱形外表面,也包括非圆柱形外表面(由二平行平面或切面形成的被包容面)。

孔与轴的显著区别主要在于,从加工方面看,孔是越做越大,轴是越做越小;从装配关系看,孔是包容面,轴是被包容面。在国家标准中,孔与轴不仅包括通常理解的圆柱形内、外表面,而且还包括其他几何形状的内、外表面中由单一尺寸确定的部分。在图 3-1 中,D_1、D_2、D_3 和 D_4 均可称为孔,而 d_1、d_2、d_3 和 d_4 均可称为轴。

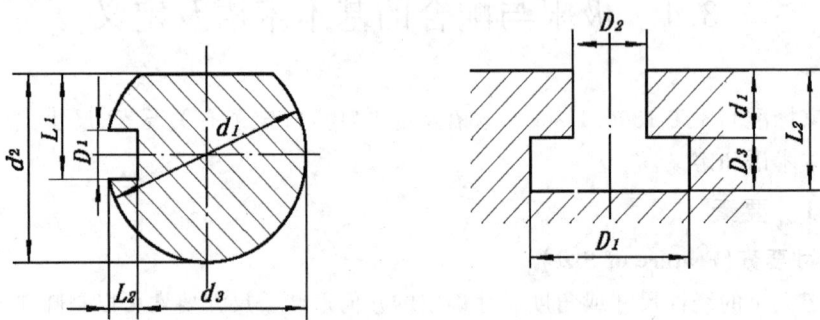

图 3-2　孔与轴尺寸

3.1.3 尺寸

1. 尺寸(Size)

以特定单位表示线性尺寸值的数值。

如长度、高度、直径、半径等都是尺寸。在工程图样上,尺寸通常以"mm"为单位,标注时可将长度单位"mm"省略。

2. 公称尺寸(Nominal Size)

由图样规范确定的理想形状要素的尺寸,如图 3-3 所示。通过它应用上、下偏差可以计算出极限尺寸,也称为基本尺寸。

公称尺寸通常是设计者经过强度、刚度计算,或根据经验对结构进行考虑,并参照标准尺寸数值系列确定的。相配合的孔和轴的基本尺寸应相同,并分别用 D 和 d 表示。

3. 提取组成要素的局部尺寸(Local Size of an Extracted Integral Feature)

一切提取组成要素上两对应点之间距离的统称,简称为提取要素的局部尺寸,以前的标准称为实际尺寸。

由于存在测量误差,实际尺寸不一定是被测尺寸的真值。加上测量误差具有随机性,所

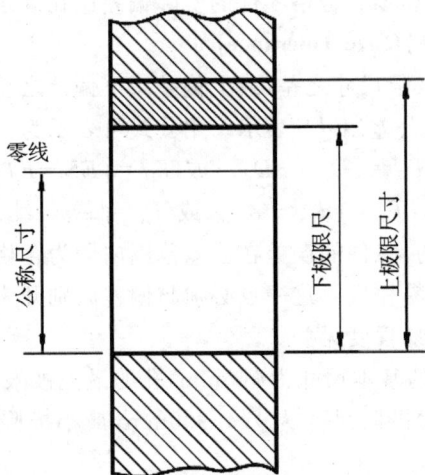

图 3-3　公称尺寸、上极限尺寸和下极限尺寸

以多次测量同一处尺寸所得的结果可能是不相同的。同时,由于形状误差的影响,零件的同一表面上的不同部位,其实际尺寸往往并不相等。通常用 Da 和 da 表示孔与轴的实际尺寸。

4. 提取圆柱面的局部尺寸(Local Size of an Extracted Cylinder)

要素上两对应点之间的距离。其中:两对应点之间的连续通过拟合圆圆心;横截面垂直于由提取表面得到的拟合圆柱面的轴线。

5. 两平行提取表面的局部尺寸(Local Size of two parallel extracted surfaces)

两平行对应提取表面上两对应点之间的距离。其中:所有对应点的连续均垂直于拟合中心平面;拟合中心平面是由两平行提取表面得到的两拟合平行平面的中心平面(两拟合平行平面之间的距离可能与公称距离不同)。

6. 极限尺寸(Limits of Size)

尺寸要素允许(孔或轴允许)的尺寸有两个极端。

提取组成要素的局部尺寸应位于其中,也可达到极限尺寸。尺寸要素允许的最大尺寸,称为上极限尺寸(upper limit of size),也称为最大极限尺寸,孔用 D_{max} 表示,轴用 d_{max} 表示;尺寸要素允许的最小尺寸,称为下极限尺寸(lower limit of size),也称为最小极限尺寸,孔用 D_{min} 表示,轴用 d_{min} 表示。

合格零件的实际尺寸(D_a)应位于两个极限尺寸之间,也可达到极限尺寸,可表示为:$D_{max} \geqslant D_a \geqslant D_{min}$(对于孔),$d_{max} \geqslant d_a \geqslant d_{min}$(对于轴)。

3.1.4　偏差与公差

1. 偏差(Deviation)

某一尺寸(实际尺寸、极限尺寸等)减去基本尺寸所得的代数差。

最大极限尺寸减去其基本尺寸所得的代数差称上极限偏差,用代号 ES(孔)和 es(轴)表示;最小极限尺寸减去其基本尺寸所得的代数差称下极限偏差,用代号 EI(孔)和 ei(轴)表示。上偏差和下偏差统称为极限偏差。实际尺寸减去其基本尺寸所得的代数差称实际偏差。偏差可以为正值、负值和零。合格零件的实际偏差应在规定的极限偏差范围内。

2．尺寸公差（简称公差）（Size Tolerance）

最大极限尺寸减最小极限尺寸之差，或上偏差减下偏差之差。它是允许尺寸的变动量。孔公差用 T_H 表示，轴公差用 T_S 表示。用公式可表示为：

$$T_D = |D_{max} - D_{min}| \quad 或 \quad T_D = |ES - EI| \tag{3-1}$$

$$T_d = |d_{max} - d_{min}| \quad 或 \quad T_d = |es - ei| \tag{3-2}$$

公差是用以限制误差的，工件的误差在公差范围内即为合格。也就是说，公差代表制造精度的要求，反映加工的难易程度。这一点必须与偏差区别开来，因为偏差仅仅表示与基本尺寸偏离的程度，与加工难易程度无关。

【例 3-1】 已知孔、轴的基本尺寸为 $\phi45\text{mm}$，孔的最大极限尺寸为 $\phi45.030\text{mm}$，最小极限尺寸为 $\phi45\text{mm}$；轴的最大极限尺寸为 $\phi44.990\text{mm}$，最小极限尺寸为 $\phi44.970\text{mm}$。试求孔、轴的极限偏差和公差。

解：孔的上极限偏差 $\quad ES = D_{max} - D = 45.030 - 45 = +0.030(\text{mm})$

孔的下极限偏差 $\quad EI = D_{min} - D = 45 - 45 = 0$

轴的上极限偏差 $\quad es = d_{max} - d = 44.990 - 45 = -0.010(\text{mm})$

轴的下极限偏差 $\quad ei = d_{min} - d = 44.970 - 45 = -0.030(\text{mm})$

孔的公差 $\quad T_D = |D_{max} - D_{min}| = |45.030 - 45| = 0.030(\text{mm})$

轴的公差 $\quad T_d = |d_{max} - d_{min}| = |44.990 - 44.970| = 0.020(\text{mm})$

3．零线（Zero Line）

在极限与配合图解中，标准基本尺寸的是一条直线，以其为基准确定偏差和公差。通常，零线沿水平方向绘制，正偏差位于其上，负偏差位于其下，如图 3-4 所示。

4．公差带（Tolerance Zone）

在公差带图解中，由代表上极限偏差和下极限偏差或最大极限尺寸和最小极限尺寸的两条直线所限定的一个区域。它是由公差带大小和其相对零线的位置来确定的。如图 3-4 所示。

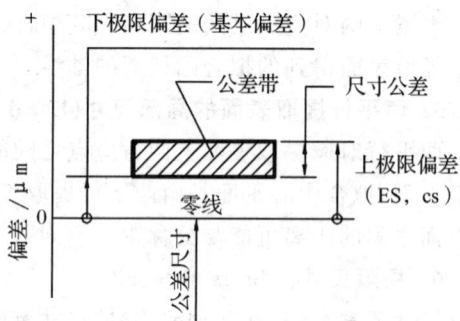

图 3-4 公差带图解

5．标准公差（IT）（Standard Tolerance）

国家标准极限与配合制中，所规定的任一公差，称为标准公差。其中字母 IT 是"国标公差符号"。

设计时公差带的大小应尽量选择标准公差，可见公差带的大小已由国家标准化。

6．基本偏差（Fundamental Deviation）

国家标准极限与配合制中，确定公差相对零线位置的那个极限偏差，称为基本偏差。它可以是上极限偏差或下极限偏差，一般为靠近零线的那个偏差，在图 3-4 中为下极限偏差。

3.1.5 配合与基准制

1．配合（Fit）

基本尺寸相同，相互结合的孔与轴公差之间的关系，称为配合。所以配合的前提必须是基本尺寸相同,二者公差带之间的关系确定了孔、轴装配后的配合性质。

在机器中,由于零件的作用和工作情况不同,故相结合两零件装配后的松紧程度要求也不一样,如图 3-5 表示三个滑动轴承,图 3-5(a)轴直接装入孔座中,要求自由转动且不打晃;图 3-5(c)所示,衬套装在座孔中要紧固,不得松动;图 3-5(b)所示,衬套装在座孔中,虽也要紧固,但要求容易装入,且要求比图 3-5(c)的配合要松一些。国家标准根据零件配合的松紧程度的不同要求,配合分为三类:

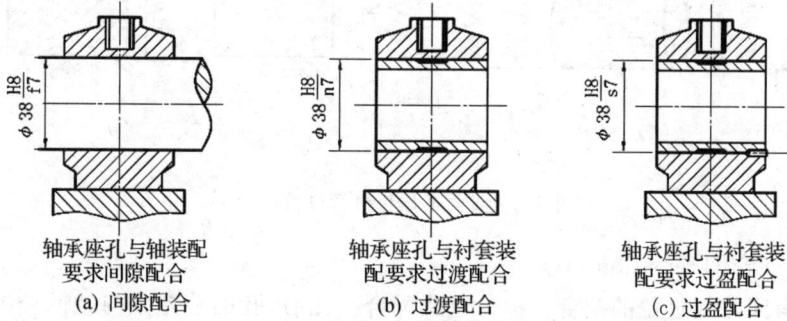

轴承座孔与轴装配   轴承座孔与衬套装   轴承座孔与衬套装
要求间隙配合   配要求过渡配合   配要求过盈配合
(a) 间隙配合   (b) 过渡配合   (c) 过盈配合

图 3-5   配合种类

(1)间隙配合(Clearance Fit)

间隙是指孔的尺寸减去相配合的轴的尺寸之差为正。此时,孔的公差带在轴的公差带之上。

间隙配合是指具有间隙(包括最小间隙等于零)的配合。此时,孔的公差带在轴的公差带之上(见图 3-6)。

配合是指一批孔、轴的装配关系,而不是单个孔和轴的相配关系,所以用公差带图解反映配合关系更确切。当孔为最大极限尺寸而轴为最小极限尺寸时,两者之差最大,装配后便产生最大间隙;当孔为最小极限尺寸而轴为最大极限尺寸时,两者之差最小,装配后产生最小间隙。

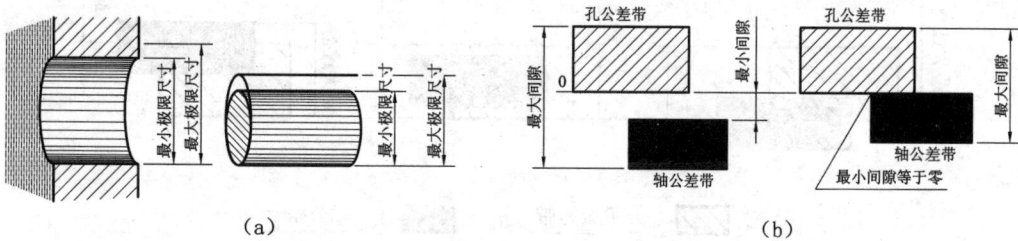

(a)   (b)

图 3-6   轴承座孔与轴间隙配合

(2)过盈配合(Interference Fit)

过盈是指孔的尺寸减去相配合的轴的尺寸之差为负。此时,轴的公差带在孔的公差带上。

过盈配合是指具有过盈(包括最小过盈等于零)的配合。此时孔的公差带在轴的公差带之下(见图 3-7)。

当孔为最小极限尺寸而轴为最大极限尺寸时,两者之差最大,装配后便产生最大过盈;当孔为最大极限尺寸而轴为最小极限尺寸时,两者之差最小,装配后产生最小过盈。

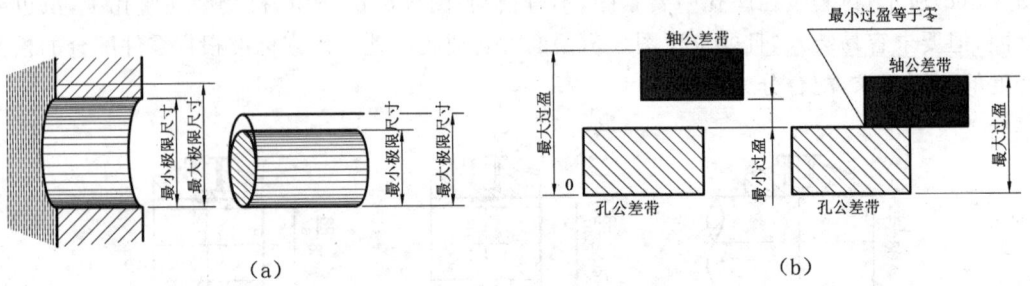

图 3-7　轴承座孔与衬套过盈配合

(3)过渡配合(Transition Fit)

可能具有间隙或过盈的配合。称为过渡配合。此时,孔的公差带与轴的公差带相互交叠(见图 3-8)。

由于孔、轴的公差带相互交叠,因此既有可能出现间隙,也有可能出现过盈。

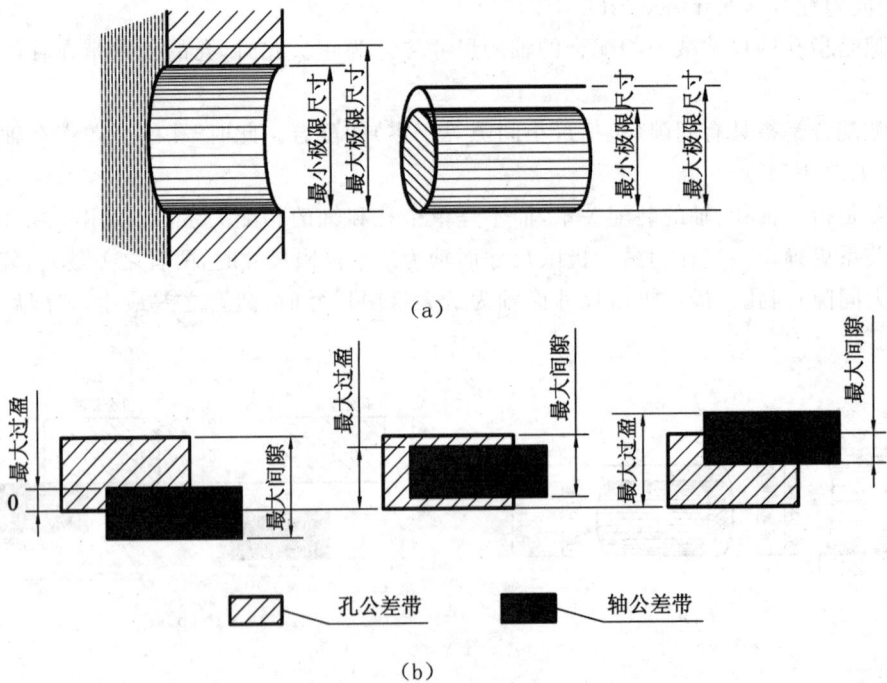

图 3-8　轴承座孔与衬套过渡配合

2. 配合公差(Variation of Fit)

组成配合的孔、轴公差之和。它是允许间隙或过盈的变动量。

对于间隙配合,配合公差等于最大间隙与最小间隙之代数差的绝对值;对于过盈配合,其值等于最大过盈与最小过盈之代数差的绝对值;对于过渡配合,其值等于最大间隙与最大过盈之代数差的绝对值。

【例 3-2】 已知 $\phi 50_0^{+0.025}$ 的孔与 $\phi 50_{+0.002}^{+0.018}$ 的轴形成配合。试求极限间隙和极限过盈及配合公差。

解 孔的上极限偏差 $ES=+0.025$,   最大极限尺寸 $D_{max}=50.025$

孔的下极限偏差 $EI=0$,   最小极限尺寸 $D_{min}=50$

轴的上极限偏差 $es=+0.018$,   最大极限尺寸 $d_{max}=50.018$

轴的下极限偏差 $ei=+0.002$,   最小极限尺寸 $d_{min}=50.002$

最大间隙 $X_{max}=D_{max}-d_{min}=ES-ei=+0.023$

最大过盈 $Y_{max}=D_{min}-d_{max}=EI-es=-0.018$

配合公差 $T_f=|X_{max}-Y_{max}|=|+0.023+0.018|=0.041$

3. 配合制(Fit system)

同一极限制的孔和轴组成配合的一种制度。国家标准对配合制规定了两种形式:基孔制配合和基轴制配合。

(1)基孔制配合

基本偏差为一定的孔的公差带与不同基本偏差的轴的公差带形成各种配合的一种制度,称为基孔制。基孔制配合的孔为基准孔,代号为 H,国际规定基准孔的下偏差为零(图3-9)。图 3-10 表示基孔制的几种配合示意图。

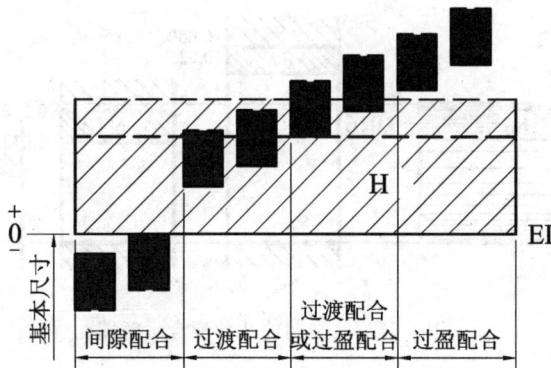

图 3-9 基孔制

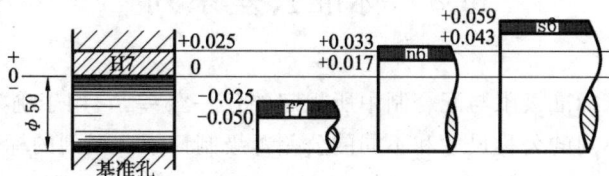

图 3-10 基孔制的几种配合示意图

（2）基轴制配合

基本偏差为一定的轴的公差带与不同基本偏差的孔的公差带形成各种配合的一种制度，称为基轴制。基轴制配合的轴为基准轴，代号为 h，国标规定基准轴的上偏差为零（图 3-11）。图 3-12 表示基轴制的几种配合示意图。

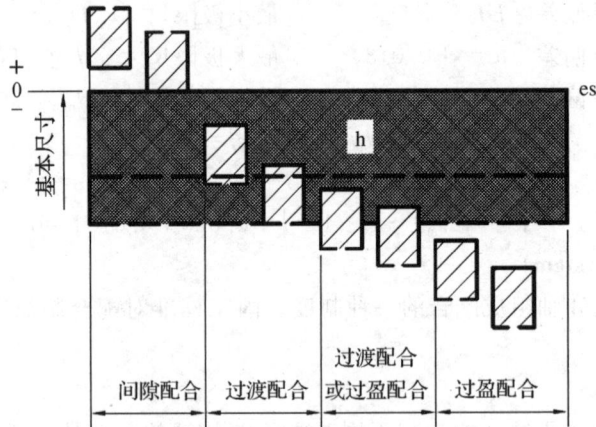

图 3-11 基轴制

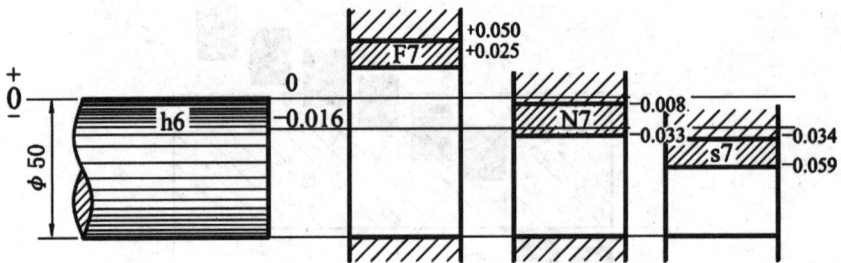

图 3-12 基轴制的几种配合示意图

在一般情况下，优先选用基孔制配合。如有特殊要求，允许将任一孔、轴公差带组成配合。

3.2 标准公差系列

标准公差是国家标准极限与配合制中所规定的任一公差，它用于确定尺寸公差带的大小。国家标准按照不同的公称尺寸和不同的公差等级制订了一系列的标准公差数值。

3.2.1 标准公差因子

标准公差因子是计算标准公差值的基本单位，是制定标准公差数值系列的基础。利用统计法在生产中可发现：在相同的加工条件下，基本尺寸不同的孔或轴加工后产生的加工误差不相同,而且误差的大小无法比较;在尺寸较小时加工误差与基本尺寸呈现立方抛物线关系,在尺寸较大时接近线性关系。由于误差是由公差来控制的,所以利用这个规律可反映公差与基本尺寸之间的关系。

当基本尺寸≤500mm 时,公差单位(以 i 表示)按下式计算

$$i=0.45\sqrt[3]{D}+0.001D(用于 IT5～IT18) \tag{3-3}$$

式中,D 为基本尺寸的计算尺寸,mm

在式 3-3 中,前面一项主要反映加工误差,第二项用来补偿测量时温度变化引起的与基本尺寸成正比的测量误差。第二项相对于第一项对公称尺寸的变化更敏感,即随着基本尺寸逐渐增大,第二项对公差单位的贡献更显著。

对于大尺寸而言,温度变化引起的误差随直径的增大呈线性关系。

当基本尺寸=500～3150mm 时,公差单位(以 I 表示)按下式计算

$$I=0.004D+2.1(用于 IT1～IT18) \tag{3-4}$$

当基本尺寸>3150mm 时,以式(3-4)来计算标准公差,但也不能完全反映误差出现的规律。

3.2.2 公差等级及数值

根据公差系数等级的不同,GB/T 1800.1-2009 把公差等级分为 20 个等级,用 IT(ISO tolerance 的简写)加阿拉伯数字表示,例如:IT01,IT0,IT1,…,IT17。其中,IT01 最高,等级依此降低,IT18 最低。当其与代表基本偏差的字母一起组成公差带时,省略 1T 字母,如 h7。

极限与配合在基本尺寸至 500 mm 内规定了 1T01,1T0,1T1,…,1T18 共 20 级,在基本尺寸 500～3150mm 内规定了 IT1 至 IT18 共 18 个标准公差等级。

公差等级越高,零件的精度也越高,但加工难度大,生产成本高;反之

公差等级越低,零件的精度也越低,但加工难度小,生产成本降低。

标准公差是由公差等级系数和公差单位的乘积决定。当公称尺寸≤500mm 的常用尺寸范围内,各公差等级的标准公差数值计算公式见表 3-1。

表 3-1 公称尺寸≤500mm 的标准公差数值计算公式

标准公差等级	计算公式	标准公差等级	计算公式	标准公差等级	计算公式
IT01	0.3+0.008D	IT6	10i	IT13	250i
IT0	0.5+0.012D	IT7	16i	IT14	400i
IT1	0.8+0.02D	IT8	25i	IT15	640i
IT2	(IT1)(IT5/IT1)$^{1/4}$	IT9	40i	IT16	1000i
IT3	(IT1)(IT5/IT1)$^{1/2}$	IT10	64i	IT17	1600i
IT4	(IT1)(IT5/IT1)$^{3/4}$	IT11	100i	IT18	2500i
IT5	7i	IT12	160i		

当公称尺寸=500～3150mm 时的各级标准公差数值计算公式见表 3-2。

表 3-2　公称尺寸＝500～3150mm 的标准公差数值计算公式

标准公差等级	计算公式	标准公差等级	计算公式	标准公差等级	计算公式
IT01	I	IT6	$10I$	IT13	$250I$
IT0	$2^{1/2}I$	IT7	$16I$	IT14	$400I$
IT1	$2I$	IT8	$25I$	IT15	$640I$
IT2	$(IT1)(IT5/IT1)^{1/4}$	IT9	$40I$	IT16	$1000I$
IT3	$(IT1)(IT5/IT1)^{1/2}$	IT10	$64I$	IT17	$1600I$
IT4	$(IT1)(IT5/IT1)^{3/4}$	IT11	$100I$	IT18	$2500I$
IT5	$7I$	IT12	$160I$		

3.2.3　基本尺寸分段

根据标准公差计算公式,每一基本尺寸都对应一个公差值。但在实际生产中基本尺寸很多,因而就会形成一个庞大的公差数值表,给生产带来不便,同时也不利于公差值的标准化和系列化。为了减少标准公差的数量,统一公差值,简化公差表格以便于实际应用,国家标准对基本尺寸进行了分段。

基本尺寸分主段落和中间段落。第一列为主段落。对 >10mm 的每一主段落进行细分形成中间段落,可参考附录 A。尺寸分段后,对同一尺寸段内的所有基本尺寸,有相同的公差等级的情况下,规定相同的标准公差。计算各基本尺寸段的标准公差时,公式中的 D 用每一尺寸段首尾两个尺寸(D_1,D_2)的几何平均值,即

$$D=\sqrt{D_1 \times D_2} \tag{3-5}$$

对于 ≤3mm 的尺寸段,用 1mm 和 3mm 的几何平均值 $D=\sqrt{1 \times 3}=1.732$ 计算标准公差。

标准公差数值见附表 A-14,表中的就是经过这样的计算,并按规定的尾数化整规则进行圆整后得出的。

标准公差数值有如下一些规律:

同一公差等级,不同公称尺寸分段,表示具有同等精度的要求,公差数值随尺寸增大而增大,这是从实践中总结出来的零件加工误差与其尺寸大小的相互关系。在这种情况下,对于同是孔或同是轴的零件尺寸来说,可采用同样工艺加工,加工难易程度相当,即工艺上是等价的。

同一尺寸分段,IT5 至 IT18 的公差值采用了 R_5 优先数系。IT5~IT18 的标准公差计算公式可表达为 IT＝a_i(或 IT＝a_1),a 是公差等级系数,采用了优先数系作分级,它是公比 $q＝10^{1/5}$ 的等比数列,即优先数系 R5 系列。

3.3　基本偏差系列

3.3.1　基本偏差代号

基本偏差是指在国家标准极限与配合制中,确定公差带相对零线位置的那个极限偏差。

它可以是上偏差或下偏差,一般为靠近零线的那个偏差,如图 3-4 中孔的基本偏差为下偏差。

为了形成不同的配合,国家标准对孔和轴分别规定了 28 种基本偏差。如图 3-13 所示,为基本偏差系列示意图;基本偏差代号:对孔用大写字母 $A,\cdots,ZC$ 表示;对轴用小写字母 $a,\cdots,zc$ 表示。其中,基本偏差 H 代表基准孔;h 代表基准轴。

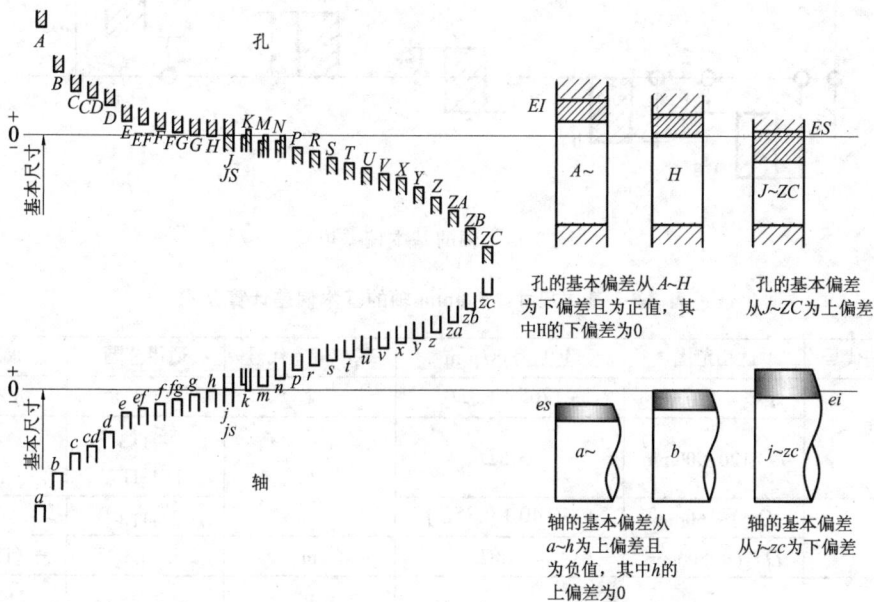

图 3-13 基本偏差系列

由图 3-13 所示,基本偏差在系列中具有以下特征:

对于孔:$A\sim H$ 的基本偏差为下偏差 EI,其绝对值依次减小;$J\sim ZC$ 的基本偏差为上偏差 ES,其绝对值依次增大;JS 的上、下偏差绝对值相等,均可称为基本偏差;对于轴:$a\sim h$ 的基本偏差为上偏差 es,其绝对值依次减小;$j\sim zc$ 的基本偏差为下偏差 ei,其绝对值逐渐增大;js 的上、下偏差绝对值相等,均可称为基本偏差。

H 与 h 的基本偏差值均为零,但分别是下偏差和上偏差,即 H 表示 $EI=0$,h 表示 $es=0$。根据基准制规定,H 是基准孔基本偏差,组成的公差带为基准孔公差带,与其他轴公差带组成基孔制配合;h 是基准轴基本偏差,以它组成的公差带为基准轴公差带,它与孔公差带组成基轴制配合。

$JS(js)$ 的上下偏差是对称的,上偏差值为 $+IT/2$,下偏差值为 $-IT/2$,可不计较谁是基本偏差。J 和 j 则不同,它们形成的公差带是不对称的,当其与某些公差等级(高精度)组成公差带时,其基本偏差不是靠近零线的那一偏差。因其数值与 $JS(js)$ 相近,在图 3-13 中,这两种基本偏差代号放在同一位置。

绝大多数基本偏差的数值不随公差等级变化,即与标准公差等级无关,但有少数基本偏差则与公差等级有关。

3.3.2 轴的基本偏差

在基孔制的基础上,根据大量科学试验和生产实践,国家标准制订了轴的基本偏差计算公式。

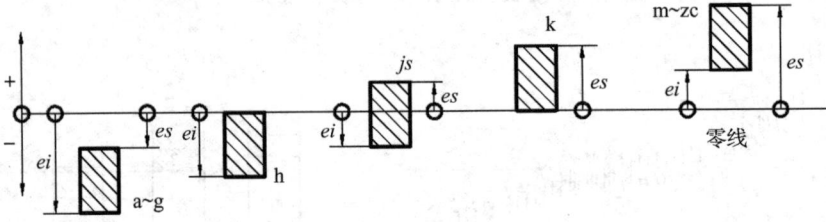

图 3-14 轴的基本偏差位置

表 3-3 基本尺寸≤500mm 轴的基本偏差计算公式

基本偏差代号	适用范围	上偏差 $es/\mu m$	基本偏差代号	适用范围	上偏差 $es/\mu m$
a	$D>1\sim120mm$	$-(265+1.3D)$	j	IT5~IT8	没有公式
	$D>120\sim500mm$	$-3.5D$	k	≤IT3	0
				IT4~IT7	$+0.6\sqrt[3]{D}$
b	$D>1\sim160mm$	$\approx-(140+0.85D)$		≥IT8	0
	$D>160\sim500mm$	$\approx-1.8D$	m		$+(IT7-IT6)$
c	$D>0\sim40mm$	$-52D^{0.2}$	n		$+5D^{0.34}$
	$D>40\sim500mm$	$-(95+0.8D)$	p		$+IT7(0\sim5)$
			r		$+\sqrt{P\cdot S}$
cd		$-\sqrt{c\cdot d}$	s	$D>0\sim50mm$	$+IT8+(1\sim4)$
				$D>50\sim500mm$	$+IT7+0.4D$
d		$-16D^{0.44}$	t	$D>24\sim500mm$	$+IT7+0.63D$
e		$-11D^{0.41}$	u		$+IT7+D$
ef		$-\sqrt{e\cdot f}$	v	$D>14\sim500mm$	$+IT7+1.25D$
			x		$+IT7+1.6D$
f		$-5.5D^{0.41}$	y	$D>18\sim500mm$	$+IT7+2D$
fg		$-\sqrt{f\cdot g}$	z		$+IT7+2.5D$
g		$-2.5D^{0.34}$	za		$+IT8+3.15D$
			zb		$+IT9+4D$
h		0	zc		$+IT10+5D$

js: $\pm0.5IT_n$

注:(1)公式中 D 基本尺寸段的几何平均值,mm;(2)j 只在附表 A-15 中给出真值。

　　a～h 基本偏差为上偏差,与基准孔配合是间隙配合,最小间隙正好等于基本偏差的绝对值;j、k、m、n 的基本偏差是下偏差,与基准孔配合是过渡配合;j～zc 的基本偏差是下偏差,与基准孔配合是过盈配合。公称尺寸≤500mm 的轴的基本偏差数值表见附表 A-15。

　　得到基本偏差后,轴的另一个偏差是根据基本偏差和标准公差的关系计算:

$$es = ei + IT \tag{3-6}$$
$$ei = es - IT \tag{3-7}$$

3.3.3　孔的基本偏差

　　基孔制与基轴制是两种并行的制度。

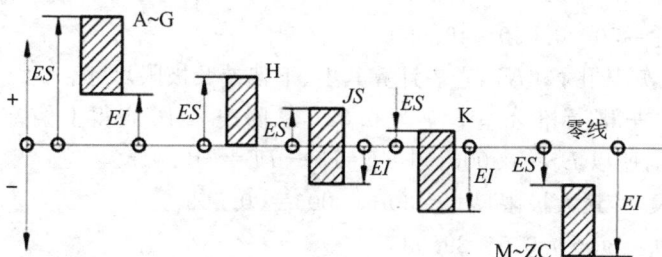

图 3-15　孔的基本偏差位置

　　如图 3-15 所示,代号为 A～G 的基本偏差皆为下偏差 $EI > 0$ 为正值。代号为 H 的基本偏差为下偏差 $EI = 0$,它是基孔制中基准孔的基本偏差代号。基本偏差代号为 JS 的孔的公差带相对于零线对称分布,基本偏差可取为上偏差 $ES = +T_h/2$,也可取为下偏差 $ES = -T_h/2$。代号 J～ZC 的基本偏差皆为上偏差 ES。

　　孔的基本偏差数值则是由轴的基本偏差数值转换而得。换算原则是:在孔、轴同级配合或孔比轴低一级的配合中,基轴制配合中孔的基本偏差代号与基孔制配合中轴的基本偏差代号相当时(如 $\phi 80G7/h6$ 中孔的基本偏差 G 对应于 $\phi 80H6/g7$ 中轴的基本偏差 g),应该保证基轴制和基孔制的配合性质相同(极限间隙或极限过盈相同)。

　　国家标准应用了下列两种规则:通用规则和特殊规则。通用规则指标准公差等级无关的基本偏差用倒像方法,孔的基本偏差与轴的基本偏差关于零线对称。特殊规则指与标准公差等级有关的基本偏差,倒像后要经过修正,即孔的基本偏差和轴的基本偏差符号相反,绝对值相差一个 Δ 值。可以用下面的简单表达式说明。

　　通用规则:$ES = -ei$ 或 $EI = -es$

　　特殊规则:$ES = -ei + \Delta$;$\Delta = ITn - IT(n-1)$

　　通用规则适用于所有的基本偏差,但以下情况例外:

　　(1)公称尺寸=3～500mm,标准公差等级大于 IT8 的孔的基本偏差 N,其数值(ES)等于零。

　　(2)公称尺寸=3～500mm 的基孔制或基轴制配合中,给定某一公差等级的孔要与更精一级的轴相配(如 H7/p6 和 P7/h6),并要求具有相等的间隙或过盈。此时,应采用特殊规则。

　　GB/T 1800.1-2009 规定的公称尺寸≤500mm 孔的基本偏差数值见附表 3-16 所示。

3.3.4　尺寸公差表查法介绍

根据孔和轴的基本尺寸、基本偏差代号及公差等级,可以从表中查得标准公差及基本偏差数值,从而计算出上、下偏差数值及极限尺寸。计算公式为:$ES=EI+IT$ 或 $EI=ES-IT$;$ei=es-IT$ 或 $es=ei+IT$。

【例 3-3】　已知某轴 $\phi50f7$,查表计算其上、下偏差及极限尺寸。

从附表 A-14 查得:标准公差 $IT7$ 为 0.025,从附表 A-15 查得上偏差 es 为 -0.025,则下偏差 $ei=es-IT=-0.050$。

依据查得的上、下偏差可计算其极限尺寸如下:

最大极限尺寸 $=50-0.025=49.975$

最小极限尺寸 $=50-0.050=49.950$

【例 3-4】　已知某孔 $\phi30K7$,查表计算其上、下偏差及极限尺寸。

从附表 A-14 查得:标准公差 $IT7$ 为 0.021,从附表 A-16 查得上偏差 $ES=(-2+\triangle)$ μm,其中 $\triangle=8\mu m$,所以 $ES=0.006$,则 $EI=ES-IT=-0.015$。

计算其极限尺寸:最大极限尺寸 $=30+0.006=30.006$

最小极限尺寸 $=30-0.015=29.985$

如果是基准孔的情况,如 $\phi50H7$,因为其下偏差 EI 为 0,根据公式 $ES=EI+IT$,从附表 A-14 中查得 $IT=25\mu m$,即得 $ES=0.025$。若是基准轴如 $\phi50h6$,因为其上偏差 es 为 0,由公式 $ei=es-IT$,从附表 A-14 中查得 $IT=16\mu m$,即得 $ei=-0.016$。

3.3.5　尺寸公差与配合代号的标注

在机械图样中,尺寸公差与配合的标注应遵守国家标准规定,现摘要叙述。

1. 在零件图中的标注

在零件图中标注孔、轴的尺寸公差有下列三种形式:

(1)在孔或轴的基本尺寸的右边注出公差带代号(图 3-16)。孔、轴公差带代号由基本偏差代号与公差等级代号组成(图 3-17)。

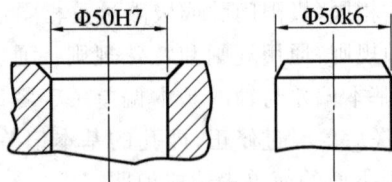

Φ50H7　Φ50k6

图 3-16　标注公差带代号

(2)在孔或轴的基本尺寸的右边注出该公差带的极限偏差数值(图 3-18(b)),上、下偏差的小数点必须对齐,小数点后的位数必须相同。当上偏差或下偏差为零时,要注出数字"0",并与另一个偏差值小数点前的一位数对齐(图 3-18(a))。

若上、下偏差值相等,符号相反时,偏差数值只注写一次,并在偏差值与基本尺寸之间注写符号"±",且两者数字高度相同(图 3-18(c))。

(3)在孔或轴的基本尺寸的右边同时注出公差带代号和相应的极限偏差数值,此时偏差数值应加上圆括号(图 3-19)。

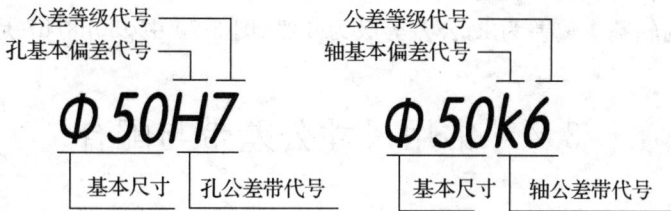

图 3-17　公差带代号的型式

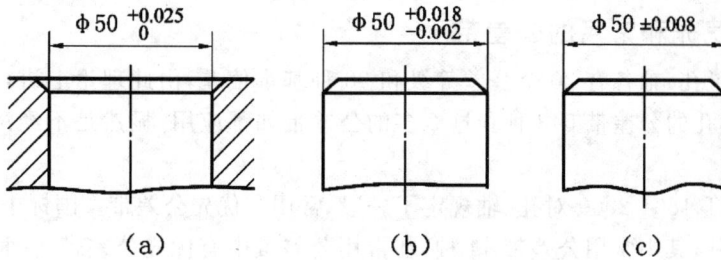

图 3-18　标注极限偏差数值

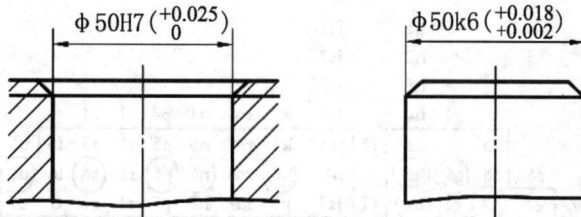

图 3-19　标注公差带代号和极限偏差数值

2. 装配图中的标注

装配图中一般标注配合代号,配合代号由两个相互结合的孔或轴的公差带代号组成,写成分数形式,分子为孔的公差带代号,分母为轴的公差带代号(图 3-20)。

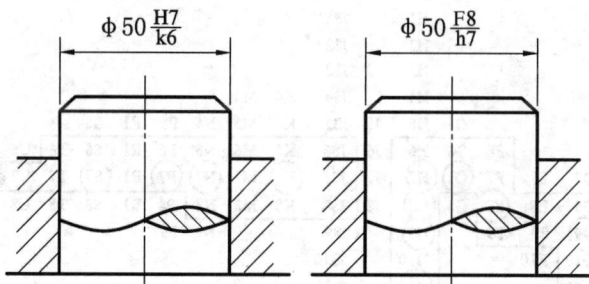

图 3-20　装配图中一般标注方法

图中 φ50H7/k6 的含义为：基本尺寸 φ50，基孔制配合，基准孔的基本偏差为 H，等级为 7 级；与其配合的轴基本偏差为 k，公差等级为 6 级，图 3-20 中 φ50h8/h7 是基轴制配合。

3.4　常用尺寸公差带与配合

从互换性生产和标准化着想，必须以标准的形式，对孔、轴配合作一定范围的规定，因此，我国《极限与配合》标准规定了相应的间隙配合、过盈配合和过渡配合这三类不同性质的配合，并对组成的配合的孔、轴公差带作出推荐。

3.4.1　优先和常用的公差带

国家规定了孔、轴各有 20 个公差等级和 28 种基本偏差，由此理论上讲，可以得到轴的公差带 544 种，孔的公差带 543 种。这么多的公差带如都应用，显然是不经济的，不利于实现互换性。

因此，GB/T 1801-2009 对孔、轴规定了一般、常用和优先公差带。国标中列出了孔的一般公差带 105 种，其中常用公差带 44 种，在常用公差带中有优先公差带 13 种；轴的一般公差带 113 种，其中常用公差带 59 种，在常用公差带中有优先公差带 13 种。

表 3-4　轴的一般、常用和优先公差带（基本尺寸≤500mm）

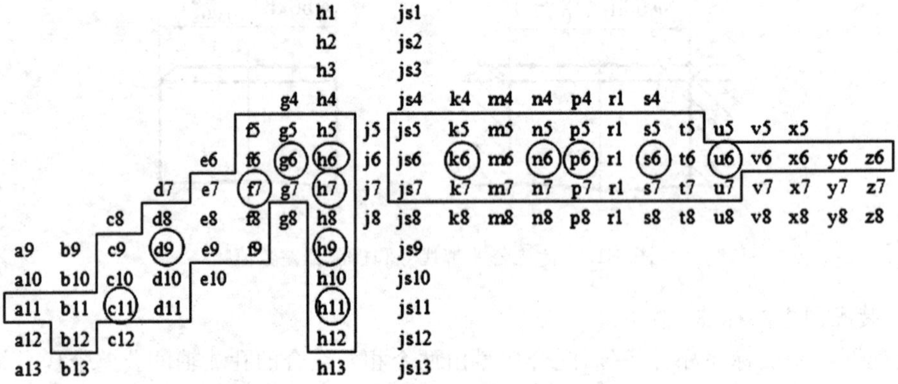

表 3-5　孔的一般、常用和优先公差带（基本尺寸≤500mm）

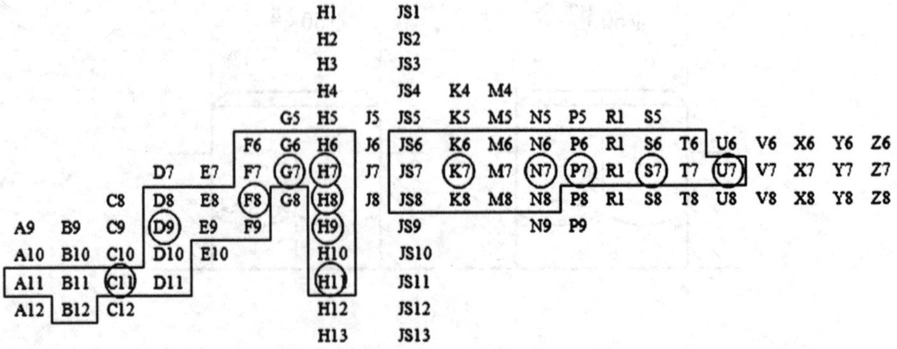

选用公差带时,应按优先、常用、一般公差带的顺序选取。若一般公差带中没有满足要求的公差带,则按 GB/T 1800.2-2009 中规定的标准公差和基本偏差组成的公差带来选取。

3.4.2 优先和常用配合

GB1801—2009 中还规定了基孔制常用配合 59 种、优先配合 13 种;基轴制常用配合 47 种,优先配合 13 种。选用配合时,应按优先、常用的顺序选取。

表 3-6 基孔制优先、常用配合(基本尺寸≤500mm)

基准孔	轴																				
	a	b	c	d	e	f	g	h	js	k	m	n	p	r	s	t	u	v	x	y	z
	间隙配合								过渡配合					过盈配合							
H6						H6/f5	H6/g5	H6/h5	H6/js5	H6/k5	H6/m5	H6/n5	H6/p5	H6/r5	H6/s5	H6/t5					
H7						H7/f6	H7/g6	H7/h6	H7/js6	H7/k6	H7/m6	H7/n6	H7/p6	H7/r6	H7/s6	H7/t6	H7/u6	H7/v6	H7/x6	H7/y6	H7/z6
H8					H8/e7	H8/f7	H8/g7	H8/h7	H8/js7	H8/k7	H8/m7	H8/n7	H8/p7	H8/r7	H8/s7	H8/t7	H8/u7				
				H8/d8	H8/e8	H8/f8		H8/h8													
H9			H9/c9	H9/d9	H9/e9	H9/f9		H9/h9													
H10			H10/c10	H10/d10				H10/h10													
H11	H11/a11	H11/b11	H11/c11	H11/d11				H11/h11													
H12		H12/b12						H12/h12													

注 1: H6/n5、H7/p6、H8/r7 在公称尺寸小于或等于 3 mm 和在小于或等于 100 mm 时,为过渡配合。

注 2: 标注▼的配合为优先配合。

表 3-7　基轴制优先、常用配合(基本尺寸≤500mm)

基准轴	A	B	C	D	E	F	G	H	JS	K	M	N	P	R	S	T	U	V	X	Y	Z
			间隙配合						过渡配合				过盈配合								
h5						$\frac{F6}{h5}$	$\frac{G6}{h5}$	$\frac{H6}{h5}$	$\frac{JS6}{h5}$	$\frac{K6}{h5}$	$\frac{M6}{h5}$	$\frac{N6}{h5}$	$\frac{P6}{h5}$	$\frac{R6}{h5}$	$\frac{S6}{h5}$	$\frac{T6}{h5}$					
h6						$\frac{F7}{h6}$	$\frac{G7}{h6}$	$\frac{H7}{h6}$	$\frac{JS7}{h6}$	$\frac{K7}{h6}$	$\frac{M7}{h6}$	$\frac{N7}{h6}$	$\frac{P7}{h6}$	$\frac{R7}{h6}$	$\frac{S7}{h6}$	$\frac{T7}{h6}$	$\frac{U7}{h6}$				
h7					$\frac{E8}{h7}$	$\frac{F8}{h7}$		$\frac{H8}{h7}$	$\frac{JS8}{h7}$	$\frac{K8}{h7}$	$\frac{M8}{h7}$	$\frac{N8}{h7}$									
h8				$\frac{D8}{h8}$	$\frac{E8}{h8}$	$\frac{F8}{h8}$		$\frac{H8}{h8}$													
h9				$\frac{D9}{h9}$	$\frac{E9}{h9}$	$\frac{F9}{h9}$		$\frac{H9}{h9}$													
H10				$\frac{D10}{h10}$				$\frac{H10}{h10}$													
H11	$\frac{A11}{h11}$	$\frac{B11}{h11}$	$\frac{C11}{h11}$	$\frac{D11}{h11}$				$\frac{H11}{h11}$													
H12		$\frac{B12}{h12}$						$\frac{H12}{h12}$													

注: 标注▼的配合为优先配合。

3.4.3　线性尺寸的未注公差(一般公差)

一般公差是指在车间普通工艺条件下机床设备一般加工能力可保证的公差。在正常维护和操作情况下,它代表车间的一般加工的经济加工精度。

采用一般公差的优点如下:

(1)简化制图,使图面清晰易读。

(2)节省图样设计时间,提高效率。

(3)突出了图样上注出公差的尺寸,这些尺寸大多是重要的且需要加以控制的。

(4)简化检验要求,有助于质量管理。

一般公差适用于以下线性尺寸:

(1)长度尺寸:包括孔、轴直径、台阶尺寸、距离、倒圆半径和倒角尺寸等。

(2)工序尺寸。

(3)零件组装后,再经过加工所形成的尺寸。

GB/T1804—2000 国标对线性尺寸的未注公差规定了 4 个公差等级:精密级、中等级、粗糙级和最粗级,分别用字母 f、m、c 和 v 来表示。而对尺寸也采用了大的分段。这 4 个公差等级相当于 IT12、T14、IT16、IT17,如表 3-8 所示。

表 3-8　线性尺寸的极限偏差数值(mm)

公差等级	基本尺寸分段							
	0.5~3	>3~6	>6~30	>30~120	>120~400	>400~1000	>1000~2000	>2000~4000
精密 f	±0.05	±0.05	±0.1	±0.15	±0.2	±0.3	±0.5	—
中等 m	±0.1	±0.1	±0.2	±0.3	±0.5	±0.8	±1.2	±2
粗糙 c	±0.2	±0.3	±0.5	±0.8	±1.2	±2	±3	±4
最粗 v	—	±0.5	±1	±1.5	±2.5	±4	±6	±8

不论是孔和轴还是长度尺寸,其极限偏差都采用对称分布的公差带。

标准同时规定了倒圆半径与倒角高度尺寸的极限偏差。

表 3-9　倒圆半径和倒角高度尺寸的极限偏差数值(mm)

公差等级	基本尺寸分段			
	0.5~3	>3~6	>6~30	>30
精密 f 中等 m	±0.2	±0.5	±1	±2
粗糙 c 最粗 v	±0.4	±1	±2	±4

当采用一般公差时,在图样上只注基本尺寸,不注极限偏差,而在图样的技术要求或有关文件中,用标准号和公差等级代号作出总的说明。例如,当选用中等级 m 时,则表示为 GB/T1804-m。

一般公差主要用于精度较低的非配合尺寸,一般可以不检验。当生产方和使用方有争议时,应以表中查得的极限偏差作为依据来判断其合格性。

3.5　公差与配合的选用

公差与配合的选择是机械设计与制造中的重要环节。公差与配合的选择是否恰当,对产品的性能、质量、互换性和经济性有着重要的影响。其内容包括选择基准制、公差等级和配合种类三个方面。选择的原则是在满足要求的条件下能获得最佳的技术经济效益。选择的方法有计算法、试验法和类比法。一般使用的方法是类比法。

计算法是按一定的理论和公式,通过计算确定公差与配合,其关键是要确定所需间隙或过盈。由于机械产品的多样性与复杂性,因此理论计算是近似的,目前只能作为重要的参考。

试验法就是通过专门的试验或统计分析来确定所需的间隙或过盈。用试验法选取配合最为可能,但成本较高,故一般只用于重要的、关键性配合的选取。

类比法是以经过生产验证的,类似的机械、机构和零部件为参考,同时考虑所设计机器的使用条件来选取公差与配合,也就是凭经验来选取公差与配合。类比法一直是选择公差与配合的主要方法。

3.5.1 基准制的选用

国家标准规定有基孔制与基轴制两种基准制度。两种基准制即可得到各种配合,又统一了基准件的极限偏差,从而避免了零件极限尺寸数目过多和不便制造等问题。选择基准制时,应从结构、工艺性及经济性几个方面综合考虑。

1. 优先选用基孔制

优先选用基孔制主要是从工艺上和宏观经济效益来考虑的。选用基孔制可以减少孔用定值刀具和量具的规格数目,有利于刀具、量具的标准化和系列化,具有较好经济性。

2. 在下列情况下应选用基轴制

(1)在同一基本尺寸的轴上有不同配合要求,考虑到若轴为无阶梯的光轴则加工工艺性好(如发动机中的活塞销等),此时采用基轴制配合。

例如,图 3-21(a)所示的活塞部件,活塞销 1 的两端与活塞 2 应为过渡配合,以保证相对

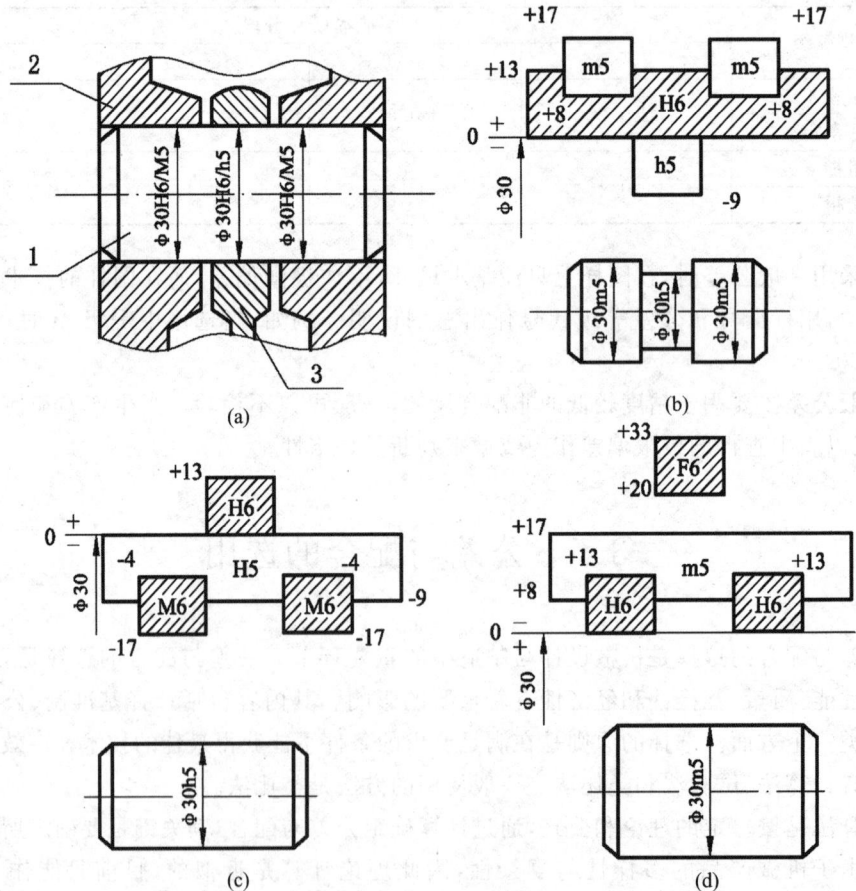

1-活塞销;2-活塞;3-连杆

图 3-21 活塞、连杆、活塞销配合制选择

静止;活塞销 1 的中部与连杆 3 应为间隙配合,以保证可以相对转动,而活塞销各处的基本尺寸相同,这种结构就是同一基本尺寸的轴与多孔相配,且要求实现两种不同的配合。若按一般原则采用基孔制配合,则活塞销要做成两头大、中间小的台阶形,如图 3-21(b)所示。这样不仅给制造上带来困难,而且在装配时,也容易刮伤连杆孔的工作表面。如果改用基轴制配合,则活塞销就是一根光轴,而活塞 2 与连杆 3 的孔按配合要求分别选用不同的公差带(例如 ϕ30M6 和 ϕ30H6),以形成适当的过渡配合(ϕ30M6/h5)和间隙配合(ϕ30H6/h5),其尺寸公差带如图 3-21(c)所示。

(2)直接使用有公差等级要求不高,不再进行机械加工的冷拔钢材(这种钢材是按基准轴的公差带制造)做轴。在这种情况下,当需要各种不同的配合时,可选择不同的孔公差带位置来实现。这种情况应用在农业机械、纺织机械、建筑机械等使用的长轴。

(3)加工尺寸小于 1mm 的精密轴比同级孔要困难,因此在仪器制造、钟表生产、无线电工程中,常使用经过光轧成形的钢丝直接做轴,这时采用基轴制较经济。

3. 与标准件配合

与标准件或标准部件配合的孔或轴,应以标准件为基准件来确定采用基孔制还是基轴制。例如,滚动轴承的外圈与壳体孔的配合应采用基轴制,而其内圈与轴径的配合则是基轴制。

4. 允许采用非基准制配合

非基准制配合是指相配合的孔和轴,孔不是基准孔 H 轴也不是基准轴 h 的配合。最为典型的是轴承盖与轴承座孔的配合。

如图 3-22 所示,在箱体孔中装配有滚动轴承和轴承盖,有滚动轴承是标准件,它与箱体孔的配合是基轴制配合,箱体孔的公差带已由此而确定为 J7,这时如果轴承盖与箱体孔的配合坚持用基轴制,则配合为 J/h,属于过渡配合。但轴承盖需要经常拆卸,显然应该采用间隙配合,同时考虑到轴承盖的性能要求和加工的经济性,轴承盖配合尺寸采用 9 级精度,最后选择轴承盖与箱体孔的配合为 J7/e9。

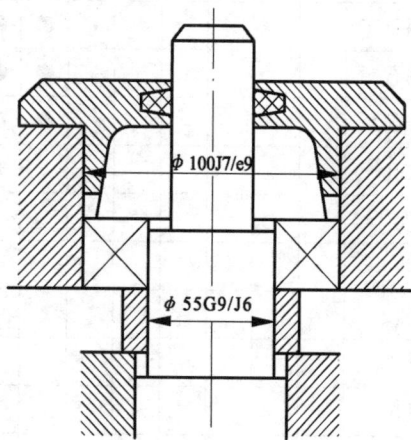
图 3-22 非基准制配合

3.5.2 公差等级的确定

我们已经知道公差等级的高低代表了加工的难易程度,因此确定公差等级就是确定加工尺寸的制造精度。合理地选择公差等级,就是要解决机械零件、部件的使用要求与制造工艺成本之间的矛盾。确定公差等级的基本原则是,在满足使用要求的前提下,尽量选用较低的公差等级。

公差等级的选用一般采用类比法,也就是参考从生产实践中总结出来的经验资料,进行比较选用。选择时应考虑以下几个方面:

1. 孔和轴的工艺等价性

孔和轴的工艺等价性是指孔和轴加工难易程度应相同。在常用尺寸段内,对间隙配合和过渡配合,孔的公差等级高于或等于 IT8 级时,轴比孔应高一级,如 H8/g7,H7/n6。当孔的精度低于 IT8 级时,孔和轴的公差等级应取同一级,如 H9/d9。对过盈配合,孔的公差等级高于或等于 IT7 级时,轴应比孔高一级,如 H7/p6,而孔的公差等级低于 IT7 级时,孔和轴的公差等级应取同一级,如 H8/s8。这样可以保证孔和轴的工艺等价性。实践中也允许任何等级的孔、轴组成配合。

2. 相关件和配合件的精度

例如,齿轮孔与轴的配合,它们的公差等级取决于相关件齿轮的精度等级。与滚动轴承配合的轴径和外壳孔的精度等级取决于滚动轴承的精度等级。

3. 加工成本

要掌握各种加工方法能够达到的精度等级,结合零件加工工艺综合考虑选择公差等级。各种加工方法能够达到的公差等级如表 3-10,可供设计时参考。

表 3-10　各种加工方法的加工精度

加工方法	公差等级(IT)																			
	01	0	1	2	3	4	5	6	7	8	9	10	11	12	13	14	15	16	17	18
研磨	●	●	●	●	●	●	●													
珩磨						●	●	●	●											
圆磨								●	●											
平磨								●	●	●										
金刚石车								●	●	●										
金刚石镗								●	●	●										
拉削								●	●	●										
铰孔								●	●	●	●									
车									●	●	●	●	●							
镗									●	●	●	●	●							
铣										●	●	●	●							
刨、插												●	●							
钻削												●	●	●						
滚压、挤压												●	●							
冲压												●	●	●	●	●				
压铸													●	●	●	●				
粉末冶金成形								●	●	●										
粉末冶金烧结									●	●	●									
砂型铸造																		●	●	●
锻造																	●	●		

我们应该结合工件的加工方法根据该加工方法的经济加工精度确定公差等级。

4. 应熟悉常用尺寸公差等级的应用

表 3-11　公差等级的应用

应用	公差等级（IT）																		
	01	0	1	2	3	4	5	6	7	8	9	10	11	12	13	14	15	16	17	18
量块	●	●	●																	
量规			●	●	●	●	●	●	●											
配合尺寸							●	●	●	●	●	●	●	●	●					
特别精密的配合				●	●	●	●													
非配合尺寸														●	●	●	●	●	●	●
原材料尺寸										●	●	●	●	●	●	●	●	●	●	●

3.5.3　配合种类的确定

配合的选用就是要解决结合零件孔与轴在工作时的相互关系，以保证机器正常工作。在设计中，应根据使用要求，尽量选用优先配合和常用配合，如不能满足要求，可选用一般用途的孔、轴公差带组成配合。甚至当特殊要求时，可以从标准公差和基本偏差中选取合适的孔、轴公差带组成配合。

1. 配合性质的判别及应用

基孔制：基孔制配合的孔是 H，a～h 与 H 形成间隙配合；j 和 js 与 H 形成过渡配合；k～n 与 H 形成过渡配合或过盈配合；p～zc 和 H 形成过盈配合或过渡配合。

例如：ϕ50H8/f7 是间隙配合，ϕ40H7/n6 是过渡配合，ϕ30H7/r6 是过盈配合。

基轴制：基准制配合的轴是 h，A～H 与 h 形成间隙配合；J 和 JS 与 h 形成过渡配合；K～N 与 h 形成过渡配合或过盈配合；P～ZC 和 h 形成过盈配合或过渡配合。

例如：E8/h8 是间隙配合；M7/h6 是过渡配合；P7h6 是过盈配合。

对于非基准制配合，主要根据相配合的孔和轴的基本偏差判别起配合性质。如 ϕ40J7/f9，J 的基本偏差是上偏差是正值，而 f 的基本偏差是上偏差是负值，据此基本上就可判定孔的公差带在轴的公差带以上，所以该配合是间隙配合。

2. 配合特征及其应用

表 3-12 介绍了常用轴的基本偏差选用说明，表 3-13 为优先配合选用说明。可供配合选用时参考。当选定配合之后，需要按工作条件，并参考机器或机构工作时结合件的相对位置状态、承载情况、润滑条件、温度变化、配合的重要性、装卸条件以及材料的物理机械性能等，根据具体条件，对配合的间隙或过盈的大小进行修正，参考表 3-14。

表 3-12　常用轴的基本偏差选用说明

配合	基本偏差	特征及应用
间隙配合	a、b	可得到特别大的间隙,应用很少
	c	可得到很大的间隙,一般用于缓慢、松弛的动配合,以及工作条件较差(如农业机械),受力变形,或为了便于装配,而必须保证有较大间隙的地方
	d	一般用于 IT7~IT11 级,适用于松的转动配合,如密封盖、滑轮等与轴的配合,也适用于大直径滑动轴承配合
	e	多用于 IT7~IT9 级,通常用于要求有明显间隙,易于转动的轴承配合,如大跨距轴承,多支点轴承等配合;高等级的 e 轴,适用于高速重载支承
	f	多用于 IT6~IT8 级的一般转动配合,当温度影响不大时,广泛用于普通润滑油润滑的支承,如齿轮箱、小电动机、泵等的转轴与滑动轴承的配合
	g	间隙很小,制造成本高,除很轻负荷的精密装置外,不推荐用于转动配合。多用于 IT5、6、7 级,最适合不回转的精密滑动配合
	h	多用于 IT4~IT11 级,广泛用于无相对转动的零件,作为一般的定位配合。若无温度、变形影响,也用于精密滑动配合
过渡配合	js	偏差完全对称,平均间隙较小,多用于 IT4~IT7 级,要求间隙比 h 轴小,并允许略有过盈的配合,如联轴节,齿圈与钢制轮毂,可用木槌装配
	k	平均间隙接近于零的配合,适用于 IT4~IT7 级,推荐用于稍有过盈的定位配合,一般用木槌装配
	m	平均过盈较小的配合,适用于 IT4~IT7 级,一般用木槌装配,但在最大过盈时,要求有相当的压入力
	n	平均过盈比 m 轴稍大,很少得到间隙,适用于 IT4~IT7 级,用锤或压力机装配,一般推荐用于紧密的组件配合,H6/n5 的配合为过盈配合
过盈配合	p	与 H6 或 H7 配合时是过盈配合,与 H8 配合时则为过渡配合。对非铁类零件,为较轻的压入配合,当需要时易于拆卸,对钢、铸铁,或铜钢组件装配是标准压入配合
	r	对铁类零件为中等打入配合,对非铁类零件,为轻打入的配合。当需要时可以拆卸,与 H8 孔配合,直径在 100mm 以上时为过盈配合,直径小时为过渡配合
	s	用于钢和铁制零件的永久、半永久装配,可产生相当大的结合力。当用弹性材料,如轻合金,配合性质与铁类零件的 p 轴相当,例如套环压装在轴上。尺寸较大时,为了避免损伤配合表面,需用热胀或冷缩装配
	t	过盈较大的配合。对钢和铸铁零件适于作永久性结合,不用键可传递力矩,需用热胀或冷缩装配,例如联轴节与轴的配合
	u	过盈大,一般应验算在最大过盈时,工件材料是否损坏,用热胀或冷缩装配,例如火车轮毂与轴的配合
	v、x、y、z	过盈很大,须经试验后才能应用,一般不推荐

表 3-13　优先配合选用说明

优先配合		说　明
基孔制	基轴制	
$\dfrac{H11}{c11}$	$\dfrac{C11}{h11}$	间隙非常大,用于很松、转动很慢的间隙配合,用于装配方便的很松的配合
$\dfrac{H9}{c9}$	$\dfrac{C9}{h9}$	间隙很大的自由转动配合,用于精度要求不高,或有大的温度变化、高转速或大的轴颈压力时

优先配合		说　明
基孔制	基轴制	
$\dfrac{H8}{f7}$	$\dfrac{F8}{h7}$	间隙不大的转动配合,用于中等转速与中等轴颈压力的精确转动,也用于装配较容易的中等定位配合
$\dfrac{H7}{g6}$	$\dfrac{G7}{h6}$	间隙很小的滑动配合,用于不希望自由转动,但可自用移动和滑动并精密定位时,也可用于要求明确的定位配合
$\dfrac{H7}{h6}$	$\dfrac{H7}{h6}$	均为间隙定位配合,零件可自由拆卸,而工作时,一般相对静止不动,在最大实体条件下的间隙为零,在最小实体条件下的间隙由标准公差决定
$\dfrac{H8}{h7}$	$\dfrac{H8}{h7}$	
$\dfrac{H9}{h9}$	$\dfrac{H9}{h9}$	
$\dfrac{H11}{h11}$	$\dfrac{H11}{h11}$	
$\dfrac{H7}{k6}$	$\dfrac{K7}{h6}$	过渡配合,用于精密定位
$\dfrac{H7}{n6}$	$\dfrac{N7}{h6}$	过渡配合,用于允许有较大过盈的更精密定位
$\dfrac{H7}{p6}$	$\dfrac{P7}{h6}$	过盈定位配合,即小过盈配合,用于定位精度特别重要时,能以最好的定位精度达到部件的刚性及对中要求
$\dfrac{H7}{s6}$	$\dfrac{S7}{h6}$	中等压入配合,适用于一般钢件,或用于薄壁件的冷缩配合,用于铸铁件可得到最紧的配合
$\dfrac{H7}{u6}$	$\dfrac{U7}{h6}$	压入配合,适用于可以承受高压入力的零件,或不宜承受压入力的冷缩配合

3. 用类比法确定配合的松紧程度时应考虑的因素

(1)孔和轴的定心精度要求　相互配合的孔、轴定心精度要求高时,过盈量应大些,甚至采用小过盈配合。

(2)孔和轴的拆装要求　经常拆装零件的孔和轴的配合,要比不经常拆装零件的松些。有时,零件虽然不经常拆装,但如拆装困难,也要选用较松的配合。

(3)过盈配合中的受载情况　如用过盈配合传递转矩,过盈量应随着负载增大而增大。

(4)孔和轴工作时的温度　当装配温度与工作温度差别较大时,应考虑热变形对配合性质的影响。

(5)配合件的结合长度和形位误差　若配合的结合长度较长时,由于形状误差的影响,实际形成的配合比结合面短的配合要紧些,所以应适当减小过盈或增大间隙。

(6)装配变形　针对一些薄壁零件的装配,要考虑装配变形对配合性质的影响,乃至从工艺上解决装配变形对配合性质的影响。

(7)生产类型　单件小批生产时加工尺寸呈偏态分布,容易使配合偏紧;大批大量生产的加工尺寸呈正态分布。所以要区别生产类型对松紧程度进行适时调整。

(8)尽量采用优先配合

表 3-14　工作情况对过盈和间隙的影响

具体情况	过盈应增大或减小	间隙应增大或减小
材料强度低	减小	—
经常拆卸	减小	—
有冲击载荷	增大	减小
工作时孔温高于轴温	增大	减小
工作时轴温高于孔温	减小	增大
配合长度增大	减小	增大
配合面形状和位置误差增大	减小	增大
装配时可能歪斜	减小	增大
旋转速度增高	减小	增大
有轴向运动	—	增大
润滑油粘度增大	—	增大
表面趋向粗糙	增大	减小
装配精度高	增大	减小

习　　题

1. 简述尺寸要素、实际(组成)要素、提取组成要素,拟合组成要素的含义。

2. 简述孔与轴、实际尺寸与公称尺寸、偏差与公差、间隙与过盈的定义以及区别。

3. 什么是基准制,规定基准制的目的是什么? 在什么情况下采用基轴制?

4. 配合有哪几类,配合性质有什么决定?

5. 极限与配合标准的应用主要解决哪三个问题,基本原则是什么?

6. 试画出下列各孔、轴配合的公差带图,并计算它们的极限尺寸、尺寸公差、配合公差及极限间隙或极限过盈。

(1)孔 $\phi 30^{+0.039}_{0}$ mm,轴 $\phi 30^{+0.027}_{+0.002}$ mm (2)孔 $\phi 70^{+0.054}_{0}$ mm,轴 $\phi 70^{-0.030}_{-0.1400}$ mm

7. 试查表确定下列孔、轴公差带代号。

(1)轴 $\phi 40^{+0.033}_{+0.017}$ mm (2)轴 $\phi 18^{+0.046}_{+0.028}$ mm (3)孔 $\phi 60^{+0.074}_{-0.06}$ mm (4)孔 $\phi 330^{+0.285}_{+0.170}$ mm

第4章 尺寸链

本章提要：

在机械制造行业的产品设计，工艺规程设计，零、部件加工和装配，技术测量等动作中，通常需要进行尺寸链分析和计算。应用尺寸链理论，可以经济合理地确定构成机器、仪器等的有关零、部件的几何精度，从而获得产品的高质量、低成本和高生产率。分析计算尺寸链，应遵循国家标准 GB/T5847—2004 尺寸链计算方法。

4.1 概 述

4.1.1 尺寸链的基本概念

在机器装配或零件加工过程中，由相互连接的尺寸形成封闭的尺寸组，该尺寸组称为尺寸链。

机械加工过程中，由同一个零件有关工序尺寸组成的尺寸链，称为工艺尺寸链；而在机器设计及装配过程中，由有关零件设计尺寸所组成的尺寸链，称为装配尺寸链。

例如，图 4-1(a)所示，零件经过加工依次得尺寸 A_1、A_2 和 A_3，则尺寸 A_0 也就随之确定，即 $A_0 = A_1 - A_2 - A_3$。这些尺寸组合 A_0、A_1、A_2 和 A_3 就是一个尺寸链。如图 4-1(b)所示，A_0 尺寸在零件图上可根据加工顺序来确定，在零件图上不必标注。

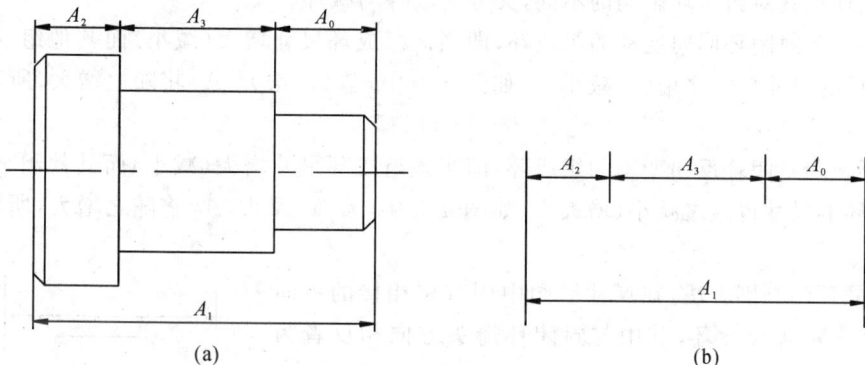

图 4-1 工艺尺寸链

图 4-2(a)所示，车床主轴轴线与尾架顶尖轴线之间的高度差 A_0，尾架顶尖轴线高度 A_1、尾架底板高度 A_2 和主轴轴线高度 A_3 等设计尺寸相互连接成封闭的尺寸组，形成尺寸链，如图 4-2(b)所示。

尺寸链具有两个特性。

(1) 封闭性。组成尺寸链的各个尺寸按一定顺序构成一个封闭系统。

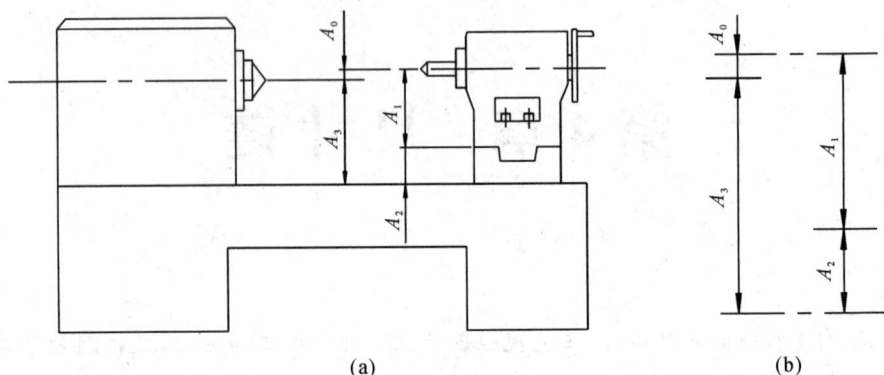

(a)   (b)

图 4-2　装配尺寸链

(2) 关联性。其中一个尺寸变动将影响其他尺寸变动。

4.1.2　尺寸链的组成与分类

1. 尺寸链的组成

组成尺寸链的各个尺寸称为环。尺寸链的环分为封闭环和组成环。

(1) 封闭环。

加工或装配过程中最后自然形成的那个尺寸称封闭环,是确保机器装配精度要求或零件加工质量的重要一环。封闭环是尺寸链中唯一的特殊环,一般以字母加下标"0"表示,如 A_0、B_0。任何一个尺寸链中,只有一个封闭环。如图 4-1 中的尺寸 A_0 就是封闭环。

(2) 组成环。

尺寸链中除封闭环以外的其他环称组成环。同一尺寸链中的组成环一般以同一字母加下标"1,2,3,…"表示,如 A_1、A_2…

组成环按其对封闭环影响的不同,又分为增环与减环。

增环。与封闭环同向变动的组成环,即当该组成环尺寸增大(减小)而其他组成环不变时,封闭环的尺寸也随之增大(减小)。如图 4-3 中,若 A_1 增大,A_0 将随之增大,所以 A_1 为增环。

减环。与封闭环反向变动的组成环,即当该组成环尺寸增大(减小)而其他组成环不变时,封闭环的尺寸也随之减小(增大)。如图 4-3 中,若 A_2 增大,A_0 将随之增大,所以 A_2 为减环。

增、减环的判别方法,在尺寸链图中用首尾相接的单向箭头顺序表示各尺寸环,其中与封闭环箭头方向相反者为增环,与封闭环箭头方向相同者为减环,如图 4-3 中,A_1 为增环,A_2 为减环。

2. 尺寸链的分类

(1) 按在不同生产过程中的应用情况,可分为:

① 装配尺寸链　在机器设计或装配过程中,由一些相关零件形成有联系封闭的尺寸组,称为装配尺寸链,如图 4-2。

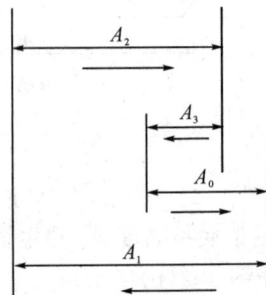

图 4-3　尺寸链

②零件尺寸链　同一零件上由各个设计尺寸构成相互有联系封闭的尺寸组,称为零件尺寸链,如图 4-1。设计尺寸是指图样上标注的尺寸。

③工艺尺寸链　零件在机械加工过程中,同一零件上由各个工艺尺寸构成相互有联系封闭的尺寸组,称为工艺尺寸链。工艺尺寸是指工序尺寸、定位尺寸、基准尺寸。

装配尺寸链与零件尺寸链统称为设计尺寸链。

（2）按空间位置的形态,可分为:

①直线尺寸链

尺寸链的全部环都位于两条或几条平行的直线上,称为直线尺寸链。如图 4-1、图 4-2、图 4-3 所示尺寸链。

②平面尺寸链

尺寸链的全部环都位于一个或几个平行的平面上,但其中某些组成环不平行于封闭环,这类尺寸链,称为平面尺寸链。如图 4-4 即为平面尺寸链。将平面尺寸链中各有关组成环按平行于封闭环方向投影,就可将平面尺寸链简化为直线尺寸链来计算。

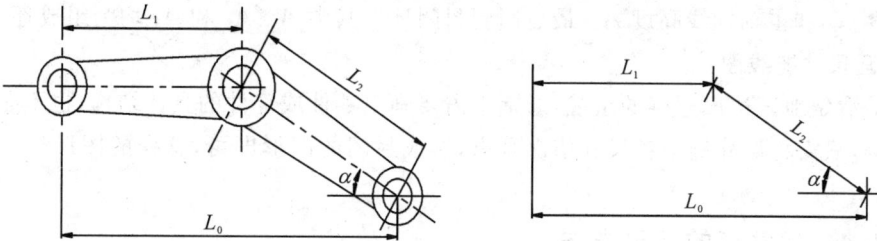

图 4-4　平面尺寸链

③空间尺寸链

尺寸链的全部环位于空间不平行的平面上,称为空间尺寸链。对于空间尺寸链,一般按三维坐标分解,化成平面尺寸链或直线尺寸链,然后根据需要,在某特定平面上求解。

（3）按几何特征可分为:

①长度尺寸链

表示零件两要素之间距离的,为长度尺寸,由长度尺寸构成的尺寸链,称为长度尺寸链,如图 4-1、图 4-2 所示尺寸链。其各环位于平行线上。

②角度尺寸链

表示两要素之间位置的,为角度尺寸,由角度尺寸构

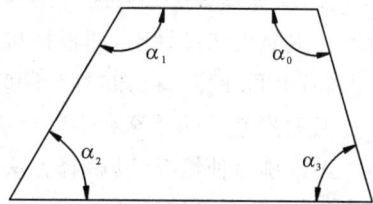

图 4-5　角度尺寸链

成的尺寸链,称为角度尺寸链。其各环尺寸为角度量,或平行度、垂直度等等。如图 4-5 为由各角度所组成的封闭多边形,这时 α_1、α_2、α_3 及 α_0 构成一个角度尺寸链。

4.1.3　尺寸链的建立

1. 建立尺寸链

正确建立和描述尺寸链是进行尺寸链综合精度分析计算的基础。建立装配尺寸链时,应了解零件的装配关系、装配方法及装配性能要求;建立工艺尺寸链时,应了解零、部件的设计要求及其制造工艺过程。同一零件的不同工艺过程所形成的尺寸链是不同的。

（1）封闭环确定

正确确定封闭环是解算工艺尺寸链最关键的一步，封闭环确定错了，整个尺寸链的解算将是错误的，对于工艺尺寸链要认准封闭环是"间接获得的尺寸"或"最后获得的尺寸"这个关键点。如同一个部件中各零件之间相互位置要求的尺寸，或保证配合零件的配合性能要求的间隙或过盈量。

（2）组成环确定

确定封闭环之后，应确定对封闭环有影响的各个组成环，使之与封闭环形成一个封闭的尺寸回路。

2. 查找组成环

查找装配尺寸链的组成环时，先从封闭环的任意一端开始，找相邻零件的尺寸，然后再找与第一个零件相邻的第二个零件的尺寸，这样一环接一环，直到封闭环的另一端为止，从而形成封闭的尺寸组。如图 4-2 所示，车床主轴轴线与尾架顶尖轴线之间的高度差 A_0，是装配技术要求，为封闭环。组成环可从尾架顶尖开始查找，经过尾架顶尖轴线高度 A_1，尾架底板高度 A_2 和主轴轴线高度 A_3，最后回到封闭环。其中 A_1、A_2 和 A_3 均为组成环。

3. 画尺寸链线图

为了清楚地表达尺寸链的组成，通常不需要画出零件或部件的具体结构，也不必按照严格的比例，只需将尺寸链中各尺寸依次画出，形成封闭的图形即可，这样的图形称为尺寸链线图。

4.1.4 尺寸链的计算方法

分析计算尺寸链是为了正确合理地确定尺寸链中各环的尺寸和精度，计算尺寸链的方法通常有以下 3 种。

（1）正计算。已知各组成环的极限尺寸，求封闭环的极限尺寸。主要用来验算设计的正确性，又叫校核计算。

（2）反计算。已知封闭环的极限尺寸和各组成环的基本尺寸，求各组成环的极限偏差的情况。主要用在设计上，即根据机器的使用要求来分配各零件的公差。

（3）中间计算。已知封闭环和部分组成环的极限尺寸，求某一组成环的极限尺寸。常用在加工工艺上。反计算和中间计算通常称为设计计算。

无论哪一种情况，其解释方法都有两种基本方法。极大极小法（极值法/完全互换法）和概率法（大数互换法）。

4.2 用完全互换法解尺寸链

完全互换法也叫极值法、极大极小法，是按各环的极限值进行尺寸链计算的方法。这种方法的特点是从保证完全互换着眼，由各组成环的极限尺寸计算封闭环的极限尺寸，从而求得封闭环公差。进行尺寸链计算，不考虑各环实际尺寸的分布情况。按此法计算出来的尺寸，加工各组成环，装配时各组成环不须挑选或辅助加工，装配后即能满足封闭环的公差要求，即可实现完全互换。

4.2.1　基本公式

设尺寸链的组成环数为 m，其中有 n 个增环，A_1 为组成环的基本尺寸，对于直线尺寸链如下计算公式。

1. 封闭环的基本尺寸 A_0：等于所有增环的基本尺寸 A_i 之和减去所有减环的基本尺寸 A_j 之和。即

$$A_0 = \sum_{i-1}^{n} A_i - \sum_{j=n+1}^{m} A_j \tag{4.1}$$

式中　A_0——封闭环的基本尺寸；

A_i——增环 A_1、$A_2 \cdots A_n$ 的基本尺寸，n 为增环的环数；

A_j——减环 A_{n+1}、$A_{n+2} \cdots A_m$ 的基本尺寸，m 为总环数。

2. 封闭环的最大极限尺寸 A_{0max}：等于所有增环的最大极限尺寸之和减去所有减环的最小极限尺寸之和。用公式表示为：

$$A_{0max} = \sum_{i-1}^{n} A_{imax} - \sum_{j=n+1}^{m} A_{jmax} \tag{4.2}$$

3. 封闭环的最小极限尺寸 A_{0min}：等于所有增环的最小极限尺寸之和减去所有减环的最大极限尺寸之和。用公式表示为：

$$A_{0min} = \sum_{i-1}^{n} A_{imin} - \sum_{j=n+1}^{m} A_{jmin} \tag{4.3}$$

4. 封闭环的上偏差 ES_0：封闭环的上偏差等于所有增环上偏差之和减去所有减环下偏差之和。

$$ES_0 = \sum_{i-1}^{n} ES_i - \sum_{j=n+1}^{m} ES_j \tag{4.4}$$

5. 封闭环的下偏差 EI_0：封闭环的等于所有增环的下偏差之和减去所有减环的上偏差之和。

$$EI_0 = \sum_{i-1}^{n} EI_i - \sum_{j=n+1}^{m} EI_j \tag{4.5}$$

6. 封闭环公差 T_0：即封闭环公差等于所有组成环公差之和。

$$T_0 = \sum_{i=1}^{m} T_i \tag{4.6}$$

由式（4.6）看出：

（1）$T_0 > T_i$，即封闭环公差最大，精度最低。因此在零件尺寸链中应尽可能选取最不重要的尺寸作为封闭环。在装配尺寸链中，封闭环往往是装配后应达到的要求，不能随意选定。

（2）T_0 一定时，组成环数越多，则各组成环公差必然越小，经济性越差。因此，设计中应遵守"最短尺寸链"原则，即使组成环数尽可能少。

4.2.2　校核计算

已知各组成环的基本尺寸和极限偏差，求封闭环的基本尺寸和极限偏差，以校核几何精度设计的正确性。

例题 4.1　如图 4-6(a)所示齿轮部件中，轴是固定的，齿轮在轴上回转，设计要求齿轮

左右端面与挡环之间有间隙,现将此间隙集中在齿轮右端面与右挡环左端面之间,按工作条件,要求 $A_0=0.10\sim0.45$mm,已知:$A_1=43^{+0.20}_{+0.10}$,$A_2=A_5=5^{0}_{-0.05}$,$A_3=30^{0}_{-0.10}$,$A_4=3^{0}_{-0.05}$。试问所规定的零件公差及极限偏差能否保证齿轮部件装配后的技术要求?

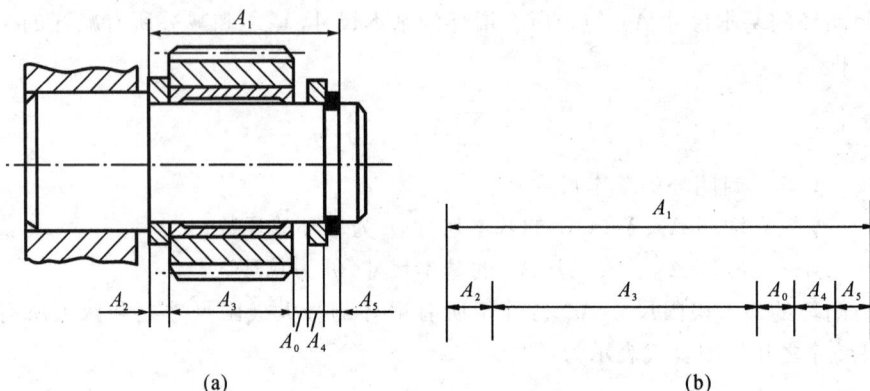

(a)　　　　　　　　　　　　　(b)

图 4-6　校核计算示例

解:

① 画尺寸链图,区分增环、减环

齿轮部件的间隙 A_0 是装配过程最后形成的,是尺寸链的封闭环,$A_1\sim A_5$ 是 5 个组成环,如图 7-6(b)所示,其中 A_1 是增环,A_2、A_4、A_5 是减环。

② 封闭环的基本尺寸　将各组成环的基本尺寸,代入式(4.1)

$$A_0=A_1-(A_2+A_3+A_4+A_5)$$
$$=43-(5+30+3+5)=0$$

③ 校核封闭环的极限尺寸　由式(4.2)和式(4.3)

$$A_{0max}=A_{1max}-(A_{2min}+A_{3min}+A_{4min}+A_{5min})$$
$$=43.20-(5.94+29.90+2.95+4.95)=0.45\text{mm}$$
$$A_{0min}=A_{1min}-(A_{2max}+A_{3max}+A_{4max}+A_{5max})$$
$$=43.10-(5+30+3+5)=0.10\text{mm}$$

④ 校核封闭环的公差　将各组成环的公差,代入式(4.6)

$$T_0=T_1+T_2+T_3+T_4+T_5$$
$$=0.10+0.05+0.10+0.05+0.05=0.35\text{mm}$$

计算结果表明,所规定的零件公差及极限偏差恰好保证齿轮部件装配的技术要求。

4.2.3　设计计算

已知封闭环的基本尺寸和极限偏差,求各组成环的基本尺寸和极限偏差,即合理分配各组成环公差问题。各组成环公差的确定可用两种方法,即等公差法和等公差等级法。

1. 等公差法

等公差法是假设各组成环的公差值是相等的,按照已知的封闭环公差 T_0 和组成环环数 m,计算各组成环的平均公差 T,即

$$T = \frac{T_0}{m} \tag{4.7}$$

在此基础上,根据各组成环的尺寸大小、加工的难易程度对各组成环公差作适当调整,并满足组成环公差之和等于封闭环公差的关系。

2. 等公差等级法

等公差等级法是假设各组成环的公差等级是相等的。对于尺寸≤500mm,公差等级在 $IT5 \sim IT18$ 范围内,公差值的计算公式为:$IT = ai$(如第 1 章所述),按照已知的封闭环公差 T_0 和各组成环的公差因子 i_i,计算各组成环的平均公差等级系数 a,即

$$a = \frac{T_0}{\sum i_i} \tag{4.8}$$

为方便计算,各尺寸分段的值列于表 4.1。

表 4.1 尺寸≤500mm,各尺寸分段的公差因子值

分段尺寸	≤3	>3 ~6	>6 ~10	>10 ~18	>18 ~30	>30 ~50	>50 ~80	>80 ~120	>120 ~180	>180 ~250	>250 ~315	>315 ~400	>400 ~500
$i(\mu m)$	0.54	0.73	0.90	1.08	1.31	1.56	1.86	2.17	2.52	2.90	3.23	3.54	3.89

求出 a 值后,将其与标准公差计算公式表相比较,得出最接近的公差等级后,可按该等级查标准公差表,求出组成环的公差值,从而进一步确定各组成环的极限偏差。各组成环的公差应满足组成环公差之和等于封闭环公差的关系。

表 4.2 公差等级系数 a 的值

公差等级	IT8	IT9	IT10	IT11	IT12	IT13	IT14	IT15	IT16	IT17	IT18
系数	25	40	64	100	160	250	400	640	1000	1600	2500

例题 4.2 如图 4-7(a)所示为某齿轮箱的一部分,根据使用要求,间隙 $A_0 = 1 \sim 1.75$mm 之间,若已知:$A_1 = 140$mm,$A_2 = 5$mm,$A_3 = 101$mm,$A_4 = 50$mm,$A_5 = 5$mm。试按极值法计算 $A_1 \sim A_5$ 各尺寸的极限偏差与公差。

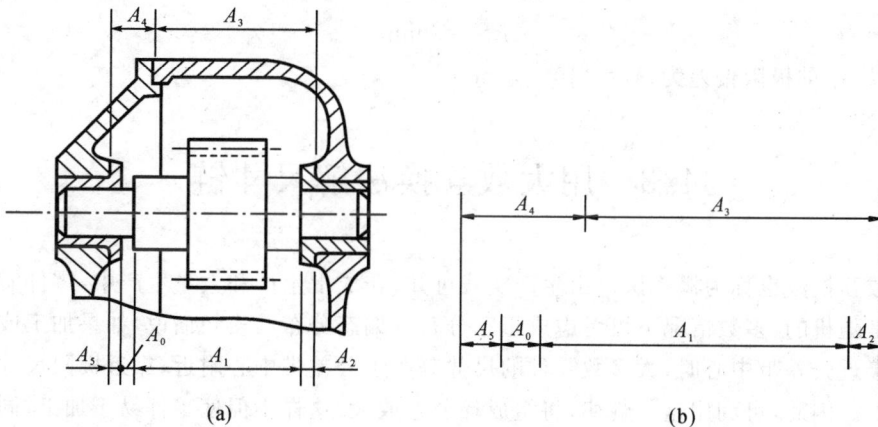

(a)   (b)

图 4-7　设计计算示例

解:

① 画尺寸链图,区分增环、减环

间隙 A_0 是装配过程最后形成的,是尺寸链的封闭环,$A_1 \sim A_5$ 是 5 个组成环,如图 4-7(b)所示,其中 A_3、A_4 是增环,A_1、A_2、A_5 是减环。

② 计算封闭环的基本尺寸,由式(4.1)

$$A_0 = A_3 + A_4 - (A_1 + A_2 + A_5)$$
$$A_0 = 101 + 50 - (140 + 5 + 5) = 1\text{mm}$$

所以 $A_0 = 1_0^{+0.750}$ mm

③ 用等公差等级法确定各组成环的公差

首先计算各组成环的平均公差等级系数 α,由式(4.7)并查表 4.1 得

$$\alpha = \frac{T_0}{\sum i_i} = \frac{750}{2.52 + 0.73 + 2.17 + 1.56 + 0.73} = 97.3$$

由标准公差计算公式表 4.2 查得,接近 IT11 级。根据各组成环的基本尺寸,从标准公差查得各组成环的公差为:$T_2 = T_5 = 75\mu\text{m}$,$T_3 = 220\mu\text{m}$,$T_4 = 160\mu\text{m}$。

根据各组成环的公差之和不得大于封闭环公差,由式(4.6)计算 T_1

$$T_1 = T_0 - (T_2 + T_3 + T_4 + T_5)$$
$$= 750 - (75 + 220 + 160 + 75) = 220\mu\text{m}$$

① 确定各组成环的极限偏差

组成环 A_1 作为调整尺寸,其余按"入体原则"确定各组成环的极限偏差如下:

$$A_2 = A_5 = 5_{-0.075}^{0}, A_3 = 101_0^{+0.220}, A_4 = 50_0^{+0.160}$$

② 计算组成环 A_1 的极限偏差,由式(4.4)和(4.5)

$$ES_0 = ES_3 + ES_4 - EI_1 - EI_2 - EI_5$$
$$+0.75 = +0.220 + 0.160 - EI_1 - (-0.075) - (-0.075)$$
$$EI_1 = -0.220\text{mm}$$
$$EI_0 = EI_3 + EI_4 - ES_1 - ES_2 - ES_5$$
$$0 = 0 + 0 - ES_1 - 0 - 0$$
$$ES_1 = 0\text{mm}$$

所以 A_1 的极限偏差为 $A_1 = 140_{-0.220}^{0}$ mm

4.3 用大数互换法解尺寸链

大数互换法也称为概率法。由生产实践可知,在成批生产和大量生产中,零件实际尺寸的分布是随机的,多数情况下可考虑成正态分布或偏态分布。换句话说,如果加工或工艺调整中心接近公差带中心时,大多数零件的尺寸分布于公差带中心附近,靠近极限尺寸的零件数目极少。因此,可利用这一规律,将组成环公差放大,这样不但使零件易于加工,同时又能满足封闭环的技术要求,从而获得更大的经济效益。当然,此时封闭环超出技术要求的情况是存在的,但其概率很小,所以这种方法称为大数互换法。

采用大数互换法解尺寸链,封闭环的基本尺寸计算公式与完全互换法相同,所以不同的

是公差和极限偏差的计算。

设尺寸链的基本组成环数为 m,其中 n 个增环,$m-n$ 个减环,A_0 为封闭环的基本尺寸,A_i 为组成环的基本尺寸,大数互换法解尺寸链的基本公式如下:

1. 封闭环公差

由于在大批量生产中,封闭环 A_0 的变化和组成环 A_i 的变化都可视为随机变量,且 A_0 是 A_i 的函数,则可按随机函数的标准偏差的求法,得:

$$\sigma_0 = \sqrt{\sum_{i=1}^{m} \xi_i^2 \sigma_i^2} \tag{4.8}$$

式中 $\sigma_0, \sigma_1, \cdots\cdots \sigma_m$ —— 封闭环和各组成环的标准偏差;

             $\xi_1, \xi_2, \cdots\cdots \xi_m$ —— 传递系数。

若组成环和封闭环尺寸偏差均服从正态分布,且分布范围与公差带宽度一致,且 $T_i = 6\sigma_i$,此时封闭环的公差与组成环公差有如下关系:

$$T_0 = \sqrt{\sum_{i=1}^{m} \xi_i^2 T_i^2} \tag{4.9}$$

如果考虑到各组成环的分布不为正态分布时,式中应引入相对分布系数 K_i,对不同的分布,K_i 值的大小可由表 8.2 中查出,则

$$T_0 = \sqrt{\sum_{i=1}^{m} \xi_i^2 K_i^2 T_i^2} \tag{4.10}$$

2. 封闭环中间偏差

上偏差与下偏差的平均值为中间偏差,用 Δ 表示,即

$$\Delta = \frac{ES + EI}{2} \tag{4.11}$$

当各组成环为对称分布时,封闭环中间偏差为各组成环中间偏差的代数和,即

$$\Delta_0 = \sum_{i=1}^{m} \xi_i \Delta_i \tag{4.12}$$

当组成环为偏态分布或其他不对称分布时,则平均偏差相对中间偏差之间偏移量为 $e \dfrac{T}{2}$,e 称为相对不对称系数(对称分布 $e=0$),这时式(4.12)应改为

$$\Delta_0 = \sum_{i=1}^{m} \xi_i \left(\Delta_i + e_i \frac{T_i}{2} \right) \tag{4.13}$$

3. 封闭环极限偏差

封闭环上偏差等于中间偏差加二分之一封闭环公差,下偏差等于中间偏差减二分之一封闭环公差,即

$$ES_0 = \Delta_0 + \frac{1}{2} T_0, \quad {}_E I_0 = \Delta_0 - \frac{1}{2} T_0 \tag{4.14}$$

用大数互换法解例题 4.2。

解   步骤 ① 和 ② 同例题 4.2

③ 确定各组成环公差

设各组成环尺寸偏差均接近正态分布,则 $K_i = 1$,又因该尺寸链为线性尺寸链,故 $|\xi_i| = 1$。按等公差等级法,由式(4.10)

$$T_0 = \sqrt{T_1^2 + T_2^2 + T_3^2 + T_4^2 + T_5^2} = a\sqrt{i_1^2 + i_2^2 + i_3^2 + i_4^2 + i_5^2}$$

所以

$$a = \frac{T_0}{\sqrt{i_1^2 + i_2^2 + i_3^2 + i_4^2 + i_5^2}} = \frac{750}{\sqrt{2.52^2 + 0.73^2 + 2.17^2 + 1.56^2 + 0.73^2}} \approx 196.56$$

由标准公差计算公式表查得,接近 IT12 级。根据各组成环的基本尺寸,从标准公差表查得各组成环的公差为:$T_1 = 400\mu m$,$T_2 = T_5 = 120\mu m$,$T_3 = 350\mu m$,$T_4 = 250\mu m$。则

$$T'_0 = \sqrt{0.4^2 + 0.12^2 + 0.35^2 + 0.25^2 + 0.12^2} = 0.611\text{mm} < 0.750\text{mm} = T_0$$

可见,确定的各组成环公差是正确的.

④ 确定各组成环的极限偏差

按"入体原则"确定各组成环的极限偏差如下:

$$A_1 = 140^{+0.200}_{-0.200}\text{mm},\ A_2 = A_5 = 5^{0}_{-0.120}\text{mm},\ A_3 = 101^{+0.350}_{0}\text{mm},\ A_4 = 50^{+0.250}_{0}\text{mm}$$

⑤ 校核确定的各组成环的极限偏差能否满足使用要求

设各组成环尺寸偏差均接近正态分布,则 $e_i = 0$。

1)计算封闭环的中间偏差,由式(4.12)

$$\Delta'_0 = \sum_{i=1}^{5} \xi_i \Delta_i = \Delta_3 + \Delta_4 - \Delta_1 - \Delta_2 - \Delta_5$$
$$= 0.175 + 0.125 - 0 - (-0.060) - (-0.060) = 0.420\text{mm}$$

2)计算封闭环的极限偏差,由式(4.14)

$$ES'_0 = \Delta'_0 + \frac{1}{2}T'_0 = 0.420 + \frac{1}{2} \times 0.611 \approx 0.726\text{mm} < 0.750\text{mm} = ES_0$$

$$EI'_0 = \Delta'_0 - \frac{1}{2}T'_0 = 0.420 - \frac{1}{2} \times 0.611 \approx 0.115\text{mm} > 0\text{mm} = EI_0$$

以上计算说明确定的组成环极限偏差是满足使用要求的。

由例题计算相比较可以算出,用概率法计算尺寸链,可以在不改变技术要求所规定的封闭环公差的情况下,组成环公差放大约 60%,而实际上出现不合格件的可能性却很小(仅有0.27%),这会给生产带来显著的经济效益。

4.4 用其他方法解装配尺寸链

完全互换法和大数互换法是计算尺寸链的基本方法,除此之外还有分组装配法、调整法和修配法。

4.4.1 分组装配法

用分组装配法解尺寸链是先用完全互换法求出各组成环的公差和极限偏差,再将相配合的各组成环公差扩大若干倍,使其达到经济加工精度的要求,然后按完工后零件的实测尺寸将零件分为若干个组,再按对应组分别进行组内零件的装配,即同组零件可以组内互换。这样既放大了组成环公差,由保证了封闭环要求的装配精度。

分组装配法的主要优点是即可以扩大零件制造公差,又能保证装配精度;其主要缺点是增加了检测零件的工作量。此外,该方法仅能在组内互换,每一组有可能出现零件多余或不

够的情况。此法适用于成批生产高精度、便于测量、形状简单而环数较少的尺寸链零件。另外,由于分组后零件的形状误差不会减少,这就限制了分组数,一般分为 2～4 组。

4.4.2　调整法

调整法是将尺寸链各组成环按经济加工精度的公差制造,此时由于组成环尺寸公差放大,而使封闭环的公差比技术要求给出的值有所扩大。为了保证装配精度,装配时则选定一个可以调整补偿环的尺寸或位置的方法来实现补偿作用,该组成环称为补偿环。常用的补偿环可分为两种。

1.　固定补偿环

在尺寸链中选择一个合适的组成环为补偿环,一般可选垫片或轴套类零件。把补偿环根据需要按尺寸分成若干组,装配时,从合适的尺寸组中取一补偿环,装入尺寸链中预定的位置,使封闭环达到规定的技术要求。

2.　可动补偿环

设置一种位置可调的补偿环,装配时,调整其位置达到封闭环的精度要求。这种补偿方式在机械设计中广泛应用,它有多种结构形式,如镶条、锥套、调节螺旋副等常用形式。

调整法的主要优点是加大了组成环的制造公差,使制造容易,同时可得到很高的装配精度,装配时不须修配,使用过程中可以调整补偿环的位置或更换补偿环,从而恢复机器原有的精度。它的主要缺点是有时需要额外增加尺寸链零件数(补偿环),使结构复杂,制造费用增高,降低结构的刚性。

调整法主要应用在封闭环精度要求高、组成环数目较多的尺寸链,尤其是用在使用过程中,组成环的尺寸可能由于磨损、温度变化或受力变形等原因而产生较大变化的尺寸链。

4.4.3　修配法

修配法是在装配时,按经济精度放宽各组成环公差。由于组成环尺寸公差放大,而使封闭环上产生累积误差。这时,直接装配不能满足封闭环所要求的装配精度。因此,就在尺寸链中选定某一组成环作为修配环,通过机械加工方法改变其尺寸,或就地配制这个环,使封闭环达到规定精度。装配时,通过对修配环的辅助加工如铲、刮研等,切除少量材料以抵偿封闭环上产生的累积误差,直到满足要求为止。

修配法的主要优点也是既扩大组成环制造公差,又能保证装配精度;其主要缺点是增加了修配工作量和费用,修配后各组成环失去互换性,使用有局限性。修配法多用于批量不大、环数较多、精度要求高的尺寸链。

习　　题

1. 什么是尺寸链? 它有哪几种形式?
2. 尺寸链的两个基本特征是什么?
3. 解算尺寸链主要为解决哪几类问题?
4. 完全互换法、不完全互换法、分组法、调整法和修配法各有何特点? 各运用于何种场合?

5. 如图 4-8 所示曲轴、连杆和衬套等零件装配图，装配后要求间隙为 $N = 0.1 - 0.2$ mm，而图样设计时 $A_1 = 150_0^{+0.06}$ mm，$A_2 = A_3 - 75_{-0.05}^{-0.02}$ mm，试验算设计图样给定零件的极限尺寸是否合理？

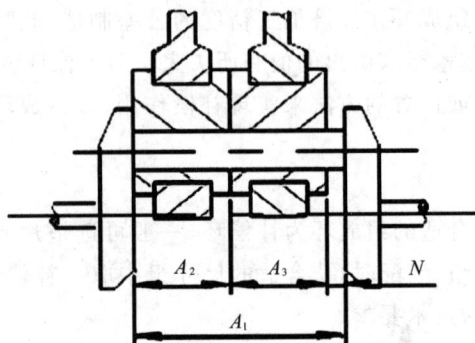

图 4-8　曲轴装备图

第 5 章　几何量公差

本章提要:

　　机械零件生成加工,无论何种加工精度,总会出现加工尺寸与标准理想尺寸存在偏差的情况。几何公差就是对零件的加工规定合理的误差允许范围,既要保证零件的使用要求,还要考虑经济成本。本章以最新的国家标准介绍 14 个形位公差的基本概念;不同几何公差带的形状、大小、方向、特点及公差相关原则。形位公差是机械精度设计的重要内容,本章也是教材的重点。

5.1　几何公差概述

　　零件在加工过程中由于受各种因素的影响,不可避免会产生形状和位置误差(简称形位误差),形位误差对机器的使用功能和寿命具有重要影响。

　　例如:配合偶件圆柱表面的形状误差,会使间隙配合中的间隙分布不均匀,造成局部磨损加快,从而降低零件的使用寿命;相互结合零件的表面形状误差,会减少零件的实际支撑面积,使接触面之间的压强增大,从而产生过大的应力和产生严重的变形。

　　零件的形位误差对机器的工作精度和使用寿命,都会造成直接不良影响,特别是在高速、重载等工作条件下,这种不良影响更为严重。然而在实际生产中,制造绝对理想、没有任何几何误差的零件,是既不可能也无必要的。

　　为了保证零件的使用要求和零件的互换性,实现零件的经济性制造,必须对形位误差加以控制,规定合理的几何公差。

　　近年来根据科学技术和经济发展的需要,按照与国际标准接轨的原则,我国对几何公差国家标准进行了几次修订,主要内容包括:GB/T1182—2008《产品几何技术规范(GPS)几何公差形状、方向、位置和跳动公差标注》,GB/T16671—2009《产品几何技术规范(GPS)几何公差最大实体要求、最小实体要求和可逆要求》,GB/T 1958—2004《产品几何技术规范(GPS)形状和位置公差 检测规定》等。

5.1.1　几何要素

　　形位公差的研究对象是零件的几何要素,即零件几何要素本身的形状精度和有关要素之间相互的位置精度问题。零件几何要素由点、线、面构成。具体包括点(圆心、球心、中心点、交点)、线(素线、曲线、轴线、中心线、引线)、面(平面、曲面、圆柱面、圆锥面、球面、中心平面)等,如图 5-1 所示。

　　零件的几何要素可按不同方式分类。

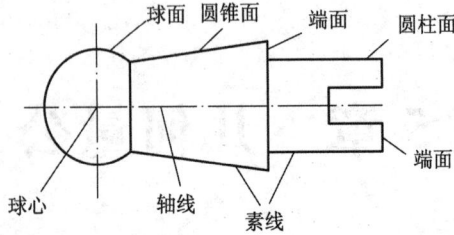

图 5-1　零件的几何要素

1. 按存在状态分

实际要素:指零件实际存在的要素,通常用测量得到的要素代替。

理想要素:指具有几何意义的要素,它们不存在任何误差。机械零件图样表示的要素均为理想要素。

2. 按功能关系分

单一要素:指仅对要素自身提出功能要求而给出形状公差的要素。

关联要素:指相对基准要素有功能要求而给出位置公差的要素。

3. 按结构特征分

轮廓要素:指构成零件外形的点、线、面各要素,即零件外轮廓。

中心要素:指轮廓要素对称中心所表示的点、线、面各要素,实际存在,却无法直接看到。

4. 按作用分

被测要素:指有几何公差要求的要素。被测要素是零件需要研究和测量的对象。

基准要素:指用来确定被测要素的方向和位置的要素。

5.1.2　形位公差的种类

GB/T1182—2008 国家标准《产品几何技术规范(GPS)几何公差 形状、方向、位置和跳动公差标注》规定,形位公差分为两大类,形状公差和位置公差,如表 5-1 所示。

表 5-1　形位公差特征项目及符号

公　差		特征项目	符号	有或无基准要求	公差		特征项目	符号	有或无基准要求
形状	形状	直线度	——	无	位置	定向	平行度度	//	有
		平面度	▱	无			垂直度	⊥	有
		圆度	○	无			倾斜度	∠	有
		圆柱度	⌭	无		定位	位置度	⊕	有或无
形状或位置	轮廓	线轮廓度	⌒	有或无			同轴(同心)度	◎	有
							对称度	═	有
		面轮廓度	⌓	有或无		跳动	圆跳动	↗	有
							全跳动	↗↗	有

5.1.3 基准

1. 基准概念

基准有基准要素和基准之分。零件上用来建立基准并实际起基准作用的实际要素称为基准要素。用以确定被测要素方向或者位置关系的公称理想要素称为基准。基准可以是组成要素(轮廓要素)或导出要素(中心要素);基准要素只能是组成要素。

基准可由零件上的一个或多个要素构成。基准在图样的标注用英文大写字母(如 A、B、C)表示,水平写在基准方格内,与一个涂黑的或空白的三角形相连,涂黑和空白基准三角形含义相同,如图 5-2 所示。

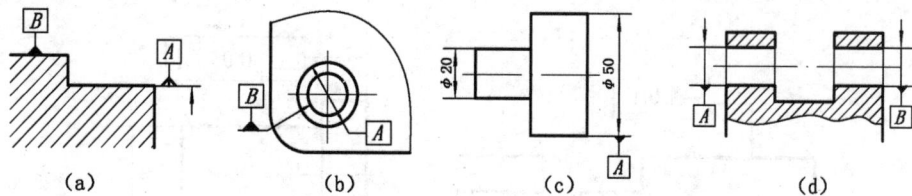

图 5-2　基准标注

2. 基准类型

基准有三种类型:单一基准、公共基准和基准体系。

(1)单一基准:是指仅以一个要素(如一个平面或一条直线)作为确定被测要素方向或位置的依据称为单一基准;

(2)公共基准:是指将两个或两个以上要素组合作为一个独立的基准,称为公共基准或组合基准,如两个平面或两条直线(或两条轴线)组合成一个公共平面或一条公共直线(或公共轴线)作为基准;

(3)基准体系:是指由三个互相垂直的基准平面组成的基准体系,它的三个平面是确定和测量零件上各要素几何关系的基准。

5.1.4 形位公差标注方法

在技术图样中,形位公差采用代号标注形式,如图 5-3 所示。

形位公差的基本内容在公差框格内给出。公差框格分为两格或多格,可水平绘制或垂直绘制。

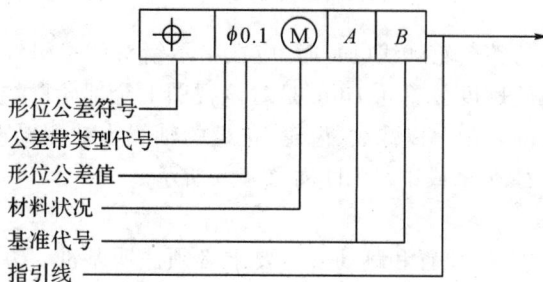

图 5-3　形位公差代号

指引线一端从框格一侧引出,另一端带有箭头,箭头指向被测要素公差带的宽度方向或直径。

公差框格的第二格之间填写的公差带为圆形或圆柱形时,公差值前加注"ϕ",若是球形则加注"$S\phi$"。

1. 被测要素的标注

设计要求给出几何公差的要素用带指示箭头的指引线与公差框格相连。指引线一般与框格一端的中部相连,也可以与框格任意位置水平或垂直相连。

当被测要素为轮廓线或轮廓面时,指示箭头应直接指向被测要素或其延长线上,并与尺寸线明显错开,如图 5-4 所示。

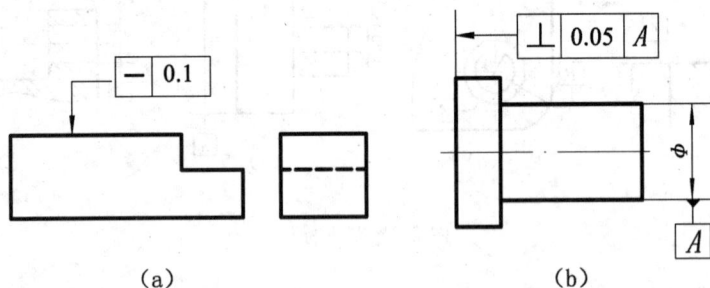

图 5-4　被测要素为轮廓要素时的标注

当被测要素为中心点、中心线、中心面时,指示箭头应与被测要素相应的轮廓尺寸线对齐,如图 5-5 所示,指示箭头可代替一个尺寸线的箭头。

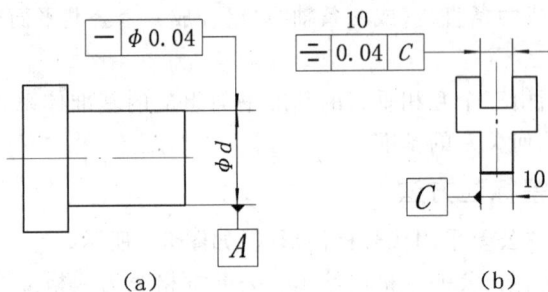

图 5-5　被测要素是中心要素时的标注

当被测要素为视图的整个轮廓线(面)时,应在指示箭头的指引线的转折处加注全周符号。如图 5-6(a)所示线轮廓度公差 0.1mm 是对该视图上全部轮廓线的要求。其他视图上的轮廓不受该公差要求的限制。以螺纹、齿轮、花键的轴线为被测要素时,应在几何公差框格下方标明节径 PD、大径 MD 或小径 LD,如图 5-6 所示。

2. 基准要素的标注

对关联被测要素的方向、位置和跳动公差要求必须注明基准。方框内的字母应与公差框格中的基准字母对应,且不论基准代号在图样中的方向如何,方框内的字母均应水平书写。单一基准由一个字母表示,如图 5-7(a)所示;公共基准采用由横线隔开的两个字母表示,如图 5-7(b)所示;基准体系由两个或三个字母表示,如图 4-3 所示。

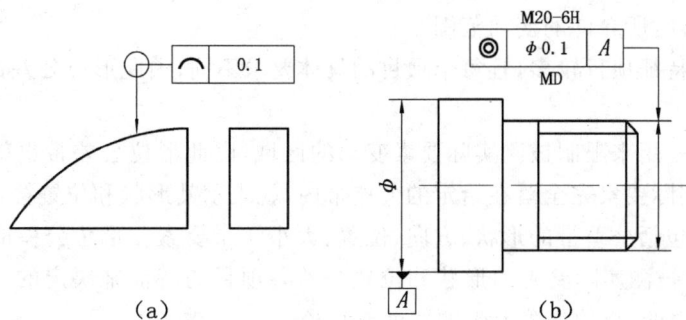

图 5-6　被测要素其他标注

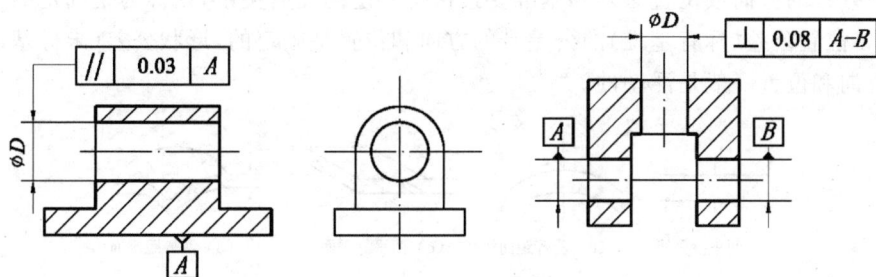

图 5-7　基准要素的标注

当以轮廓线或轮廓面作为基准时,基准符号在要素的轮廓线或其延长线上,且与轮廓的尺寸线明显错开,如图 5-7(a)所示;当以轴线、中心平面或中心点为基准时,基准连线应与相应的轮廓尺寸线对齐,如图 5-7(b)所示。

国家标准中还规定了一些其他特殊符号,形位公差数值和其他有关符号如表 5-2 形位公差的相关符号所示,需要时可查用国家标准。

表 5-2　形位公差的相关符号

符号	意义	符号	意义
Ⓜ	最大实体状态	50	理论正确尺寸
Ⓟ	延伸公差带	$\frac{\phi 20}{A_1}$	基准目标
Ⓔ	包容原则(单一要素)		

5.1.5　公差与形位公差带

1. 形状公差

单一实际要素的形状所允许的变动全量。

2. 位置公差

关联实际要素的位置对基准所允许的变动全量。

标准中,将位置公差又分为定向、定位、跳动 3 种,分别是关联实际要素对基准在方向上、位置上和回转时所允许的变动范围。

形位公差的特征项目较多,且每个项目的具体要求不同,因此形位公差带的形状也就有各种不同的形状。

形位公差带是用来限制被测实际要素变动的区域,因此形位公差带也就有各种不同的形状,只要被测实际要素完全落在给定的公差带内,就表示其形状和位置符合设计要求。

形位公差带包括公差带的形状、方向、位置、大小 4 个要素。形位公差的公差带形状如图 5-4 所示,是由被测实际要素的形状和位置公差各项目的特征来决定的。公差带的大小是由公差值 t 确定的,指的是公差带的宽度或直径。

形位公差带的方向和位置有两种情况:公差带的方向或位置可以随实际被测要素的变动而变动,没有对其他要素保持一定几何关系的要求,这时公差带的方向或位置是浮动的;若形位公差带的方向或位置必须和基准要素保持一定的几何关系,则称为是固定的。

所以,位置公差(标有基准)的公差带的方向和位置是固定的,形状公差(未标基准)的公差带的方向和位置一般是浮动的。

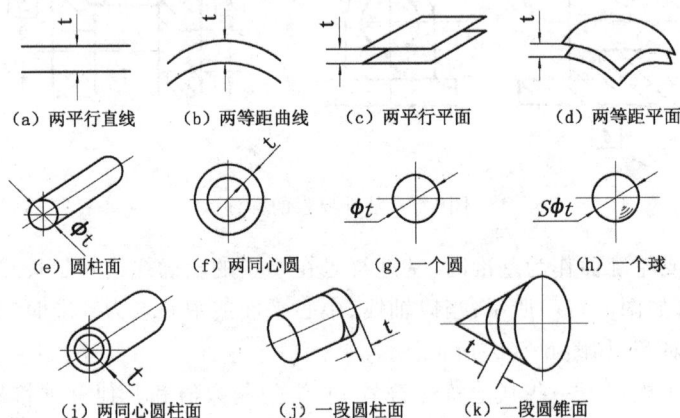

(a) 两平行直线　(b) 两等距曲线　(c) 两平行平面　(d) 两等距平面

(e) 圆柱面　(f) 两同心圆　(g) 一个圆　(h) 一个球

(i) 两同心圆柱面　(j) 一段圆柱面　(k) 一段圆锥面

图 5-8　形位公差带的主要形状

5.2　形位公差及公差带的特点分析

5.2.1　形状公差及公差带

形状公差有 4 个项目:直线度、平面度、圆度和圆柱度。被测要素有直线、平面和圆柱面等。形状公差不涉及基准,形状公差带的方位可以浮动,只能控制被测要素的形状误差。

1. 直线度

直线度是表示零件上的直线要素实际形状保持理想直线的状况,即平直程度。

直线度公差是实际直线对理想直线所允许的最大变动量,也就是用以限制实际直线加工误差所允许的变动范围。

公差特征及符号	公差带的定义	标注和解释
直线度	在给定平面内,公差带是距离为公差值 t 的两平行直线之间的区域	被测表面的素线必须位于平行于图样所示投影面且距离为公差值 0.1 的两平行直线内
	在给定方向上公差带是距离为公差值 t 的两平行平面之间的区域	被测圆柱面的任一素线必须位于距离为公差值 0.1 的两平行平面之内
	如在公差值前加注 ϕ,则公差带是直为 t 的圆柱面内的区域	被测圆柱面的轴线必须位于直径为公差值 $\phi 0.08$ 的圆柱面内

2. 平面度

平面度是表示零件的平面要素实际形状保持理想平面的状况,即平整程度。

平面度公差是实际表面所允许的最大变动量,用以限制实际表面加工误差所允许的变动范围。

平面度 ▱	公差带是距离为公差值 t 的两平行平面之间的区域	被测表面必须位于距离为公差值0.08 mm 的两平行平面内

3. 圆度

圆度是表示零件上圆要素的实际形状与其中心保持等距的状况,即圆整程度。

圆度公差是同一截面上,实际圆对理想圆所允许的最大变动量,用以限制实际圆的加工误差所允许的变动范围。

圆度 ○	公差带是在同一正截面上,半径差为公差值 t 的两同心圆之间的区域	被测圆柱面任一正截面的圆周必须位于半径差为公差值0.03 的同心圆之间 被测圆锥面任一正截面上的圆周必须位于半径差为公差值 0.1mm 的两同心圆之间

4. 圆柱度

圆柱度是表示零件上圆柱面外形轮廓上的各点对其轴线保持等距的状况。

圆柱度公差是实际圆柱面对理想圆柱面所允许的最大变动量,用以限制实际圆柱面加工误差所允许的变动范围。

圆柱度	公差带是半径差为公差值 t 的两同轴圆柱面之间的区域	被测圆柱面必须位于半径差为公差值 0.1 的两同轴圆柱面之间

5.2.2　轮廓度公差及公差带

1. 线轮廓度

线轮廓度是表示在零件的给定平面上任意形状的曲线保持其理想形状的状况。

线轮廓度公差是非圆曲线的实际轮廓线的允许变动量,用以限制实际曲线加工误差所允许的变动范围。

线轮廓度	公差带是包络一系列直径为公差值 t 的圆的两包络线之间的区域。诸圆的圆心位于具有理论正确几何形状的线上	在平行于图样所示投影面的任一截面上,被测轮廓线必须位于包络一系列直径为公差值 0.04 且圆心位于具有理论正确几何形状的线上的两包络线之间
	无基准要求的线轮廓度公差见图 a; 有基准要求的线轮廓度公差见图 b	(a)无基准要求 (b)有基准要求

2. 面轮廓度

面轮廓度是表示零件上任意形状的曲面保持其理想形状的状况。

面轮廓度公差是非圆曲面的轮廓线对理想轮廓面的允许变动量,用以限制实际曲面加工误差的变动范围。

71

面轮廓度	公差带是包络一系列直径为公差值 t 的球的两包络面之间的区域,诸球的球心应位于具有理论正确几何形状的面上	被测轮廓面必须位于包络一系列球的两包络面之间,诸球的直径为公差值 0.02,且球心位于具有理论正确几何形状的面上的两包络面之间

5.2.3 定向公差及公差带

定向公差有三个项目:平行度、垂直度和倾斜度。被测要素有直线和平面,基准要素有直线和平面。按被测要素相对于基准要素,有线对线、线对面、面对线和面对面四种情况。定向公差带在控制被测要素相对于基准平行、垂直和倾斜所夹角度方向误差的同时,能够自然地控制被测要素的形状误差。

1. 平行度

平行度是表示零件上被测实际要素相对于基准保持等距离的状况。

平行度公差是被测要素的实际方向与基准相平行的理想方向之间所允许的最大变动量,用以限制被测实际要素偏离平行方向所允许的变动范围。

平行度	公差带是两对互相垂直的距离分别为 t_1 和 t_2 且平行于基准线的两平行平面之间的区域	被测轴线必须位于距离分别为公差值 0.2mm 和 0.1mm,在给定的互相垂直方向上且平行于基准轴线的两组平行平面之间

平行度 ∥	如在公差值前加注，公差带是直径为公差值 t 且平行于基准线的圆柱面内的区域	被测轴线必须位于直径为 0.1mm 且平行于基准轴线 B 的圆柱面内
	公差带是距离为公差值 t 且平行于基准平面的两平行平面之间的区域	被测轴线必须位于距离为公差值 0.03 mm 且平行于基准表面 A(基准平面)的两平行平面之间
	公差带是距离为公差值 t 且平行于基准线的两平行平面之间的区域	被测表面必须位于距离为公差值 0.05 mm 且平行于基准线 A(基准轴线)的两平行平面之间

续表

平行度	公差带是距离为公差值 t 且平行于基准面的两平行平面之间的区域	被测表面必须位于距离为公差值0.05 mm 且平行于基准平面 A(基准平面)的两平行平面之间
//	平行度公差 基准平面	// | 0.05 | A A

2. 垂直度

垂直度是表示零件上被测要素相对于基准要素保持正确的 90°角的状况。

垂直度公差是被测要素的实际方向对于基准相垂直的理想方向之间所允许的最大变动量,用以限制被测实际要素偏离垂直方向所允许的最大变动范围。

垂直度	公差带是距离为公差值 t 且垂直于基准轴线的两平行平面之间的区域	被测轴线必须位于距离为公差值0.08 mm 且垂直于基准线 A(基准轴线)的两平行平面之间
⊥	基准轴线	A ⊥ | 0.08 | A
	如在公差值前加注 ϕ,公差带是直径为公差值 t 且垂直于基准面的圆柱面内的区域 ϕt 基准平面	被测轴线必须位于直径为公差值 $\phi 0.05$ mm 且垂直于基准线 A(基准平面)的圆柱面内 ϕd ⊥ | ϕ 0.08 | A A

3. 倾斜度

倾斜度是表示零件上两要素相对方向保持任意给定角度的正确状况。

倾斜度公差是被测要素的实际方向,对于与基准成任意给定角度的理想方向之间所允许的最大变动量。

倾斜度 ∠	被测线和基准线在同一平面内,公差带是距离为公差值 t 且与基准线成一给定角度的两平行平面之间的区域	被测轴线必须位于距离为公差值 0.08mm 且与 $A-B$ 公共基准线成理论正确角度 60° 的两平行平面之间
	公差带是距离为公差值 t 且与基准面成一给定角度的两平行平面之间的区域	被测表面必须位于距离为公差值 0.08mm 且与基准面 A(基准平面)成理论正确角度 40° 的两平行平面之间
	公差带为直径等于公差值 ϕt 的圆柱面所限定的区域,且与基准平面成理论角度	被测轴线必须位于距离为公差值 0.05mm 且与基准面 A(基准平面)成理论正确角度 60° 的两平行平面之间且平行于基准平面 B

5.2.4 定位公差及公差带

定位公差有三个项目:位置度、同轴度和对称度。定位公差涉及基准,公差带的方向(主要是位置)是固定的。定位公差带在控制被测要素相对于基准位置误差的同时,能够自然地控制被测要素相对于基准的方向误差和被测要素的形状误差。

1. 位置度

位置度是零件上的点、线、面等要素相对其理想位置的准确状况。

位置度公差是被测要素的实际位置相对于理想位置所允许的最大变动量,用以限制被测要素偏离理想位置所允许的最大变动范围。

位置度 ⊕	如公差值前加注φ,公差带是直径为公差值 t 的圆内的区域。圆公差带的中心点的位置由相对于基准 A 和 B 的理论正确尺寸确定。	两个中心线的交点必须位于直径为公差值 0.3mm 的圆内,该圆是圆心位于由相对基准 A 和 B(基准直线)的理论正确尺寸所确定的理想位置上
	如公差值前加注 Sφ,公差带是直径为公差值 t 的球内的区域。球公差带的中心点的位置由相对于基准 A、B 和 C 的理论正确尺寸确定。	被测球的球心必须位于直径为公差值 0.03mm 的球内。该球的球心位于由相对基准 A、B、C 的理论正确尺寸所确定的理想位置上
	公差带是距离为公差值 t 且以线的理想位置为中心线对称配置的两平行直线之间的区域。中心线的位置由相对于基准 A 的理论正确尺寸确定,此位置度公差仅给定一个方向	每根刻线的中心线必须位于距离为公差值 0.05mm 且相对于基准 A 的理论正确尺寸所确定的理想位置对称的两平行直线之间

位置度 ⊕	如公差值前加注φ,公差带是直径为公差值 t 的圆柱面内的区域。圆柱公差带的中心轴线位置由相对于基准 B 和 C 的理论正确尺寸确定 第三基准 φt 第二基准 第一基准	被测要素φD 孔的轴线必须位于直径为公差值φ0.1mm 的圆柱面内,该圆柱面的中心轴线位置由相对基准 B、C 的理论正确尺寸 30mm 和 40mm 确定 φD ⊕ φ0.1 A B C 30 40 B C A
	公差带是距离为公差值 t 且以被测斜平面的理想位置为中心面对称配置的两平行平面间的区域。中心面的位置由基准轴线 A 和相对于基准面 B 的理论正确尺寸确定 x 第二基准 第一基准 α t	被测要素斜平面必须位于距离为公差值 0.05mm 两平行平面之间,该两平行平面的对称中心平面位置由基准轴线 A 及理论正确角度 60° 和相对于基准面 B 的理论正确尺寸 50mm 确定 50 B φ A 60° ⊕ φ0.05 A B

2. 同轴度(同心度)

同轴度(同心度)是表示零件上被测轴线相对于基准轴线保持在同一直线上的状况。

同轴度公差是被测轴线相对于基准轴线所允许的变动全量,用以限制被测实际轴线偏离由基准轴线所确定的理想位置所允许的变动范围。

◎	公差带是直径为公差值φt 且与基准圆心同心的圆内的区域 φt 基准点	外圆的圆心必须位于直径为公差值 0.1mm 且与基准圆心同心的圆内 ACS ◎ φ0.1 A A
	公差带是直径为公差值φt 的圆柱面内的区域,该圆柱面的轴线与基准轴线同轴 φt	大圆柱面的轴线必须位于直径为公差值φ0.1 且与公共基准线 A—B(公共基准轴线)同轴的圆柱面内 ◎ φ0.1 A—B φt₁ φt₁ φt₁ A B

3. 对称度

对称度是表示零件上两对称中心要素保持在同一中心平面内的状态。

对称度公差是实际要素的对称中心面(或中心线、轴线)对理想对称平面所允许的变动量。

⚌	公差带是距离为公差值 t 且相对基准的中心平面对称配置的两平行平面之间的区域 基准平面 t $t/2$	被测中心平面必须位于距离为公差值 0.08mm 且相对于公共基准中心平面 $A-B$ 对称配置的两平行平面之间 ⚌ 0.08 $A-B$ A 20 20 B

5.2.5 跳动公差及公差带

跳动公差有 2 个项目:圆跳动和全跳动。跳动公差带在控制被测要素相对于基准位置误差的同时,能够自然地控制被测要素相对于基准的方向误差和被测要素的形状误差。

1. 圆跳动

圆跳动是表示零件上的回转表面在限定的测量面内相对于基准轴线保持固定位置的状况。

圆跳动公差是被测实际要素绕基准轴线无轴向移动地旋转 1 周时,在限定的测量范围内所允许的最大变动量。

∕	公差带为在任一垂直于基准轴线的横截面内,半径差为公差值 t,圆心在基准轴线上的两同心圆所限定的区域 t 基准轴线 基准轴线	当被测要素围绕基准线 A(基准轴线)的约束旋转一周时,在任一测量平面内的径向圆跳动量均不得大于 0.05mm ∕ 0.05 A $\varnothing d$ $\varnothing d$ A
	公差带是在与基准同轴的任一半径位置的测量圆柱面上距离为 t 的两圆之间的区域 t 基准轴线 测量圆柱面	被测面围绕基准线 A(基准轴线)旋转一周时,在任一测量圆柱面内轴向的跳动量均不得大于 0.1mm ∕ 0.05 A A

∕	公差带是在与基准同轴的任一测量圆锥面上距离为 t 的两圆之间的区域（除另有规定，其测量方向应与被测面垂直） 基准轴线 t 测量圆锥面	被测面围绕基准线 A（基准轴线）旋转一周时，在任一测量圆锥面上的跳动量均不得大于 0.05mm ┌──┬────┬───┐ │↗│0.05│ A │ └──┴────┴───┘ $\phi\emptyset$ A

2. 全跳动

全跳动是指零件绕基准轴线连续旋转时沿整个被测表面上的跳动量。

全跳动的公差是被测实际要素绕基准轴线连续旋转，同时指示器沿其理想轮廓相对移动时，所允许的最大跳动量。

⟋⟋	公差带是半径差为公差值 t 且基准同轴的两圆柱面之间的区域 t 基准轴线	被测要素围绕公共基准线 $A-B$ 作若干次旋转，并在测量仪器与工件间同时作轴向的相对移动时，被测要素上各点间的示值均不得大于 0.2mm。测量仪器或工件必须沿着基准轴线方向并相对于公共基准轴线 $A-B$ 移动 ┌──┬───┬────┐ │⟋⟋│0.2│A-B│ └──┴───┴────┘ $\phi\emptyset$ $\phi\emptyset$ $\phi\emptyset$ A B
	公差带是距离为公差值 t 且与基准垂直的两平行平面之间的区域 基准轴线　提取表面 t ϕd	被测要素围绕基准线 D 作若干次旋转，并在测量仪器与工件间作径向相对移动时，在被测要素上各点间的示值均不得大于 0.1mm。测量仪器或工件必须沿着轮廓具有理想正确形状的线和相对于基准轴线 D 的正确方向移动 ┌──┬───┬───┐ │⟋⟋│0.1│ D │ └──┴───┴───┘ ϕd D

5.3 公差原则

公差原则是处理尺寸公差与形状、位置公差之间相互关系的基本原则,它规定了确定尺寸(线性尺寸和角度尺寸)公差和形位公差之间相互关系的原则。公差原则有独立原则和相关原则,相关的国家标准包括 GB/T4249-2009 和 GB/T16671-2009。

5.3.1 有关公差原则的术语及定义

1. 作用尺寸

作用尺寸是零件装配时起作用的尺寸,它是由要素的实际尺寸与其形位误差综合形成的。根据装配时两表面包容关系的不同,作用尺寸分为体外作用尺寸和体内作用尺寸。

(1)体外作用尺寸(d_{fe}、D_{fe})

体外作用尺寸是在被测要素的给定长度上,与实际内表面(孔)体外相接的最大理想面或与实际外表面(轴)体外相接的最小理想面的直径或宽度,如图 5-9 所示。对于关联实际要素,要求体外相接理想面的中心要素必须与基准保持图样给定的方向或位置关系,如图 5-10 所示,与实际轴外接的最小理想孔的轴线应垂直于基准面 A。

(2)体内作用尺寸(d_{fe}、D_{fe})

体内作用尺寸是在被测要素的给定长度上,与实际内表面(孔)体内相接的最小理想面或与实际外表面(轴)体内相接的最大理想面的直径或宽度,如图 5-11所示。对于关联实际要素,要求该体内相接的理想面的中心要素必须与基准保持图样给定的方向或者位置关系,如图 5-12 所示。

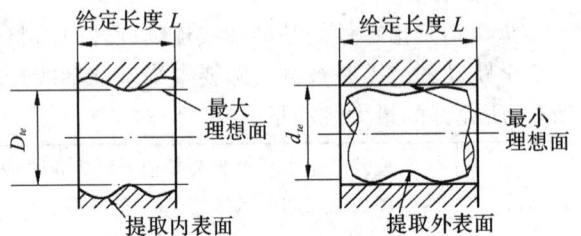

图 5-9 单一体外作用尺寸

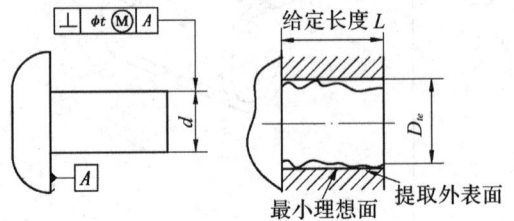

图 5-10 关联体外作用尺寸

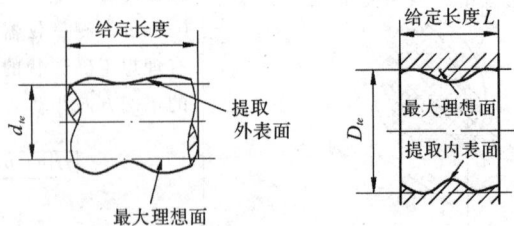

图 5-11 单一体内作用尺寸

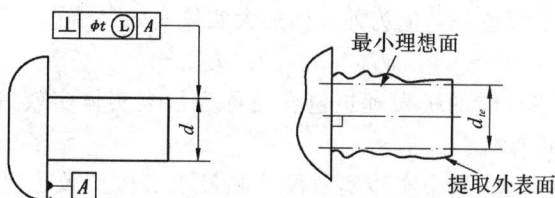

图 5-12　关联体内作用尺寸

2. 实体状态和实体尺寸

当实际要素在尺寸公差范围内时,尺寸不同,零件所含有的材料量不同,装配时(或配合中)的松紧程度也不同,零件材料含量处于极限状态时即为实体状态,有最大实体和最小实体。

(1)最大实体状态、最大实体尺寸和最大实体边界(MMC、MMS、MMB)

最大实体状态是指实际要素在给定长度上处处位于尺寸公差带内并且有实体最大时的状态,用 MMC(maximum material condition)表示。

最大实体尺寸(MMS)是指实体要素在最大实体状态下的极限尺寸,用 $D_M(d_M)$。外表面(轴)的最大实体尺寸等于其最大极限尺寸 d_{max},即 $d_M = d_{max}$,内表面(孔)的最大实体尺寸等于其最小极限尺寸 D_{min},即 $D_M = D_{min}$。

最大实体边界是最大实体状态的理想形状的极限包容面,用 MMB(maximum material boundary)表示。

(2)最小实体状态、最小实体尺寸和最小实体边界(LMC、LMS、LMB)

最小实体状态是指实际要素在给定长度上处处位于尺寸公差内并且有实体最小时的状态,用 LMC(least material condition)表示。

最小实体尺寸(LMS)是指实体要素在最小实体状态下的极限尺寸,用 $D_L(d_L)$ 表示。外表面(轴)的最小实体尺寸等于其最小极限尺寸 d_{min},即 $d_L = d_{min}$,内表面(孔)的最小实体尺寸等于其最大极限尺寸 D_{max},即 $D_L = D_{max}$。

最小实体边界是指最小实体状态的理想形状的极限包容面,用 LMB(least material boundary)表示。

3. 实体实效状态、实体实效尺寸和实体实效边界

实效状态是指被测要素实体尺寸和该要素的几何公差综合作用下的极限状态。有最大实体实效和最小实体实效两种状态。边界是由设计给定的具有理想形状的极限包容面。

(1)最大实体实效状态、最大实体实效尺寸和最大实体实效边界(MMVC、MMVS、MMVB)

在给定长度上,实际尺寸要素处于最大实体状态,且其中心要素的形状或位置误差等于给出公差值时的综合极限状态,称为最大实体实效状态 MMVC(maximum material virtual condition)。

最大实体实效状态下的体外作用尺寸,称为最大实体实效尺寸 MMVS(maximum material virtual size)。

最大实体尺寸减去形位公差值为内表面最大实体实效尺寸:

$$D_{MV} = D_M - t = D_{\min} - t$$

最小实体尺寸加上形位公差值为外表面最大实体实效尺寸：

$$d_{MV} = d_M + t = d_{\max} + t$$

最大实体实效状态对应的极限理想包容面称为最大实体实效边界 MMVB(maximum material virtual boundary)。

(2)最小实体实效状态、最小实体实效尺寸和最小实体实效边界(LMVC、LMVS、LMVB)

在给定长度上，实际尺寸要素处于最小实体状态，且其中心要素的形状或位置误差等于给出公差值时的综合极限状态，称为最小实体实效状态 LMVC(least material virtual condition)。

最小实体实效状态下的体内作用尺寸，称为最小实体实效尺寸 LMVS(least material virtual condition)。

最小实体尺寸加形位公差值为内表面最小实体实效尺寸：

$$D_{LV} = D_L + t = D_{\max} + t$$

最小实体尺寸减去形位公差值为外表面最小实体实效尺寸：

$$d_{LV} = d_L - t = d_{\min} - t$$

最小实体实效状态对应的极限包容面称为最小实体实效边界 LMVB(least material virtual condition)。

5.3.2 独立原则

独立原则是指图样上给定的每个尺寸、形状、位置等要求，均是互相独立的，应当分别满足图样要求，即尺寸公差控制尺寸误差，几何公差控制形位误差。

独立原则的适用范围较广。一般非配合尺寸均采用独立原则，例如，印刷机的滚筒，尺寸精度不高，但对其圆柱度要求高，以保证印刷是它与纸面接触均匀，使印刷的图文清晰，因而按独立原则给出圆柱度公差，而直径尺寸所用的未注公差与圆柱度公差不相关。

采用独立原则时可用普通计量器具检测尺寸误差和几何误差。

5.3.3 相关原则

相关原则又可分为包容要求、最大实体要求(及其可逆要求)和最小实体要求(及其可逆要求)。

1. 包容要求

包容要求是指要求单一尺寸要素的实际轮廓不得超出最大实体边界，且其实际尺寸不超出最小实体尺寸的一种公差原则。根据包容要求，被测实际要素的合格条件是

对于内表面：$D_{fe} \geqslant D_M = D_{\min}$ 且 $D_a \leqslant D_L = D_{\max}$

对于外表面：$d_{fe} \leqslant d_M = d_{\max}$ 且 $d_a \geqslant d_L = d_{\min}$

采用包容要求的尺寸要素应在其尺寸极限偏差或公差带代号之后加注符号Ⓔ。

包容要求主要用于配合性质要求较严格的配合表面，用最大实体边界保证所需的最小间隙或最大过盈。如回转轴的轴颈和滑动轴承、滑动套筒和孔、滑块和滑动槽等。

2. 最大实体要求 MMR

最大实体要求是指被测要素的实际轮廓应遵守其最大实体实效边界，当其实际尺寸偏离最大实体尺寸时，允许其形位公差值超出其给定的公差值，即允许形位公差增大，在保证

零件可装配的场合下降低加工难度。

最大实体要求应用于被测要素时,应在形位公差框格中的公差值后面标注符号Ⓜ;最大实体要求应用于基准要素时,应在形位公差框格基准符号后面标注符号Ⓜ。

(1)最大实体要求用于被测要素

被测要素的实际轮廓应遵守其最大实体实效边界,即其体外作用尺寸不得超出最大实体实效尺寸;而且要素的局部尺寸在最大与最小实体尺寸之间。

合格零件的判定条件是

对于内表面:$D_{fe} \geqslant D_{MV} = D_{min} - t$ 且 $D_M = D_{min} \leqslant D_a \leqslant D_L = D_{max}$

对于外表面:$d_{fe} \leqslant d_{MV} = d_{min} + t$ 且 $d_M = d_{max} \geqslant d_a \geqslant d_L = d_{min}$

(2)最大实体要求用于基准要素

基准要素应遵守相应的相应边界。若基准要素的实际轮廓偏离其相应的边界,即其体外作用尺寸偏离其相应的边界尺寸,则允许基准要素在一定范围内浮动,其浮动范围等于基准要素的体外作用尺寸与其相应的边界尺寸之差。

最大实体要求应用于基准要素时,基准要素应遵守的边界有两种情况:

● 基准要素本身采用最大实体要求时,应遵守最大实体实效边界,此时,基准代号应直接标注在形成该最大实体实效边界的形位公差框格下面;

● 基准要素本身不采用最大实体要求时,应遵守最大实体边界,此时,基准代号应标注在基准的尺寸线处,连线与尺寸线对齐。

3. 最小实体要求 LMR

最小实体要求是指控制被测要素的实际轮廓处于其最小实体实效边界之内的一种公差要求。当其实际尺寸偏离最小实体尺寸时,允许其形位误差值超出其给出的公差值。即可用于被测要素,也可应用于基准要素。

最小实体要求用于被测要素时,应在被测要素的形位公差框格中的公差值后标准符号Ⓛ;应用于基准要素时,应在被测要素的形位公差框格内相应的基准字母代号后标注符号Ⓛ。

(1)最小实体要求应用于被测要素

被测要素的实际轮廓在给定长度上处处不得超出最小实体实效边界,即其体内作用尺寸不能超出最小实体实效尺寸,且其局部实际尺寸在最大实体尺寸和最小实体尺寸之间。

合格零件的判定条件是

对于内表面:$D_{fi} \leqslant D_{LV} = D_{max} + t$ 且 $D_M = D_{min} \leqslant D_a \leqslant D_{max} = D_L$

对于外表面:$d_{fi} \geqslant d_{LV} = d_{min} - t$ 且 $d_L = d_{min} \leqslant d_a \leqslant d_{max} = d_M$

(2)最小实体要求应用于基准要素

基准要素应遵守相应的边界。若基准要素的实际轮廓偏离其相应的边界,即其体内作用尺寸偏离其相应的边界尺寸,则允许基准要素在一定范围内浮动,其浮动范围等于基准要素的体内作用尺寸与其相应的边界尺寸之差。

最小实体要求应用于基准要素时,基准要素应遵守的边界有两种情况:

● 基准要素本身采用最小实体要求时,应遵守最小实体实效边界,此时,基准代号应直接标注在形成该最小实体实效边界的形位公差框格下面。

● 基准要素本身不采用最小实体要求时,应遵守最小实体边界,此时,基准代号应标注在基准的尺寸线处,连线与尺寸线对齐。

4. 可逆要求

可逆要求是在不影响零件功能的前提下，几何公差可以补偿尺寸公差，即被测实际要素的几何公差小于给出的几何公差值时，允许相应的尺寸公差增大，从而一定程度上降低了工件的废品率。可逆要求是最大实体要求或最小实体要求的附加要求。

可逆要求用于最大实体要求时，应在被测要素的几何公差框格中的公差值后标注"Ⓜ Ⓡ"。

可逆要求用于最小实体要求时，应在被测要素的几何公差框格中的公差值后标注"Ⓛ Ⓡ"。

5.4　几何公差的选用

正确、合理选用几何公差，对保证产品质量和提高经济效益具有十分重要的意义。几何公差的选用只要包括几何公差项目的选择、公差等级与公差值的选择、公差原则的选择和基准要素的选择。

5.4.1　几何公差项目选择

几何公差项目的选择取决于零件的几何特征、功能要求及检测的方便性。

（1）零件的几何特征

在进行几何特征选择前，首先分析零件的结构特点及使用要求，确定是否需要标注几何公差。

形状公差项目主要是按要素的几何形状特征制定的，因此要素的几何特征是选择公差项目的基本依据。

方向或位置公差项目是按要素间几何方位关系制定的，所以关联要素的公差项目以几何方位关系为基本依据。

（2）功能要求

零件的功能要求不同，对几何公差应提出不同的要求，应分析几何误差对零件使用性能的影响。如平面的形状误差会影响支承面安置的平稳和定位可靠性，影响贴合面的密封性和滑动面的磨损。

（3）检测方便性

为了检测方便，有时可将所需的公差项目用控制效果相同或相近的公差项目代替。如要素为圆柱面时，圆柱度是理想的项目，但圆柱度检测不便，可选用圆度、直线度或跳动公差等进行控制。

在选择要素几何特征时可以参照以下几点：

- 根据零件上要素本身的几何特征及要素间的互相方位关系进行选择；
- 如果在同一要素上标注若干几何公差项目，则应考虑选择综合项目以控制误差；
- 应选择测量简便的项目；
- 参照国家标准的规定进行选择。

5.4.2　基准选择

基准是确定关联要素间方向、位置的依据。在选择公差项目时，必须同时考虑要采用的基准。在选择基准时一般考虑以下几点：

● 根据零件各要素的功能要求，一般选择主要配合表面作为基准，如轴颈、轴承孔、安装定位面等。

● 根据装配关系，应选零件上相互配合、相互接触的定位要素作为各自的基准，如对于盘、套类零件，一般是以其内孔轴线作为径向定位装配，或以其端面进行轴向定位。

● 根据加工定位的需要和零件结构，应选择宽大的平面，较长的轴线做基准以使定位稳定。对于复杂结构零件，应选 3 个基准面。

● 根据检测的方便程度，应选择在检测中装夹定位的要素作为基准，并尽可能将装配基准、工艺基准与检测基准统一起来。

5.4.3 公差原则选择

公差原则的选择主要根据被测要素的功能要求，综合考虑各种公差原则的应用场合和可行性、经济性。表 5-3 公差原则选择示例列出几种公差原则的应用场合和示例，可供选择参考。

表 5-3　公差原则选择示例

公差原则	应用场合	示　　例
独立原则	尺寸精度与形位精度需要分别满足要求	齿轮箱体孔的尺寸精度与两孔轴线的平行度；连杆活塞销孔的尺寸精度与圆柱度；滚动轴承内、外圈滚道的尺寸精度与形状精度
	尺寸精度与形位精度要求相差较大	滚筒类零件尺寸精度要求很低，形状精度要求较高；平板的尺寸精度要求不高，形状精度要求很高；通油孔的尺寸有一定精度要求，形状精度无要求
	尺寸精度与形位精度无联系	滚子链条的套筒或滚子内、外圆柱面的轴线同轴度与尺寸精度；发动机连杆上的尺寸精度与孔轴线间的位置精度
	保证运动精度	导轨的形状精度要求严格，尺寸精度一般
	保证密封性	气缸的形状精度要求严格，尺寸精度一般
	为注尺寸公差或未注几何公差	如退刀槽、倒角、圆角等非功能要素
包容要求	保证国家标准规定的配合性质	保证最小间隙为零，如 $\phi 30H7\textcircled{E}$ 孔与 $\phi 30h6\textcircled{R}$ 轴的配合
	尺寸公差与形位公差间无严格比例关系要求	一般的孔与轴配合，只要求作用尺寸不超越最大实体尺寸，局部实际尺寸不超越最小实体尺寸
最大实体要求	保证关联作用尺寸不超过最大实体尺寸	关联要素的孔与轴的配合性质要求，在公差框格的第二标注"Ⓜ"
	保证可装配性	如轴承盖上用于穿过螺钉的通孔，法兰盘上用于穿过螺栓的通孔
最小实体要求	保证零件强度和最小壁厚	如孔组轴线的任意方向位置度公差，采用最小实体要求可保证孔组间的最小壁厚
可逆要求	与最大（最小）实体要求联用	能充分利用公差带，扩大被测要素实际尺寸的变动范围，在不影响使用性能要求的前提下可以选用

公差原则的可行性与经济性是相对的，在实际选择时应具体情况具体分析。同时还需从零件尺寸大小和检测的方便程度进行考虑。

5.4.4 几何公差值选择

国家标准 GB/T1184—1996 对几何公差项目进行了精度等级的划分,其中,直线度、平面度、平行度、垂直度、倾斜度、同轴度、对称度、圆跳动、全跳动等 9 个项目各分 12 级,1 级精度最高,12 级精度最低;而圆度、圆柱度 2 个项目分 13 级,0 级最高,12 级最低。线、面轮廓度及位置度未规定公差等级。

各项目的各级公差如表 5-4～表 5-7 所示(摘自 GB/T1184—1996)。

表 5-4 直线度、平面度公差值

主参数 L/mm	公差等级											
	1	2	3	4	5	6	7	8	9	10	11	12
	公差值/μm											
≤10	0.2	0.4	0.8	1.2	2	3	5	8	12	20	30	60
>10～16	0.25	0.5	1	1.5	2.5	4	6	10	15	25	40	80
>16～25	0.3	0.6	1.2	2	3	5	8	12	20	30	50	100
>25～40	0.4	0.8	1.5	2.5	4	6	10	15	25	40	60	120
>40～63	0.5	1	2	3	5	8	12	20	30	50	80	150
>63～100	0.6	1	2.5	4	6	10	15	25	40	60	100	200

注:主参数 L 系轴、直线、平面的长度。

表 5-5 圆度、圆柱度公差值

主参数 d(D)/mm	公差等级												
	0	1	2	3	4	5	6	7	8	9	10	11	12
	公差值/μm												
≤3	0.1	0.2	0.3	0.5	0.8	1.2	2	3	4	6	10	14	25
>3～6	0.1	0.2	0.4	0.6	1	1.5	2.5	4	5	8	12	18	30
>6～10	0.12	0.25	0.4	0.6	1	1.5	2.5	4	6	9	15	22	36
>10～18	0.15	0.25	0.5	0.8	1.2	2	3	5	8	11	18	27	43
>18～30	0.2	0.3	0.6	1	1.5	2.5	4	6	9	13	21	33	52
>30～50	0.25	0.4	0.6	1	1.5	2.5	4	7	11	16	25	39	62
>50～80	0.3	0.5	0.8	1.2	2	3	5	8	13	19	30	46	74

注:主参数 d(D) 系轴(孔)的直径

表 5-6 平行度、垂直度、倾斜度公差值

主参数 L、d(D)/mm	公差等级											
	1	2	3	4	5	6	7	8	9	10	11	12
	公差值/μm											
≤10	0.4	0.8	1.5	3	5	8	12	20	30	50	80	120
>10～16	0.5	1	2	4	6	10	15	25	40	60	100	150
>16～25	0.6	1.2	2.5	5	8	12	20	30	50	80	120	200
>25～40	0.8	1.5	3	6	10	15	25	40	60	100	150	250
>40～63	1	2	4	8	12	20	30	50	80	120	200	300
>63～100	1.2	2.5	5	10	15	25	40	60	100	150	250	400

注:1. 主参数 L 为给定平行度时轴线或平面的长度,或给定垂直度、倾斜度时被测要素的长度;

2. 主参数 d(D) 为给定面对线垂直度时,被测要素的轴(孔)直径。

表 5-7　同轴度、对称度、圆跳动和全跳动公差值

主参数 d (D)、B、 L/mm	公差等级											
	1	2	3	4	5	6	7	8	9	10	11	12
	公差值/μm											
≤1	0.4	0.6	1.0	1.5	2.5	4	6	10	15	25	40	60
≥1~3	0.4	0.6	1.0	1.5	2.5	4	6	10	20	40	60	120
>3~6	0.5	0.8	1.2	2	3	5	8	12	25	50	80	150
>6~10	0.6	1	1.5	2.5	4	6	10	15	30	60	100	200
>10~18	0.8	1.2	2	3	5	8	12	20	40	80	120	250
>18~30	1	1.5	2.5	4	6	10	15	25	50	100	150	300
>30~50	1.2	2	3	5	8	12	20	30	60	120	200	400
>50~120	1.5	2.5	4	6	10	15	25	40	80	150	250	500

注：1. 主参数 $d(D)$ 为给定同轴度时轴直径，或给定圆跳动、全跳动时轴(孔)直径；

　　2. 圆锥体斜向圆跳动公差的主参数为平均直径；

　　3. 主参数 B 为给定对称度时槽的宽度；

　　4. 主参数 L 为给定两孔对称度时的孔心距。

对于位置度，由于被测要素类型繁多，国家标准只规定了公差值数系，而未规定公差等级，如表 5-10 所示。

表 5-8　位置度公差指数系表

1	1.2	1.5	2	2.5	3	4	5	6	8
$1×10^n$	$1.2×10^n$	$1.5×10^n$	$2×10^n$	$2.5×10^n$	$3×10^n$	$4×10^n$	$5×10^n$	$6×10^n$	$8×10^n$

注：n 为正整数

几何公差值的选择原则，是在满足零件功能要求的前提下，兼顾工艺的经济性和检测条件，尽量选取较大的公差值。

几何公差值常用类比法确定，主要考虑零件的使用性能、加工的可能性和经济性等因素，除此之外，还需要考虑：

零件形状公差与方向、位置公差的关系，几何公差与尺寸公差的关系，几何公差与表面粗糙度的关系，结构特点等。

表 5-9～表 5-12 列出了各种几何公差等级的应用举例，可供类比时参考。

表 5-9　直线度、平面度等级应用

公差等级	应用举例
1,2	用于精密量具、测量仪器以及精度要求高的精密机械零件，如量块、零级样板、平尺、零级宽平尺、工具显微镜等精密量仪的导轨面等
3	1级宽平尺工作面，1级样板平尺的工作面，测量仪器圆弧导轨的直线度，量仪的测杆等
4	零级平板，测量仪器的 V 型导轨，高精度平面磨床的 V 型导轨和滚动导轨等
5	1级平板，2级宽平尺，平面磨床的导轨、工作台，液压龙门刨床导轨面，柴油机进气、排气阀门导杆等
6	普通机床导轨面，柴油机机体结合面
7	2级平板，机床主轴箱结合面，液压泵盖、减速器壳体结合面等
8	机床传动箱体、挂轮箱体、溜板箱体，柴油机汽缸体，连杆分离面，缸盖结合面，汽车发动机缸盖，曲轴箱结合面，液压管件和法兰连接面等
9	自动车床床身底面，摩托车曲轴箱体，汽车变速箱壳体，手动机械的支承面等

表 5-10　圆度、圆柱度公差等级应用

公差等级	应用举例
0,1	高精度量仪主轴,高精度机床主轴,滚动轴承的滚珠和滚柱等
2	精密量仪主轴、外套、阀套高压油泵柱塞及套,纺锭轴承,高速柴油机进、排气门,精密机床主轴轴颈,针阀圆柱表面,喷油泵柱塞及柱塞套等
3	高精度外圆磨床轴承,磨床砂轮主轴套筒,喷油嘴针,阀体,高精度轴承内外圈等
4	较精密机床主轴、主轴箱孔,高压阀门,活塞,活塞销,阀体孔,高压油泵柱塞,较高精度滚动轴承配合轴,铣削动力头箱体孔等
5	一般计量仪器主轴、测杆外圆柱面,陀螺仪轴颈,一般机床主轴轴颈及轴承孔,柴油机、汽油机的活塞、活塞销,与 P6 级滚动轴承配合的轴颈等
6	一般机床主轴及前轴承孔,泵、压缩机的活塞、气缸,汽油发动机凸轮轴,纺机锭子,减速传动轴颈,高速船用发动机曲轴、拖拉机曲柄主轴颈,与 P6 级滚动轴承配合的外壳孔,与 P0 级滚动轴承配合的轴颈等
7	大功率低速柴油机曲轴轴颈、活塞、活塞销、连杆、气缸,高速柴油机箱体轴承孔,千斤顶或压力油缸活塞,机车传动轴,水泵及通用减速器转轴轴颈,与 P0 级滚动轴承配合的外壳孔等
8	低速发动机、大功率曲柄轴轴颈,压气机连杆盖、体,拖拉机气缸、活塞,炼胶机冷铸轴辊,印刷机传墨辊,内燃机曲轴轴颈,柴油机凸轮轴承孔,凸轮轴,拖拉机、小型船用柴油机气缸套等
9	空气压缩机缸体,液压传动筒,通用机械杠杆与拉杆用套筒销子,拖拉机活塞环、套筒孔

表 5-11　平行度、垂直度、倾斜度公差等级应用

公差等级	应用举例
1	高精机床、测量仪器、量具等主要工作面和基准面等
2,3	精密机床、测量仪器、量具、模具的工作面和基准面,精密机床的导轨,重要箱体主轴孔对基准面的要求,精密机床主轴轴肩端面,滚动轴承座圈端面,普通机床的主要导轨,精密刀具的工作面和基准面等
4,5	普通机床导轨,重要支承面,机床主轴孔对基准的平行度,精密机床重要零件,计量仪器、量具、模具的工作面和基准面,床头箱体重要孔,通用减速器壳体孔,齿轮泵的油孔端面,发动机轴和离合器的凸缘,气缸支承端面,安装精密滚动轴承壳体孔的凸肩等
6,7,8	一般机床的工作面和基准面,压力机和锻锤的工作面,中等精度钻模的工作面,机床一般轴承孔对基准的平行度,变速器箱体孔,主轴花键对定心直径部位轴线的平行度,重型机械轴承盖端面,卷扬机、手动传动装置中的传动轴,一般导轨、主轴箱体孔,刀架,砂轮架,气缸配合面对基准线,活塞销孔对活塞中心线的垂直度,滚动轴承内、外圈端面对轴线的垂直度等
9,10	低精度零件,重型机械滚动轴承端盖,柴油机、煤气发动机箱体曲轴孔、曲轴颈、花键轴和周肩端面,带运输机法兰盘等端面对轴线的垂直度,手动卷扬机及传动装置中的轴承端面,减速器壳体平面等

表 5-12　同轴度、对称度、跳动公差等级应用

公差等级	应用举例
1,2	精密测量仪器的主轴和顶尖。柴油机喷油嘴针阀等
3,4	机床主轴轴颈,砂轮轴轴颈,汽轮机主轴,测量仪器的小齿轮轴,安装高精度齿轮的轴颈等
5	机床轴颈,机床主轴箱孔,套筒,测量仪器的测量杆,轴承座孔,汽轮机主轴,柱塞油泵转子,高精度轴承外圈,一般精度轴承内圈等

公差等级	应用举例
6,7	内燃机曲轴,凸轮轴轴颈,柴油机机体主轴承孔,水泵轴,油泵柱塞,汽车后桥输出轴,安装一般精度齿轮的轴颈,涡轮盘,测量仪器杠杆轴,电机转子普通滚动轴承内圈,印刷机传墨辊的轴颈,键槽等
8,9	内燃机凸轮轴孔,连杆小端铜套,齿轮轴,水泵叶轮,离心泵体,气缸套外径配合面对内径工作面,运输机械滚筒表面,压缩机十字头,安装低精度齿轮用轴颈,棉花精梳机前后滚子,自行车中轴等

在确定形位公差值(公差等级)时,还应注意下列情况:

在同一要素上给出的形状公差值应小于位置公差值。

圆柱形零件的形状公差(轴线直线度除外)一般应小于其尺寸公差值。

平行度公差值应小于其相应的距离公差值。

对于下列情况,考虑到加工的难易程度和除主参数外其他因素的影响,在满足功能要求的情况下,可适当降低1~2级选用。孔相对于轴,细长的孔或轴,距离较大的孔或轴,宽度较大(一般大于1/2长度)的零件表面,线对线、线对面相对于面对面的平行度、垂直度,等等。

凡有关标准已对形位公差作出规定的,如与滚动轴承相配合的轴和壳体孔的圆柱度公差、机床导轨的直线度公差等,都应按相应的标准确定。

5.5 形位误差的评定及检测原则

5.5.1 形位误差的检测原则

1. 形状误差的评定

形状公差是指实际单一要素的实际形状相对于理想要素形状的允许变动量,形状误差是被测实际要素的形状对其理想要素的变动量。在数值上,形状误差不应大于形状公差,因此直线度、平面度、圆度误差的合格性,应按图形状误差的最小包容区域来评定。如图 5-13 所示。

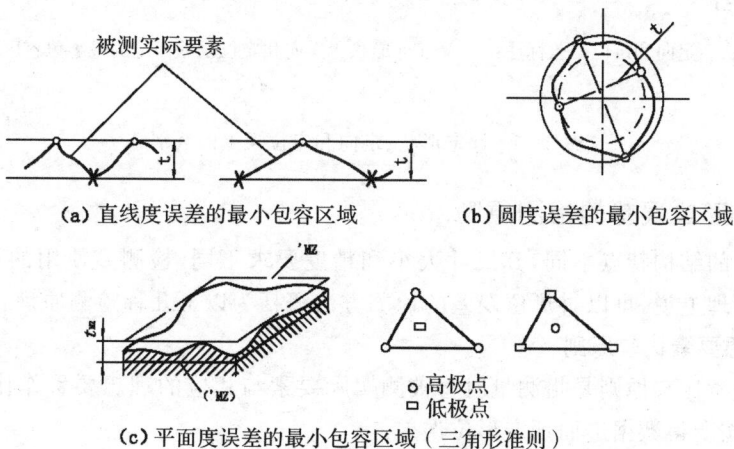

(a) 直线度误差的最小包容区域

(b) 圆度误差的最小包容区域

(c) 平面度误差的最小包容区域(三角形准则)

○ 高极点
□ 低极点

图 5-13 形状误差按最小包容区域评定

2. 定向误差的评定

定向公差是指实际关联要素相对于基准的实际方向对理想方向的允许变动量。平行度、垂直度和倾斜度误差的合格性,应按定向误差的最小包容区域来评定。

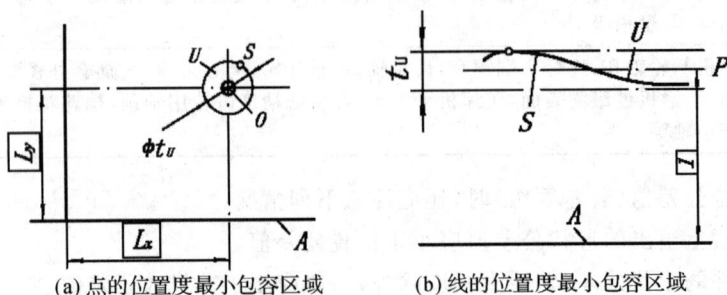

(a) 点的位置度最小包容区域　　　(b) 线的位置度最小包容区域

图 5-14　定位误差的评定

3. 定位误差的评定

定位公差是指实际关联要素相对于基准的实际位置对理想位置的允许变动量。定向误差的合格性,应按定位误差的最小包容区域来评定。

评定形状、定向和定位误差的最小包容区域大小是有区别的,这与形状、定向和定位公差带大小的特点相类似。不涉及基准的形状最小包容区域的尺度应当最小,涉及基准的定位最小包容的尺度应当最大,涉及基准的定向最小包容区域的尺度应当在"最大"和"最小"之间。

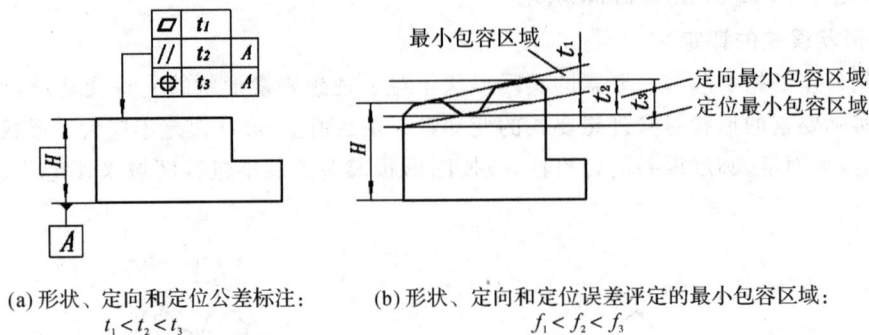

(a) 形状、定向和定位公差标注:
$t_1 < t_2 < t_3$

(b) 形状、定向和定位误差评定的最小包容区域:
$f_1 < f_2 < f_3$

图 5-15　评定形状、定向和定位误差的区别

5.5.2　形位误差的检测原则

被测零件的结构特点不同,其尺寸大小和精度要求不同,检测室使用的设备及条件不同。从检查原理上说,可以讲形位误差的检测方法概括为以下几种检测原理:

1. 与理想要素比较原则

与理想要素比较原则是指测量时将被测实际要素与相应的理想要素作比较,从中获得测量数据,再按所得数据进而评定形位误差。

2. 测量坐标值原则

无论是平面的,还是空间的被测要素,它们的几何特征总是可以在适当的坐标系中反映出来,测量坐标值原则就是利用计量器具固有的坐标系,测出被测实体要素上的各测点的相对坐标值,再经过精确计算从而确定形位误差值。

该原则对轮廓度、位置度的测量应用更为广泛。

3. 测量特征参数原则

测量特征参数原则是指测量实际被测要素上具有代表性的参数,用以表示形位误差值。

该原则所得到的形位误差值与按定义确定的形位误差值相比,只是一个近似值。但应用该原则往往可以简化测量过程和设备,也不需要复杂的数据处理,适用于生产现场。

4. 测量跳动原则

跳动是按回转体零件特有的测量方法,来定义的位置误差项目。测量跳动原则是针对圆跳动和全跳动的定义与实现方法,概括出的检测原则。

5. 边界控制原则

按最大实体要求给出形位公差是,意味着给出了一个理想边界——最大实体实效边界,要求被测实体不得超越该边界。判断被测实体是否超越最大实体实效边界的有效方法是用功能量规检验。

用光滑极限量规的通规或位置量规的工作表面来模拟体现图样上给定的边界,以便检测实际被测要素的体外作用尺寸的合格性。

习　题

1. 简述几何要素及其分类。
2. 基准的作用是什么?
3. 形位公差带有哪几种形式?
4. 简述独立原则、包容要求、最大实体要求及最小实体要求的应用场合。
5. 当被测要素满足包容要求时,其合格的判断条件是什么?
6. 几何公差选用应注意什么?
7. 形位误差的检测原则有哪几种?

第6章 表面粗糙度及其检测

本章提要：

表面粗糙度是产品质量重要指标之一，其对产品的外观质量、零件间的配合以及产品的使用寿命都有影响。本章学习主要要求了解现行国家标准规定的表面粗糙度知识，掌握表面粗糙度的技术要求、标注方法等。

6.1 概 述

无论通过何种加工方法得到的零件表面，总会存在着由较小间距和峰谷组成的微量高低不平的痕迹。这种加工表面具有的较小间距和微小峰谷不平度，叫做表面粗糙度。在设计零件时，对表面粗糙度提出的要求是几何精度中必不可少的一个方面，对该零件的工作性能有重大影响。为了正确评定表面粗糙度和保证互换性，我国制定了相关的国家标准，现行的主要包括：

GB/T 3505-2009《产品几何技术规范 表面结构 轮廓法 表面结构的术语、定义及参数》

GB/T 1031-2009《产品几何技术规范 表面结构 轮廓法 表面粗糙度参数及其数值》

GB/T 131-2006《产品几何技术规范 技术产品文件中表面结构的表示法》

GB/T 7220-2004《表面粗糙度 术语 参数测量》

6.1.1 表面粗糙度的概念

表面粗糙度，是指加工表面具有的较小间距和微小峰谷不平度。当两波峰或波谷之间的距离（波距）在 1mm 以下时，用肉眼是难以区别的，因此它属于微观几何形状误差。表面粗糙度越小，则表面越光滑，在过去也称为表面光洁度。

表面粗糙度是反映被测零件表面微观几何形状误差的一个重要指标，它不同于表面宏观形状（宏观形状误差）和表面波纹度（中间形状误差），这三者通常在一个表面轮廓叠加出现，如图 6-1 所示。

表面宏观形状误差主要是由机床几何精度方面的误差引起的。

中间形状误差具有较明显的周期性的间距 λ 和幅度 h，只在高速切削条件下才会出现，它是由机床—工件—刀具加工系统的振动、发热和运动不平衡造成的。

微观形状误差是在机械加工中因切削刀痕、表面撕裂挤压、振动和摩擦等因素，在被加工表面留下的间距很小的微观起伏。

目前对表面粗糙度、表面波纹度和形状误差还没有统一的划分标准，通常是按相邻的峰

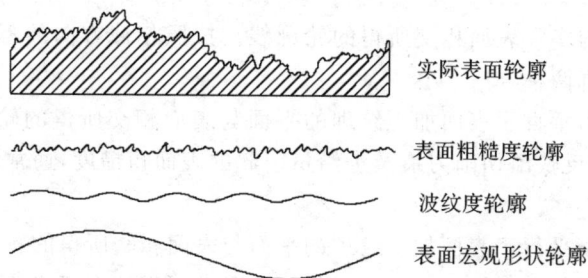

实际表面轮廓

表面粗糙度轮廓

波纹度轮廓

表面宏观形状轮廓

图 6-1　表面宏观形状、波纹度和粗糙度轮廓

间距离或谷间距离来区分。间距小于 1mm 的属于表面粗糙度,间距在 1~10mm 之间的属于表面波纹度,而间距大于 10mm 的属于形状误差。

6.1.2　表面粗糙度对零件使用性能和寿命的影响

表面粗糙度对机械零件的使用性能有很大的影响,主要体现在以下几个方面:

a. 表面粗糙度影响零件的耐磨性。表面越粗糙,配合表面间的有效接触面积越小,压强就越大,零件的磨损就越快。

b. 表面粗糙度影响配合性质的稳定性。对间隙配合来说,表面越粗糙,就越容易磨损,使工作过程中的间隙逐渐增大;对过盈配合来说,由于装配时将微观凸峰挤平,减小了实际有效过盈量,降低了联结强度。

c. 表面粗糙度影响零件的疲劳强度。粗糙的零件表面存在着较大的波谷,就像尖角缺口和裂纹一样,对应力集中很敏感,增大了零件疲劳损坏的可能性,从而降低了零件的疲劳强度。

d. 表面粗糙度影响零件的抗腐蚀性。粗糙的表面,会使腐蚀性气体或液体更容易积聚在上面,同时通过表面的微观凹谷向零件表层渗透,使腐蚀加剧。

e. 表面粗糙度影响零件的密封性。粗糙的表面之间无法严密的贴合,气体或液体会通过接触面间的缝隙渗漏。降低零件表面粗糙度数值,可提高其密封性

f. 表面粗糙度影响零件的接触刚度。零件表面越粗糙,表面间的接触面积就越小,单位面积受力就越大,峰顶处的局部塑性变形就越大,接触刚度降低,进而影响零件的工作精度和抗振性。

此外,表面粗糙度对零件的测量精度、外观、镀涂层、导热性和接触电阻、反射能力和辐射性能、液体和气体流动的阻力、导体表面电流的流通等都会有不同程度的影响。

6.2　表面粗糙度的评定

6.2.1　主要术语及定义

为了客观地评定表面粗糙度,首先要确定测量的长度范围和方向,即评定基准。评定基准是在实际轮廓线上量取得到的一段长度,它包括取样长度、评定长度和基准线。如图 6-2

所示。

实际轮廓是平面与实际表面相交所得的轮廓线。按照相截方向的不同,可分为横向实际轮廓和纵向实际轮廓两种。

横向实际轮廓是指垂直于表面加工纹理的平面与表面相交所得的轮廓线。对车、刨等加工来说,这条轮廓线反映出切削刀痕及进给量引起的表面粗糙度,通常测得的表面粗糙度参数值最大。

纵向实际轮廓是指平行于表面加工纹理的平面与表面相交所得的轮廓线。其表面粗糙度是由切削时,刀具撕裂工件材料的塑性变形引起,通常测得的表面粗糙度参数值最小。

在评定或测量表面粗糙度时,除非特别指明,通常均指横向实际轮廓,即与加工纹理方向垂直的截面上的轮廓。

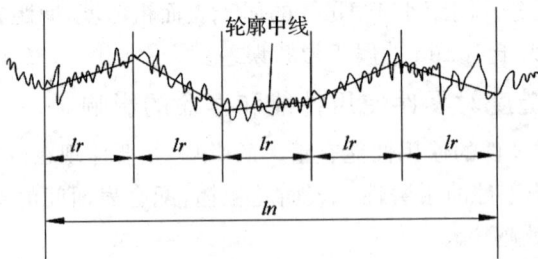

图 6-2　取样长度和评定长度

1. 取样长度(Sampling Length) *lr*

取样长度是用于判别具有表面粗糙度特征的一段基准线长度。

从图 5-1 中可以看出,实际表面轮廓同时存在着宏观形状误差、表面波纹度和表面粗糙度,当选取的取样长度不同时得到的高度值是不同的。规定和选择这段长度是为了限制和减弱其他几何形状误差,特别是表面波纹度对表面粗糙度测量结果的影响。

如果取样长度过长,则有可能将表面波纹度的成分引入到表面粗糙度的结果中;如果取样长度过短,则不能反映被测表面的粗糙度的实际情况。

如图 6-2 所示,在一个取样长度 lr 范围内,一般应至少包含 5 个轮廓峰和 5 个轮廓谷。

2. 评定长度(Evaluation) *ln*

评定长度是评定轮廓所必需的一段长度,它可以包括一个或几个取样长度。

由于加工表面的粗糙度并不均匀,只取一个取样长度中的粗糙度值来评定该表面粗糙度的质量是不够客观的,所以通常我们会取几个连续的取样长度。至于取多少个取样长度与加工方法有关,即与加工所得到的表面粗糙度的均匀程度有关。被测表面越均匀,所需的个数就越少,一般情况为 5 个,即 $ln = 5\ lr$。

3. 轮廓中线(基准线)

轮廓中线是用以评定表面粗糙度参数而给定的线,又称基准线。轮廓中线从一段轮廓线上获得,但它不一定在基准面上。轮廓中线有两种:

(1)轮廓的最小二乘中线

具有几何轮廓形状并划分轮廓的基准线,在一个取样长度 *lr* 内使轮廓线上各点的轮廓偏距(在测量方向上轮廓线上的点与基准线之间的距离)的平方和为最小。(见图 6-3)

$$\int_0^{lr} [Z(x)]^2 \, dx = 最小$$

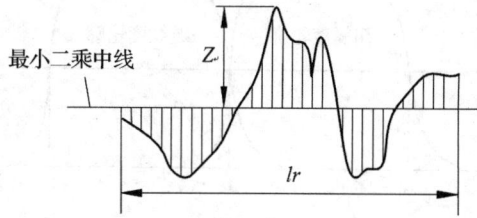

图 6-3　轮廓的最小二乘中线

(2)轮廓的算术平均中线

具有几何轮廓形状,在一个取样长度 lr 内与轮廓走向一致,在取样长度内由该线划分,使上、下两边的面积相等的基准线。

如图 5-4 所示,$F_1 + F_2 + \cdots + F_n = G_1 + G_2 + \cdots + G_n$

$$\sum_{i=1}^n F_i = \sum_{i=1}^n F'_i$$

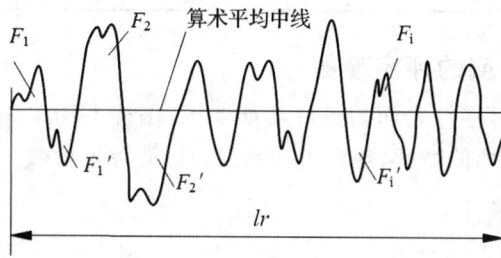

图 6-4　轮廓的算术平均中线

最小二乘中线符合最小二乘原则,从理论上讲是理想的、唯一的基准线。在我国标准 GB/T 3505—2009 中规定,轮廓中线规定采用最小二乘中线。

4. 传输带

传输带是指长波轮廓滤波器和短波轮廓滤波器的截止波长值之间的波长范围。

长波轮廓滤波器是指确定粗糙度与波纹度成分之间相交界限的滤波器,以 λc(或 Lc)表示长波轮廓滤波器的截止波长,在数值上 $\lambda c = lr$。长波轮廓滤波器会抑制波长大于 λc 的长波。

短波轮廓滤波器是指确定存在于表面上的粗糙度与比它更短的波的成分之间相交界限的滤波器,以 λs(或 Ls)表示短波轮廓滤波器的截止波长。短波轮廓滤波器会抑制波长小于 λs 的短波。

粗糙度和波纹度轮廓的传输特性如图 6-5 所示。

截止波长 λs 和 λc 的标准化值可由表 6-1 查取。其中,轮廓算术平均偏差 Ra、轮廓最大高度 Rz、轮廓单元的平均宽度 Rsm、标准取样长度和标准评定长度取自 GB/T 1301—2009、GB/T 10610—2009,表示滤波器传输带 $\lambda s \sim \lambda c$ 这两个极限值的标准化值取自 GB/T 6062—2002。

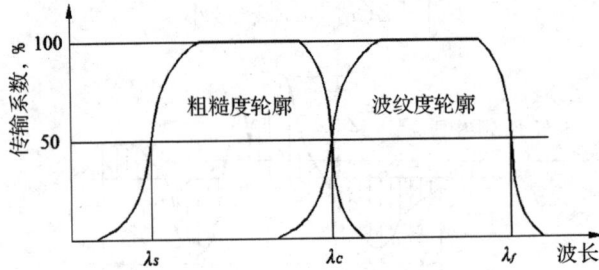

图 6-5　粗糙度和波纹度轮廓的传输特性

表 6-1　截止波长 λs 和 λc 标准值对照表

$Ra(\mu m)$	$Rz(\mu m)$	$Rsm(mm)$	标准取样长度 lr		标准评定长度
			$\lambda s(mm)$	$lr=\lambda c(mm)$	$ln=5\times lr(mm)$
≥0.008~0.02	≥0.025~0.1	≥0.013~0.04	0.0025	0.08	0.4
>0.02~0.1	>0.1~0.5	>0.04~0.13	0.0025	0.25	1.25
>0.1~2	>0.5~10	>0.13~0.4	0.0025	0.8	4
>2~10	>10~50	>0.4~1.3	0.008	2.5	12.5
>10~80	>50~320	>1.3~4	0.025	8	40

6.2.2　表面粗糙度的评定参数

为了满足机械产品对零件表面的各种功能要求,国标 GB/T 3505-2009 从表面微观几何形状的幅度、间距等方面的特征,规定了一系列相应的评定参数。下面介绍其中的几个主要参数。

1. 幅度参数

(1)轮廓算术平均偏差 Ra

在一个取样长度 lr 内,轮廓偏距绝对值的算术平均值(见图 6-6)。

$$Ra = \frac{1}{n}\sum_{i=1}^{n}|Z_i|$$

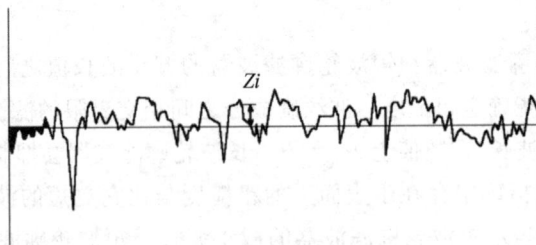

图 6-6　轮廓算术平均偏差

(2)轮廓最大高度 Rz

在一个取样长度 lr 内,最大轮廓峰高和最大轮廓谷深之和(见图 6-7)。

$$Rz=Zp+Zv$$

Zp 为最大轮廓峰高,如图 6-7 中的。Zv 为最大轮廓谷深,如图 6-7 中的 Zv_2。此时

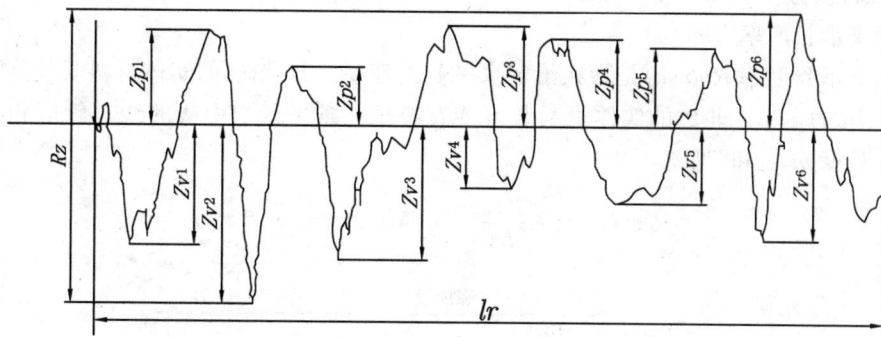

图 6-7　轮廓最大高度

$Rz = Zp_6 + Zv_2$。

注：在旧标准 GB/T 3505-1983 中，符号 Rz 表示"微观不平度十点高度"（该参数在现行国标 GB/T 3505-2009 中已取消），而由符号 Ry 表示"轮廓最大高度"。符号 Rz 的意义不同，所得到的结果也会不同，对技术文件和图纸上出现的 Rz 必须注意其采用的标准，防止不必要的错误。

微观不平度十点高度 Rz(GB/T 3505-1983)的定义是：在取样长度 lr 内，5 个最大的轮廓峰高的平均值与 5 个最大的轮廓谷深的平均值之和。

$$Rz = \frac{1}{5}\sum_{i=1}^{5} Zp_i + \frac{1}{5}\sum_{i=1}^{5} Zv_i$$

2. 间距参数

轮廓单元的平均宽度 Rsm

一个轮廓峰与相邻的轮廓谷的组合叫做轮廓单元。在一个取样长度 lr 范围内，中线与各个轮廓单元相交线段的长度，叫做轮廓单元的宽度，用符号表示。

在一个取样长度 lr 内，轮廓单元宽度 Xs 的平均值，称为轮廓单元的平均宽度 Rsm（见图 6-8）。

$$Rsm = \frac{1}{n}\sum_{i=1}^{n} Xs_i$$

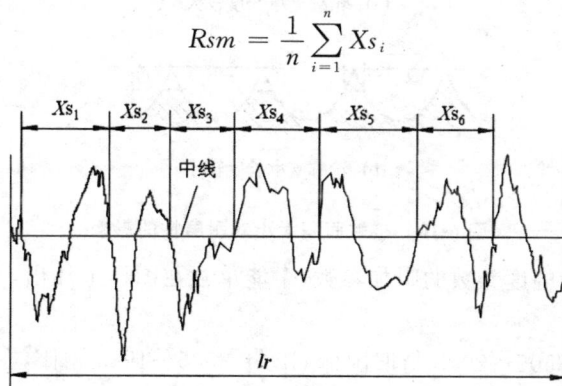

图 6-8　轮廓单元的平均宽度

3. 混合参数

轮廓支承长度率 $Rmr(c)$

轮廓支承长度率 $Rmr(c)$ 是指在给定水平截面高度 c 上,轮廓的实体材料长度 $Ml(c)$ 与评定长度 ln 的比率。轮廓的实体材料长度 $Ml(c)$ 是一条平行于中线的线与轮廓相截所得各段截线长度 bi 之和(见图 6-9)。

$$Rmr(c) = \frac{Ml(c)}{ln} \qquad Ml(c) = \sum_{i=1}^{n} b_i$$

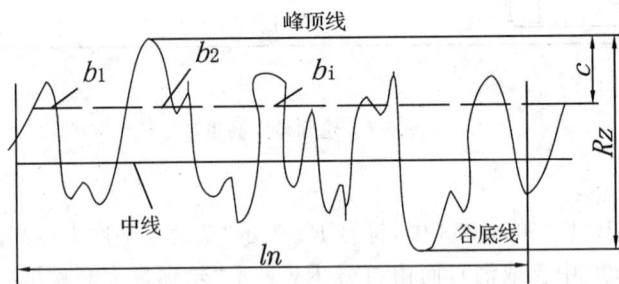

图 6-9　轮廓支承长度率

轮廓支承长度率 $Rmr(c)$ 能直观地反映零件表面的耐磨性,对提高承载能力也具有重要的意义。在动配合中,$Rmr(c)$ 值大的表面,使配合面之间的接触面积增大,减少了磨擦损耗,延长零件的寿命。所以 $Rmr(c)$ 也被作为耐磨性的度量指标。如图 6-10 所示,(a)的接触面积较大,轮廓支承长度较大,耐磨性更好。

注:在旧标准 GB/T 3505—1983 中,轮廓支承长度率的符号是 tp,轮廓的实体材料长度的符号是 ηp,分别等同于现行标准中的 $Rmr(c)$ 和 $Ml(c)$。

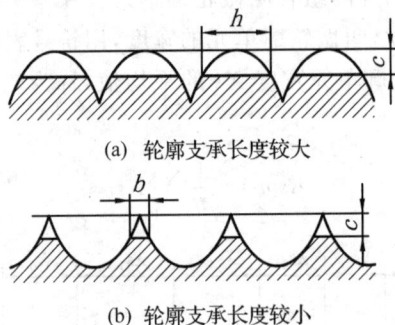

(a) 轮廓支承长度较大

(b) 轮廓支承长度较小

图 6-10　接触面积大小对耐磨性的影响

Rsm、$Rmr(c)$ 作为幅度参数的附加参数,不能单独在图样上注出,只能作为幅度参数的辅助参数注出。

现行国标 GB/T 3505—2009 与旧国标 GB/T 3505—1983 相比,在术语、评定参数及符号方面有所不同,主要区别见表 6-2。

表 6-2　GB/T 3505-2009 与 GB/T 3505-1983 在术语、评定参数及符号上的变化

基本术语	1983	2009	主要评定参数		1983	2009
取样长度	l	lr	幅度参数	轮廓算术平均偏差	Ra	Ra
评定长度	ln	ln		轮廓最大高度	Ry	Rz
纵坐标值	y	$Z(x)$		微观不平度十点高度	Rz	—
轮廓峰高	yp	Zp	间距参数	微观不平度的平均间距	Sm	—
轮廓谷深	yv	Zv		轮廓的单峰间距	S	—
在水平位置 c 上轮廓的实体材料长度	ηp	$Ml(c)$	混合参数	轮廓单元的平均宽度	—	Rsm
				轮廓支承长度率	tp	$Rmr(c)$

注：现行国标 GB/T 3505—2009 中的轮廓单元的平均宽度 Rsm 等同于旧国标 GB/T 3505—1983 中的微观不平度的平均间距 Sm。

6.3　表面粗糙度的选择及其标注

6.3.1　评定参数的选择

1. 幅度参数的选择

（1）如无特殊要求，一般仅选用幅度参数，如 Ra、Rz 等。

（2）当 $0.025\mu m \leqslant Ra \leqslant 6.3\mu m$ 时，优先选用 Ra；而当表面过于粗糙或太光滑时，多采用 Rz。

（3）当表面不允许出现较深加工痕迹，防止应力过于集中，要求保证零件的抗疲劳强度和密封性时，则需选用 Rz。

2. 附加参数的选择

（1）附加参数一般不单独使用。

（2）对有特殊要求的少数零件的重要表面（如要求喷涂均匀、涂层有较好的附着性和光泽表面）需要控制 Rsm（轮廓单元平均宽度）数值。

（3）对于有较高支撑刚度和耐磨性的表面，应规定 $Rmr(c)$（轮廓的支撑长度率）参数。

6.3.2　评定参数值的选择

表面粗糙度评定参数值的选择，不但与零件的使用性能有关，还与零件的制造及经济性有关。在满足零件表面功能的前提下，评定参数的允许值尽可能大（除 $Rmr(c)$ 外），以减小加工困难，降低生产成本。

在国标 GB/T 1031—2009 中规定了常用评定参数可用的数值系列，轮廓算术平均偏差 Ra 和轮廓最大高度 Rz 的数值规定于表 6-3。

表 6-3　幅度参数 Ra、Rz 可用的数值系列　　　单位：μm

Ra	0.012	0.2	3.2	50	Rz	0.025	0.4	100	1600
	0.025	0.4	6.3	100		0.05	0.8	200	
	0.05	0.8	12.5			0.1	1.6	400	
	0.1	1.6	25			0.2	3.2	800	
Ra 的补充系列	0.008	0.080	1.00	10.0	Rz 的补充系列	0.032	0.50	8.0	125
	0.010	0.125	1.25	16.0		0.040	0.63	10.0	160
	0.016	0.160	2.0	20		0.063	1.00	16.0	250
	0.020	0.25	2.5	32		0.080	1.23	20	320
	0.032	0.32	4.0	40		0.125	2.0	32	500
	0.040	0.50	5.0	63		0.160	2.5	40	630
	0.063	0.63	8.0	80		0.25	4.0	63	1000
						0.32	5.0	80	1250

轮廓单元的平均宽度 Rsm 和轮廓支承长度率 $Rmr(c)$ 的数值分别规定于表 6-4 和表 6-5。

表 6-4　轮廓单元的平均宽度 Rsm 可用的数值系列　　　单位：mm

Rsm	0.06	0.1	1.6
	0.0125	0.2	3.2
	0.025	0.4	6.3
	0.05	0.8	12.5

表 6-5　轮廓支承长度率 $Rmr(c)$ 可用的数值系列　　单位：mm

$Rmr(c)$	10	15	20	25	30	40	50	60	70	80	90

选用轮廓支承长度率参数时，应同时给出轮廓截面高度 c 值，它可用微米 Rz 的百分数表示。Rz 的百分数系列如下：5%、10%、15%、20%、25%、30%、40%、50%、60%、70%、80%、90%。

取样长度 lr 的数值从表 6-6 给出的系列中选取。

表 6-6　取样长度 lr 可用的数值系列　　　单位：mm

lr	0.08	0.25	0.8	2.5	8	25

评定参数值的选择，一般应遵循以下原则：

（1）在同一零件上工作表面比非工作表面粗糙度值小。

（2）摩擦表面比非摩擦表面、滚动摩擦表面比滑动摩擦表面的表面粗糙度值小。

（3）运动速度高、单位面积压力大、受交变载荷的零件表面，以及最易产生应力集中的部位（如沟槽、圆角、台肩等），表面粗糙度值均应小些。

（4）配合要求高的表面，表面粗糙度值应小些。

（5）对防腐性能、密封性能要求高的表面，表面粗糙度值应小些。

（6）配合零件表面的粗糙度与尺寸公差、形位公差应协调。一般应符合：尺寸公差＞形位公差＞表面粗糙度。

一般尺寸公差、表面形状公差小时，表面粗糙度参数值也小，但也不存在确定的函数关系。在正常的工艺条件下，三者之间有一定的对应关系，设形状公差为 T，尺寸公差为 IT，它们之间的关系见表6-7。

表 6-7　形状公差与尺寸公差的关系

T 和 IT 的关系	Ra	Rz
$T \approx 0.6\ IT$	$\leqslant 0.05\ IT$	$\leqslant 0.2\ IT$
$T \approx 0.5\ IT$	$\leqslant 0.04\ IT$	$\leqslant 0.15\ IT$
$T \approx 0.4\ IT$	$\leqslant 0.025\ IT$	$\leqslant 0.1\ IT$
$T \approx 0.25\ IT$	$\leqslant 0.012\ IT$	$\leqslant 0.05\ IT$
$T < 0.25\ IT$	$\leqslant 0.15\ T$	$\leqslant 0.6\ T$

评定参数值的选择方法通常采用类比法。表6-8是常见的表面粗糙度的表面特征、经济加工方法和相关的应用实例，可以作为参考。

表 6-8　表面特征、加工方法和应用实例的参考对照表

表面微观特性		$Ra/\mu m$	加工方法	应用举例
粗糙表面	微见刀痕	$\leqslant 20$	粗车、粗刨、粗铣、钻、毛锉、锯断	半成品粗加工过的表面，非配合的加工表面，如轴断面、倒角、钻孔、齿轮和皮带轮侧面、键槽底面、垫圈接触面
半光表面	微见加工痕迹方向	$\leqslant 10$	车、刨、铣、镗、钻、粗铰	轴上不安装轴承、齿轮处的非配合表面，紧固件的自由装配表面，轴和孔的退刀槽
	微见加工痕迹方向	$\leqslant 5$	车、刨、铣、镗、磨、粗刮、滚压	半精加工表面，箱体、支架、盖面、套筒等和其他零件结合而无配合要求的表面，需要发蓝的表面等
	看不清加工痕迹方向	$\leqslant 1.25$	车、刨、铣、镗、磨、拉、刮、压、铣齿	接近于精加工表面，箱体上安装轴承的镗孔表面，齿轮的工作面
光表面	可辨加工痕迹方向	$\leqslant 0.63$	车、镗、磨、拉、刮、精铰、磨齿、滚压	圆柱销、圆锥销，与滚动轴承配合的表面，普通车床导轨面，内、外花键定心表面
	微可辨加工痕迹方向	$\leqslant 0.32$	精铰、精镗、磨、刮、滚压	要求配合性质稳定的配合表面，工作时受交变应力的重要零件，较高精度车床的导轨面
	不可辨加工痕迹方向	$\leqslant 0.16$	精磨、珩磨、研磨、超精加工	精密机床主轴锥孔、顶尖圆锥面、发动机曲轴、凸轮轴工作表面、高精度齿轮表面
极光表面	暗光泽面	$\leqslant 0.08$	精磨、研磨、普通抛光	精密机床主轴轴颈表面，一般量规工作表面，气缸套内表面，活塞销表面
	亮光泽面	$\leqslant 0.04$	超精磨、精抛光、镜面磨削	精密机床主轴轴颈表面，滚动轴承的滚珠，高压油泵中柱塞和柱塞套配合表面
	镜状光泽面			
	镜面	$\leqslant 0.01$	镜面磨削、超精研磨	高精度量仪、量块的工作表面，光学仪器中的金属表面

6.3.3　表面粗糙度的符号

1. 表面粗糙度符号及其画法

图样上所标注的表面粗糙度符号、代号是指该表面完工后的要求。图样上表示零件表面粗糙度的符号见表6-9。

表 6-9　表面粗糙度的图样符号及说明

符　号	意义及说明
	基本符号,表示表面可用任何方法获得,当不加注粗糙度参数值或有关说明(例如:表面处理、局部热处理状况等)时,仅适用于简化代号标注。
	基本符号加以短划,表示表面是用去除材料的方法获得。例如:车、铣、磨、剪切、抛光、腐蚀、电火花加工、气割等。
	基本符号加以小圆,表示表面是用不去除材料的方法获得。例如:铸、锻、冲压变形、热轧、冷轧、粉末冶金等。 或者是用于保持原供应状况的表面(包括保持上道工序的状况)。
	在上述三个符号的长边上均可加一横线,用于标注有关参数和说明。
	在上述三个符号的长边上均可加一小圈,用于表示在图样某个视图上构成封闭轮廓的各表面有相同的表面粗糙度要求。

　　有关表面粗糙度的各项规定应按功能要求给定。若仅需要加工(采用去除材料的方法或不去除材料的方法)但对表面粗糙度的其他规定没有要求时,允许只注表面粗糙度符号。

2.　表面粗糙度符号、代号的标注

　　表面粗糙度数值及其有关的规定在符号中注写的位置,见图 6-11。

　　a——表面粗糙度的单一要求(参数代号及其数值,单位为微米)。

图 6-11　表面粗糙度符号、代号的注写位置

　　b——当有二个或更多个表面粗糙度要求时,在 b 位置进行注写。如果要注写第三个或更多个表面粗糙度要求时,图形符号应在垂直方向扩大,以空出足够的空间,扩大图形符号时,a 和 b 的位置随之上移。

　　c——加工方法、表面处理、涂层或其他加工工艺要求等。

　　d——表面纹理及其方向

　　e—加工余量(单位为毫米)

3.　表面粗糙度符号的尺寸

　　表面粗糙度数值及其有关规定在符号中的注写的位置的比例见图 6-12、图 6-13 和图 6-14。

　　图形符号和附加标注的尺寸见表 6-10。图 6-12 中 b)符号的水平线长度取决于其上下所标注内容的长度。

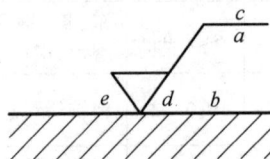

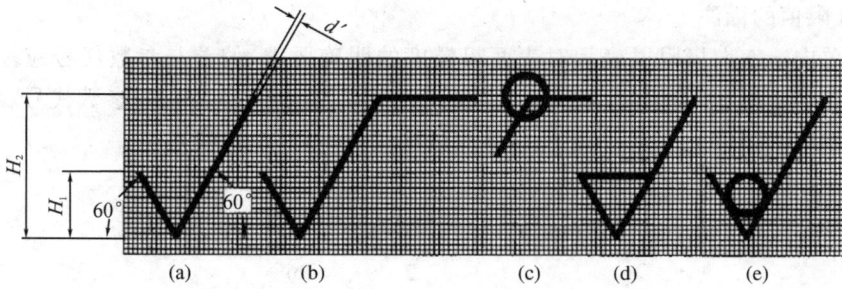

图 6-12　表面粗糙度图形符号的尺寸

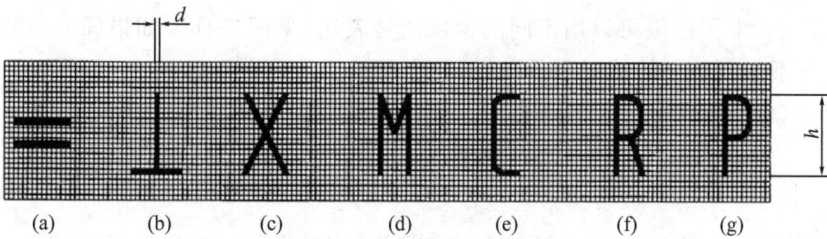

图 6-13　表面粗糙度附加部分的尺寸

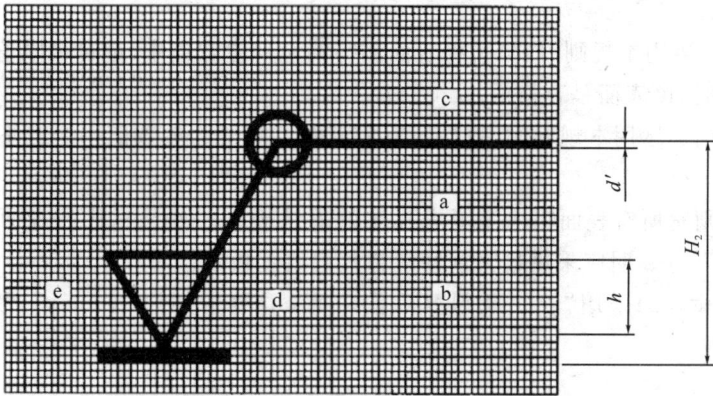

图 6-14　表面粗糙度基本图形符号的尺寸

表 6-10　图形符号和附加标注的尺寸　　单位:mm

数字与字母高度 h	2.5	3.5	5	7	10	14	20
符号线宽 d'	0.25	0.35	0.5	0.7	1	1.4	2
字母线宽 d							
高度 H_1	3.5	5	7	10	14	20	28
高度 H_2(最小值)*	7.5	10.5	15	21	30	42	60
* H_2 取决于标注内容							

1. 表面粗糙度参数标注

(1)极限值的标注

标注单向或双向极限以表示对表面粗糙度的明确要求,偏差与参数代号应一起标注。当只标注参数代号、参数值时,默认为参数的上限值(如图 6-15(a));当参数代号、参数值作为参数的单向下限值标注时,参数代号前应该加注 L(如图 6-15(b))。

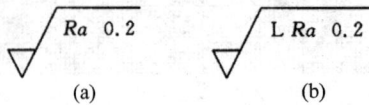

图 6-15　单向极限值的注法

当在完整符号中表示双向极限时,应标注极限代号,上限值在上方用 U 表示,下限值在下方用 L 表示。上下极限可以用不同的参数代号表达,见图 6-16。如果同一参数具有双向极限要求,在不引起歧义的情况下,可以不加注 U、L。

图 6-16　双向极限值的注法

(2)极限值判断规则的标注

国标 GB/T 10610—1998 中规定,表面粗糙度极限值的判断规则有两种,分别是 16%规则和最大规则。

16%规则。运用本规则时,当被检表面测得的全部参数值中,超过极限值的个数不多于总个数的 16%时,该表面是合格的。

● 最大规则。运用本规则时,被检的整个表面上测得的参数值一个也不应超过给定的极限值。

● 16%规则是所有表面粗糙度要求标注的默认规则。如果标注的表面粗糙度参数代号后加注"max",这表明应采用最大规则解释其起给定极限。

如图 6-17 示,(a)采用"16%规则"(默认),而(b)因为加注了"max",故采用"最大规则"。

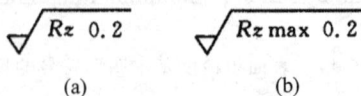

图 6-17　极限值判断规则的注法

(3)传输带和取样长度、评定长度的标注

需要指定传输带时,传输带应标注在参数代号的前面,并用斜线"/"隔开。传输带标注包括滤波器截止波长(mm),短波滤波器在前,长波滤波器在后,并用连字母"—"隔开。如图 6-18 所示,其传输带为 0.0025~0.8mm。

$$\sqrt{}\;\;0.0025\text{-}0.8/Rz\;\;3.2$$

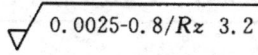

图 6-18　传输带的完整注法

在某些情况下,在传输带中只标注了两个滤波器中的一个。如果存在第二个滤波器,使用默认的截止波长值。如果只标注了一个滤波器,应保留"－"来区分是短波滤波器还是长波滤波器。如图 6-19,表示长波滤波器截止波长为 0.8mm,短波滤波器截止波长默认为 0.0025mm。

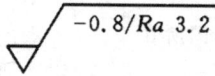

$$\sqrt{}\;\;-0.8/Ra\;\;3.2$$

图 6-19　传输带的省略注法

当需要指定评定长度时,则应在参数符号的后面注写取样长度的个数。如图 6-20,表示评定长度包含 3 个取样长度。

$$\sqrt{}\;\;Ra3\;\;3.2$$

图 6-20　指定取样长度个数的注法

(4)加工方法或相关信息的注法

轮廓曲线的特征对实际表面的表面粗糙度参数值影响很大。标注的参数代号、参数值和传输带只作为表面粗糙度要求,有时不一定能够完全准确地表示表面功能。加工工艺在很大程度上决定了轮廓曲线的特征,因此,一般应注明加工工艺。加工工艺所用文字按图 6-21 所示方法在完整符号中注明,其中图 6-21(b)表示的是镀覆的示例,使用了 GB/T 13911 中规定的符号。

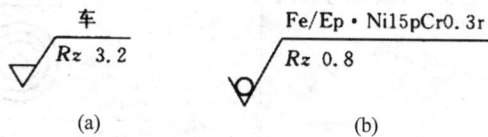

车

$$\sqrt{}\;\;Rz\;\;3.2$$

(a)

Fe/Ep・Ni15pCr0.3r

$$\sqrt{}\;\;Rz\;\;0.8$$

(b)

图 6-21　车削加工和镀覆的注法

(5)需要控制表面加工纹理方向时,可在符号的右边加注加工纹理方向符号,如图 6-22。纹理方向是指表面纹理的主要方向,通常由加工工艺决定。表 6-11 包括了表面粗糙度所要求的与图样平面相应的纹理及其方向。

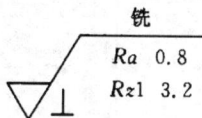

铣

$$\sqrt{}\;\;\begin{array}{l}Ra\;\;0.8\\ Rz1\;\;3.2\end{array}\;\perp$$

图 6-22　垂直于视图所在投影面的表面纹理方向的注法

表 6-11　表面纹理的标注

符　号	说　明	示意图
＝	纹理平行于标注代号的视图所在的投影面	纹理方向
⊥	纹理垂直于标注代号的视图所在的投影面	纹理方向
×	纹理呈两斜向交叉且与视图所在的投影面相交	纹理方向
M	纹理呈多方向	
C	纹理呈近似同心圆,且圆心与表面中心相关	
R	纹理呈近似放射状,且圆心与表面中心相关	
P	纹理呈微粒、凸起、无方向	

注:若表中所列符号不能清楚地表明所要求的纹理方向,应在图样上用文字说明。

（6）加工余量的标注

在同一图样中,有多个加工工序的表面可标注加工余量。加工余量可以是加注在完整符号上的唯一要求,也可以同表面粗糙度的其他要求一起标注。见图 6-23,(a)表示该表面有 2mm 的加工余量,(b)表示该表面在有 3mm 的加工余量的同时,还有其他要求,如轮廓最大高度 $3.2\mu m$、车削加工等。

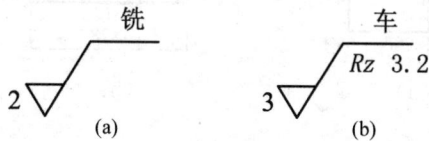

图 6-23　加工余量的注法

6.3.4　表面粗糙度的标注

表面粗糙度要求对每一表面一般只标注一次,并尽可能注在相应的尺寸及其公差的同一视图上,除非另有说明,所标注的表面粗糙度要求是对完工零件表面的要求。

1. 表面粗糙度符号、代号的标注位置与方法

表面粗糙度的注写和读取方向应与尺寸的注写和读取方向一致(见图 6-24)。

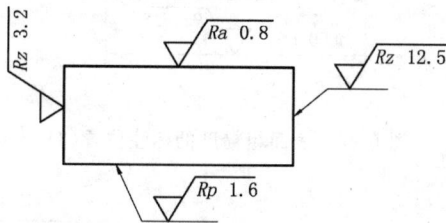

图 6-24　表面粗糙度的注写和读取方向

（1）表面粗糙度要求可标注在轮廓线上,其符号应从材料外指向并接触表面。必要时,表面结构符号也可用带箭头或黑点的指引线引出标注(见图 6-25、图 6-26)。

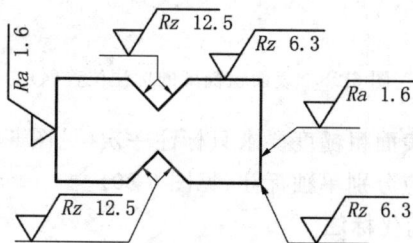

图 6-25　表面粗糙度的标注位置(1)

（2）在不引起误解时,表面粗糙度要求可以标注在给定的尺寸线上(见图 6-27)。

（3）表面粗糙度要求可标注在形位公差框格的上方(见图 6-28)。

（4）表面粗糙度要求可以直接标注在延长线上,或用带箭头的指引线引出标注(见图 6-25和图 6-29)。

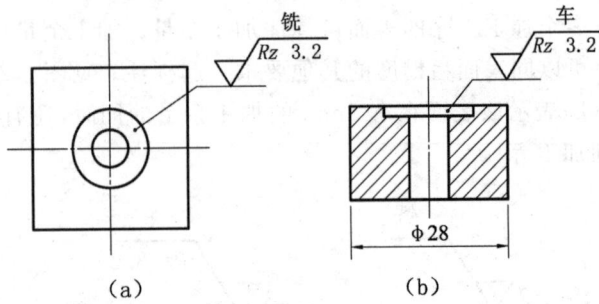

图 6-26　表面粗糙度的标注位置(2)

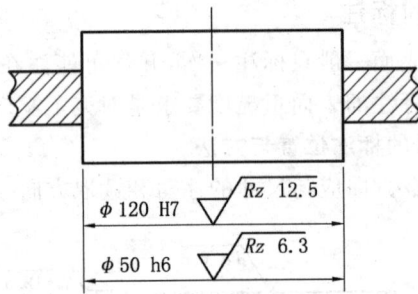

图 6-27　表面粗糙度的标注位置(3)

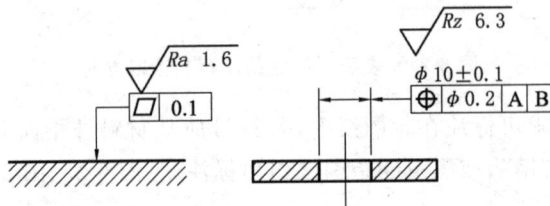

图 6-28　表面粗糙度的标注位置(4)

(5)圆柱和棱柱表面的表面粗糙度要求只标注一次(见图 6-29)。如果每个棱柱表面有不同的表面粗糙度要求,则应分别单独标注(见图 6-30)。

2. 表面粗糙度要求的简化标注

(1)如果在工件的多数(包括全部)表面有相同的表面结构要求时,则其表面粗糙度要求可统一标注在图样的标题栏附近。此时(除全部表面有相同要求的情况外),表面粗糙度要求的符号后面有:

在圆括号内给出无任何其他标注的基本符号(见图 6-31(a));

在圆括号内给出不同的表面粗糙度要求(见图 6-31(b));

不同的表面粗糙度要求应直接标注在图形中(见图 6-31)。

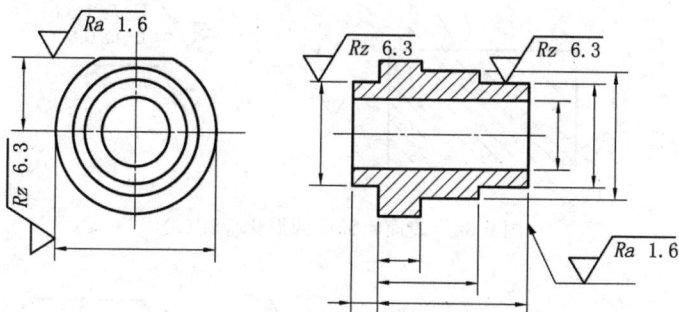

图 6-29 表面粗糙度的标注位置(5)

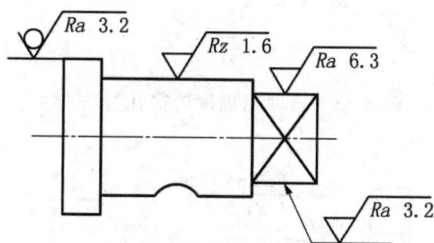

图 6-30 表面粗糙度的标注位置(6)

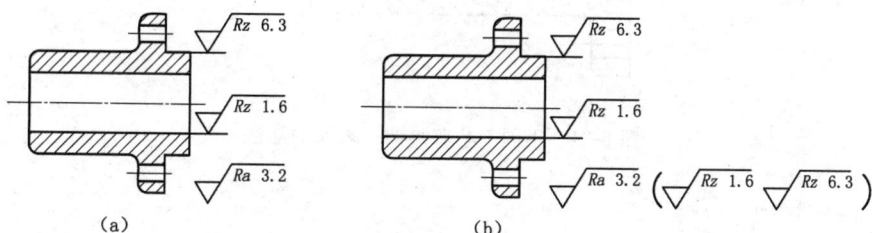

图 6-31 表面粗糙度的简化标注(1)

(2)当多个表面具有相同的表面粗糙度要求或图纸空间有限时,可以采用简化注法。

可用带字母的完整符号,以等式的形式,在图形或标题栏附近,对有相同表面粗糙度的表面进行简化注法(见图 6-32)。

可用表 6-9 中的前三种表面粗糙度符号,以等式的形式给出对多个表面共同的表面粗糙度要求(见图 6-33)。

3. 不同工艺获得同一表面的注法

由几种不同的工艺方法得到的同一表面,当需要明确每种工艺方法的表面粗糙度要求时,可按图 6-34 进行标注。

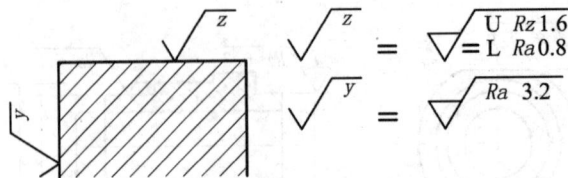

图 6-32　表面粗糙度的简化标注（2）

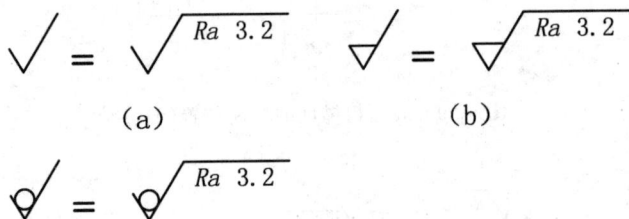

（a）　　　　　　　　（b）

图 6-33　表面粗糙度的简化标注（3）

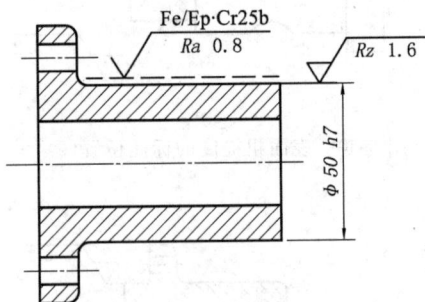

图 6-34　不同工艺获得同一表面的注法

6.4　表面粗糙度的检测

6.4.1　比较法

将被测表面与表面粗糙度比较样块（又称表面粗糙度比较样板）相比较，通过视觉、感触或其他方法进行比较后，对被测表面的粗糙度作出评定的方法，叫做比较法。

比较法多用于车间，一般只用来评定表面粗糙度值较大的工件。图 6-35 所示为常用的表面粗糙度比较样块的样式。

表面粗糙度比较样块的分类及对应的表面粗糙

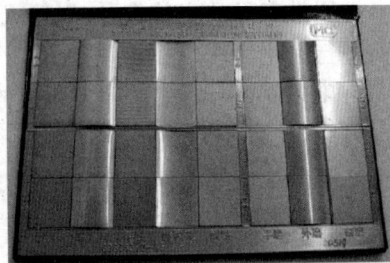

图 6-35　表面粗糙度比较样块

度参数（以表面轮廓算术平均偏差 Ra 表示）公称值见表 6-12。

表 6-12　不同加工方法得到的比较样块对应的表面粗糙度值　　　单位：mm

样块加工方法	磨	车、镗	铣	插、刨
表面粗糙度参数 *Ra* 公称值	0.025			
	0.05			
	0.1			
	0.2			
	0.4	0.4	0.4	
	0.8	0.8	0.8	0.8
	1.6	1.6	1.6	1.6
	3.2	3.2	3.2	3.2
		6.3	6.3	6.3
		12.5	12.5	12.5
				25.0

在国家标准 GB/T 6060.2-2006 中规定了磨、车、镗、铣、插及刨加工表面粗糙度比较样块的术语与定义、制造方法、表面特征、分类；表面粗糙度值及评定、结构与尺寸、加工纹理以及标志包装等。

6.4.2　光切法

利用"光切原理"测量表面粗糙度的方法，叫做光切法。

光切显微镜是应用光切原理测量表面粗糙度的，又称双管显微镜（见图 6-36）。其工作原理是，将一束平行光带以一定角度投射于被测表面上，光带与表面轮廓相交的曲线影像即反映了被测表面的微观几何形状。它解决了工件表面微小峰谷深度的测量问题，同时避免了与被测表面的接触。

但是可被检测的表面轮廓的峰高和谷深，要受物镜的景深和分辨率的限制，当峰高或谷深超出一定的范围，就不能在目镜视场中成清晰的真实图像，从而导致无法测量或者测量误差很大。但由于光切显微镜具有不破坏表面状况、方法成本低、易于操作的特点，所以还在被广泛应用。

常用于测量 Ra 或 Rz 值。由于受到分辨率的限制，一般测量范围为 Rz＝$1\sim80\mu$m。双管显微镜适用于测量车、铣、刨及其他类似加工方法得到的金属表面，也可用于测量木板、纸张、塑料、电镀层等表面的微观不平度，但是不便于检验用磨削或是抛光的方法加工的零件表面。

图 6-36　光切显微镜

6.4.3　干涉法

利用光波干涉原理来测量表面粗糙度的方法，叫做干涉法。

在目镜焦平面上，由于两束光之间有光程差，相遇叠加便产生光程干涉，形成明暗交错的干涉条纹。如果被测表面为理想表面，则干涉条纹是一组等距平行的直条纹线，若被测表面高低不平,则干涉条纹为弯曲状。

常用的测量仪器是干涉显微镜(如图 6-37 所示),采用通过样品内和样品外的相干光束产生干涉的方法,把相位差(或光程差)转换为振幅(光强度)变化,根据干涉图形可分辨出样品中的结构,并可测定样品中一定区域内的相位差或光程差。

干涉显微镜通主要用于测量表面粗糙度的 Rz 和 Ry 值,可以测到较小的参数值,通常测量范围是 $0.03\sim1\mu m$。它不仅适用于测量高反射率的金属加工表面,也能测量低反射率的玻璃表面,但是主要还是用于测量表面粗糙度参数值较小的表面。

6.4.4　感触法

感触法又称针描法,是一种接触式测量表面粗糙度的方法。测量仪器有轮廓检测记录仪、表面粗糙度仪,能够对加工表面粗糙度进行精确测量。利用金刚石触针与被测表

图 6-37　干涉显微镜

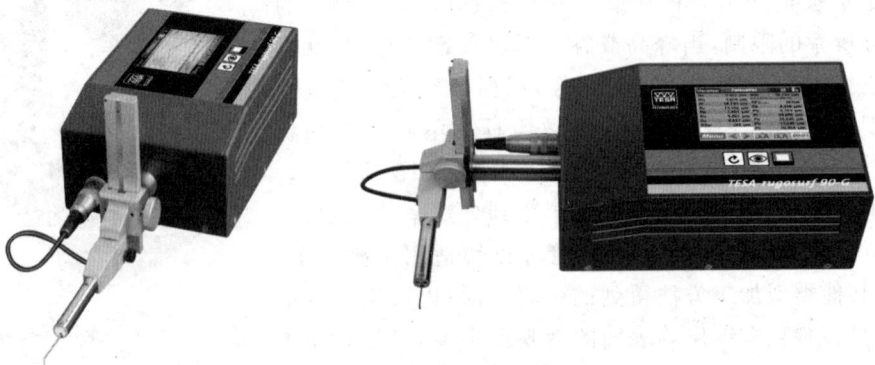

面相接触(接触力很小),并使触针沿着被测表面移动,由于被测表面的微观不平度,迫使触针在垂直于表面轮廓的方向产生上下移动,把被测表面的微观不平度转换为垂直信号,再经传感器转换为电信号后,经放大器将此变化量进行放大后在记录仪上记录,即得到被测截面的轮廓放大图。或者,将放大后的信号送入计算机,经积分运算后可以得到各种表面粗糙度参数值。前者称为轮廓检测记录仪,出现较早;后者称为表面粗糙度仪,是在现代计算机技术的基础上发展起来的,因其测量准确性高、便于操作、评定参数丰富的特点,现已被普遍采用。

表面粗糙度仪又可分为便携式和台式两种(见图 6-38),均可配备多种形状的测针,以适应对平面、内外圆柱面、锥面、球面、沟槽等各类形状表面的测量。

图 6-38　表面粗糙度仪

6.5 表面粗糙度理论与标准

6.5.1 表面粗糙度标准的产生和发展

表面粗糙度标准的提出和发展与工业生产技术的发展密切相关,它经历了从定性评定到定量评定两个阶段。表面粗糙度对机器零件表面性能的影响从 1918 年开始受到注意,在飞机和飞机发动机设计中,由于要求用最少材料达到最大的强度,人们开始对加工表面的刀痕和刮痕对疲劳强度的影响加以研究。但由于测量困难,当时没有定量数值上的评定要求,只是根据目测感觉来确定,即采用定性评定的方法。在 20 世纪 20～30 年代,世界上很多工业国家广泛采用三角符号▽的组合来表示不同精度的加工表面。

为了研究零件表面和其性能之间的关系,实现对表面形貌准确的量化描述,开始提出了表面粗糙度参数这一概念。随着加工精度要求的提高,以及对具有特殊功能零件表面的加工需求,又提出了表面粗糙度评定参数的定量计算方法和数值规定,即定量评定,并在 40 年代各国相应的国家标准发布以后,开始真正成为一个被广泛接受的标准。

首先是美国在 1940 年发布了 ASA B46.1 国家标准,之后又经过几次修订,成为现行标准 ANSI/ASME B46.1-1988《表面结构表面粗糙度、表面波纹度和加工纹理》,该标准采用中线制,并将 Ra 作为主参数;接着前苏联在 1945 年发布了 GOCT2789—1945《表面光洁度、表面微观几何形状、分级和表示法》国家标准,而后经过了 3 次修订成为 GOCT2789—1973《表面粗糙度参数和特征》,该标准也采用中线制,并规定了包括轮廓均方根偏差即现在的 Rq 在内的 6 个评定参数及其相应的参数值。另外,其他工业发达国家的标准大多是在 50 年代制定的,如联邦德国在 1952 年 2 月发布了 DIN4760 和 DIN4762 有关表面粗糙度的评定参数和术语等方面的标准等。

我国最早的表面粗糙度标准是 1951 年颁布的中华人民标准 620.040-13《工程制图表面记号及处理说明》,规定了表面光洁度的相关符号。经过数次修改后,在 1981 到 1982 年期间,修订为三个新的标准,并将表面光洁度更名为表面粗糙度,积极采用国际标准。随着我国加入 WTO 与国际标准接轨,于 1993 年发布了 GB/T 131—1993《表面粗糙度符号、代号及其注法》,主要对表面粗糙度参数 Ra、Rz、Ry 的上(下)限值和最大(小)值加以区分,指出了在什么情况下用最大值,什么情况下用最小值。现行标准是 GB/T 3505—2009《产品几何技术规范 表面结构 轮廓法 表面结构的术语、定义及参数》、GB/T 1031—2009《产品几何技术规范 表面结构 轮廓法 表面粗糙度参数及其数值》、GB/T 131—2006《产品几何技术规范 技术产品文件中表面结构的表示法》和 GB/T 7220—2004《表面粗糙度 术语 参数测量》。

6.5.2 表面粗糙度标准发展的迫切性

在现代工业生产中,许多制件的表面被加工而具有特定的技术性能特征,诸如:制件表面的耐磨性、密封性、配合性质、传热性、导电性以及对光线和声波的反射性,液体和气体在壁面的流动性、腐蚀性、薄膜、集成电路元件以及人造器官的表面性能,测量仪器和机床的精度、可靠性、振动和噪声等等功能,而这些技术性能的评价常常依赖于制件表面特征的状况,也就是与表面的几何结构特征有密切联系。因此,控制加工表面质量的核心问题在于它的使用功能,应该根据各类制件自身的特点规定能满足其使用要求的表面特征参量。不难看出,对特定的加工表面,我们总希望用最或比较恰当的表面特征参数去评价它,以期达到预期的功能要求;同时我们希望参数本身应该稳定,能够反映表面本质的特征,不受评定基准及仪器分辨率的影响,减少因对随机过程进行测量而带来参数示值误差。

但是从标准制定的特点和内容上我们容易发现,随着现代工业的发展,特别是新型表面加工方法不断出现和新的测量器具及测量方法的应用,标准中的许多参数已无法适应现代生产的需求,尤其是在一些特殊加工场合,如精加工时,用不同方法加工得到的 Ra 值相同或很相近的表面就不一定会具有相同的使用功能,可见,此时 Ra 值对这类表面的评定显得无能为力了,而且传统评定方法过于注重对高度信息做平均化处理,而几乎忽视水平方向的属性,未能反映表面形貌的全面信息。近年来在表面特性研究的领域内,相对地说,关于零件表面功能特性方面的研究本身就较为薄弱,因为它牵涉到很多学科和技术领域。机器的各类零件在使用中各有不同的要求,研究表面特征的功能适应性将十分复杂,这也限制了对表面形貌与其功能特性关系的研究。

工业生产的飞速发展迫切需要更加行之有效且适应性更强的表面特征评价参数的出现,为解决这一矛盾,各国的许多学者都在这方面加大研究力度,以期在不远的将来制订出一套功能特性显著的参数。另一方面,为了防止“参数爆炸”,同时也防止大量相关参数的出现,要做到用一个参数来评价多个性能特性,用数量很少的一组参数实现对表面的本质特征的准确描述。

习　题

1. 取样长度 lr 的定义是什么?为什么要规定取样长度?

2. 轮廓中线有几种?分别是如何定义的?我国现行标准中使用的是哪一种?

3. 表面粗糙度的评定参数可以分为几类?列举出至少 3 种参数的名称和代号。

4. 表面粗糙度的评定参数值的选择,需要遵循什么原则?

5. 表面粗糙度的检测有哪几种方法?

6. 简要描述表面粗糙度对零件使用性能和寿命的影响。

7. 表示用去除材料方法获得,单向最大值,默认传输带,轮廓最大高度 0.5mm,评定长度为 5 个取样长度(默认),“最大规则”的是(　　　　)。

$$\sqrt{Rz\ 0.5} \qquad \sqrt{Rz\,max\,0.5} \qquad \sqrt{Rz3\ 0.5} \qquad \sqrt{Ra\ 0.5}$$

(a) 　　　　　 (b) 　　　　　 (c) 　　　　　 (d)

8. 下列 4 个图形符号中,(　　　　)表示纹理呈近似同心圆,且圆心与表面中心相关。

= 　　 M 　　 C 　　 R

(a) 　　　(b) 　　　(c) 　　　(d)

9. 下列表面粗糙度的标注,错误的是(　　　　)。

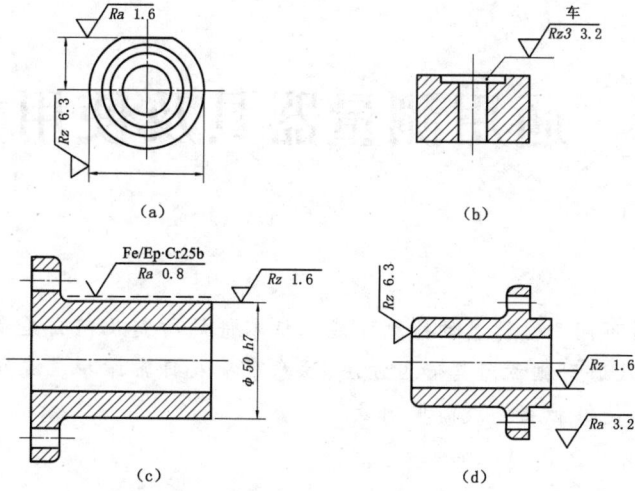

(a)

(b)

(c)

(d)

10. 现要求零件某表面不允许去除材料,双向极限值,两极限值均使用默认传输带。上限值:轮廓算术平均偏差 3.2mm,评定长度为 5 个取样长度,"最大规则"。下限值:轮廓算术平均偏差 0.8mm,评定长度为 3 个取样长度,"16%规则"。请写出该表面粗糙度参数的标注方法。

第7章 通用测量器具及使用方法

本章提要：

生产中，需要通过不同测量器具的检测才能保证零件的所需几何公差量。本章内容主要介绍测量器具分类及通用测量器具使用方法、注意事项及日常维护。重点需要掌握通用测量器具的使用方法，能够独立完成简单测量。

7.1 测量器具简介

测量器具是用于测量的量具、测量仪器和测量装置的总称。按测量原理、结构特点及用途等分为：基准量具和量仪、极限量规类、通用量具与量仪、测量装置。

基准类量具、量仪是指测量中体现标准量的量具，以固定形式复现量的测量器具，如量块、角度量块等。

极限量规类是用以检验零件尺寸、形状或相互位置的无刻度专业检验工具，专门为检测工件某一技术参数而设计制造，如光滑极限塞规等。

通用量具与量仪是指那些测量范围和测量对象较广的器具，一般可直接得出精确的实际测量值，其制造技术和要求较复杂，由量具厂统一制造的通用性量具。如游标卡尺、千分尺、百分表、万能角度尺等。

测量装置是指测量时起辅助测量作用的器具，如方箱、平板等。

1. 基准量具和量仪

基准量具、量仪又称标准量具用作测量或检定标准的器具。如量块（图 7-1）、多面棱体（图 7-2）、表面粗糙度比较样块（图 7-3）、直角尺（图 7-3）等。

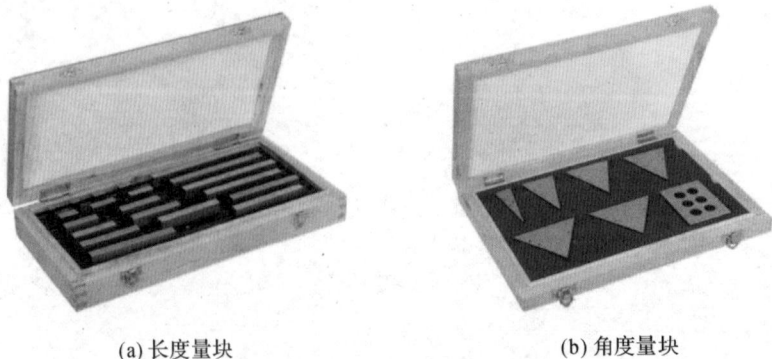

(a) 长度量块　　　　　　　　　(b) 角度量块

图 7-1　量块

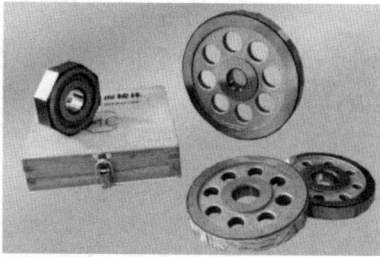

图 7-2　多面棱体

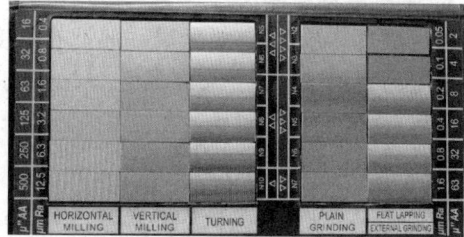

图 7-3　表面粗糙度比较样块

　　量块体现了检测中的长度、角度标准量,有不同规格,通过拼接可得到所需长度或角度,常用于机械加工中的检测。

　　正多面棱体作为计量基准、角度传递基准,被广泛应用。

　　粗糙度比较样块用于工件表面比较,通过视觉触觉对工件表面粗糙度进行评定,也可作为选用粗糙度数值的参考依据。

　　2. 极限量规

　　极限量规是测量特定技术参数的专业检验工具,测量时,工具不能得到被检验工具的具体数值,但能确定被检验工件是否合格。如光滑极限量规、螺纹量规等。

　　图 7-5 所示为检验轴(孔)的光滑极限圆柱量规。

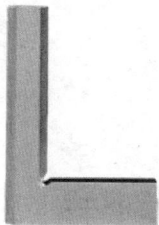

图 7-4　直角尺

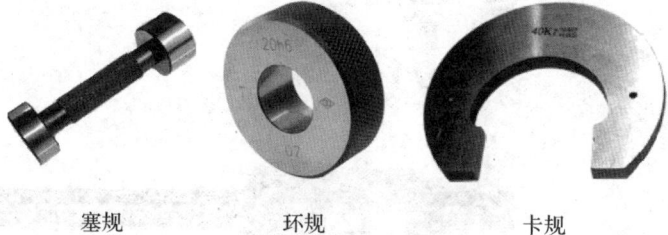

塞规　　　　　　环规　　　　　　卡规

图 7-5　光滑极限圆柱量规

　　图 7-6 所示为检验内螺纹和外螺纹的普通螺纹量规(螺纹环规、螺纹塞规),适于检测符合国家标准螺纹工件,用于孔径、孔距、内螺纹小径的测量。

　　图 7-7 为检验外圆锥和内圆锥的圆锥环规和圆锥塞规,实现锥体工件的检测。

图 7-6　螺纹量规

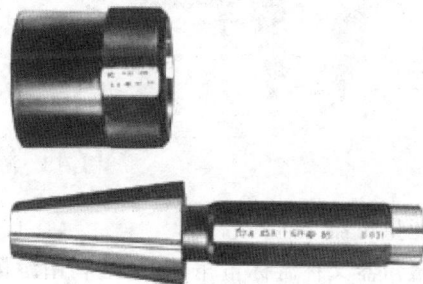

图 7-7　圆锥量规

3. 通用量具和量仪

通用量具和量仪,该类器具一般都有刻度,能对不同工件、多种尺寸进行测量。在测量范围内可测量出工件或产品的形状、尺寸的具体数据值,如游标卡尺、千分尺、百分表、万能角度尺等。

(1)游标类量具

①游标卡尺

游标卡尺器具是利用游标读数原理制成的量具,游标(副尺)的 1 个刻度间距比主尺的 1 或 2 个刻度间距小,其微小差别即游标卡尺的读数值,利用此微小差别及其累计值可精确估读主尺刻度小数部分数值。

图 7-8 所示为测量内、外尺寸的游标卡尺,有普通游标卡尺、数显游标卡尺及带表游标卡尺。图 7-9 所示为测量深度的游标卡尺,包括普通深度游标卡尺、数显深度游标卡尺及带表深度游标卡尺;图 7-10 所示为测量高度的游标卡尺,包括普通高度游标卡尺、数显高度游标卡尺及带表高度游标卡尺。

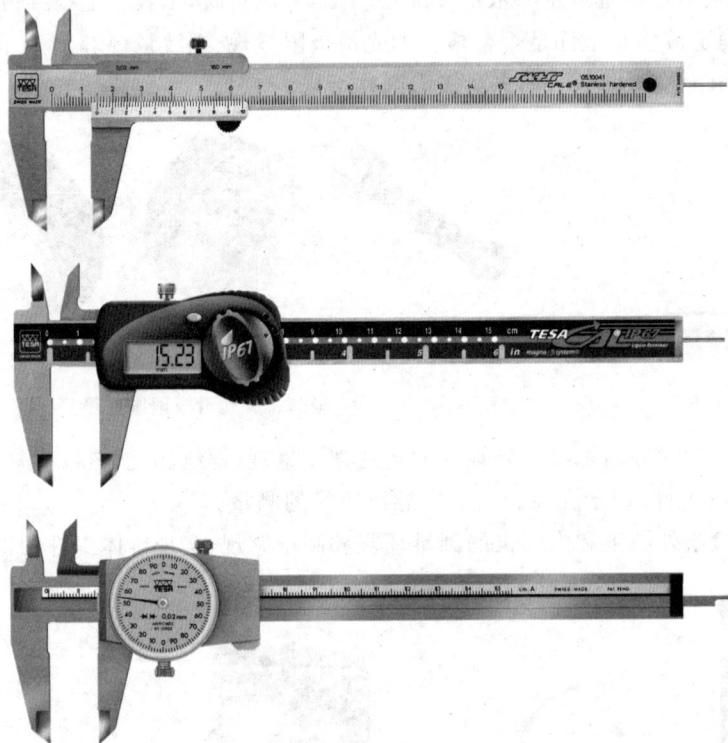

图 7-8　游标卡尺

②万能量角器

万能量角器又称游标量角器,也是利用游标原理,对两测量面相对移动所分隔的角度进行读数的同样角度测量工具,如图 7-11 所示,用来测量精密工件的内、外角度或进行角度划线的量具。

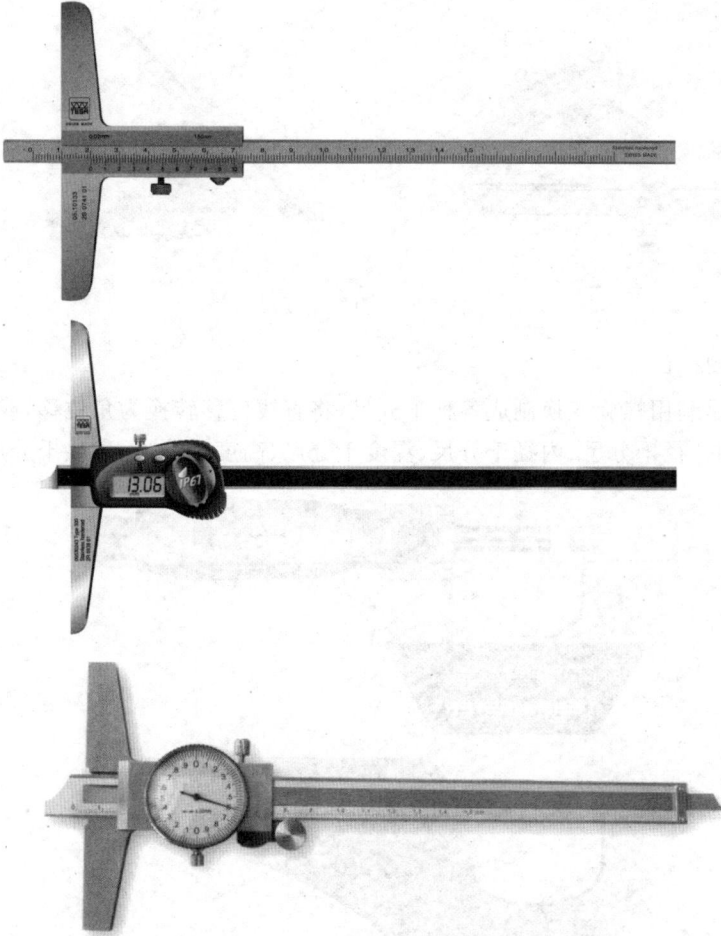

图 7-9　深度游标卡尺

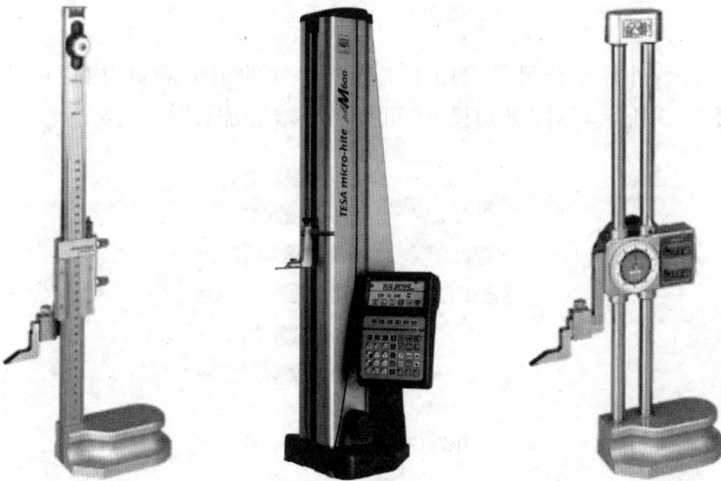

图 7-10　高度游标卡尺

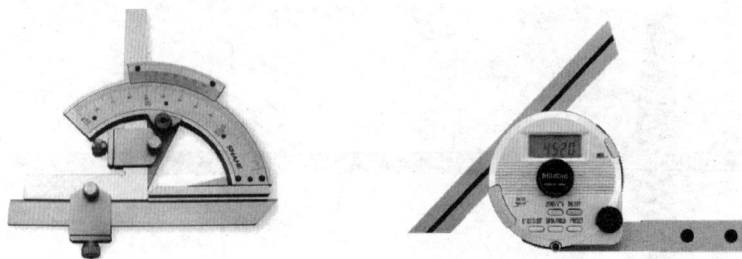

图 7-11　万能角度尺

（2）螺旋类量具

螺旋量具是利用螺旋变换制成各种千分尺，将直线位移转换为角位移，或将角位移转换为直线位移，如外径千分尺、内径千分尺、深度千分尺、高度千分尺、数显千分尺等。

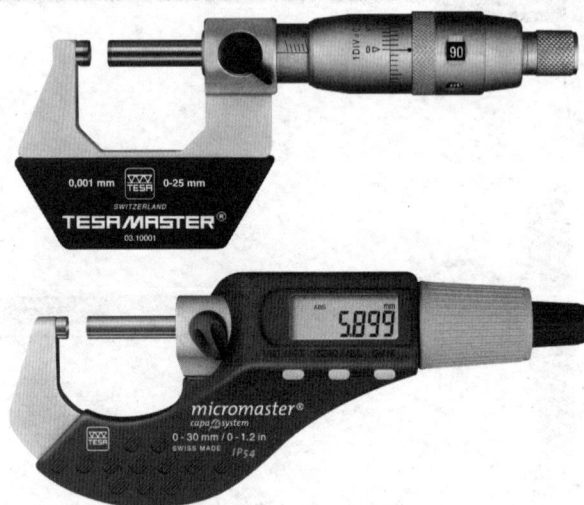

图 7-12　外径千分尺

如图 7-12 所示，外径千分尺是应用于工件外尺寸的精密测量，内径尺寸的测量则用内径千分尺，如图 7-13 所示，不同级别尺寸，可按需要增加加长杆。

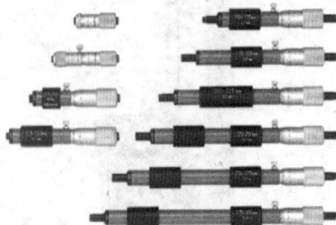

图 7-13　内径千分尺图

螺纹千分尺用于测量螺纹中径，测头采用尖端，其他结构与外径千分尺相同，如图 7-14所示。

图 7-14　螺纹千分尺

如图 7-15 所示,线材千分尺用于线材加工行业,用于测量线材的直径,使用简便、读数直观。

图 7-15　线材千分尺

盘形千分尺利用两个盘型测量面分隔举例测量长度,用于测量齿轮公法线长度,是通用的齿轮测量工具,如图 7-16 所示。

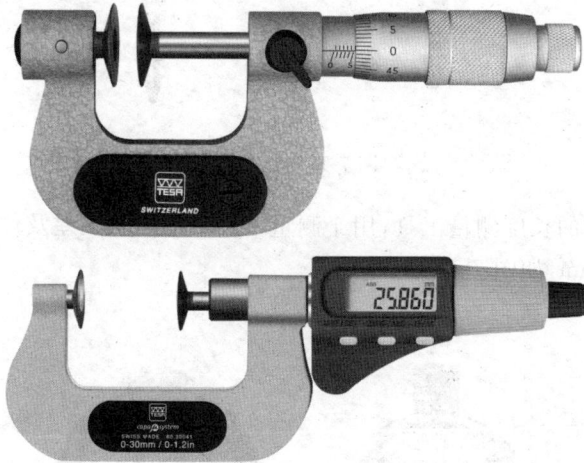

图 7-16　盘形千分尺

板材千分尺对弧形尺架设计适用于板类零件的测量,测量原理相同,如图 7-17 所示。

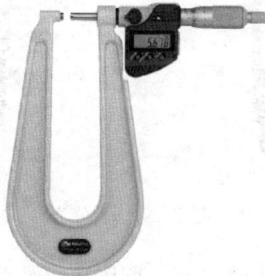

图 7-17　板材千分尺

（3）机械类量仪

机械类量仪是通过机械方法实现原始信号转换，常用的有指示表类。

百分表是长度测量工具，广泛应用于测量工件几何形状误差及位置误差。百分表具有防震机构，精度可靠等优点，能精确到 0.01mm，如图 7-18 所示。

图 7-18　百分表

千分表是高精度的长度测量工具，用于测量工件几何形状误差及位置误差，比百分表更精确，精确到 0.001mm，如图 7-19 所示。

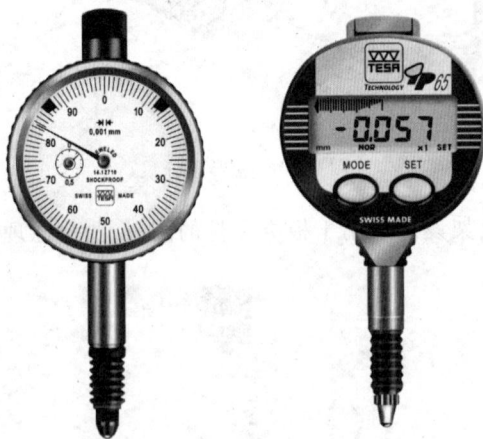

图 7-19　千分表

杠杆千分表体积小、方便携带，精度高，适用于一般百分表、千分表难以测量的场所，如图 7-20 所示。

深度百分表适用于工件深度、台阶等尺寸的测量，如图 7-21 所示。

图 7-20 杠杆千分表   图 7-21 深度百分表

（4）光学类量仪

光学类量仪利用光学原理进行检查，如光学计、光学测角仪、光栅测长仪（图 7-22）、激光干涉仪、投影仪（图 7-23）、工具显微镜（图 7-24）等。

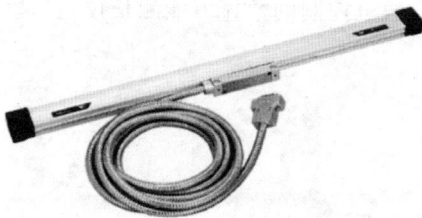

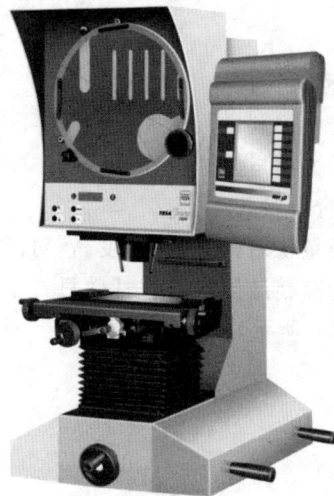

图 7-22 光栅尺   图 7-23 投影仪

（5）电学类量仪

电学类量仪利用电感等原理进行检查，其示值范围小，灵敏度高，如表面粗糙度测量仪（图 7-25）、电感比较仪、电动轮廓仪（图 7-26）、容栅测位仪等。

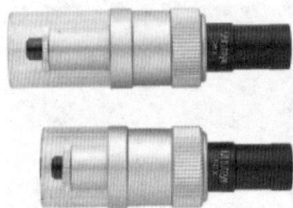

图 7-24　放大镜

图 7-25　表面粗糙度测量仪

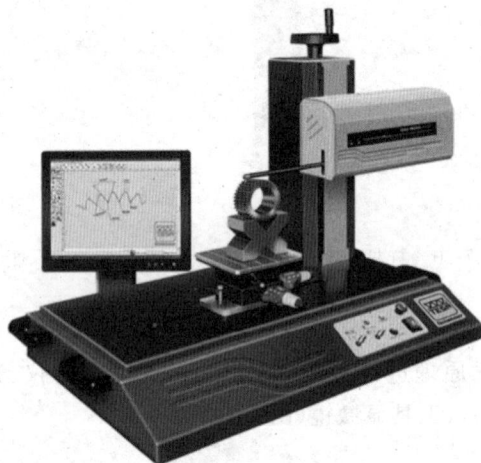

图 7-26　轮廓测量仪

（6）气动类量仪

气动类量仪利用气压驱动,其精度与灵敏度比较高,抗干扰性强,可用于动态在线测量,主要应用于大批量生产线中,如水柱式气动量仪、浮标式气动量仪（图 7-27）等;

（7）综合类量仪

综合类量仪结构复杂,精度高,对形状复杂的工件进行二维、三维高精度测量,主要用于计量室进行高精度测量。包括数显式工具显微镜、微机控制的数显万能测长仪,三坐标测量机（如图 7-28 所示）。

图 7-27　浮标式气动量仪

图 7-28　三坐标测量机

以上介绍仪器为通用公差测量仪器,其他还有许多专项参数检查仪器,如直线度测量仪器、圆柱度检查仪、球头铣刀测量装置等。

7.2　通用测量仪器的使用及维护

各种测量仪器种类繁多,篇幅有限,本书主要介绍生产中,常用测量量具的使用方法及其维护。

7.2.1　基准量具

1. 量块

量块又称块规,是用优质耐磨材料如铬锰钢等精细制作的高精度标准量具,用途非常广泛,如图 7-29 量块所示。

量块是技术测量中长度计量的基准。常用于精密工件、量规等的正确尺寸测定,精密机床夹具在加工中定位尺寸的调定,对测量仪器、工具的调整、校正等。

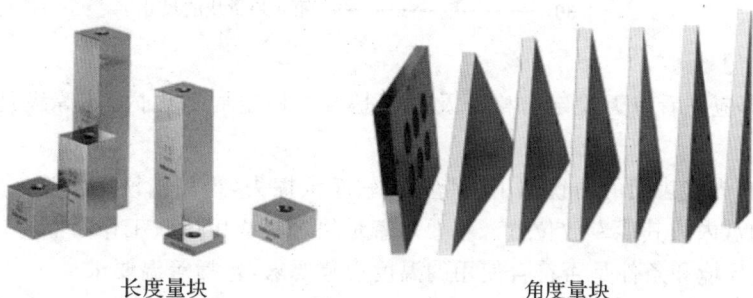

长度量块　　　　　角度量块

图 7-29　量块

图 7-30　陶瓷量块

普通量块一般为正六面体,标称尺寸≤10mm 的量块,其截面尺寸为 30mm×9mm;＞10～1000mm 的量块,截面尺寸为 35mm×9mm。量块组合使用时,一般是以尺寸较小的量块的下测量面与尺寸较大的量块的上测量面相研合。

量块通常是成套生产的。一套量块包括许多不同尺寸的量块,以供按需要组合成不同的尺寸使用。具体量块的尺寸系列可参见国家的相关标准(GB/T 6093－2001)。

【量块的组合】

要求:块数尽量少,最多 4 块。

方法:每一块量块消除一位数字,从最末位数字开始。

例:组合尺寸 33.625(用 83 块一套)

```
    33.625  ----------------  量块组合尺寸
  —  1.005  ----------------  第 1 块量块的尺寸
    32.620
  —  1.02   ----------------  第 2 块量块的尺寸
    31.600
  —  1.6    ----------------  第 3 块量块的尺寸
    30      ----------------  第 4 块量块的尺寸
```

【操作要点】

a. 使用前,应先看有无检定合格证及时间是否在检定周期之内,其等级是否符合使用要求。

b. 使用前,先将表面的防锈油用脱脂棉或软净纸擦去,再用清洗剂清洗一至两遍,擦干后放在专用的盘内或其他专放位置。不要对着量块呼吸或用口吹工作面上的杂物。

c. 使用的环境和条件是否符合使用的温度规范要求,包括等温要求。

d. 使用时,应避免跌落和碰伤,量块离桌面的距离应尽量小。

e. 尽量避免用手直接接触量块的工作面,接触后应仔细清洗以免生锈。

f. 手持量块的时间不应过长,以减小手温的影响。

g. 用完后及时清洗涂油,放入盒中。涂油时用竹夹子夹住量块,用毛刷或毛笔涂抹,涂抹要稀薄均匀全面。若经常需要使用,可在洗净后不涂防锈油,放在干燥缸内保存。绝对不允许将量块长时间的粘合在一起,以免由于金属粘结而引起不必要损伤。

2. 钢直尺

钢直尺是最简单的长度量具,它的长度有 150、300、500 和 1000mm 四种规格。图 7-31 是常用的 150 mm 钢直尺。

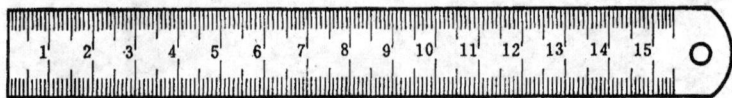

图 7-31　150 mm 钢直尺

钢直尺用于测量零件的长度尺寸(图 7-32),它的测量结果不太准确。这是由于钢直尺的刻线间距为 1mm,而刻线本身的宽度就有 0.1～0.2mm,所以测量时读数误差比较大,只能读出毫米数,即它的最小读数值为 1mm,比 1mm 小的数值,只能估计而得。

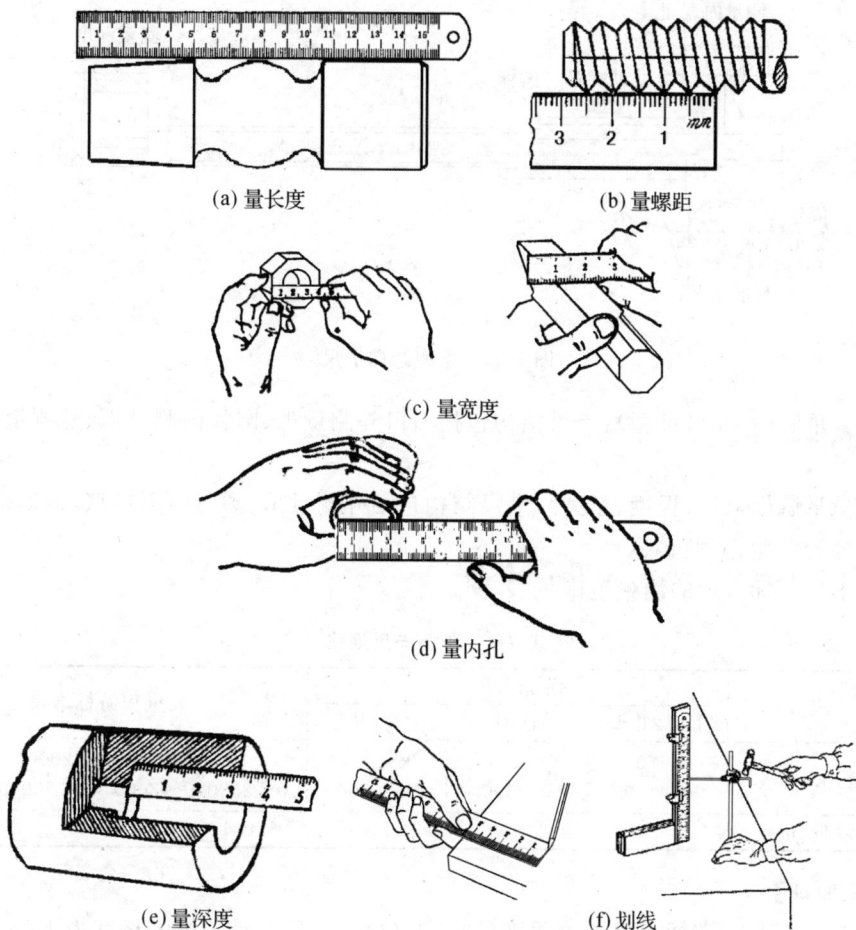

(a) 量长度 (b) 量螺距

(c) 量宽度

(d) 量内孔

(e) 量深度 (f) 划线

图 7-32 钢直尺的使用方法

如果用钢直尺直接去测量零件的直径尺寸(轴径或孔径),则测量精度更差。其原因是:除了钢直尺本身的读数误差比较大以外,还由于钢直尺无法正好放在零件直径的正确位置。所以,零件直径尺寸的测量,也可以利用钢直尺和内外卡钳配合起来进行。

7.2.2 游标类量具

应用游标读数原理制成的量具有:游标卡尺、高度游标卡尺、深度游标卡尺、游标量角尺(如万能量角尺)和齿厚游标卡尺等,用以测量零件的外径、内径、长度、宽度、厚度、高度、深度、角度以及齿轮的齿厚等,应用范围非常广泛。

1. 游标卡尺结构及读数原理

游标卡尺是比较精密的量具,主要用于测量工件的外径、内径尺寸,利用游标和尺身相互配合进行测量和读数。游标卡尺结构简单,使用简单,测量范围大,应用广泛,保养方便,带深度尺还可用于测量工件的深度尺寸,如图 7-33 所示。

常用游标卡尺按功能、结构主要分为:

三面量爪游标卡尺(Ⅰ型、Ⅱ型):卡尺结构包括外测量爪、刀口内测量爪、深度尺,是否带台阶测量面分为Ⅰ型、Ⅱ型,本形式可分带深度尺和不带深度尺两种。

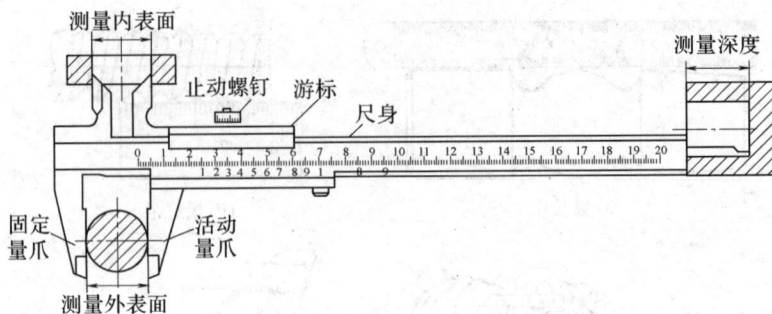

图 7-33　Ⅰ型游标卡尺

　　双面量爪游标卡尺(Ⅲ型):卡尺结构包括刀口外测量爪、圆弧内测量爪、外测量爪,不带深度测量尺。

　　单面量爪游标卡尺(Ⅳ型、Ⅴ型):卡尺结构包括外测量爪、圆弧内测量爪,根据是否带台阶测量面分为Ⅳ型、Ⅴ型。

　　卡尺不同游标卡尺的测量范围见表 7-1。

表 7-1　游标卡尺规格

型　式	游标卡尺			大量程游标卡尺
	Ⅰ型,Ⅱ型	Ⅲ型	Ⅳ型,Ⅴ型	
测量范围/mm	0~70, 0~150	0~200, 0~300	0~500, 0~1000	0~1500,0~2000, 0~2500,0~3000,0~3500,0~4000
游标分度值/mm	0.01,0.02,0.05,0.10			

【刻线原理】

　　精度为 0.05mm 游标卡尺刻线原理(图 7-34(a)):主尺上每一格的长度为 1mm,副尺总长度为 39mm,并等分为 20 格,每格长度为 39/20＝1.95mm,则主尺 2 格和副尺 1 格长度之差为 0.05mm,所以其精度为 0.05mm,其刻线原理示意如图 7-34 所示。

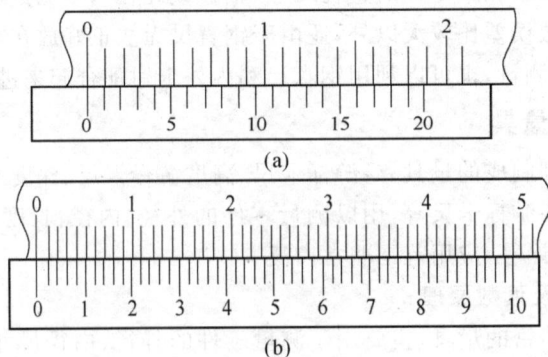

(a)

(b)

图 7-34　游标卡尺刻线

　　精度为 0.02 mm 游标卡尺刻线原理(图 7-34(b)):主尺上每一格的长度为 1mm,副尺总长度为 49mm,并等分为 50 格每格长度为 49/50＝0.98mm,则主尺 1 格和副尺 1 格长度之差为 0.02mm,所以其精度为 0.02mm,其刻线原理示意如图 7-35 所示。

【读数方法】

普通游标卡尺,首先读出游标副尺零刻线以左主尺上的整毫米数,再看副尺上从零刻线开始第几条刻线与主尺上某一刻线对齐,其游标刻线数与精度的乘积就是不足 1mm 的小数部分,最后将整毫米数与小数相加就是测得的实际尺寸。游标卡尺读数方法示意如图 7-35 所示。

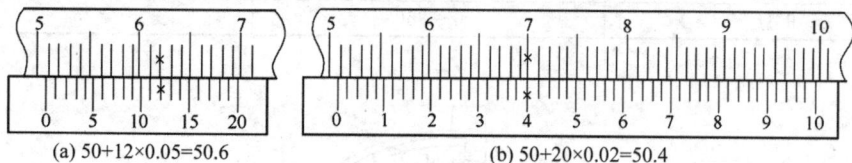

(a) 50+12×0.05=50.6   (b) 50+20×0.02=50.4

图 7-35　刻度读数

带表游标卡尺是用表式机构代替游标读数,测量准确。使用带表游标卡尺的方法与使用普通游标卡尺的方法相同,从指示表上读取尺寸的小数值,与主尺整数相加即为测量结果。

数显游标卡尺只是使用液晶显示屏显示数值,可直接读取测量结果。使用方便、准确、迅速。

【操作要点】

① 测量前应将游标卡尺擦拭干净,检查量爪贴合后主尺与副尺的零刻线是否对齐。

② 测量时,应先拧松紧固螺钉,移动游标不能用力过猛。两量爪与待测物的接触不宜过紧。不能使被夹紧的物体在量爪内挪动。

③ 测量时,应拿正游标卡尺,避免歪斜,保证主尺与所测尺寸线平行。

④ 测量深度时,游标卡尺主尺的端部应与工件的表面接触平齐。

⑤ 读数时,视线应与尺面垂直,避免视线误差的产生。如需固定读数,可用紧固螺钉将游标固定在尺身上,防止滑动。

⑥ 实际测量时,对同一长度应多测几次,取其平均值来消除偶然误差。

⑦ 用完后,应平放入盒内。如较长时间不使用,应用汽油擦洗干净,并涂一层薄的防锈油。卡尺不能放在磁场附近,以免磁化,影响正常使用。

2. 游标万能角度尺结构及读数原理

游标万能角度尺是适用于机械加工中内、外角度测量或进行角度划线的量具,可测 $0°\sim320°$ 的外角和 $40°\sim130°$ 的内角。

游标万能角度尺分Ⅰ型和Ⅱ型(图 7-36 游标万能角度尺),其中精度为 $2'$ 的Ⅰ型游标万能角度尺应用较广。

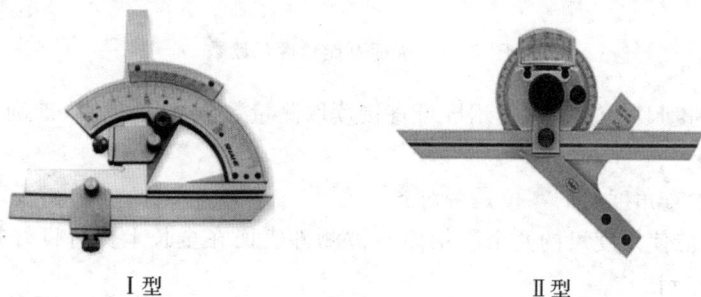

Ⅰ型   Ⅱ型

图 7-36　游标万能角度尺

游标万能角度尺不同型号测量范围及精度见表7-2。

表7-2　游标万能角度尺规格（GB/T 6315－2008）

型号	测量范围/°	游标分度值/′
Ⅰ型	0～320	2
Ⅱ型	0～360	5

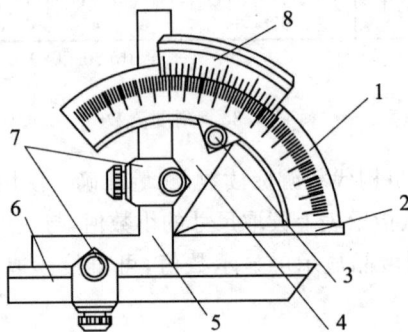

1-尺身；2-基尺；3-制动器；4-扇形块；5-90°角尺；6-直尺；7-卡块；8-游标

图7-37　Ⅰ型游标万能角度尺结构

【刻线原理】

游标2′万能角度尺的刻线原理，角度尺尺身刻线每格为1°，游标共有30个格，等分29°/30＝58′，尺身1格和游标1格之差为2′，因此其测量精度为2′。

【读数方法】

游标万能角度尺读数方法与游标卡尺的方法相似，先从尺身上读出游标零刻线前的整度数，再从游标上读出角度数，两者相加就是被测工件的度数值，如图7-38所示。

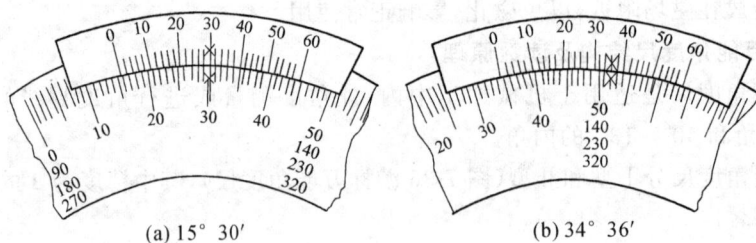

(a) 15°30′　　　　(b) 34°36′

图7-38　游标万能角度尺读数

数显万能角度尺的读数，在显示屏可直接读取测量数值，操作简单、准确、快速。

【操作要点】

① 使用前检查角度尺的零位是否对齐。

② 测量时，应使角度尺的两个测量面与被测件表面在全长上保持良好接触，然后拧紧制动器上螺母进行读数。

③ 测量角度在0°～50°范围内，应装上角尺和直尺。

④ 测量角度在 50°～140°范围内,应装上直尺。

⑤ 测量角度在 140°～230°范围内,应装上角尺。

⑥ 测量角度在 230°～320°范围内,不装角尺和直尺。

3. 游标卡尺的测量精度

测量或检验零件尺寸时,要按照零件尺寸的精度要求,选用相适应的量具。游标卡尺是一种中等精度的量具,它只适用于中等精度尺寸的测量和检验。用游标卡尺去测量锻铸件毛坯或精度要求很高的尺寸,都是不合理的。前者容易损坏量具,后者测量精度达不到要求,因为量具都有一定的示值误差,游标卡尺的示值误差见表 7-3。

表 7-3　游标卡尺的示值误差　　　　　　　　　　　　　mm

游标读数值	示值总误差
0.02	±0.02
0.05	±0.05
0.10	±0.10

游标卡尺的示值误差,就是游标卡尺本身的制造精度,不论你使用得怎样正确,卡尺本身就可能产生这些误差。例如,用游标读数值为 0.02mm 的 0～125mm 的游标卡尺(示值误差为±0.02mm),测量的轴时,若游标卡尺上的读数为 50.00mm,实际直径可能是小于 50mm,也可能是大于 50mm。这不是游标尺的使用方法上有什么问题,而是它本身制造精度所允许产生的误差。因此,若该轴的直径尺寸是 IT5 级精度的基准轴,则轴的制造公差为 0.025mm,而游标卡尺本身就有着±0.02mm 的示值误差,选用这样的量具去测量,显然是无法保证轴径的精度要求的。

如果受条件限制(如受测量位置限制),其他精密量具用不上,必须用游标卡尺测量较精密的零件尺寸时,又该怎么办呢? 此时,可以用游标卡尺先测量与被测尺寸相当的块规,消除游标卡尺的示值误差(称为用块规校对游标卡尺)。例如,要测量上述的轴时,先测量 50mm 的块规,看游标卡尺上的读数是不是正好 50mm。如果不是正好 50mm,则比 50mm 大的或小的数值,就是游标卡尺的实际示值误差,测量零件时,应把此误差作为修正值考虑进去。例如,测量 50mm 块规时,游标卡尺上的读数为 49.98mm,即游标卡尺的读数比实际尺寸小 0.02mm,则测量轴时,应在游标卡尺的读数上加上 0.02mm,才是轴的实际直径尺寸;若测量 50mm 块规时的读数是 50.01mm,则在测量轴时,应在读数上减去 0.01mm,才是轴的实际直径尺寸。另外,游标卡尺测量时的松紧程度(即测量压力的大小)和读数误差(即看准是那一根刻线对准),对测量精度影响亦很大。所以,当必须用游标卡尺测量精度要求较高的尺寸时,最好采用和测量相等尺寸的块规相比较的办法。

4. 游标卡尺的使用方法

量具使用得是否合理,不但影响量具本身的精度,且直接影响零件尺寸的测量精度,甚至发生质量事故,对国家造成不必要的损失。所以,我们必须重视量具的正确使用,对测量技术精益求精,务使获得正确的测量结果,确保产品质量。

使用游标卡尺测量零件尺寸时,必须注意下列几点:

(1)测量前应把卡尺揩干净,检查卡尺的两个测量面和测量刃口是否平直无损,把两个量爪紧密贴合时,应无明显的间隙,同时游标和主尺的零位刻线要相互对准。这个过程称为校对游标卡尺的零位。

（2）移动尺框时，活动要自如，不应有过松或过紧，更不能有晃动现象。用固定螺钉固定尺框时，卡尺的读数不应有所改变。在移动尺框时，不要忘记松开固定螺钉，亦不宜过松以免掉落。

（3）当测量零件的外尺寸时：卡尺两测量面的连线应垂直于被测量表面，不能歪斜。测量时，可以轻轻摇动卡尺，放正垂直位置，图 7-39 所示。否则，量爪若在如图 7-39 的错误位置上，将使测量结果 a 比实际尺寸 b 要大；先把卡尺的活动量爪张开，使量爪能自由地卡进工件，把零件贴靠在固定量爪上，然后移动尺框，用轻微的压力使活动量爪接触零件。如卡尺带有微动装置，此时可拧紧微动装置上的固定螺钉，再转动调节螺母，使量爪接触零件并读取尺寸。决不可把卡尺的两个量爪调节到接近甚至小于所测尺寸，把卡尺强制的卡到零件上去。这样做会使量爪变形，或使测量面过早磨损，使卡尺失去应有的精度。

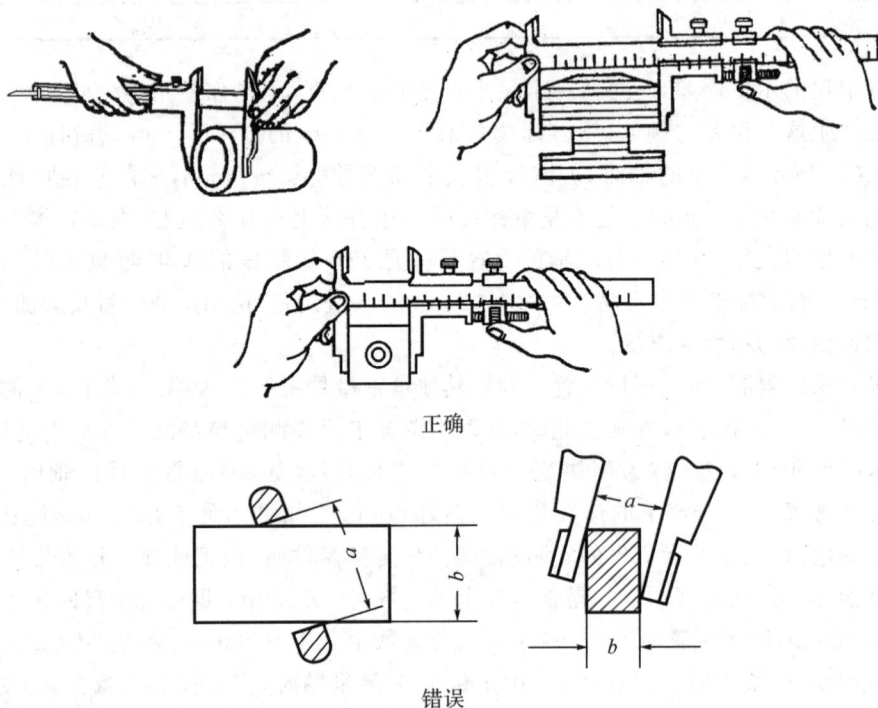

正确

错误

图 7-39　测量外尺寸时正确与错误的位置

测量沟槽时，应当用量爪的平面测量刃进行测量，尽量避免用端部测量刃和刀口形量爪去测量外尺寸。而对于圆弧形沟槽尺寸，则应当用刃口形量爪进行测量，不应当用平面形测量刃进行测量，如图 7-40 所示。

测量沟槽宽度时，也要放正游标卡尺的位置，应使卡尺两测量刃的连线垂直于沟槽，不能歪斜.否则，量爪若在如图 7-41 所示的错误的位置上，也将使测量结果不准确（可能大也可能小）。

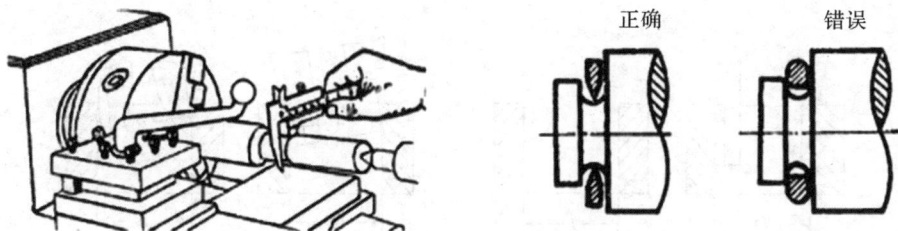

图 7-40　测量沟槽时正确与错误的位置

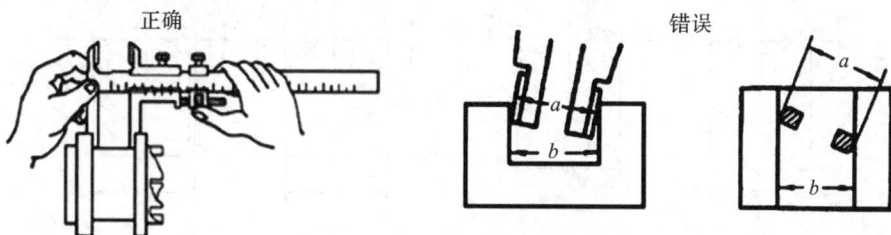

图 7-41　测量沟槽宽度时正确与错误的位置

（4）当测量零件的内尺寸时：图 7-42 所示。要使量爪分开的距离小于所测内尺寸，进入零件内孔后，再慢慢张开并轻轻接触零件内表面，用固定螺钉固定尺框后，轻轻取出卡尺来读数。取出量爪时，用力要均匀，并使卡尺沿着孔的中心线方向滑出，不可歪斜，免使量爪扭伤；变形和受到不必要的磨损，同时会使尺框走动，影响测量精度。

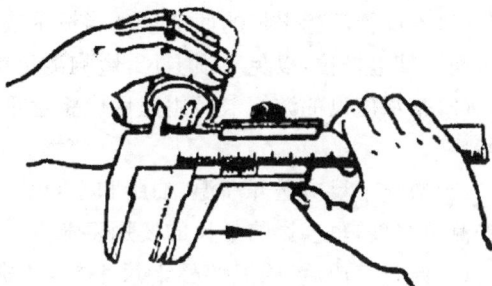

图 7-42　内孔的测量方法

卡尺两测量刃应在孔的直径上，不能偏歪。图 7-43 为带有刀口形量爪和带有圆柱面形量爪的游标卡尺，在测量内孔时正确的和错误的位置。当量爪在错误位置时，其测量结果，将比实际孔径 D 要小。

（5）用下量爪的外测量面测量内尺寸时，在读取测量结果时，一定要把量爪的厚度加上去。即游标卡尺上的读数，加上量爪的厚度，才是被测零件的内尺寸。测量范围在 500mm 以下的游标卡尺，量爪厚度一般为 10mm。但当量爪磨损和修理后，量爪厚度就要小于 10mm，读数时这个修正值也要考虑进去。

（6）用游标卡尺测量零件时，不允许过分地施加压力，所用压力应使两个量爪刚好接触零件表面。如果测量压力过大，不但会使量爪弯曲或磨损，且量爪在压力作用下产生弹性变形，使测量得的尺寸不准确（外尺寸小于实际尺寸，内尺寸大于实际尺寸）。

在游标卡尺上读数时，应把卡尺水平的拿着，朝着亮光的方向，使人的视线尽可能和卡尺的刻线表面垂直，以免由于视线的歪斜造成读数误差。

（7）为了获得正确的测量结果，可以多测量几次。即在零件的同一截面上的不同方向进行测量。对于较长零件，则应当在全长的各个部位进行测量，务使获得一个比较正确的测量结果。

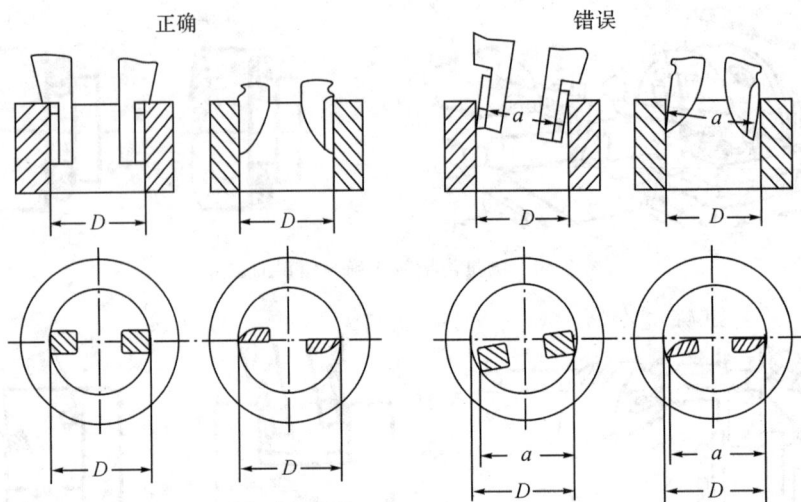

正确   错误

图 7-43　测量内孔时正确与错误的位置

5.常用游标类量具的维护保养

(1)不准把游标卡尺的两个量爪当扳手或刻线工具使用,不准用卡尺代替卡钳、卡板等在被测工件上推拉,以免磨损卡尺,影响测量精度。

(2)带深度尺的游标卡尺用完后应将量爪合拢,否则较细的深度尺露在外边,容易变形、折断。

(3)数显卡尺应避开高温、油脂和水,也应避开强磁场使用和存放,这些物质不仅影响使用和测量精度,也会影响卡尺的使用寿命。

(4)测量完成后,要把游标卡尺平放,特别是大尺寸游标卡尺,否则容易引起尺身弯曲变形。

(5)留意数值显示情况,是否有跳数,或在使用过程中是否自动归零等现象,及时更换电池,以免影响测量结果,严禁强光照射显示器,以防液晶显示器老化。

(6)不要用电刻笔在数显卡尺上刻字,以防把电子线路击穿。

(7)游标卡尺使用完毕,要擦净并上油,放置在专用盒内,防止弄脏或生锈,并存放在干燥的包装盒内,保持清洁。

(8)不可用砂布或普通磨料来擦除刻度尺表面及量爪测量面上的锈迹和污物。

(9)游标卡尺受损后,不允许用锤子、锉刀等工具自行修理,应交专门修理部门修理,并经检定合格后才能使用。

7.2.3　螺旋类器具

千分尺是应用广泛的精密长度量具,测量精确度比游标卡尺高。千分尺的形式和规格繁多,有外径千分尺、内径千分尺、深度千分尺等。

1.外径千分尺结构及读数原理

外径千分尺利用螺旋传动原理,将角位移变成直线位移来进行长度测量,精度可达 0.001mm,主要用于测量工件的外径、长度、厚度等外尺寸。外径千分尺结构如图 7-44 所示。

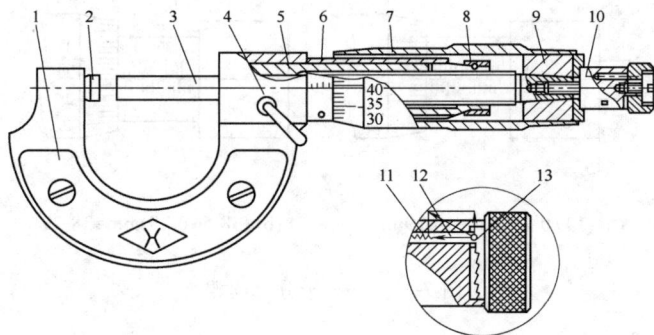

1-尺架;2-砧座;3-测微螺杆;4-锁紧手柄;5-螺纹套;6-固定套管;7-微分管;
8-螺母;9-接头;10-测力装置;11-弹簧;12-棘轮爪;13-棘轮

图 7-44　外径千分尺

外径千分尺的量程为 25mm,测微螺杆螺距为 0.5mm 和 1mm,不同外径千分尺的测量范围,精度见表 7-4。

表 7-4　外径千分尺规格(GB/T 1216－2004)

品　　种	测量范围/mm	分度值/mm
外径千分尺	$0\sim25,20\sim25,50\sim75,75\sim100,100\sim125,125\sim150,$ $150\sim175,175\sim200,200\sim225,225\sim250,250\sim275,$ $275\sim300,300\sim400,400\sim500,500\sim600,600\sim700,$ $700\sim800,800\sim900,900\sim1000$	$0.01,0.001,$ $0.002,0.005$
大外径千分尺 (JB/T1007－1999)	$1000\sim1500,1500\sim2000,2000\sim2500,2500\sim3000$	

【刻线原理】

千分尺测微螺杆上的螺距为 0.5mm,当微分管转一圈时,测微螺杆就沿轴向移动 0.05mm,固定套管上刻有间隔为 0.5mm 的刻线,微分管圆锥面上共刻有 50 个格,因此微分筒每转一周,螺杆就移动 0.5mm/50＝0.01mm,因此千分尺的精度值为 0.01mm。

【读数方法】

首先读出微分筒边缘在固定套管主尺的毫米数和半毫米数,然后看微分管上哪一格与固定套管上基准线对齐,并读出相应的不足半毫米数,最后把两个读数相加就是测得的实际尺寸。读数方法示意如图 7-45 所示。

【操作要点】

① 测量前,应清除千分尺两侧砧及被测表面上的油污和尘埃,并转动千分尺的测力装置,使两侧砧面贴和,检查是否密合;同时检查微分管与固定套管的零刻线是否对齐。若零位不对,应进行校准。如急需测量,可记下零位不准的偏差值,从测得值中修正。

② 测量时,一定要用手握持隔热板,否则将使千分尺和被测件温度不一致而产生测量误差,应尽可能使千分尺和被测件的温度相同或相近。

③ 测量时,当千分尺两测砧接近被测件而将要接触时,只能转动测力装置的滚花外轮,

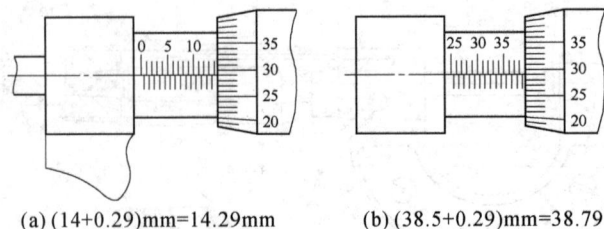

(a) (14+0.29)mm=14.29mm   (b) (38.5+0.29)mm=38.79

图 7-45   外径千分尺读数

当测力装置发出咯咯的响声时,表示两测砧已与被测件接触好,此时即可读数。千万不要在两测砧与被测件接触后再转动微分筒,这样将使测力过大,并使精密螺纹受到磨损。

④ 测量时,千分尺测杆的轴线应与被测尺寸的长度方向一致,不能歪斜。与两测砧接触的两被测表面,如定位精度不同,应以易保证定位精度的表面与固定测砧接触,以保证测量时的正确定位。

⑤ 读数时,千分尺最好不要离开被测件,读数后要先松开两测砧,以免拉离时磨损测砧,更不能测量运动中的工件。如确需取下,应首先锁紧测微螺杆,防止尺寸变动。

⑥ 不得握住微分筒挥动或摇转尺架,这样会使精密测量螺杆受损。

⑦ 使用后擦净上油,放入专用盒内,并将置于干燥处。

2. 千分尺的精度及其调整

千分尺是一种应用很广的精密量具,按它的制造精度,可分 0 级和 1 级的两种,0 级精度较高,1 级次之。千分尺的制造精度,主要由它的示值误差和测砧面的平面平行度公差的大小来决定,小尺寸千分尺的精度要求,见表 7-5。从百分尺的精度要求可知,用千分尺测量 IT6~IT10 级精度的零件尺寸较为合适。

表 7-5   千分尺的精度要求   mm

测量上限	示值误差		两测量面平行度	
	0 级	1 级	0 级	1 级
15;25	±0.002	±0.004	0.001	0.002
50	±0.002	±0.004	0.0012	0.0025
75;100	±0.002	±0.004	0.0015	0.003

千分尺在使用过程中,由于磨损,特别是使用不妥当时,会使千分尺的示值误差超差,所以应定期进行检查,进行必要的拆洗或调整,以便保持千分尺的测量精度。

(1) 校正千分尺的零位   千分尺如果使用不妥,零位就会走动,使测量结果不正确,容易造成产品质量事故。所以,在使用千分尺的过程中,应当校对千分尺的零位。所谓"校对千分尺的零位",就是把千分尺的两个测砧面揩干净,转动测微螺杆使它们贴合在一起(这是指 0~25mm 的千分尺而言,若测量范围大于 0~25mm 时,应该在两测砧面间放上校对样棒),检查微分筒圆周上的"0"刻线,是否对准固定套筒的中线,微分筒的端面是否正好使固定套筒上的"0"刻线露出来。如果两者位置都是正确的,就认为千分尺的零位是对的,否则就要进行校正,使之对准零位。

如果零位是由于微分筒的轴向位置不对,如微分筒的端部盖住固定套筒上的"0"刻线,或"0"刻线露出太多,0.5 的刻线搞错,必须进行校正。此时,可用制动器把测微螺杆锁住,再用千分尺的专用扳手,插入测力装置轮轴的小孔内,把测力装置松开(逆时针旋转),微分筒就能进行调整,即轴向移动一点。使固定套筒上的"0"线正好露出来,同时使微分筒的零线对准固定套筒的中线,然后把测力装置旋紧。

如果零位是由于微分筒的零线没有对准固定套筒的中线,也必须进行校正。此时,可用千分尺的专用扳手,插入固定套筒的小孔内,把固定套筒转过一点,使之对准零线。

但当微分筒的零线相差较大时,不应当采用此法调整,而应该采用松开测力装置转动微分筒的方法来校正。

(2) 调整千分尺的间隙 千分尺在使用过程中,由于磨损等原因,会使精密螺纹的配合间隙增大,从而使示值误差超差,必须及时进行调整,以便保持千分尺的精度。

要调整精密螺纹的配合间隙,应先用制动器把测微螺杆锁住,再用专用扳手把测力装置松开,拉出微分筒后再进行调整。由图 7-44 可以看出,在螺纹轴套上,接近精密螺纹一段的壁厚比较薄,且连同螺纹部分一起开有轴向直槽,使螺纹部分具有一定的胀缩弹性。同时,螺纹轴套的圆锥外螺纹上,旋着调节螺母 7。当调节螺母往里旋入时,因螺母直径保持不变,就迫使外圆锥螺纹的直径缩小,于是精密螺纹的配合间隙就减小了。然后,松开制动器进行试转,看螺纹间隙是否合适。间隙过小会使测微螺杆活动不灵活,可把调节螺母松出一点,间隙过大则使测微螺杆有松动,可把调节螺母再旋进一点。直至间隙调整好后,再把微分筒装上,对准零位后把测力装置旋紧。

经过上述调整的千分尺,除必须校对零位外,还应当用检定量块,检验千分尺的五个尺寸的测量精度,确定千分尺的精度等级后,才能移交使用。例如,用 5.12;10.24;15.36;21.5;25 等五个块规尺寸检定 0~25mm 的千分尺,它的示值误差应符合表 7-5 的要求,否则应继续修理。

3. 千分尺的使用方法

千分尺使用得是否正确,对保持精密量具的精度和保证产品质量的影响很大,指导人员和实习的学生必须重视量具的正确使用,使测量技术精益求精,务使获得正确的测量结果,确保产品质量。

使用千分尺测量零件尺寸时,必须注意下列几点,

(1) 使用前,应把千分尺的两个测砧面擦干净,转动测力装置,使两测砧面接触(若测量上限大于 25mm 时,在两测砧面之间放入校对量杆或相应尺寸的量块),接触面上应没有间隙和漏光现象,同时微分筒和固定套筒要对准零位。

(2) 转动测力装置时,微分筒应能自由灵活地沿着固定套筒活动,没有任何轧卡和不灵活的现象。如有活动不灵活的现象,应送计量站及时检修。

(3) 测量前,应把零件的被测量表面擦干净,以免有脏物存在时影响测量精度。绝对不允许用千分尺测量带有研磨剂的表面,以免损伤测量面的精度。用千分尺测量表面粗糙的零件亦是错误的,这样易使测砧面过早磨损。

(4) 用千分尺测量零件时,应当手握测力装置的转帽来转动测微螺杆,使测砧表面保持标准的测量压力,即听到嘎嘎的声音,表示压力合适,并可开始读数。要避免因测量压力不等而产生测量误差。

绝对不允许用力旋转微分筒来增加测量压力,使测微螺杆过分压紧零件表面,致使精密

螺纹因受力过大而发生变形,损坏千分尺的精度。有时用力旋转微分筒后,虽因微分筒与测微螺杆间的连接不牢固,对精密螺纹的损坏不严重,但是微分筒打滑后,千分尺的零位走动了,就会造成质量事故。

(5) 使用千分尺测量零件时(图 7-46),要使测微螺杆与零件被测量的尺寸方向一致。如测量外径时,测微螺杆要与零件的轴线垂直,不要歪斜。测量时,可在旋转测力装置的同时,轻轻地晃动尺架,使测砧面与零件表面接触良好。

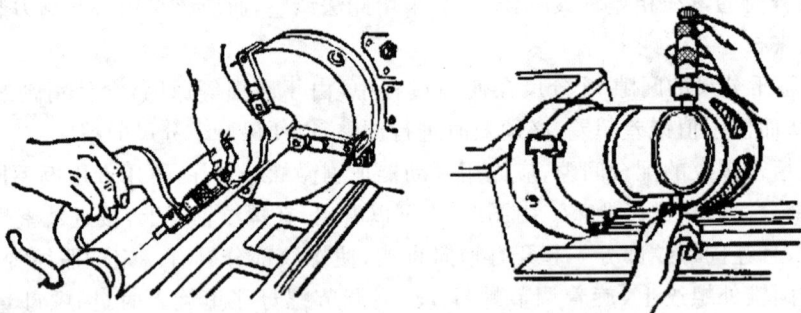

图 7-46　在车床上使用外径千分尺的方法

(6) 用千分尺测量零件时,最好在零件上进行读数,放松后取出千分尺,这样可减少测砧面的磨损。如果必须取下读数时,应用制动器锁紧测微螺杆后,再轻轻滑出零件,把千分尺当卡规使用是错误的,因这样做不但易使测量面过早磨损,甚至会使测微螺杆或尺架发生变形而失去精度。

(7) 在读取千分尺上的测量数值时,要特别留心不要读错 0.5mm。

(8) 为了获得正确的测量结果,可在同一位置上再测量一次。尤其是测量圆柱形零件时,应在同一圆周的不同方向测量几次,检查零件外圆有没有圆度误差,再在全长的各个部位测量几次,检查零件外圆有没有圆柱度误差等。

(9) 对于超常温的工件,不要进行测量,以免产生读数误差。

(10) 用单手使用外径千分尺时,如图 7-47(a)所示,可用大拇指和食指或中指捏住活动套筒,小指勾住尺架并压向手掌上,大拇指和食指转动测力装置就可测量。

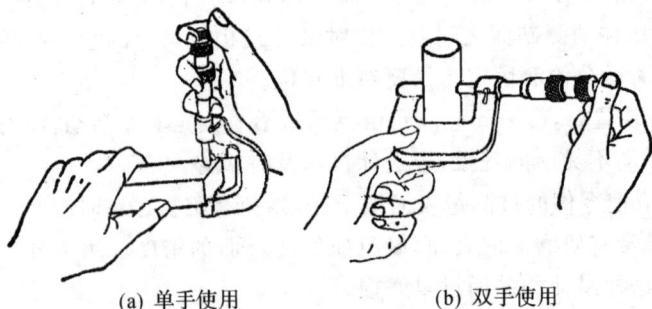

(a) 单手使用　　　　　　　　(b) 双手使用

图 7-47　正确使用

用双手测量时,可按图 7-47(b)所示的方法进行。

值得提出的是几种使用外径千分尺的错误方法,比如用千分尺测量旋转运动中的工件,很容易使千分尺磨损,而且测量也不准确;又如贪图快一点得出读数,握着微分筒来挥转(图 7-48)等,这同碰撞那样,也会破坏千分尺的内部结构。

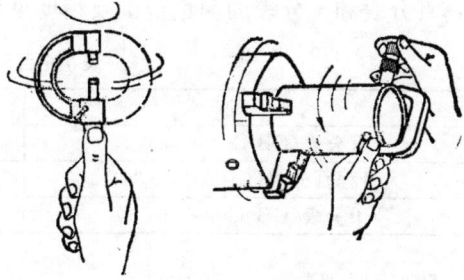

4. 常用螺旋类器具的维护保养

(1)不能用千分尺测量零件的粗糙表面,也不能用千分尺测量正在旋转的零件。

图 7-48 错误使用

(2)千分尺要轻拿轻放,不要摔碰,若受撞击,应立即进行检查,必要时送计量部门检修。

(3)千分尺应保持清洁。测量完毕,用软布或棉纱等擦拭干净,放入盒中。长期不用应涂防锈油。要注意勿使两个测量砧贴合,以免锈蚀。

(4)大型千分尺应平放在盒中,以免变形。

(5)不允许用砂布或普通磨料擦拭测微螺杆上的污锈。

(6)不能在千分尺的微分筒和固定套筒之间加酒精、煤油、凡士林、柴油、普通机油等;不允许把千分尺浸泡在上述油类及酒精中。如发现上述物质浸入,需用汽油洗净,再涂以特种轻质轮滑油。

7.2.4 指示表

1. 百分表和千分表

百分表和千分表是将测量杆的直线位移通过齿条和齿轮传动系统转变为指针的角位移进行读数的一种长度测量工具。广泛用于测量精密件的形位误差,也可用比较法测量工件的长度,具有防震机构,精度可靠。百分表的结构如图的分度值为 0.01mm,千分表的分度值为 0.001mm。

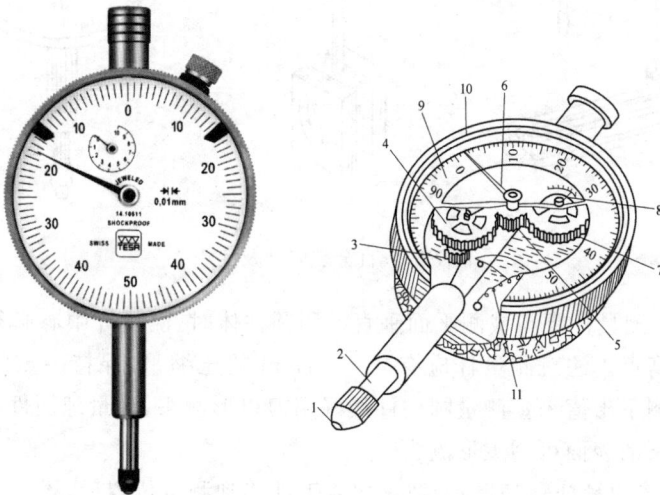

1-触头;2-测量杆;3-小齿轮;4、7-大齿轮;5-中间小齿轮;6-长指针;8-短指针;9-表盘;10-表圈;11-拉簧

图 7-49 百分表

百分表和千分表的测量范围及精度见表 7-6。

表 7-6 百分表和千分表规格

品　种	测量范围/mm	分度值/mm
百分表(GB 1219—85)	0～3,0～5,0～10	0.01
大量程百分表(GB 6311—86)	0～30,0～50,0～100	
千分表(GB 6309—86)	0～1,0～2,0～3,0～5	0.001

【刻线原理】

当测量杆上升 1mm 时,百分表的长针正好转动一周,由于百分表的表盘上共刻有 100 个等分格,所以长针每转一格,则测量杆移动 0.01mm。

【读数方法】

长指针每转一格为 0.01mm,短指针每转一格为 1mm,测量时把长短指针读数相加即为测量读数。

【操作要点】

① 使用前检查表盘和指针有无松动。

② 测量工件时,将指示表(百分表和千分表)装夹在合适的表座上(图 7-50),装夹指示表时,夹紧力不能过大,以免套筒变形,使测杆卡死或运动不灵活。用手指向上轻抬测头,然后让其自由落下,重复几次,此时长指针不应产生位移。

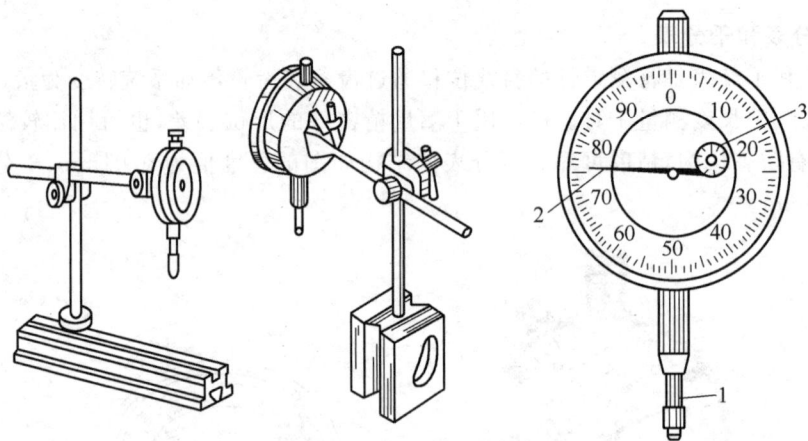

图 7-50　百分表安装及使用

③ 测平面时,测量杆要与被测平面垂直。测圆柱体时,测量杆中心必须通过工件中心,即触头在圆柱最高点。注意测量杆应有 0.3～1mm 的压缩量,保持一定的初始力,以免由于存在负偏差而测不出值来。测量圆柱件最好用刀口形测头,测量球面件可用平面测头,测量凹面或形状复杂的表面可用尖形测头。

④ 测量时先将测量杆轻轻提起,把表架或工件移到测量位置后,缓慢放下测量杆,使之与被侧面接触,不可强制把测量头推上被测面。然后转动刻度盘使其零位对正长指针,此时要多次重复提起测量杆,观察长指针是否都在零位上,在不产生位移情况下才能读数。

⑤ 测量读数时,测量者的视线要垂直于表盘,以减小视差。

⑥ 测量完毕后,测头应洗净擦干并涂防锈油。测杆上不要涂油。如有油污,应擦干净。

2. 百分表和千分表的使用方法

由于千分表的读数精度比百分表高,所以百分表适用于尺寸精度为 IT6～IT8 级零件的校正和检验;千分表则适用于尺寸精度为 IT5～IT7 级零件的校正和检验。百分表和千分表按其制造精度,可分为 0、1 和 2 级三种,0 级精度较高。使用时,应按照零件的形状和精度要求,选用合适的百分表或千分表的精度等级和测量范围。

使用百分表和千分表时,必须注意以下几点:

(1) 使用前,应检查测量杆活动的灵活性。即轻轻推动测量杆时,测量杆在套筒内的移动要灵活,没有任何轧卡现象,且每次放松后,指针能回复到原来的刻度位置。

(2) 使用百分表或千分表时,必须把它固定在可靠的夹持架上(如固定在万能表架或磁性表座上,图 7-51 所示),夹持架要安放平稳,免使测量结果不准确或摔坏百分表。

用夹持百分表的套筒来固定百分表时,夹紧力不要过大,以免因套筒变形而使测量杆活动不灵活。

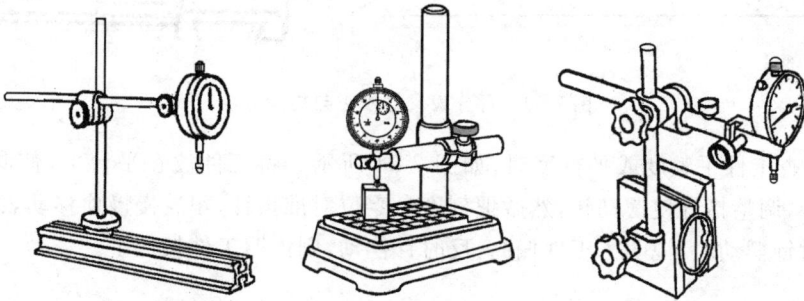

图 7-51　安装在专用夹持架上的百分表

(3) 用百分表或千分表测量零件时,测量杆必须垂直于被测量表面。图 7-52 所示。即使测量杆的轴线与被测量尺寸的方向一致,否则将使测量杆活动不灵活或使测量结果不准确。

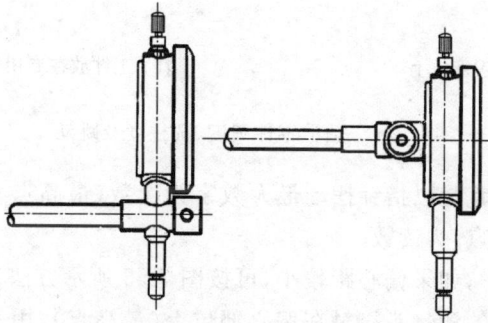

图 7-52　百分表安装方法

(4) 测量时,不要使测量杆的行程超过它的测量范围;不要使测量头突然撞在零件上;不要使百分表和千分表受到剧烈的振动和撞击,亦不要把零件强迫推入测量头下,免得损坏百分表和千分表的机件而失去精度。因此,用百分表测量表面粗糙或有显著凹凸不平的零件是错误的。

（6）用百分表校正或测量零件时,如图 7-53 所示。应当使测量杆有一定的初始测力。

即在测量头与零件表面接触时,测量杆应有 0.3～1mm 的压缩量（千分表可小一点,有 0.1mm 即可）,使指针转过半圈左右,然后转动表圈,使表盘的零位刻线对准指针。轻轻地拉动手提测量杆的圆头,拉起和放松几次,检查指针所指的零位有无改变。当指针的零位稳定后,再开始测量或校正零件的工作。如果是校正零件,此时开始改变零件的相对位置,读出指针的偏摆值,就是零件安装的偏差数值。

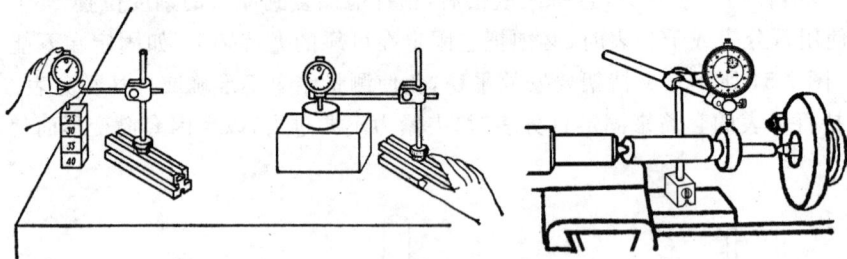

图 7-53　百分表尺寸校正与检验方法

（7）检查工件平整度或平行度时,如图 7-54 所示。将工件放在平台上,使测量头与工件表面接触,调整指针使摆动转,然后把刻度盘零位对准指针,跟着慢慢地移动表座或工件,当指针顺时针摆动时,说明了工件偏高,反时针摆动,则说明工件偏低了。

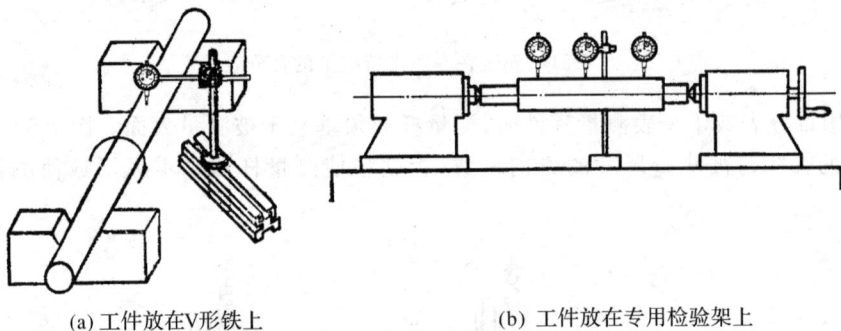

(a) 工件放在V形铁上　　　　　　　　　　(b) 工件放在专用检验架上

图 7-54　轴类零件圆度、圆柱度及跳动

当进行轴测的时候,就是以指针摆动最大数字为读数（最高点）,测量孔的时候,就是以指针摆动最小数字（最低点）为读数。

检验工件的偏心度时,如果偏心距较小,可按图 7-55 所示方法测量偏心距,把被测轴装在两顶尖之间,使百分表的测量头接触在偏心部位上（最高点）,用手转动轴,百分表上指示出的最大数字和最小数字（最低点）之差的 就等于偏心距的实际尺寸。偏心套的偏心距也可用上述方法来测量,但必须将偏心套装在心轴上进行测量。

偏心距较大的工件,因受到百分表测量范围的限制,就不能用上述方法测量。这时可用如图 7-56 所示的间接测量偏心距的方法。

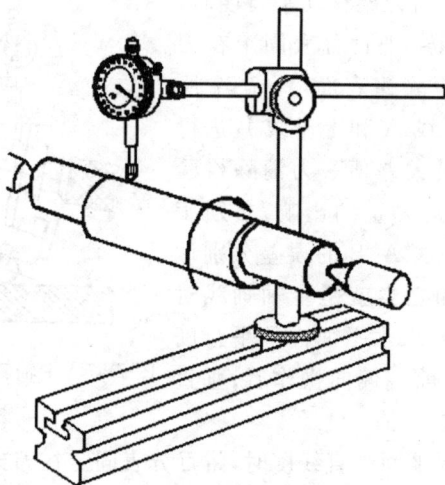

图 7-55 在两顶尖上测量偏心距的方法

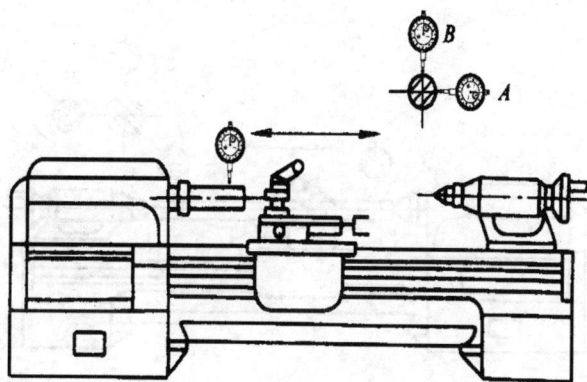

图 7-56 间接测量偏心距

测量时,把 V 形铁放在平板上,并把工件放在 V 形铁中,转动偏心轴,用百分表测量出偏心轴的最高点,找出最高点后,工件固定不动。再用百分表水平移动,测出偏心轴外圆到基准外圆之间的距离 a,然后用下式计算出偏心距 e:

$$\frac{D}{2} = e + \frac{d}{2} + \alpha$$

$$\frac{D}{2} = e - \frac{d}{2} - \alpha$$

式中:e ——偏心距(mm);

　　D ——基准轴外径(mm);

　　d ——偏心轴直径(mm);

　　a ——基准轴外圆到偏心轴外圆之间最小距离(mm)。

用上述方法,必须把基准轴直径和偏心轴直径用百分尺测量出正确的实际尺寸,否则计算时会产生误差。

（8）检验车床主轴轴线对刀架移动平行度时，在主轴锥孔中插入一检验棒，把百分表固定在刀架上，使百分表测头触及检验棒表面，图 7-57 所示。移动刀架，分别对侧母线 A 和上母线 B 进行检验，记录百分表读数的最大差值。为消除检验棒轴线与旋转轴线不重合对测量的影响，必须旋转主轴 180°，再同样检验一次 A、B 的误差分别计算，两次测量结果的代数和之半就是主轴轴线对刀架移动的平行度误差。要求水平面内的平行度允差只许向前偏，即检验棒前端偏向操作者；垂直平面内的平行度允差只许向上偏。

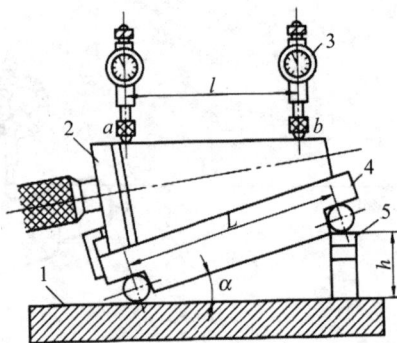

图 7-57　主轴轴线对刀架移动的平行度检验

（9）检验刀架移动在水平面内直线度时，将百分表固定在刀架上，使其测头顶在主轴和尾座顶尖间的检验棒侧母线上（图 7-58 位置 A），调整尾座，使百分表在检验棒两端的读数相等。然后移动刀架，在全行程上检验。百分表在全行程上读数的最大代数差值，就是水平面内的直线度误差。

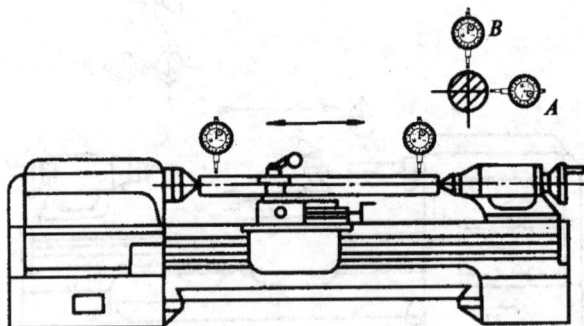

图 7-58　刀架移动在水平面内的直线度检验

（10）在使用百分表和千分表的过程中，要严格防止水、油和灰尘渗入表内，测量杆上也不要加油，免得粘有灰尘的油污进入表内，影响表的灵活性。

（11）百分表和千分表不使用时，应使测量杆处于自由状态，免使表内的弹簧失效。如内径百分表上的百分表，不使用时，应拆下来保存。

3．杠杆百分表和千分表的使用方法

（1）使用注意事项

1）千分表应固定在可靠的表架上，测量前必须检查千分表是否夹牢，并多次提拉千分表测量杆与工件接触，观察其重复指示值是否相同。

2）测量时，不准用工件撞击测头，以免影响测量精度或撞坏千分表。为保持一定的起始测量力，测头与工件接触时，测量杆应有 0.3～0.5mm 的压缩量。

3）测量杆上不要加油，以免油污进入表内，影响千分表的灵敏度。

4）千分表测量杆与被测工件表面必须垂直，否则会产生误差。

5）杠杆千分表的测量杆轴线与被测工件表面的夹角愈小，误差就愈小。如果由于测量需要,α 角无法调小时(当 $\alpha>15°$),其测量结果应进行修正。从图 7-59 可知,当平面上升距离为 a 时,杠杆千分表摆动的距离为 b,也就是杠杆千分表的读数为 b,因为 $b>a$,所以指示读数增大。具体修正计算式如下:

$$\alpha=b+\cos\alpha$$

例 用杠杆千分表测量工件时,测量杆轴线与工件表面夹角为 30°,测量读数为 0.048mm,求正确测量值。

解 $\alpha=b\cos\alpha=0.048×\cos30°=0.048×0.866=0.0416(\text{mm})$

(2) 杠杆百分表体积较小,适合于零件上孔的轴心线与底平面的平行度的检查,如图 7-60 所示。将工件底平面放在平台上,使测量头与 A 端孔表面接触,左右慢慢移动表座,找出工件孔径最低点,调整指针至零位,将表座慢慢向 B 端推进。也可以工件转换方向,再使测量头与 B 端孔表面接触,A、B 两端指针最低点和最高点在全程上读数的最大差值,就是全部长度上的平行度误差。

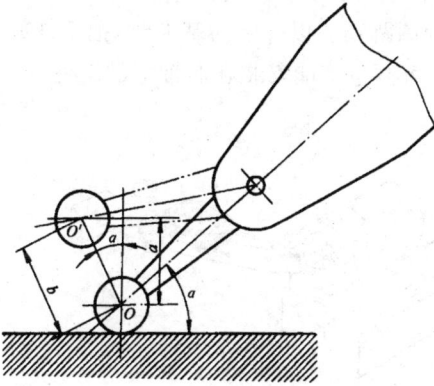

图 7-59　杠杆千分表测杆轴线位置
引起的测量误差

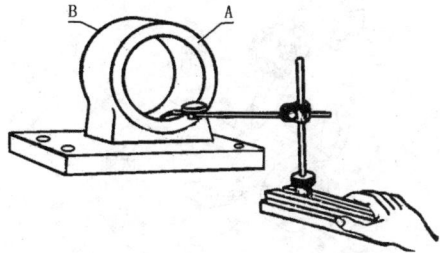

图 7-60　孔的轴心线与底平面的
平行度检验方法

(3) 用杠杆百分表检验键槽的直线度时,如图 7-61 所示。在键槽上插入检验块,将工件放在 V 形铁上,百分表的测头触及检验块表面进行调整,使检验块表面与轴心线平行。调整好平行度后,将测头接触 A 端平面,调整指针至零位,将表座慢慢向 B 端移动,在全程上检验。百分表在全程上读数的最大代数差值,就是水平面内的直线度误差。

(4) 检验车床主轴轴向窜动量时,在主轴锥孔内插入一根短锥检验棒,在检验棒中心孔放一颗钢珠,将千分表固定在车床上,使千分表平测头顶在钢珠上(图 7-62 位置 A),沿主轴轴线加一力 F,旋转主轴进行检验,千分表读数的最大差值,就是主轴轴向窜动的误差。

(5) 车床主轴轴肩支承面跳动的检验时,将千分表固定在车床上使其测头顶在主轴轴肩支承面靠近边缘处(图 7-62 位置 B),沿主轴轴线加一力 F,旋转主轴检验。千分表的最大读数差值,就是主轴轴肩支承面的跳动误差。检验主轴的轴向窜动和轴肩支承面跳动时外加一轴向力 F,是为了消除主轴轴承轴向间隙对测量结果的影响。其大小一般等于 1/2~1 倍主轴重量。

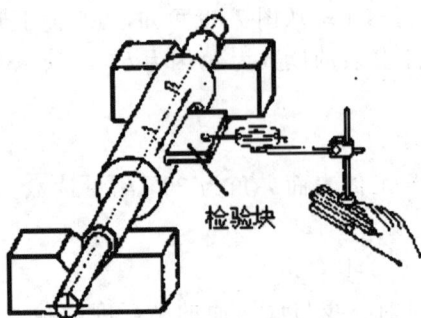

图 7-61　键槽直线度的检验方法

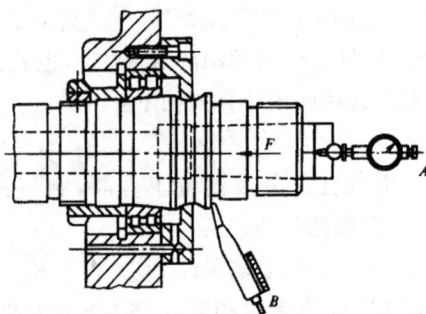

图 7-62　主轴轴向窜动和轴肩支承面跳动检验

（6）内外圆同轴度的检验，在排除内外圆本身的形状误差时，可用圆跳动量的 $\frac{1}{2}$ 来计算。以内孔为基准时，可把工件装在两顶尖的芯轴上，用百分表或杠杆表检验（图 7-63）。百分表（杠杆表）在工件转一周的读数，就是工件的圆跳动。以外圆为基准时，把工件放在 V 型铁上，如图 7-64 所示，用杠杆表检验。这种方法可测量不能安装在芯轴上的工件。

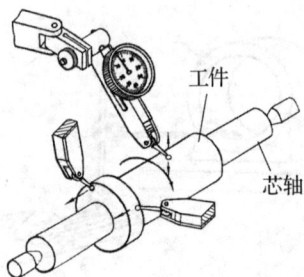

图 7-63　在芯轴上检验圆跳动

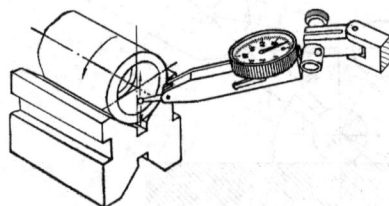

图 7-64　在 V 型铁上检验圆跳动

（7）齿向准确度检验，如图 7-65 所示。将锥齿轮套入测量芯轴，芯轴装夹于分度头上，校正分度头主轴使其处于准确的水平位置，然后在游标高度尺上装一杠杆百分表，用百分表找出测量芯轴上母线的最高点，并调整零位，将游标高度尺连同百分表降下一个芯轴半径尺寸，此时百分表的测头零位正好处在锥齿轮的中心位置上。再用调好零位的百分表去测量齿轮处于水平方向的某一个齿面，使该齿大小端的齿面最高点都处在百分表的零位上。此时，该齿面的延伸线与齿轮轴线重合。以后，只需摇动分度盘依次进行分齿，并测量大小端

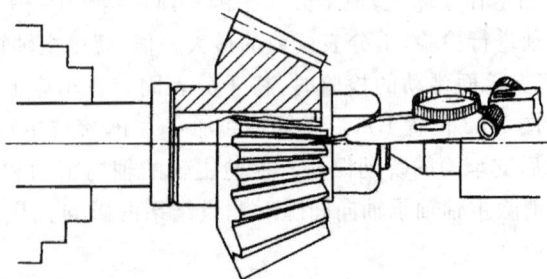

图 7-65　检查齿向精度

读数是否一致,若读数一致,说明该齿侧方向齿向精度是合格的,否则,该项精度有误差。一侧齿测量完毕后,将百分表测头改成反方向,用同样的方法测量轮齿另一侧的齿向精度。

4. 常用表类量具的维护保养

(1)使用时要仔细,提压测量杆的次数不要过多,距离不要过大,以免损坏机件,加剧测量头端部以及齿轮系统等的磨损。

(2)不允许测量表面粗糙或有明显凹凸的工作表面,会使精密量具的测量杆发生歪扭和受到旁侧压力,从而损坏测量杆和机件。

(3)应避免剧烈震动和碰撞,不要使测量头突然撞击在被测表面上,以防测量杆弯曲变形,更不能敲打表的任何部位。

(4)在遇到测量杆移动不灵活或发生阻滞时,不允许用强力推压测量头,应送交维修人员进行检查修理。

(5)不应把精密量具放置在机床的滑动部位,以免使量具轧伤和摔坏。

(6)不要把精密量具放在磁场附近,以免造成机件受磁性,失去精度。

(7)防止水或油液渗入百分表内部,不应使量具与切削液或冷却剂接触,以免机件腐蚀。

(8)不要随便拆卸精密量表或表体的后盖,以免尘埃及油污渗入机件,造成传动系统的障碍或弄坏机件。

(9)在精密量表上不准涂有任何油脂,否则会使测量杆和套筒黏结,造成动作不灵活,而且油脂易黏结尘土,从而损坏量表内部的精密机件。

(10)不使用时,应使测量杆处于自由状态,不应有任何压力附加。

(11)若发现百分表有锈蚀现象,应立即检修,不允许用砂纸擦拭测量杆上的污锈。

(12)精密量表不能与锉刀、凿子等工具堆放在一起,以免擦伤、碰毛精密测量杆或打碎玻璃表盖等。

7.2.5 角度器具

1. 正弦规

正弦规是用于准确检验零件及量规角度和锥度的量具,辅助测量圆锥锥度和角度偏差。一般的正弦规如图 7-66 所示。

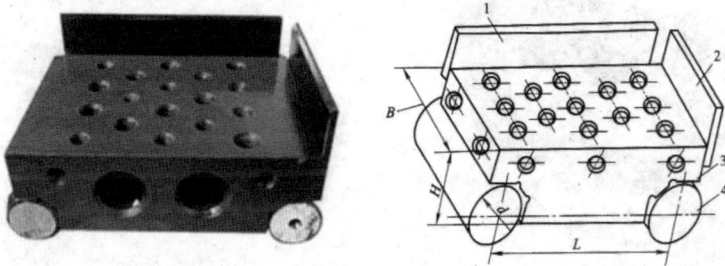

1-侧挡板;2-前挡板;3-主体;4-圆柱

图 7-66 正弦规

【测量原理】

正弦规测量原理是根据正弦函数,利用量块垫起一端使之形成一定角度来检验圆锥量规和角度等工具的锥度和角度偏差。

测量前,根据被测工件的结构不同,选择不同结构的正弦规,然后按公式计算量块组的高度。

$$h = L\sin\alpha$$

式中:h——量块组的高度;

L——两圆柱的中心间距;

α——正弦规放置的角度。

测量时,将正弦规放在平板上,一圆柱与平板接触,另一圆柱下垫量块,装好工件。如图 7-67 正弦规测量外锥体所示,为正弦规测量外锥体。

【操作要点】

1. 正弦规工作面不得有严重影响外观和使用性能的裂痕、划痕、夹渣等缺陷。

2. 正弦规各零件均应去磁,主体和圆柱必须进行稳定性处理。

3. 正弦规应能装置成 $0°\sim80°$ 范围内的任意角度,其结构刚性和各零件强度应能适应磨削工作条件,各零件应易于拆卸和修理。

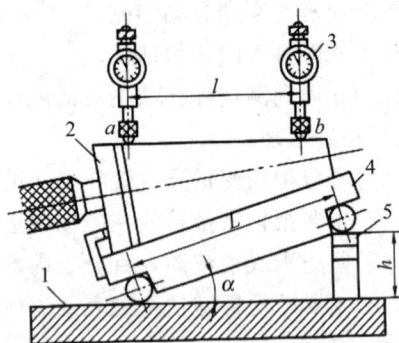

1-检验平板;2-工件;3-指示表;4-正弦规;5-量块

图 7-67 正弦规测量外锥体

4. 正弦规的圆柱应采用螺钉可靠地固定在主体上,且不得引起圆柱和主体变形;紧固后的螺钉不得露出圆柱表面。主体上固定圆柱的螺孔不得露出工作面。

2. 水平仪

水平仪是用以测量工件表面相对水平位置的微小倾斜角度的量具。可测量各种导轨和平面的直线度、平面度、平行度和垂直度,还能用于调整安装各种设备的水平和垂直位置。一般被作为量具使用的水平仪主要有框式(方形水平仪)和条式(钳工水平仪)两种,如图 7-68 所示。

框式水平仪

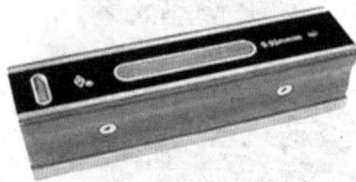
条式水平仪

图 7-68 水平仪

【测量原理】

水平仪是利用水准器(水泡)进行测量的。水准器是一个密封的玻璃管,内壁研磨成具有一定曲率半径尺的圆弧面。管内装有流动性很好的液体(如乙醚、酒精),管内还留有一个小的空间,即为气泡,玻璃管外表面上刻有刻度。

当水准器处于水平位置时,气泡位于正中,即处于零位。

当水准器偏离水平位置而有倾斜时,气泡即移向高的一端,倾斜角度的大小,由气泡所对的刻度读出。

水平仪不同品种测量范围及精度见表 7-7。

表 7-7　水平仪规格

品　　种	分度值/mm	工作面长度/mm	工作面宽度/mm	V 形工作面夹角
框式、条式 (GB/T 16455-2008)	0.02,0.05, 0.10	100	≥30	120°,140°
		150,200	≥35	
		250,300	≥40	
电子式 (JB/T 10038-1999)	0.005,0.01, 0.02,0.05	100	25~35	120°,150°
		150,200,250,300	35~50	

【操作要点】

① 使用前,应将水平仪的工作面和工件的被检面清洗干净,测量时此两面之间如有极微小的尘粒或杂物,都将引起显著的测量误差。

② 零值的调整方法,将水平仪的工作底面与检验平板或被测表面接触,读取第一次读数;然后在原地旋转 180°,读取第二次读数;两次读数的代数差除以 2 即为水平仪的零值误差。

③ 普通水平仪的零值正确与否是相对的,只要水平仪的气泡在中间位置,就表明零值正确。

④ 水准器中的液体,易受温度变化的影响而使气泡长度改变。对此,测量时可在气泡的两端读数,再取平均值作为结果。

⑤ 测量时,一定要等到气泡稳定不动后再读数。

⑥ 读取水平仪示值时,应垂直正对水准器的方向,以避免因视差造成读数误差。

3. 角尺

角尺是一种专业量具,角尺测量为比较测量法,公称角度为 90°,故称为直角尺,可用于检测工件的垂直度及工件相对位置的垂直度,有时也用于划线。适用于机床、机械设备及零部件的垂直度检验,安装加工定位,划线等是机械行业中的重要测量工具,特点是精度高、稳定性好、便于维修,结构不同可分为平样板角尺、宽底座样板角尺、圆柱角尺,如图 7-69 所示,为宽底座样板角尺。

【测量原理】

图 7-69　宽底座样板直角尺

使用角尺检验工件时,当角尺的测量面与被检验面接触后,即松手,让角尺靠自身的重量保持其基面与平板接触,如图 7-70(a)、(b)所示,(c)所示用手轻按压角尺的下基面,使上基面与被检验的一个面接触。

① 确定被检验角数值:测量时,如果角尺的测量面与被检验面完全接触,根据光隙的大小判定被检验角的数值。若无光隙,说明被检验角度为 90°;若有光隙,说明被检验角度不

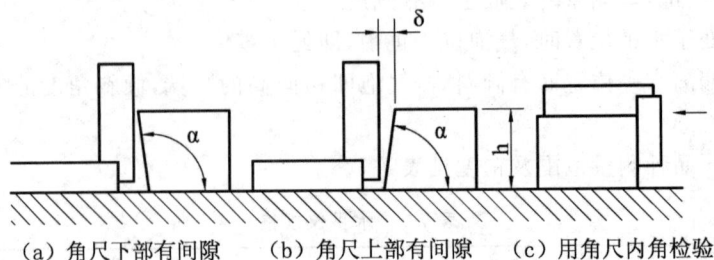

(a) 角尺下部有间隙　　　　(b) 角尺上部有间隙　　　(c) 用角尺内角检验

图 7-70　角尺检验直角

等于 90°。

②角尺做检验工具:用比较测量法检验,先用作为标准的角尺调整指示器,当标准角尺压向测量架的固定支点时,调整指示器归零;然后将指示器和测量架移向被测工件进行测量,如图 7-71 所示。

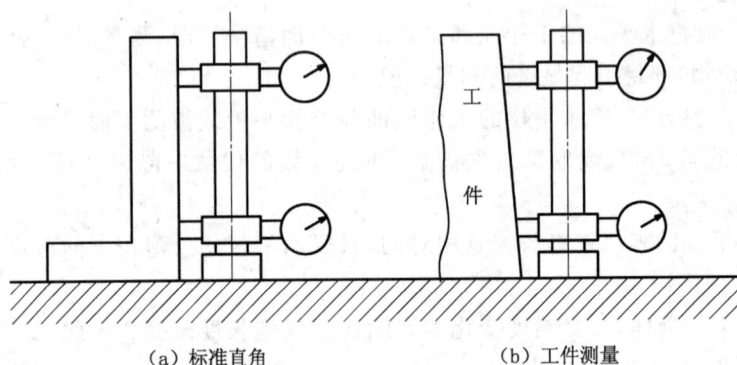

(a) 标准直角　　　　　　　　　　　(b) 工件测量

图 7-71　角尺比较测量垂直度误差

【操作要点】

① 00 级和 0 级 90 度角尺一般用于检验精密量具;1 级 90 度角尺用于检验精密工件;2 级 90 度角尺用于检验一般工件。

② 使用前,应先检查各工作面和边缘是否被碰伤。将直角尺工作面和被检工作面擦净。

③ 使用时,将 90°角尺放在被测工件的工作面上,用光隙法来鉴别被测工件的角度是否正确,检验工件外角时,须使直角尺的内边与被测工件接触,检验内角时,则使直角尺的外边与被测工件接触。

④ 测量时,应注意角尺的安放位置,不能歪斜。

⑤ 在使用和安放工作边较大的 90°角尺时,尤应注意防止弯曲变形。

⑥ 为求得精确的测量结果,可将 90°角尺翻转 180°再测量一次,取两次度数的算术平均值作为其测量结果,可降低角尺本身的偏差。

7.2.6 量规

1. 光滑极限量规

光滑极限量规是用以检验没有台阶的光滑圆柱形孔、轴直径尺寸的量规,在生产中使用最广泛,如图 7-72 所示。按国家标准规定,量规的检验范围是基本尺寸(1～500)mm,公差等级为 IT6—IT16 的光滑圆柱形孔和轴。

检验孔径的量规叫做塞规,检验轴径的量规叫做卡规。轴径也可用环规即用高精度的完整孔来检验,但操作不便,又不能检验加工中的轴件(两端都已顶持),故很少应用。

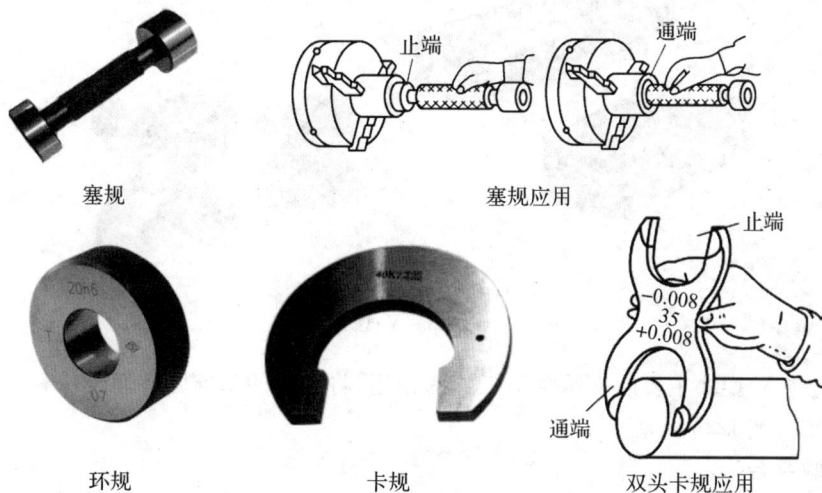

图 7-72 光滑极限量规

【测量原理】

塞规和卡规都是成对使用的,其中一个为"通规",用以控制孔的最小极限尺寸 D_{min} 和轴的最大极限尺寸 d_{max},另一个为"止规",用以控制孔的最大极限尺寸 D_{max} 和轴的最小极限尺寸 d_{min}。检验时,若通规能通过被检孔、轴,而止规不能通过,则表示被检孔、轴的尺寸合格。

【操作要点】

① 使用前,要先核对量规上标注的基本尺寸、公差等级及基本偏差代号等是否与被检件相符。了解量规是否经过定期检定及检定期限是否过期(过期不应使用)。

② 使用前,必须检查并清除量规工作面和被检孔、轴表面(特别是内孔孔口上)的毛刺、锈迹和铁屑末及其他污物。否则不仅检验不准确,还会磨伤量规和工件。

③ 检验工件时,一定要等工件冷却后再检验,并在量规上应尽可能安装隔热板,以供使用时用手握持,否则将产生很大的热膨胀误差而造成误检。

④ 检验孔件时,用手将塞规轻轻地送入被检孔,不得偏斜。量规进入被检孔中之后,不要在孔中回转,以免加剧磨损。

⑤ 检验轴件时,用手扶正卡规(不要偏斜),最好让其在自重作用下滑向轴件直径位置。

⑥ 量规属精密量具,使用时要轻拿轻放。用完后工作面上涂一层薄防锈油,放在木盒内或专门的位置,不要将量规与其他工具杂放在一起,要注意避免磁损、锈蚀和磁化。

7.2.7 辅助量具

常用的辅助量具主要有 V 型块、检验平板、方箱、弯板等。

1. V 型块

V 型块是用于轴类零件加工和或检验时作紧固或定位的辅助工作,如图 7-73 所示。V 型块可以单只使用,也可以成对使用,成对使用时必须保证是同型号和同一精度等级的 V 型块才可使用。材质可分铸铁材质或大理石材质。

图 7-73 V 型块

在测量中 V 型块主要起支承轴类工件的作用,将工件的基准圆柱面定位和支承在 V 型块上,可检测工件形位误差。

2. 检验平台

检验平台在测量中起基座作用,其工作表面作为测量的基准平面,如图 7-74 所示。检验平板要求具有足够的精度和刚度稳定性。常用材质有铸铁和大理石。

图 7-74 检验平板

检验使用时应注意,平板安放平稳,一般用三个支承点调整水平面。大平板增加的支承点须垫平垫稳,但不可破坏水平,且受力须均匀,以减少自重受形;平板应避免因局部使用过频繁而磨损过多,使用中避免热源的影响和酸碱的腐蚀;平板不宜承受冲击、重压、或长时间堆放物品等。

3. 方箱

方箱用于检验工件的辅助量具,也可在平台测量中作为标准直角使用,其性能稳定,精度可靠。有六个工作面,其中一个工作面上有 V 型槽,如图 7-75 所示。

方箱一般是在检验平板上使用,起支承被检测工作的作用,可以单独使用,也可以成对使用。

4. 弯板

弯板在检验平台测量中作为标准直角使用,如图 7-76 所示,用于零部件的检测和机械加工中的装夹、划线。能在检验平板上检查工件的垂直度,适用于高精度机械和仪器检验和机床之间不垂直度的检查。

图 7-75 方箱

图 7-76 弯板

弯板使用时不能在潮湿、有腐蚀、过高和过低的温度环境下使用和存放。在使用时要先进行弯板的安装调试,然后,把弯板的工作面擦拭干净,在确认没有问题的情况下使用弯板。

5. 内外卡钳

图 7-77 是常见的两种内外卡钳。内外卡钳是最简单的比较量具。外卡钳是用来测量外径和平面的,内卡钳是用来测量内径和凹槽的。它们本身都不能直接读出测量结果,而是把测量得的长度尺寸(直径也属于长度尺寸),在钢直尺上进行读数,或在钢直尺上先取下所需尺寸,再去检验零件的直径是否符合,如图 7-78 所示。

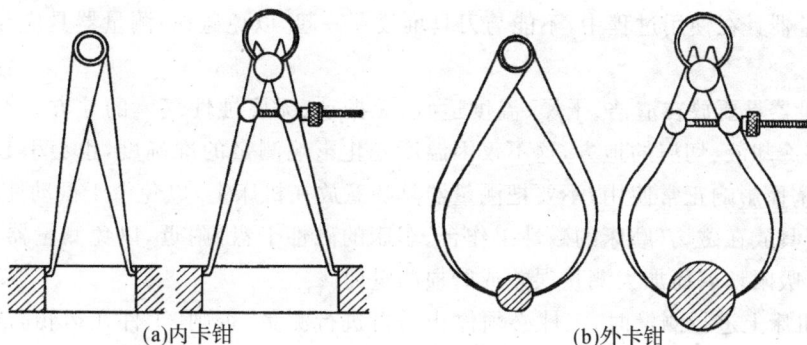

(a)内卡钳   (b)外卡钳

图 7-77 内外卡钳

6. 塞尺

塞尺又称厚薄规或间隙片。主要用来检验机床特别紧固面和紧固面、活塞与气缸、活塞环槽和活塞环、十字头滑板和导板、进排气阀顶端和摇臂、齿轮啮合间隙等两个结合面之间的间隙大小。塞尺是由许多层厚薄不一的薄钢片组成(图 7-79)按照塞尺的组别制成一把一把的塞尺,每把塞尺中的每片具有两个平行的测量平面,且都有厚度标记,以供组合使用。

测量时,根据结合面间隙的大小,用一片或数片重选在一起塞进间隙内。例如用 0.03mm 的一片能插入间隙,而 0.04mm 的一片不能插入间隙,这说明间隙在 0.03～0.04mm 之间,所以塞尺也是一种界限量规。

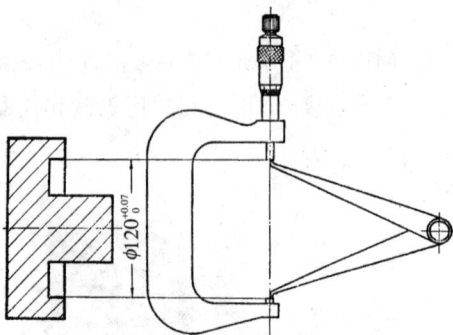

图 7-78　内卡搭外径百分尺测量内径

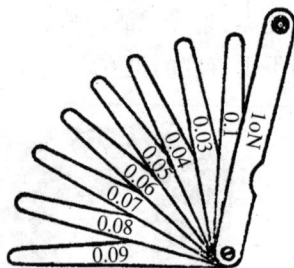

图 7-79　塞尺

7.3　测量工具的日常维护和保养

正确地使用量具是保证产品质量的重要条件之一。要保持量具的精度和它工作的可靠性,以及延长量具的使用期限,除了在使用中要按照合理的使用方法进行操作以外,还必须做好量具的维护和保养工作。

测量器具维护保养的一般注意事项有以下几点。

① 测量器具应经常保持清洁,使用后,松开紧固装置,不要使两个测量面接触,及时擦拭干净,涂上防锈油,放在专用的盒子里,存放在干燥的地方。

② 测量器具在使用过程中,不能与刀具堆放在一起,以免碰伤;测量器具应与磨料严格地分开存放。

③ 测量器具要放在清洁、干燥、温度适宜、无振动、无腐蚀性气体的地方。不能把测量器具放在有冷却液、切屑的地方,这不仅因温度变化影响测量的准确度,也会引起测量器具的锈蚀、堵塞而影响正常使用;不要把测量器具随意放在机床上,以免由于振动使它摔坏,不要把测量器具放在磁场(磨床的磁性工作台、车床的磁性卡盘)附近,以免测量器具被磁化,在测量面上吸附切屑而加大测量误差或磨损测量面。

④ 在机床上进行测量时,工件必须停止后再进行测量,否则,工件在运转时测量,不但会使测量器具的测量头过早磨损而失去精度,还会损坏测量器具,甚至造成人身事故。

⑤ 不能用精密计量器具测量粗糙的铸、锻毛坯或带有研磨剂的表面。

⑥ 测量器具是用来测量的,不能当成其他工具的代用品,如用作划针、锤子、一字螺钉旋以及用来清理切屑等都是不允许的。

⑦ 不要用手摸测量器具的测量面,因为手上有汗、污物等,会污染测量面而产生锈蚀。

⑧ 不要在测量器具的刻线或 其他有关部位附近打钢印、记号等,以免使测量器具受到捶打撞击而变形,影响它的精度。

⑨ 测量器具应定期送计量室检定,以免其示值误差超差而影响测量结果。非计量检修人员严禁自行拆卸、修理或改装测量器具。发现测量器具有问题,应及时送有关部门检修,并经检定后才能用。

习　题

1. 测量工具的不同分类有什么？
2. 游标卡尺读数

精度为 0.1mm

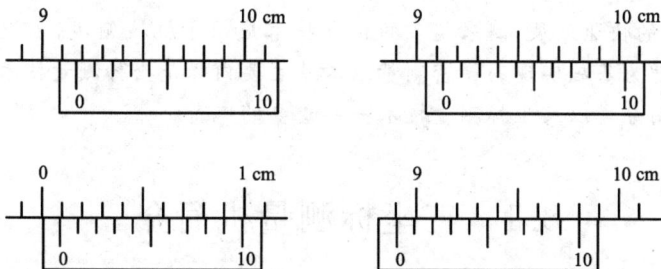

精度为 0.05mm

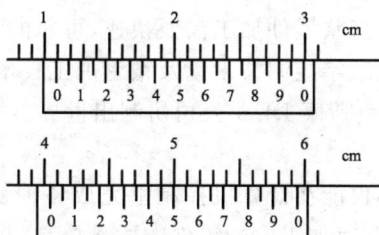

精度为 0.02mm

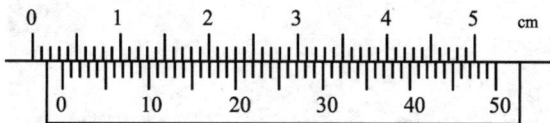

3. 千分尺读数

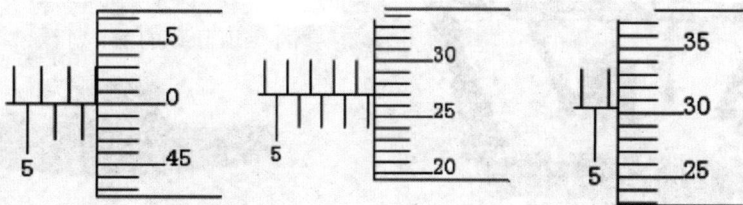

4. 简述指示表的测量原理。
5. 通用测量工具的维护保养应如何注意，简要列举几点。

第 8 章　三坐标测量机介绍

本章提要

　　随着信息技术的快速发展,越来越多的信息技术应用于机械领域。三坐标测量技术就是以信息传递、处理为基础实现的精密测量。本章主要内容是坐标测量技术的基本知识、测量机系统组成、应用分类以及坐标测量技术一些重要的概念。

8.1　三坐标测量机简介

　　三坐标测量机(Coordinate Measuring Machine,简称 CMM)是 20 世纪 60 年代发展起来的一种新型、高效、多功能的精密测量仪器。它的出现,一方面是由于自动机床、数控机床高效率加工以及越来越多复杂形状零件加工需要快速、可靠的测量设备与之配套;另一方面是由于电子技术、计算机技术、数字控制技术以及精密加工技术的发展为坐标测量机的产生提供了技术基础。1963 年,海克斯康 DEA 公司研制出世界上第一台龙门式三坐标测量机,如图 8-1 所示。

　　现代坐标测量机 CMM 不仅能在计算机控制下完成各种复杂测量,而且可以通过与数控机床交换信息,实现在线检测对加工中的零件的质量控制,并且还可根据测量的数据实现逆向工程,如图 8-2 所示为现代三坐标测量机的典型代表。

图 8-1　世界上第一台龙门式三坐标测量机

图 8-2　现代三坐标测量机示例

目前,CMM 已广泛用于机械制造业、汽车工业、电子工业、航空航天工业和国防工业等各行业,成为现代工业检测和质量控制不可缺少的万能测量设备。

8.1.1　三坐标测量机的原理

坐标测量技术的原理:任何形状都是由空间点组成,所有的几何量测量都可以归结为空间点的测量,因此精确进行空间点坐标的采集,是评定任何几何形状的基础。

坐标测量机的基本原理是将被测零件放入它允许的测量空间,精确地测出被测零件表面的点在空间三个坐标位置的数值,将这些点的坐标数值经过计算机数据处理,拟合形成测量元素,如圆、球、圆柱、圆锥、曲面等,如图 8-3 所示,再经过数学计算的方法得出其形状、位置公差及其他几何量数据。

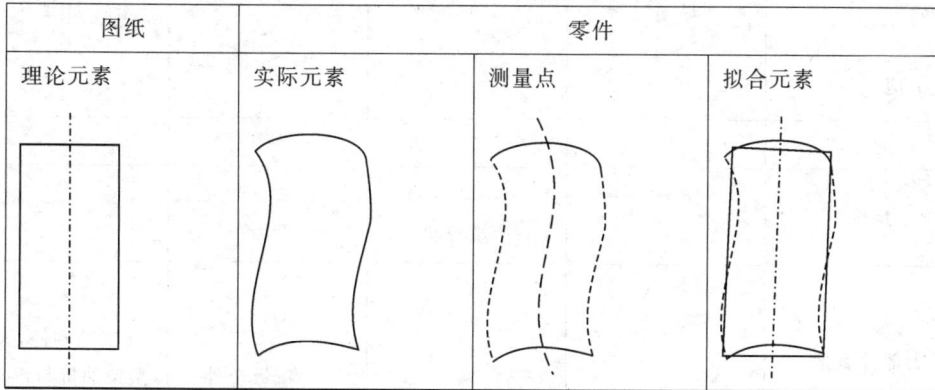

图纸	零件		
理论元素	实际元素	测量点	拟合元素

图 8-3　元素的拟合

8.1.2　三坐标测量机的分类

坐标测量机发展至今已经历了若干个阶段,从数字显示及打印型,到带有小型计算机,直到目前的计算机数字控制(CNC)型。三坐标测量机的分类方法很多,但基本不外乎以下几类,其中最常见的是按结构形式分类。

1. 按结构形式与运动关系分类

按照结构形式与运动关系,三坐标测量机可分为移动桥式、固定桥式、龙门式、水平臂式等。不论结构形式如何变化,三坐标测量机都是建立在具有三根相互垂直轴的正交坐标系基础之上的。

2. 按测量机的测量范围分类

按照三坐标测量机的测量范围,可将其分为小型、中型与大型三类。

3. 按测量精度分类

按照测量机的测量精度,有低精度、中等精度和高精度三类。

8.1.3　三坐标测量机的常用结构形式

坐标测量机的机械结构最初是在精密机床基础上发展起来的。如美国 Moore 公司的测量机就是由坐标镗→坐标磨→坐标测量机逐步发展而来的,瑞士的 SIP 公司的测量机则是在大型万能工具显微镜→光学三坐标测量仪基础上逐步发展起来的。这些测量机的结构都是没有脱离精密机床及传统精密测试仪器的结构。坐标测量机的结构形式来分,主要分为直角坐标测量机(固定式测量系统)与非正交系坐标测量系统(便携式测量系统)。

直角坐标的框架式坐标测量机的空间补偿数学模型成熟,具有精度高、功能完善等优势,因而在中小工业零件的几何量检测中至今占有绝对统治地位,以下主要介绍这种结构。

坐标测量机的结构形式主要取决于三组坐标轴的相对运动方式,它对测量机的精度和适用性影响很大。常用的直角坐标测量机结构有移动桥式、固定桥式、悬臂式、龙门式等四类结构,这四类结构都有互相垂直的三个轴及其导轨,坐标系属正交坐标系,如图8-4。

结构 形式 应用	移动桥式测理机 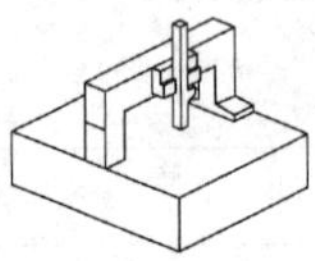	固定桥式测量机 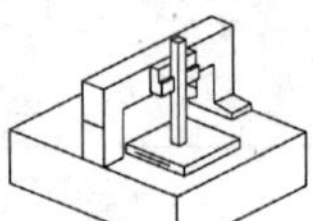	水平臂式测量机 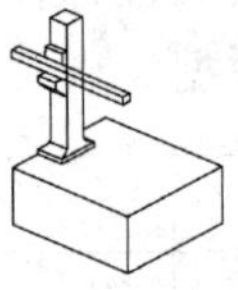	龙门式测量机 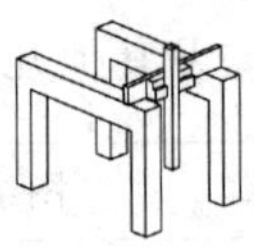
通用	×	×	×	
精确	×	× 量规校验		
大部件测量			× 车身、钣金件	× 航空结构件,大型柴油机与汽车模具

图 8-4　坐标测量机的结构形式

1. 移动桥式结构

移动桥式结构由四部分组成:工作台、桥架、滑架、Z轴。

桥架可以在工作台上沿着导轨作前后向平移,滑架可沿桥架上的导轨沿水平方向移动、Z轴在则可以在滑架上沿上下方向移动,测头则安装在Z轴下端,随着XYZ的三个方向平移接近安装在工作台上的工件表面,完成采点测量。

移动桥式结构(图8-5)是目前坐标测量机应用最为广泛的一类坐标测量结构,是目前中小型测量机的主要采用的结构类型,结构简单、紧凑,开敞性好,工件装载在固定平台上不影响测量机的运行速度,工件质量对测量机动态性能没有影响,因此承载能力较大,本身具有台面,受地基影响相对较小,精度比固定桥式稍低。缺点是桥架单边驱动,前后方向(Y向)光栅尺布置在工作台一侧,Y方向有较大的阿贝臂,会引起较大的阿贝误差。

2. 固定桥式结构

固定桥式结构(如图 8-6 所示)由四部分组成:基坐台(含桥架)、移动工作台、滑架、Z轴。

固定桥式与移动桥式结构类似,主要的不同在于,移动桥式结构中,工作台固定不动,桥架在工作台上沿前后方向移动,而在固定式结构中,移动工作台承担了前后移动的功能,桥架固定在机身中央不做运动。

高精度测量机通常采用固定桥式结构。固定桥式测量机的优点是结构稳定,整机刚性

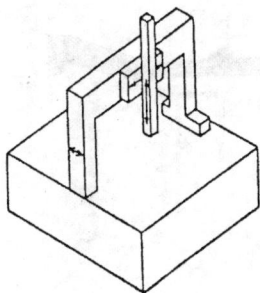

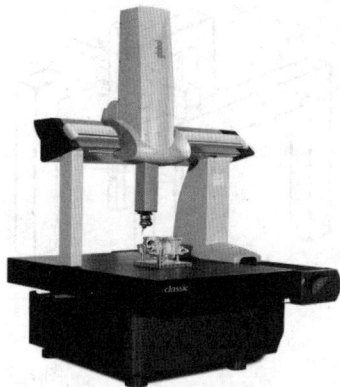

图 8-5　移动桥式结构

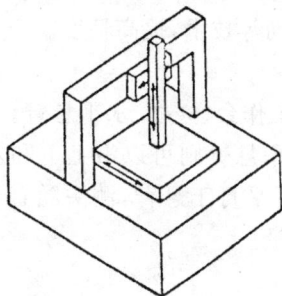

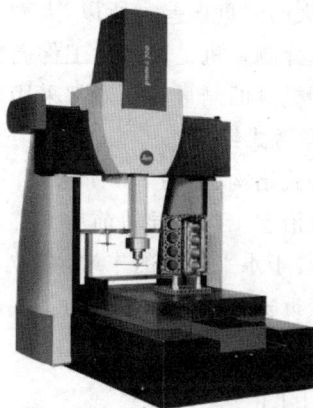

图 8-6　固定桥式结构

强,中央驱动,偏摆小,光栅在工作台的中央,阿贝误差小,X、Y 方向运动相互独立,相互影响小;缺点是被测量对象由于放置在移动工作台上,降低了机器运动的加速度,承载能力较小;操作空间不如移动桥式开阔。

3. 龙门式结构

龙门式结构(如图 8-7 所示)基本由四部分组成:在前后方向有两个平行的被立柱支撑在一定高度上的导轨,导轨上架着左右方向的横梁,横梁可以沿着这两列导轨做前后方向的移动,而 Z 轴则垂直加载在横梁上,既可以沿着横梁作水平方向的平移,又可以沿竖直方向上下移动。测头装载于 Z 轴下端,随着三个方向的移动接近安装于基座或者地面上的工件,完成采点测量。

龙门式结构一般被大中型测量机所采用。地基一般与立柱和工作台相连,要求有较好的整体性和稳定性;立柱对操作的开阔性有一定的影响,但相对于桥式测量机的导轨在下、桥架在上的结构,移动部分的质量有所减小,有利于测量机精度及动态性能的提高,正因为此,一些小型带工作台的龙门式测量机应运而生。

龙门式结构要比水平悬臂式结构的刚性好,对大尺寸测量而言具有更好的精度。龙门

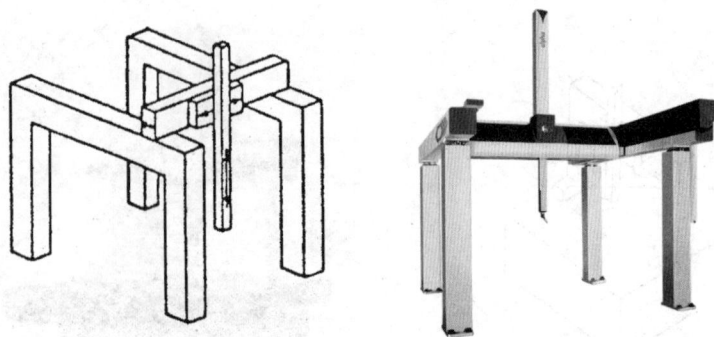

图 8-7　龙门式结构

式测量机在前后方向上的量程最长可达数十米。缺点是与移动桥式相比结构复杂,要求较好的地基;单边驱动时,前后方向(Y 向)光栅尺布置在主导轨一侧,在 Y 方向有较大的阿贝臂,会引起较大的阿贝误差。所以,大型龙门式测量机多采用双光栅/双驱动模式。

龙门式坐标测量机是大尺寸工件高精度测量的首选。适合于航空、航天、造船行业的大型零件或大型模具的测量。一般都采用双光栅、双驱动等技术,提高精度。

4. 水平悬臂式结构

水平悬臂式结构(如图 8-8 所示)由三部分组成:工作台、立柱、水平悬臂。

立柱可以沿着工作台导轨前后平移,立柱上的水平悬臂则可以沿上下和左右两个方向平移,测头安装于水平悬臂的末端,零位 A(0°,0°)水平平行于悬臂,测头随着悬臂在三个方向上的移动接近安装于工作台上的工件,完成采点测量。

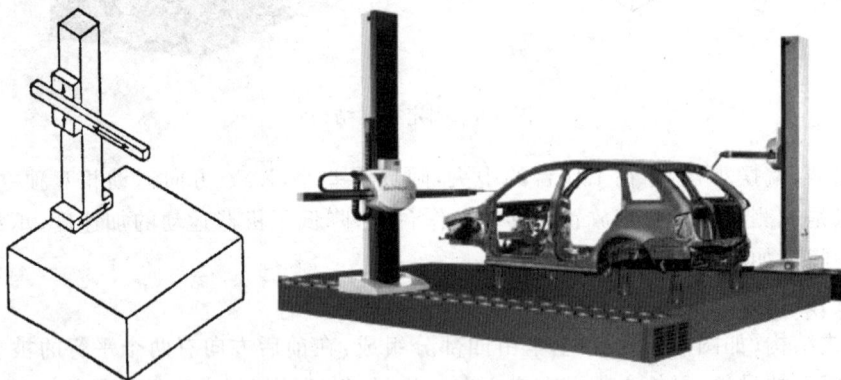

图 8-8　水平悬臂式结构

与水平悬臂式结构类似,还有固定工作台水平悬臂、移动工作台水平悬臂两类结构,只不过,这两类悬臂的测头安装方式与水平悬臂不同,测头零位 A(0°,0°)方向与水平悬臂垂直。

水平臂测量机在前后方向可以做得很长,目前行程可达十米以上,竖直方向即 Z 向较高,整机开敞性比较好,是汽车行业汽车各种分总成、白车身测量的最常用的结构。

优点:结构简单,开敞性好,测量范围大。

缺点:水平臂变形较大,悬臂的变形与臂长成正比,作用在悬臂上的载荷主要是悬臂加测头的自重;悬臂的伸出量还会引起立柱的变形。补偿计算比较复杂,因此水平悬臂的行程不能做的太大。在白车身测量时,通常采用双机对称放置,双臂测量。当然,前提是需要在测量软件中建立正确的双臂关系。

8.2　三坐标测量机的系统组成

随着现代汽车工业和航空航天事业以及机械加工业的突飞猛进,三坐标检测已经成为常规的检测手段。三坐标测量机也早已不是奢侈品了,特别是一些外资和跨国企业,强调第三方认证,所有出厂产品必须提供有检测资格方出具的零件公差检测报告。所以三坐标检测对于加工制造业来说越来越重要。

三坐标测量机主要包括以下结构:坐标测量机主机、探测系统、控制系统、软件系统,如图 8-9 所示。

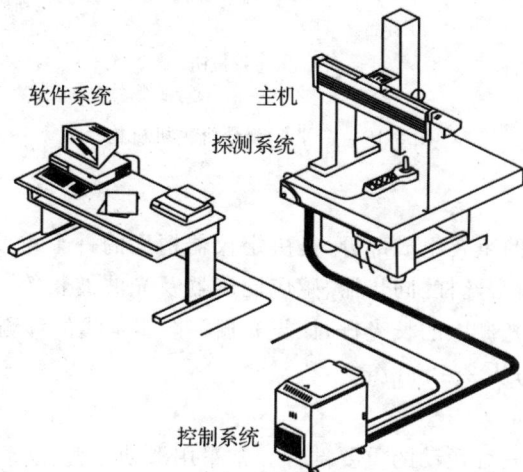

图 8-9　测量机结构组成

8.2.1　三坐标测量机的主机

坐标测量机主机,也即测量系统的机械主体,为被测工件提供相应的测量空间,并装载探测系统(测头),按照程序要求进行测量点的采集。

主机结构主要包括代表笛卡尔坐标系的三个轴及其相应的位移传感器和驱动装置,含工作台、桥架、滑架、Z轴等在内的机体框架。

三坐标测量机的主机结构如图 8-10 所示。

(1)框架结构

机体框架主要包括工作台、桥架(包括立柱和横梁)、滑架、Z轴及保护罩,工作台一般选择花岗岩材质,桥架和滑架一般可选择花岗岩、铝合金或陶瓷材质。

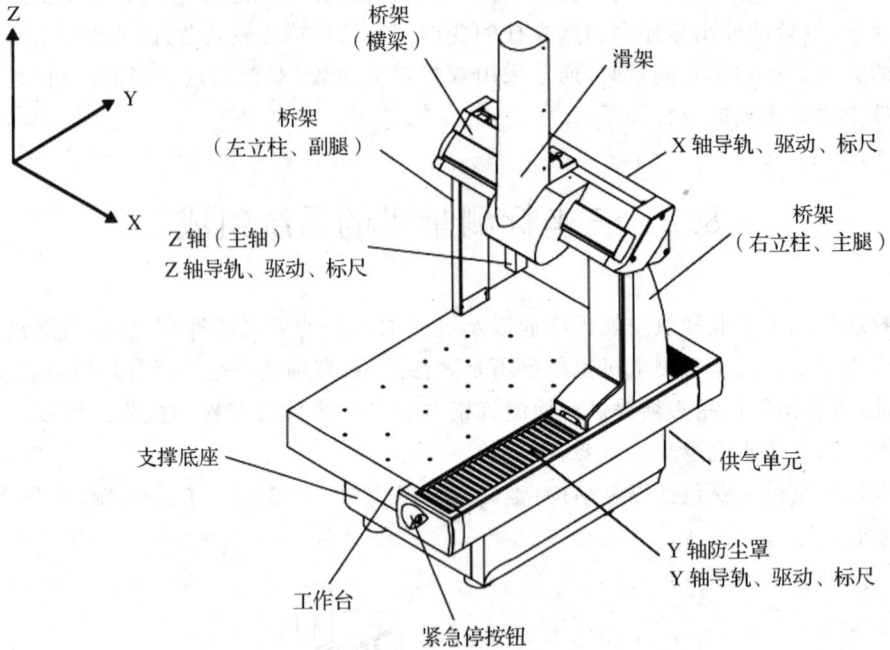

图 8-10　三坐标测量机主机机构

（2）标尺系统

标尺系统是测量机的重要组成部分，是决定仪器精度的一个重要环节。所用的标尺有线纹尺、光栅尺、磁尺、精密丝杠、同步器、感应同步器及光波波长等。三坐标测量机一般采用测量几何量用的计量光栅中的长光栅，该类光栅一般用于线位移测量，是坐标测量机的长度基准，刻线间距范围为从 $2\sim200\mu m$。

（3）导轨

导轨是测量机实现三维运动的重要部件。常采用滑动导轨、滚动轴承导轨和气浮导轨，而以气浮静压导轨较广泛。气浮导轨由导轨体和气垫组成，有的导轨体和工作台合二为一。气浮导轨还应包括气源、稳定器、过滤器、气管、分流器等一套气动装置。

（4）驱动装置

驱动装置是测量机的重要运动机构，可实现机动和程序控制伺服运动的功能。在测量机上一般采用的驱动装置有丝杠螺母、滚动轮、光轴滚动轮、钢丝、齿形带、齿轮齿条等传动，并配以伺服马达驱动，同时直线马达也正在增多。

（5）平衡部件

平衡部件主要用于 Z 轴框架结构中，其功能是平衡 Z 轴的重量，以使 Z 轴上下运动时无偏重干扰，使检测时 Z 向测力稳定。Z 轴平衡装置有重锤、发条或弹簧、汽缸活塞杆等类型。

（6）转台与附件

转台是测量机的重要元件，它使测量机增加一个转动的自由度，便于某些种类零件的测量。转台包括数控转台、万能转台、分度台和单轴回转台等。

坐标测量机的附件很多,视测量需要而定。一般指基准平尺、角尺、步距规、标准球体、测微仪以及用于自检的精度检测样板等。

8.2.2　三坐标测量机的控制系统

控制系统在三坐标测量过程中的主要功能体现在:读取空间坐标值,对测头信号进行实时响应与处理,控制机械系统实现测量所必需的运动,实时监测坐标测量机的状态以保证整个系统的安全性与可靠性,有的还对坐标测量机进行几何误差与温度误差补偿以提高测量机的测量精度。

控制系统按照自动化程度可以分为手动型、机动型及自动型 CNC (Computer Numerical Control,又称为 DCC,Direct Computer Control)三种类型。

手动型和机动型控制系统主要完成空间坐标值的监控与实时采样,主要用于经济型的小型测量机。手动型控制系统结构简单,机动型控制系统则在手动型基础上添加了对测量机三轴电机、驱动器的控制,机动型控制系统是手动和 CNC 数控型控制系统的过渡机型。

CNC 型控制系统的测量过程是由计算机控制的,它不仅可以实现全自动点对点触发和模拟扫描测量,也可像机动控制系统那样通过操纵盒摇杆进行半自动测量,随着计算机技术及数控技术的发展,CNC 型控制系统的应用意味着整个测量机系统获得更高的精度、更高速度、更好的自动化和智能化水平。

1. 手动型测量机

手动控制系统主要包括坐标测量系统、测头系统、状态监测系统等,如图 8-11 所示。

坐标测量系统是将 X、Y、Z 三个方向的光栅信号经过处理后,送入计数器,CPU 读取计数器中的脉冲数,计算出相应的空间位移量。

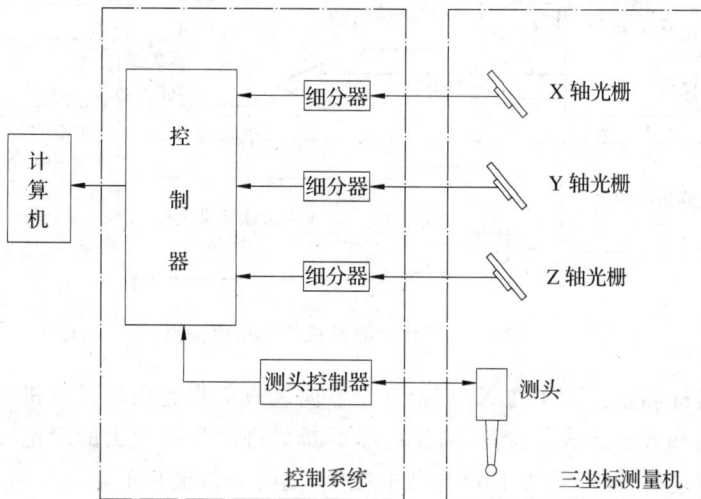

图 8-11　手动型测量机工作原理

手动型测量机的操作方式体现在:手动移动测头去接触工件,测头发出的信号用作计数器的锁存信号和 CPU 的中断信号;锁存信号将 X、Y、Z 三轴的当前光栅数值记录下来,CPU 在执行中断服务程序时,读取计数器中的锁存值,这样就完成了一个坐标点的采集。计算机通过这些坐标点数据分析计算出工件的形状误差和位置误差。

随着半导体技术与计算机技术的发展,可将光栅信号接口单元、测头控制单元、状态监测单元等集成在一块 PCI 或 ISA 总线卡上,直接插入计算机中或专用的控制器,使得系统可靠性提高,成本降低,便于维护,易于开发。

手动三坐标测量机结构简单、成本低,适合于对精度和效率要求不是太高、而要求低价格的用户。

2. 机动型测量机

机动控制系统与手动型控制系统比较,机动型控制系统增加了电机、驱动器和操纵盒。测头的移动不再需要手动,而是用操纵盒通过电机来驱动。电机运转的速度和方向都通过操纵盒上手操杆偏摆的角度和方向来控制。

机动型控制系统主要是减轻了操作人员的体力劳动强度,是一种过渡机型,随着 CNC 系统成本的降低,机动型测量机目前采用得很少。

3. 自动型测量机

数控型测量机的测量过程是由计算机通过测量软件进行控制的,它不仅可以实现利用测量软件进行自动测量、自学习测量、扫描测量,也可通过操纵杆进行机动测量。

数控型测量机工作的原理图如图 8-12 所示,数控型测量系统通过接收来自软件系统所发出的指令,控制测量机主机的运动和数据采集。

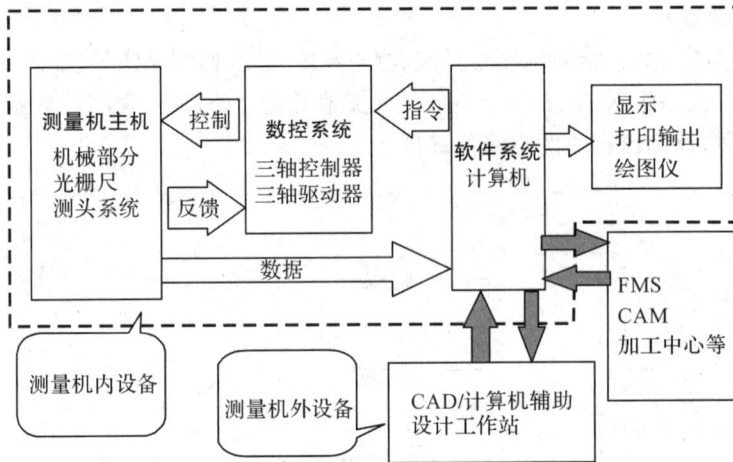

图 8-12　CNC 型测量机的工作原理图

数控型三坐标测量机除了在 X、Y、Z 三个方向装有三根光栅尺及电机、传动等装置外,具有了以控制器和光栅组成的位置环;控制器不断地将计算机给出的理论位置与光栅反馈回来的实测位置进行比较,通过 PID 参数的控制,随时调整输出的驱动信号,努力使测量机的实际位置与计算机要求的理论位置。

由于实现了自动测量,大大提高了工作效率,特别适合于生产线和批量零件的检测。由于排除了人为因素,可以保证每次都以同样的速度和法矢方向进行触测,从而使得测量精度得到很大提高。

8.2.3　三坐标测量机的探测系统

探测系统是由测头及其附件组成的系统,测头是测量机探测时发送信号的装置,它可以输出开关信号,亦可以输出与探针偏转角度成正比的比例信号,它是坐标测量机的关键部件,测头精度的高低很大程度决定了测量机的测量重复性及精度;不同零件需要选择不同功能的测头进行测量。

坐标测量机是靠测头来拾取信号的,其功能、效率、精度均与测头密切相关。没有先进的测头,就无法发挥测量机的功能。测头的两大基本功能是测微(即测出与给定标准坐标值的偏差量)和触发过零信号。

测头可以分为触发式测头、扫描式测头、非接触式(激光、影像)测头等。

1. 触发式测头

触发式测头(Trigger Probe,如图 8-13 所示)又称为开关测头,是使用最多的一种测头,其工作原理是一个开关式传感器。当测针与零件产生接触而产生角度变化时,发出一个开关信号。这个信号传送到控制系统后,控制系统对此刻的光栅计数器中的数据锁存,经处理后传送给测量软件,表示测量了一个点。

图 8-13　触发式测头

2. 扫描式测头

扫描式测头(Scanning Probe,如图 8-14 所示)又称为比例测头或模拟测头,有两种工作模式:一种是触发式模式,一种是扫描式模式。扫描测头本身具有三个相互垂直的距离传感器,可以感觉到与零件接触的程度和矢量方向,这些数据作为测量机的控制分量,控制测量机的运动轨迹。扫描测头在与零件表面接触、运动过程中定时发出信号,采集光栅数据,并

图 8-14　扫描式测头

可以根据设置的原则过滤粗大误差,称为"扫描"。扫描测头也可以触发方式工作,这种方式是高精度的方式,与触发式测头的工作原理不同的是它采用回退触发方式。

3. 非接触式(激光、影像)测头

非接触式测头(如图 8-15 所示)无需与待测表面发生实体接触的探测系统,例如激光测头、影像测头等。

在三维测量中,非接触式测量方法由于其测量的高效性和广泛的适应性而得到了广泛的研究,尤其是以激光、白光为代表的光学测量方法更是备受关注。根据工作原理的不同,光学三维测量方法可被分成多个不同的种类,包括摄影测量法、飞行时间法、三角法、投影光栅法、成像面定位方法、共焦显微镜方法、干涉测量法、隧道显微镜方法等。采用不同的技术可以实现不同的测量精度,这些技术的深度分辨率范围为 103~106mm,覆盖了从大尺度三维形貌测量到微观结构研究的广泛应用和研究领域。

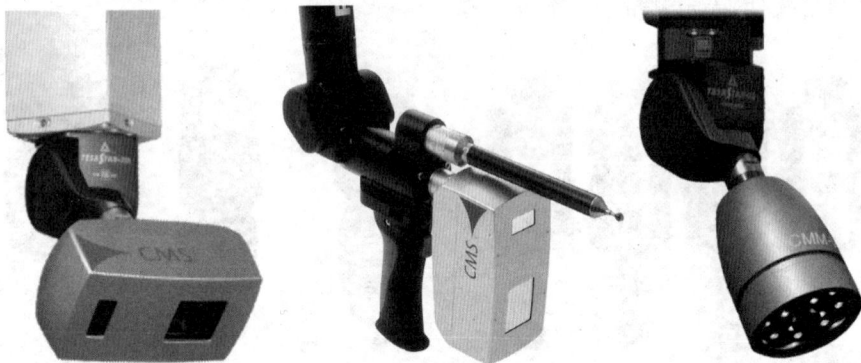

图 8-15　非接触式测头

4. 旋转测座

旋转测座(如图 8-16 所示),测座控制器可以用命令或程序控制并驱动自动测座的旋转到指定位置。手动的测座只能由人工手动方式旋转测座。

图 8-16　测座

5. 测针

如图 8-17 所示为常见测针组,包括适于大多数检测需要的附件。可确保测头不受限制的对工件所有特征元素进行测量。

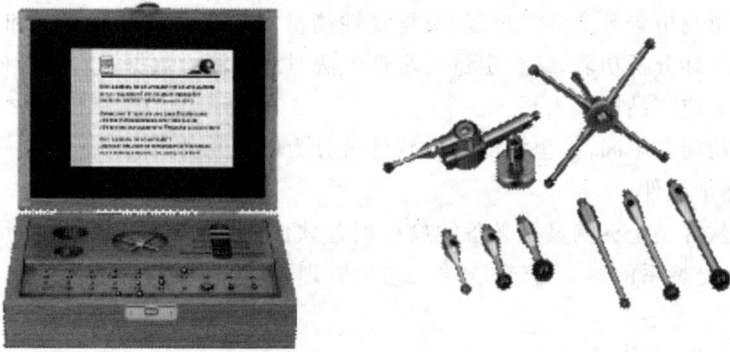

图 8-17　测针组

6. 测头更换架

测头更换架(图 8-18):对测量机测座上的测头/加长杆/探针组合进行快速、可重复的更换。可在同一的测量系统下对不同的工件进行完全自动化的检测,避免程序中的人工干预,提高测量效率。

图 8-18　测头更换架

8.2.4　三坐标测量机的软件系统

对坐标测量机的主要要求是精度高、功能强、操作方便。其中,机器的精度主要取决于机械结构、控制系统和测头,而功能则主要取决于软件,操作方便与否也于软件有很大关系。

软件系统包括安装有测量软件的计算机系统及辅助完成测量任务所需的打印机、绘图仪等外接电子设备。

随着计算机技术、计算技术及几何量测试技术的迅猛发展,三坐标测量机的智能化程度越来越高,许多原来需要使用专用量仪才能完成或难以完成的复杂工件的测量,现代的三坐标测量机也能完成,且变得更加简便高效。先进的教学模型和算法的涌现,不断完善和充实着坐标测量机软件系统,使得误差评价更具科学性和可靠性。

测量软件的作用在于指挥测量机完成测量动作,并对测量数据进行计算和分析,最终给出测量报告。

测量软件的具体功能包括:从探针校正、坐标系建立与转换、几何元素测量、形位公差评价一直到输出检测报告等全测量过程,及重复性测量中的自动化程序编制和执行,此外,测量软件还提供统计分析功能,结合定量与定性方法对海量测量数据进行统计研究,用以监控生产线加工能力或产品质量水平。

根据软件功能的不同,三坐标测量机软件可分为以下几种。

(1)基本测量软件

基本测量软件是坐标测量机必备的最小配置软件。它负责完成整个测量系统的管理,包括探针校正,坐标系的建立与转换、输入输出管理、基本几何要素的尺寸与几何精度测量等基本功能。

(2)专用测量软件

专用测量软件是针对某种具有特定用途的零部件的测量问题而开发的软件。如齿轮、转子、螺纹、凸轮、自由曲线和自由曲面等测量都需要各自的专用测量软件。

(3)附加功能软件

为了增强三坐标测量机的功能和用软件补偿的方法提高测量精度,三坐标测量机中还常有各种附加功能软件,如附件驱动软件、统计分析软件、误差检测软件、误差补偿软件、CAD软件等。

根据测量软件的作用性质不同,可分为:

(1)控制软件

对坐标测量机的 X,Y,Z 三轴运动进行控制的软件为控制软件,包括速度和加速度控制、数字 PID 调节、三轴联动、各种探测模式(如点位探测、自定中心探测和扫描探测)的测头控制等。

(2)数据处理软件

对离散采样的数据点的集合,用一定的数学模型进行计算,以获得测量结果的软件称为数据处理软件。

至今为止,三坐标测量机软件的发展经历了三个重要阶段:

第一阶段是 DOS 操作系统及其以前的时期,测量软件能够实现坐标找正、简单几何要素的测量、形位公差和相关尺寸计算。

第二阶段是 Windows 操作系统时代,这一阶段,计算机的内存容量和操作环境都有了极大的改善,测量软件在功能的完善和操作的友好性上有了飞跃性的改变,大量地采用图标和窗口显示,使功能调用和数据管理变得非常简单。

第三阶段应该是从上世纪末开始,毫不夸张地讲,这是一次革命性的改变,它以将 CAD 技术引入到测量软件为标志。

测量软件使用 CAD 数模,是受 CAD/CAM 的影响,也是制造技术发展的必然结果。基于 CAD 数模编程大大提高了零件编程技术,它的极大优势是可以作仿真模拟,既可以检查测头干涉,也验证了程序逻辑和测量流程的正确性。CAD 数模编程既不需要测量机也不需要实际工件,这将极大地提高测量机的使用效率或有效利用时间。对于生产线上使用的测量机,这就意味着投资成本的降低。CAD 数模编程可以在零件投产之前即可完成零件测量程序的编制。

本书中介绍的 PC-DMIS(海克斯康)坐标测量系统是由德国 PTB 认证通过的测量软

件,如图 8-19 所示,具备强大 CAD 功能的通用测量软件功能强大的计量与检测,为几何量测量的需要提供了完美的解决方案。从简单的箱体类工件一直到复杂的轮廓和曲面,PC-DMIS 软件使您的测量过程始终以高速、高效率和高精度进行。

这一完善的测量软件,通过其简洁用户界面,引导使用者进行零件编程、参数设置和工件检测。同时,利用其一体化的图形功能,能够将检测数据生成可视化的图形报告。

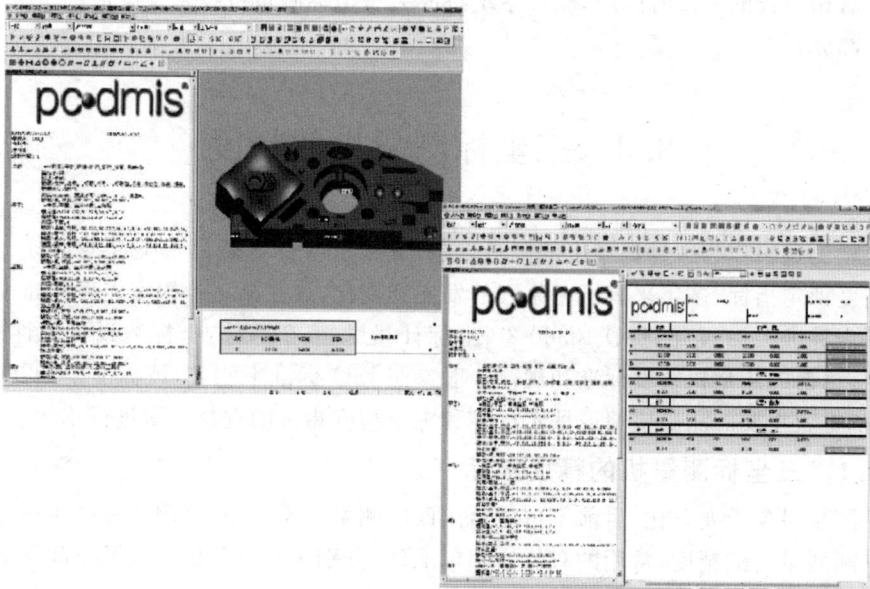

图 8-19　PC-DMIS 软件界面

该软件包括三种配置:PC-DMIS PRO,PC-DMIS CAD 和 PC-DMIS CAD＋＋,并提供了多种专业测量软件包选项。在众多测量和检测软件的计量应用中,PC-DMIS 软件提供了完善的一体化解决方案。

PC-DMIS 的主要技术特征包括:

- 模块化配置,满足客户的特定需要
- 可定制的、直观的图形用户界面(GUI)
- 全中文界面、在线帮助和用户手册;多达 8 种语言支持
- 完善的测头管理、零件坐标系管理和工件找正功能
- 符合国际和国家标准规定的形位公差评定功能
- PTB 认证的软件计算方法
- 具有强大 CAD 功能的通用测量软件
- 预留基于用户需要的二次开发接口
- 具有各种智能化扫描模式,完成复杂型面的扫描
- 强大的薄壁件特征测量程序库
- 便捷的逆向设计测量功能
- 互动式超级图形报告功能,增加了报告格式和数据处理的灵活性
- 各种统计分析功能,满足生产控制的需要

随着工业自动化、智能化、数字化及网络化水平的提高,目前测量软件系统的概念已经得到外延。除了传统意义上的测量软件功能,当代的先进测量软件系统,已经发展到无纸化测量和全自动无人干预程序编制,发展到自定制报告的网络化实时传输,发展到安全封装测量核心软件、监控测量设备和测量人员、简化测量操作至"一键"即开的先进测量管理理念。当然,这种技术目前仅掌握在测量行业的龙头企业手中。

在今后相当长的一段时间内,软件系统将成为三坐标测量机技术发展最快、发展空间最大的一个部分。

8.3 三坐标测量机的精度

三坐标测量机作为一种高精度的测量设备,其精度指标无疑是最关键的指标。关于测量机的精度评定指标,多年来有了一系列的发展和变化,各主要工业国家先后颁布了其坐标测量机评定标准。1994 年,ISO 10360-2《坐标计量学-第 2 部分:坐标测量机的性能评定》标准制定,目前的测量机精度标准和规范一般参照 ISO 标准来制定,该标准于 2000 年经过修订,本章将就主要的测量机精度评定标准和主要精度指标的选择要素进行描述。

8.3.1 三坐标测量机的精度指标

由于测量对象千变万化,目前不可能给出面向测量对象的精度,因此总是用最基本的标准器来判断测量机的精度,常用的有量块和标准球,分别用长度示值误差及空间探测误差来表示测量机的精度。

必须指出目前国际标准对测量机性能的评价和测量机测试的不确定度作出了界定,验证已验收或复检的测量机按规范是否合格或不合格:这些判断准则是基于在测试时引起的检测不确定度的情况,因而要求对测试的不确定度作全面的评价,此不确定度将告诉你测试是否准确,因此也可以告诉你为了所作决定的安全性,安全性的余地必须有多大。

检测不确定度是对检测质量的一个评价,不是对坐标测量机性能的评价,坐标测量机性能的评价是由长度测量最大允许示值误差(MPEE),最大允许探测误差(MPEP)和最大允许扫描探测误差(MPETHP/τ)来评定,有些高精度测量机还会给出最大允许多探针误差(MPEML/MS/MF)。

1. 长度测量最大允许示值误差(MPEE)

如图 8-20 所示,长度测量最大允许示值误差的测量方法:在空间任意 7 个位置,测量一组包含五种长度的量块,每种长度测量三次。总共的测量次数:5×3×7=105,所有测量结果必须在规定范围内。

2. 最大允许探测误差(MPEP)

如图 8-21 所示,最大允许探测误差的测量方法:在标准球上探测 25 个点,各测量点应在检测球上匀称分布,至少覆盖半个球面。对垂

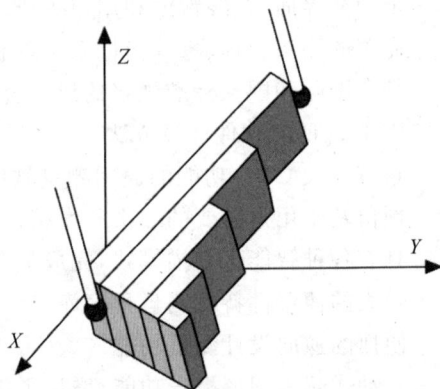

图 8-20 最大允许示值误差测量

直探针,推荐采样点分布为:一点位于检测球极点;四点均布且与极点成 22.5°;八点均布,相对于前者绕极轴旋转 22.5°且与极点成 45°;四点均布,相对于前者绕极轴旋转 22.5°且与极点成 67.5°;八点均布,相对于前者绕极轴旋转 22.5°且与极点成 90°。P 值是 Rmax - Rmin(球面)。

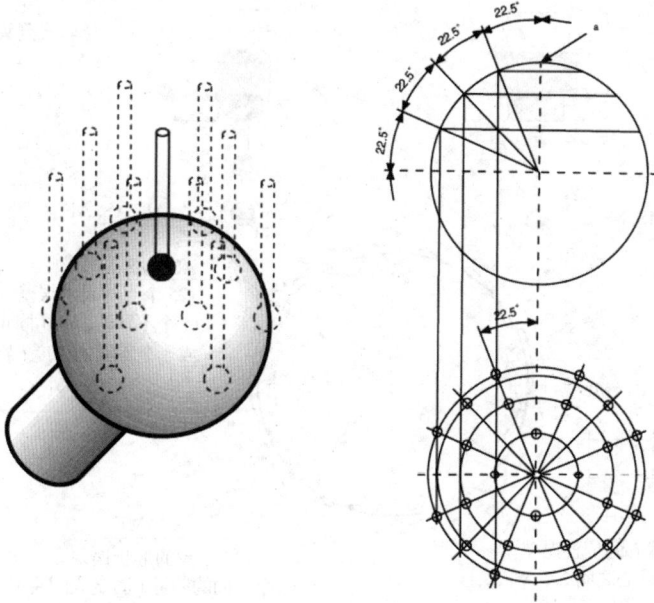

图 8-21   最大允许探测误差

3. 最大允许扫描探测误差(MPETHP/τ)

最大允许扫描探测误差的测量方法:使用 ø25mm 的标准球上扫描 4 条预定义的直线,THP 是所有半径数值的最大差值,THP 表示高密度采点和预定义路径的扫描误差,其他还有 TLP,TLN,TLP,表达式中的 H 表示高密度采点(High Point Density),连续扫描点间距离为 0.1 mm,L 表示低密度采点(Low Point Density),连续扫描点间距离为 1 mm,P 表示预定路径扫描(Pre-definedPath Scanning),N 表示未知路径扫描(Nondefined Path Scanning)

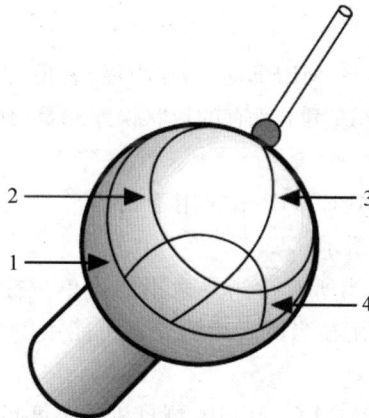

图 8-22   最大允许扫描探测误差

4. 最大允许多探针误差(MPEML/MS/MF)或(MPEAL/AS/AF)

最大允许多探针误差的测量方法:使用 5 根测针或 5 个方向的角度分别在标准球上测量 25 个点,5 个球心之间的最大轴向距离为 ML,将此 125 个点拟合为一个球,其尺寸误差为 MS、形状误差为 MF。

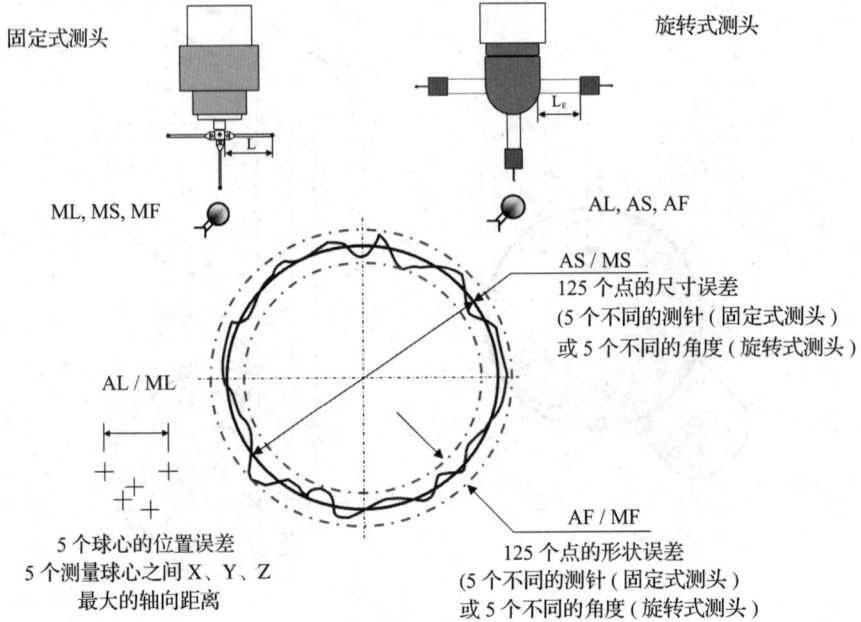

图 8-23　最大允许多探针误差

8.3.2　零件公差要求与测量机精度

由于测量机本身不是测量基准,为了保证测量结果的正确性,按照计量原则,通常测量示值误差应是零件公差指标的三分之一到十分之一,也就是我们通常说的"1/3 到 1/10 原则"。长度测量的最大允许示值误差 MPEE 主要与距离等元素的误差相关,而最大允许探测误差 MPEP 及最大允许扫描探测误差 MPETHP/τ 则一般影响到形状的测量,最大允许多探针误差 MPEML/MS/MF 或 MPEAL/AS/AF 影响使用多根测针或多个测量角度的尺寸、形状或位置测量。

长度测量最大允许示值误差(MPEE)应用在距离、夹角、直径等尺寸误差,如图 8-24。

最大允许探测误差 MPEP 适用于所有的形状误差测量,例如:直线度、平面度、圆度、圆柱度等,如图 8-25 所示。

最大允许扫描探测误差 MPETHP/τ 应用于扫描模式下的形状误差测量,例如:直线度、平面度、圆度等,如图 8-26 所示。

MPEML/MS/MF 应用在当所有待测要素不能用单个探针测量的情况。最大允许多探针误差 MPEAL/AS/AF 应用在当所有待测要素不能用单个探针测量的情况,如图 8-27 所示。

下面以海克斯康 LEITZ PMM-C infinity 测量机的精度指标来说明测量机精度的应用。

在要求的工作环境和测针配置的前提下:

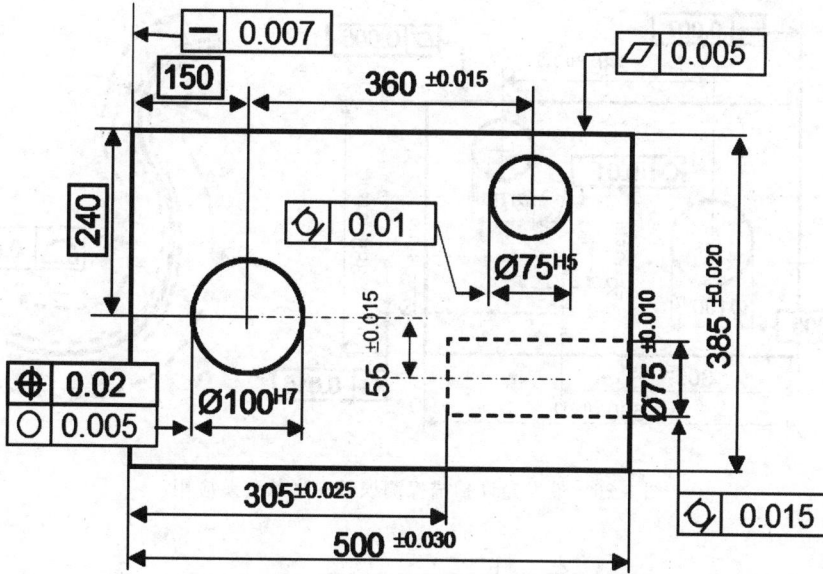

图 8-24　最大允许示值误差在尺寸公差的应用

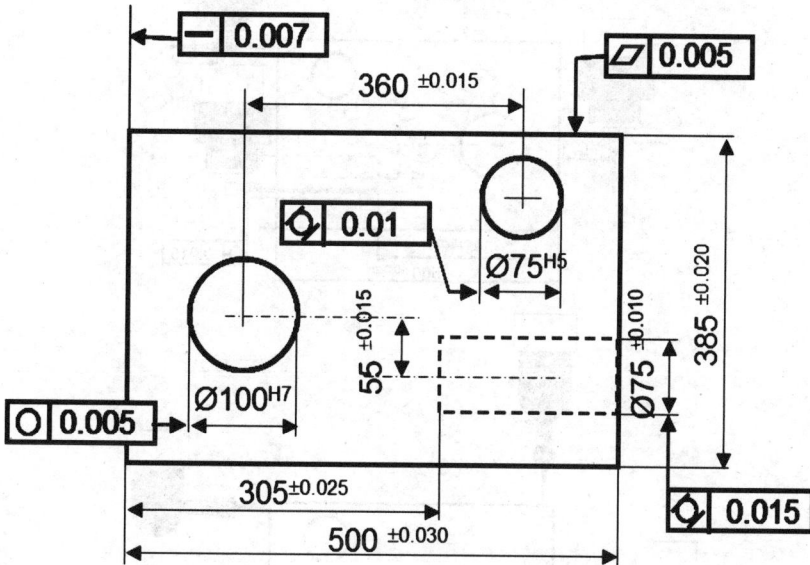

图 8-25　最大允许探测误差在形状公差的应用

长度测量示值误差 E≤0.3+L/1000,当被测长度为 100mm 时,最大误差为 0.4μm;

空间探测误差 P≤0.4,测量形状误差时的最大误差为 0.4μm;

扫描探测误差 THP≤1.2μm(59s 以内),扫描测量形状误差时的最大误差为 1.2μm;

多探针误差 形状 MF≤2.8,尺寸 MS≤0.4,位置 ML≤1.7,使用多探针测量时,形状误差最大为 2.8μm,尺寸误差最大为 0.4u,位置误差最大为 1.7μm

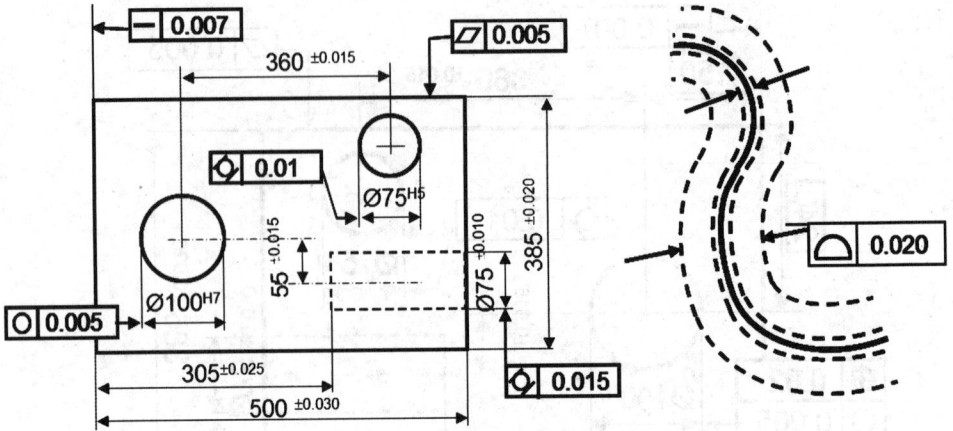

图 8-26　最大允许扫描探测误差在形状公差应用

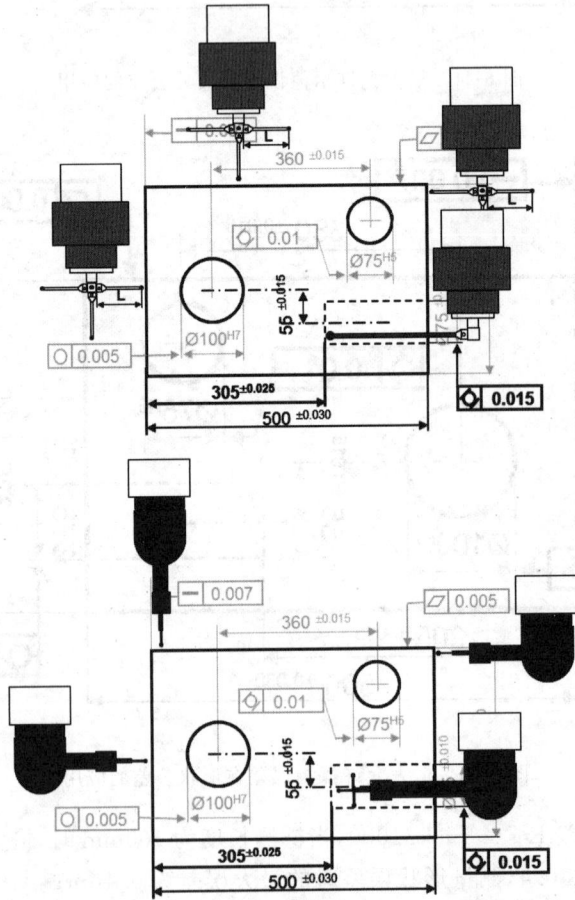

图 8-27　最大允许多探针误差

Leitz PMM-C Infinity

Technical Data

Model		Leitz PMM-C Infinity 12.10.7
Measuring Error MPE in [µm]		
according to ISO 10360 - 2		
Volumetric Length Measuring Error	E	0.3 + L/1000
Volumetric Probing Error	P	0.4
according to ISO 10360 - 4		
Scanning Probing Error	THP	1.2/59 s
according to ISO 10360 - 5		
Multiple Styli Form Error	MF	2.8
Multiple Styli Size Error	MS	0.4
Multiple Styli Location Error	ML	1.7

8.4 坐标测量的几个重要概念

8.4.1 坐标、坐标系和机器坐标系

符合右手定则的三条互相垂直的坐标轴和三轴相交的原点,构成了三维空间坐标系,即笛卡尔直角坐标系,空间任意一点投影到三轴就会有三个相应的数值,即三轴的坐标,有了三轴的坐标,也就能对应空间的点的位置,从而把空间点的位置进行了数字化描述。右手定则保证了坐标系方向的唯一性。如图 8-28。

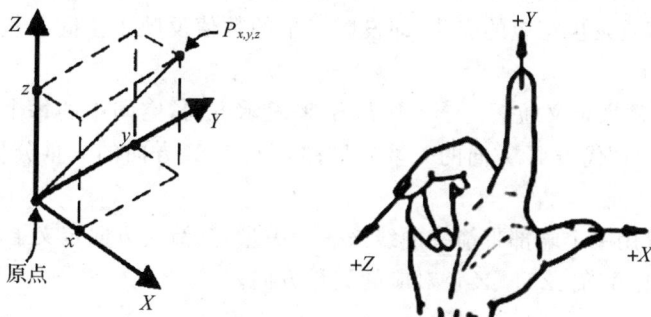

笛卡尔直角坐标系坐标点 P(x,y,z)　　　右手定则

图 8-28　笛卡尔直角坐标系

测量机使用的光栅尺一般都是相对光栅,需要一个其他信号(零位信号)确定零位,开机时必须执行"回零"过程,回零后测量机三轴光栅都从零开始计数,补偿程序被激活,测量机处于正常工作状态,这时测量的点坐标都相对机器零点,由机器的三个轴向和零点构成的坐标系称为"机器坐标系",如图 8-29 所示,一般测量机的零点在左、前、上位置,左右方向为 X 轴,右方为正方向,前后为 Y 轴,后方为正方向,上下为 Z 轴,上方为正方向。当机器回零以后,显示零点的坐标是机器 Z 轴底端中心的坐标,当加载测头以后,坐标显示测针红宝石球心的坐标,比如测针总长度为 200mm(含测座、测头等整个测头系统),则红宝石球心的坐标为 $X=0, Y=0, Z=-200$。

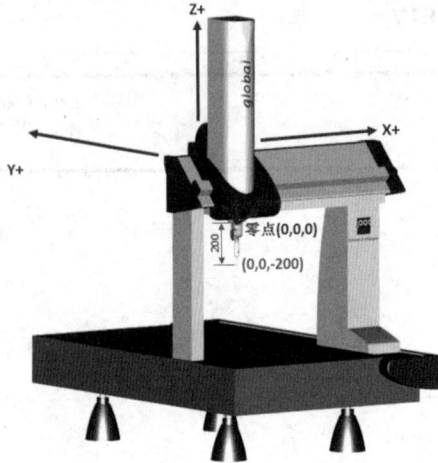

图 8-29　机器坐标系

8.4.2　矢量的概念

在测量时,为了表示被测元素在空间坐标系中的方向引入矢量这一概念。当长度为"1"的空间矢量投影到空间坐标系的 X、Y、Z 三个坐标轴上时,相对应有三个投影矢量。这三个投影矢量的数值与对应轴分别为 I、J、K。投影长度计算公式:$I=1*$ 矢量方向与 $+X$ 夹角的余弦,实际计算时通常都省略掉前面的"$1*$",所以矢量方向 $I/J/K$ 通常也描述为矢量与相应坐标轴夹角的余弦。当空间矢量相对坐标系的方向发生改变时,其投影在坐标轴上的投影矢量的数值就发生相应的变化,即投影矢量的数值反映了空间矢量在空间坐标系中的方向。

坐标值 X、Y、Z 来定义位置,矢量 I、J、K 来表示方向,空间中的每个坐标点都表示为 $(X\ Y,Z,I,J,K)$,"I"代表 X 方向的矢量分量;"J"代表 Y 方向的矢量分量;"K"代表 Z 方向的矢量分量。

如表 8-1 可以用一个端部带箭头的线来表示矢量,其箭头方向定义了其指向,分别表示了 X 正、X 负、Y 正、Y 负、Z 正、Z 负对应的矢量方向。

表 8-1　坐标轴的矢量方向

X 正向矢量的 I、J、K 为 $1,0,0$	$+X$ 方向

X 负向矢量的 I、J、K 为 $-1,0,0$	$-X$ 方向
Y 正向矢量的 I、J、K 为 $0,1,0$	$+Y$ 方向
Y 负向矢量的 I、J、K 为 $0,-1,0$	$-Y$ 方向
Z 正向矢量的 I、J、K 为 $0,0,1$	$+Z$ 方向
Z 负向矢量的 I、J、K 为 $0,0,-1$	$-Z$ 方向

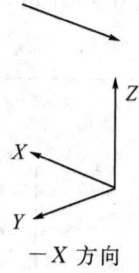

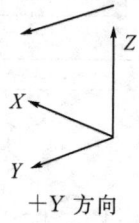

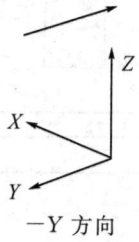

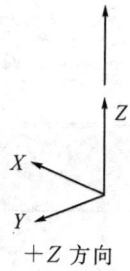

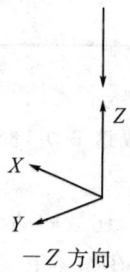

在下述的例子中,我们先观察二维的矢量,而不看三维的矢量,我们假设第三方向的尺寸不起作用。

例 1:

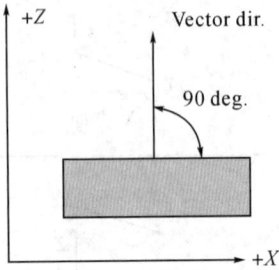

矢量与+X 轴夹角为 90°,余弦值为 0

矢量与+Y 轴夹角为 90°,余弦值为 0

矢量与+Z 轴夹角为 0°,余弦值为 1

此矢量的 I=0,J=0,K=1 或 0,0,1

也可以理解为:单位长度 1 在 X 方向的投影长度为 0,在 Y 方向的投影长度为 0,在 Z 方向的投影长度为 1,所以矢量为:0,0,1

例 2:

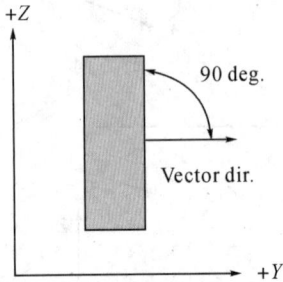

矢量与+X 轴夹角为 90°,余弦值为 0

矢量与+Y 轴夹角为 0°,余弦值为 1

矢量与+Z 轴夹角为 90°,余弦值为 0

此矢量的 I=0,J=1,K=0 或 0,1,0

也可以理解为:单位长度 1 在 X 方向的投影长度为 0,在 Y 方向的投影长度为 1,在 Z 方向的投影长度为 0,所以矢量为:0,1,0

例 3:

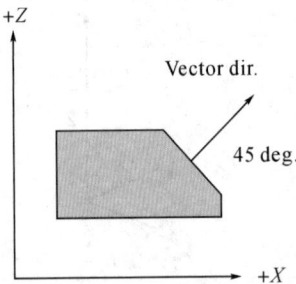

矢量与+X 轴夹角为 45°,余弦值为＝0.707

矢量与+Y 轴夹角为 0°,余弦值为 0

矢量与+Z 轴夹角为 45°,余弦值为＋0.707

此矢量的 I=0.707,J=0,K=0.707 或 0.707,0,0.707

也可以理解为:单位长度 1 在 X 方向的投影长度为 0.707,在 Y 方向的投影长度为 0,在 Z 方向的投影长度为 0.707,所以矢量为:0.707,0,0.707

为了易于理解,上述例子是二维的。当我们进到三维时,概念相同,但稍难一些,所幸的是计算机可以完成这一切,而我们只需知道它们在做什么而不是怎样做。为什么矢量十分重要?

正如我们从上述最后两个例子中所看到的 K＝+1 变到-1 的影响。软件有几种办法利用这个信息,例如在物体上有一个圆柱,矢量可以告诉你是向上还是向下。

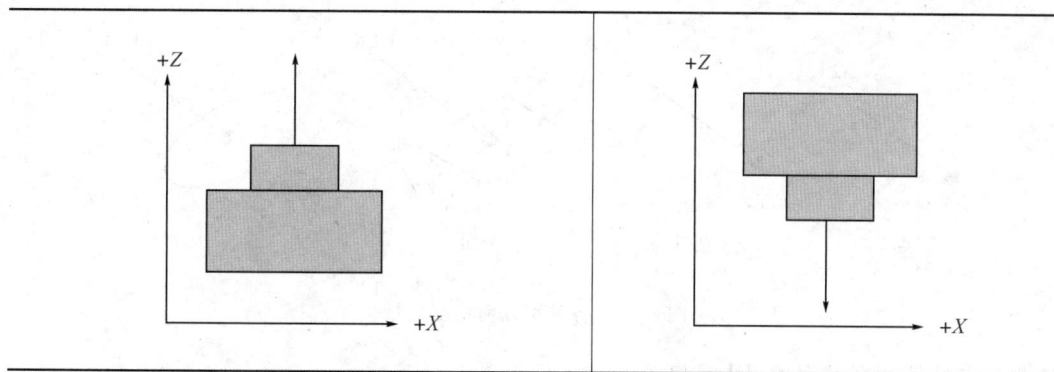

8.4.3 测点半径补偿与几何特征拟合

在接触式坐标测量中,一般采用球型探针,当被测轮廓面还处于未知的情况下,探针红宝石球与工件表面接触点也是未知的,但由于两者之间是点接触,所以红宝石球心的位置是唯一的,然后在这个球心唯一的基础上,通过后续的半径补偿获得实际接触点的位置,同时红宝石球的半径和补偿方向将直接影响测量精度,红宝石球半径通过测头校验获得,而补偿方向要通过正确的矢量获得。这种方法简单可靠,这就是为什么球形测针最为常用。

点特征直接由红宝石球心坐标经过半径补偿后获得,手动点缺省情况下为一维特征,是按照当前坐标系下最近轴向的方向补偿,所以被测表面必须垂直于坐标系的一个轴向,否则将产生余弦误差,矢量点为三维特征,根据给定的矢量方向进行半径补偿。

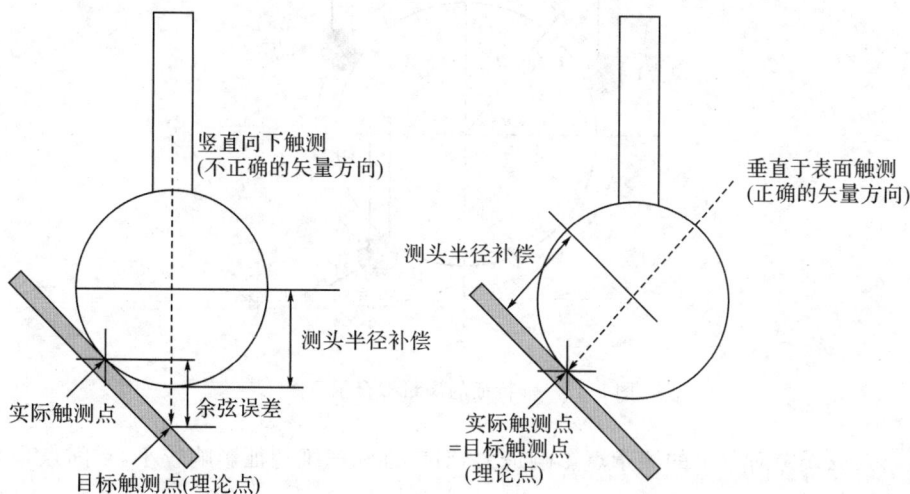

图 8-30 测点半径补偿和余弦误差

每种类型的几何特征都包含位置、方向及其他特有属性,在测量软件中,通常用特征的质心(Centroid)坐标代表特征的位置,用特征的矢量(Vector)表示特征的方向。什么是质心?质心又作重心或中心,是物体质量或形状的假想中心。从图 8-31 我们可以看到,同样的质心位置和矢量方向,加上不同的特征类型属性,可以表示不同的几何特征。

点以外的其他几何特征都是在点的基础上,通过拟合计算得到的,但是并不是使用补偿后的测点直接拟合,而是先使用红宝石球心坐标拟合,然后整体进行半径补偿,这样可以消

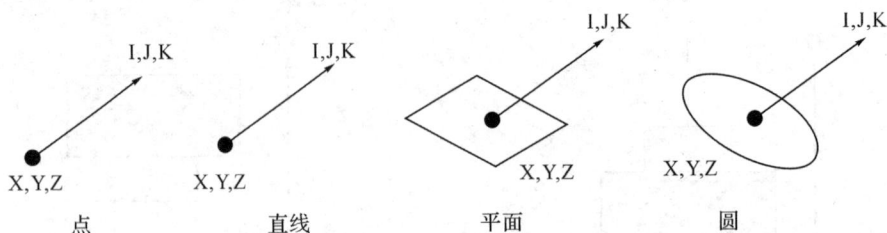

图 8-31　各类型几何特征矢量

除测量点补偿的余弦误差(图 8-32)。

根据三维特征和二维特征的不同,基本拟合步骤如下:

1. 测量所需要的点;

2. 将测点投影到工作(投影)平面;(仅对直线、圆等二维特征需要先投影再拟合,三维特征跳过此步)

3. 将所有测点红宝石球心坐标拟合为相应特征;

4. 整体向内测或外侧补偿测头半径,得到实际被测特征;

如图 4-120 是圆的测量和拟合示意图。

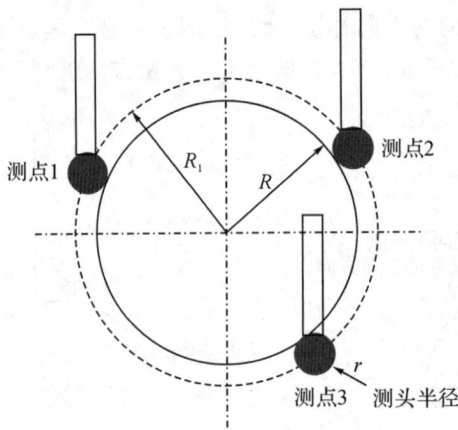

图 8-32　圆特征的测量拟合示意图

所以余弦误差对单个的测量点影响最大,对二维和三维特征影响较小,空间点是测量误差最大的几何元素。

8.4.4　零件找正和零件坐标系

从上面的拟合圆示例中我们知道,二维几何特征拟合需要先投影到平面再拟合,测量软件默认的投影平面为当前坐标系的坐标平面,也就是机器坐标系的坐标平面,所以我们需要对工件进行找正,使得被测二维元素与标尺坐标系平行。

下面先举例说明什么是找正。如图 8-33(A)中,当我们用角尺测量工件两端的距离 L 时,必须进行找正才能获得正确的尺寸。找正有两种方法:图 8-33(B)的方法是找正工件,先把工件放在和角尺一个平面上,然后旋转工件使得工件的方向与角尺的一条边平行;图

8-33(C)的方法是找正角尺,先把角尺和工件放在一个平面上,然后旋转角尺的一个方向与工件的方向平行。

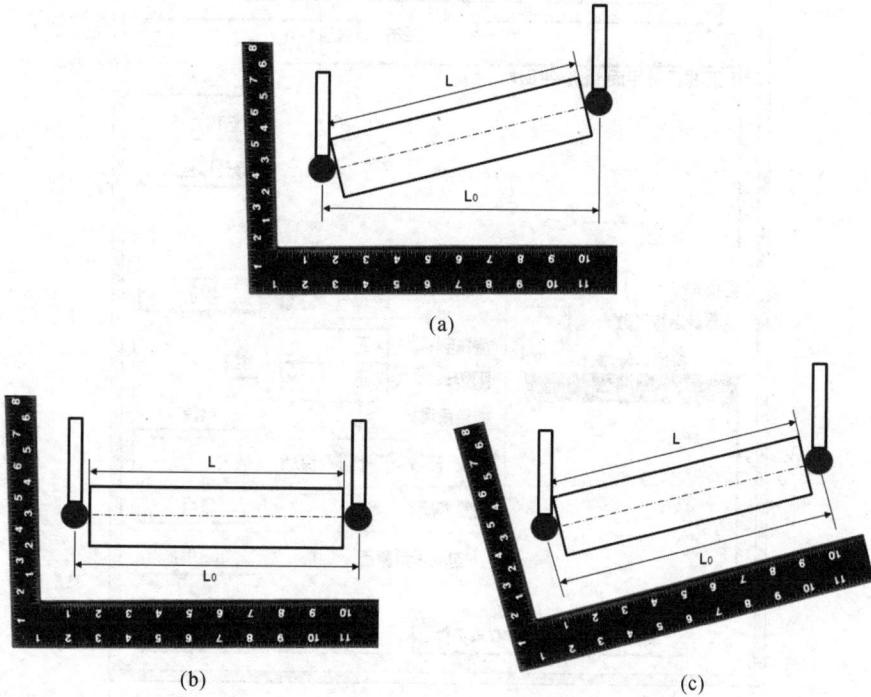

图 8-33　找正示意图

这两种找正的方法都是机械找正,延伸到坐标测量中,角尺的两个方向就好比三坐标的X、Y 两个轴向,角尺所在平面的方向好比三坐标的 XY 坐标平面方向(我们通常用矢量方向来表示坐标平面方向,XY 坐标平面也称为 Z+或+Z 坐标平面),所以整个找正过程模拟了在三坐标上测量的过程,而三坐标的标尺不能移动,如果是用机械找正,就只能找正零件。

传统的测量仪器和没有测量软件的三坐标,只能通过找正零件的办法来实现准确测量,但是机械找正过程操作复杂、效率低、误差大,而测量软件提供的数学找正(Alignment,又称为坐标系)的功能轻松解决了这个问题,所以三坐标测量不需要对零件进行精确找正,理论上只要固定稳固即可,实际上为了避免干涉及编程方便,一般会横平竖直地摆放。

数学找正的实质类似上面的第二种方法,通过数学计算,把机器的标尺(机器坐标系)找正到和工件的方向一致(零件坐标系),操作步骤如下:

1. 在上表面测量一个平面;

2. 插入-坐标系,打开坐标对话框,选择测量的平面,点"找正",如图 8-34;(相当于在机械找正中把角尺和工件上表面放在一个平面上)

3. 在前侧面测量一条直线;

4. 插入-坐标系,打开坐标对话框,选择测量的直线,点"旋转";(相当于在机械找正中把角尺一个方向旋转到与工件的方向平行)

在实际测量应用中,根据零件在设计、加工时的基准特征情况,一般首先需要通过基准特征建立零件坐标系,然后进行其他尺寸的测量和评价。

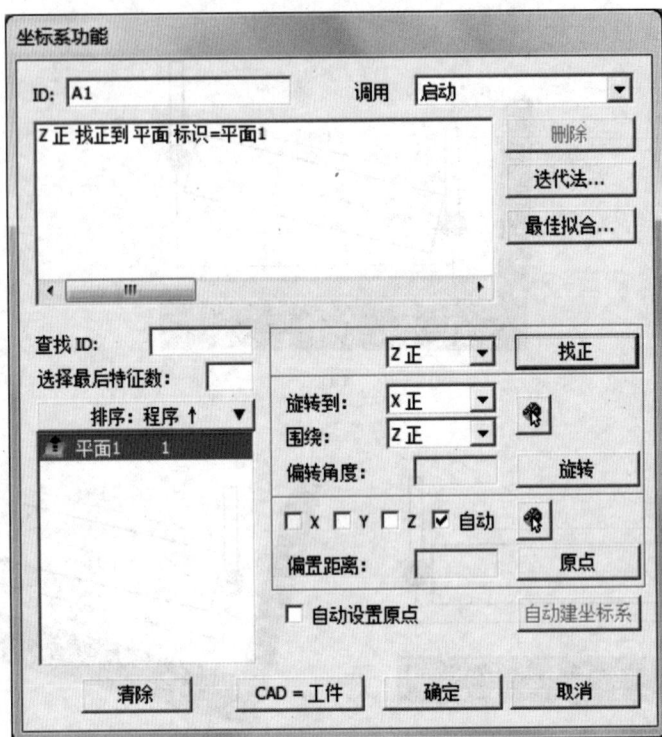

图 8-34　零件坐标系操作软件界面

建立零件坐标系有以下几个作用：

1. 实现对零件的数学找正，建立零件基准，从而准确测量一维、二维元素，及评价一些有方向要求的距离、位置等尺寸；

2. 通过手动零件坐标系测出零件的位置，从而实现批量自动测量；

3. 通过零件坐标系与 CAD 坐标系的拟合，可以利用 CAD 辅助测量。

8.4.5　工作平面和投影平面

什么是工作平面？工作平面是一个视图平面，类似图纸上的三视图，你工作时从这个视图平面往外看。若你在上平面工作，那么就是在 Z 正平面上工作；若你测量元素是在右侧面，那么就是在 X 正工作平面工作。测量时通常是在一个工作平面上测量完所有的几何特征以后，再切换另一个工作平面，接着测量这个工作平面上的几何特征。

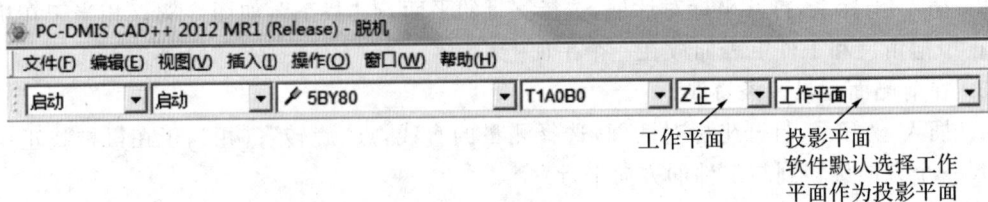

　　这样的选择是十分重要的，PC-DMIS 默认选择工作平面作为二维几何特征的投影平面，也可以从投影平面下拉列表中选择某个平面作为投影平面，但一般只用于一些特殊角度的投影，较少使用；并且，对于一些软件功能需要参考方向时，工作平面的矢量方向将作为默认方向，比如球的矢量方向，构造坐标轴的方向，安全平面的方向等；另外，在极坐标系下，软件根据选择的工作平面来确定零度的位置，图 8-35 表示了工作平面、坐标轴和角度方向之间的关系。

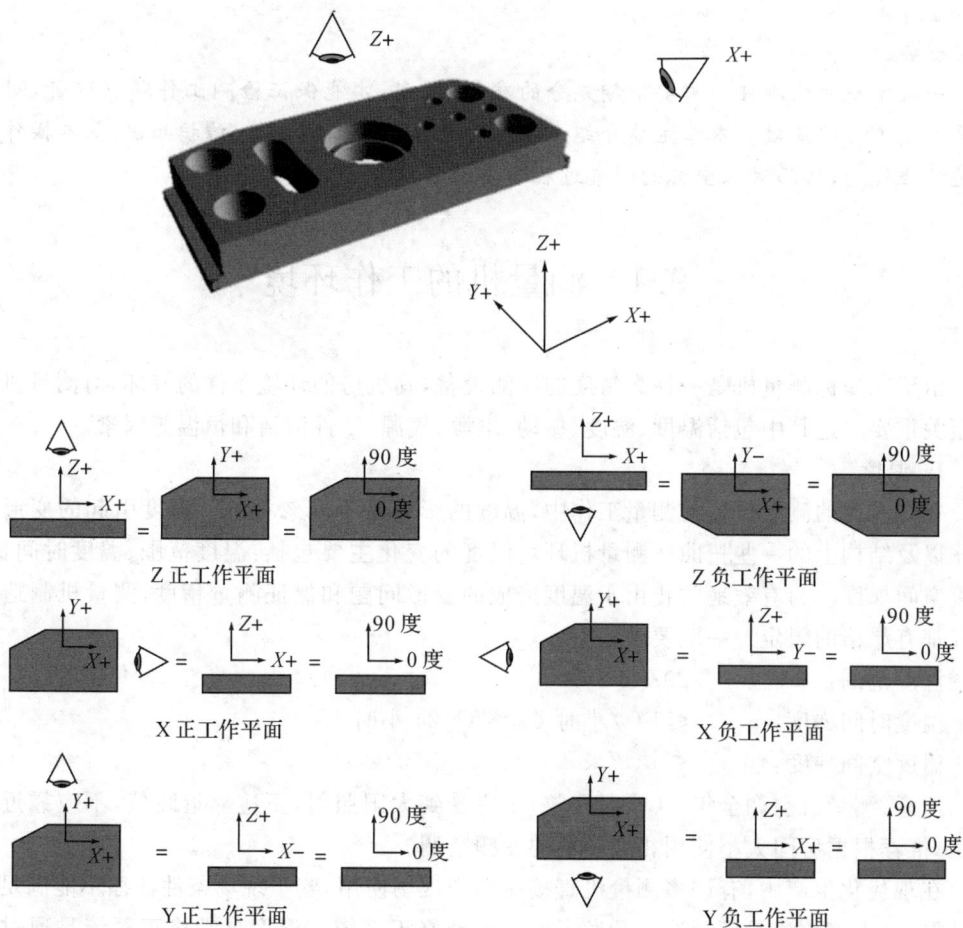

图 8-35　各轴视工作平面

习　　题

1. 简述坐标测量机的测量原理。
2. 试说明各三坐标测量机类型的优缺点。
3. 简述三坐标测量机系统各组成的功用。
4. 简述矢量概念的理解。

第9章 坐标测量准备工作

本章提要：

一项完整的检测任务需要前期充分的准备、规划，才能保证检测工作顺利进行，测量准备是检测工作的基础。本章主要介绍三坐标测量机测量工作环境、维护知识、基本操作以及实施流程规划，从而对三坐标的测量过程有全面了解。

9.1 测量机的工作环境

由于三坐标测量机是一种高精度的检测设备，其机房的环境条件的好坏，对测量机的影响至关重要。这其中包括温度、湿度、振动、电源、气源、工件清洁和恒温等因素。

1. 温度

在高精度的测量仪器与测量工作中，温度的影响是不容忽视的。温度引起的变形包括膨胀以及结构上的一些扭曲。测量机环境温度的变化主要包括：温度范围、温度时间梯度、温度空间梯度。为有效地防止由于温度造成的变形问题和保证测量精度，测量机制造厂商对此都有严格的限定。一般要求如下：

温度范围：　　　　　 20℃±2℃

温度时间梯度：　　　 ≤1℃/小时 & ≤2℃/24 小时

温度空间梯度：　　　 ≤1℃/米

注意：测量机空调全年 24 小时开放，不应受到太阳照射，不应靠近暖气，不应靠近进出通道，推荐根据房间大小使用相应功率的变频空调。

在现代化生产中，有许多测量机直接在生产现场使用，鉴于现场条件往往不能满足对温度的要求，大多数测量机制造商开发了温度自动修正系统。温度自动修正系统是通过对测量机光栅和检测工件温度的监控，根据不同金属的温度膨胀系数，对测量结果进行基于标准温度的修正。

2. 湿度

相对其他环境因素，湿度并不是大问题，通常湿度对坐标测量机的影响主要集中在机械部分的运动和导向装置方面，以及非接触式测头方面。事实上，湿度对某些材料的影响非常大，为防止块规或其他计量设备的氧化和生锈，要求保持环境湿度如下：

空气相对湿度：　　　 25%～75%（推荐 40%～60%）

注意：过高湿度会导致机器表面、光栅和电机凝结水份，增加测量设备故障率，降低使用寿命。推荐现场至少配备一个高灵敏度干湿温度计。

3. 振动

由于较多的机器设备应用在生产现场,振动成为一个经常性的问题。比如锻压机、冲床等振动较大的设备在测量机的周围将会对测量机产生严重影响。较难察觉的小幅振动,也会对测量精度产生较大影响。因此,测量机的使用对于测量环境的振动频率和振幅均有一定的要求。

振动要求:

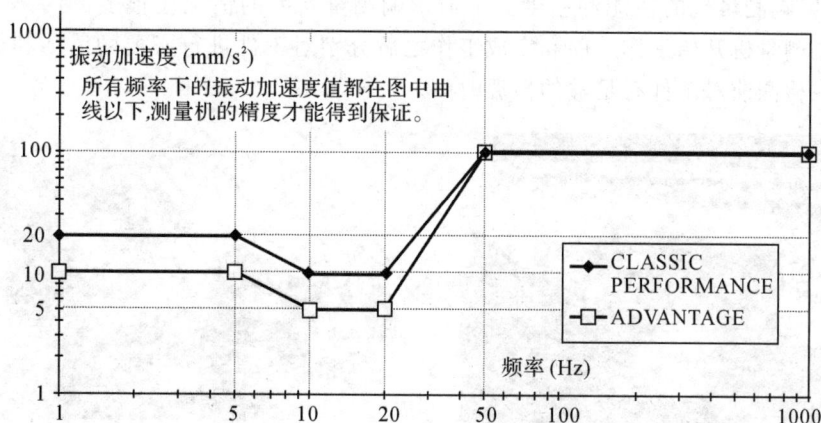

图 9-1

如果您的机床周围有大的震源,需要根据减震地基图纸准备地基或配置主动减震设备。

4. 电源

电源对测量机的影响主要体现在测量机的控制部分。用户需注意的主要是接地问题。一般配电要求如下:

电压:　　　　交流 $220V \pm 10\%$

电流:　　　　15A

独立专用接地线:　　接地电阻 $\leqslant 4\Omega$

注意:独立专用接地线是指非供电网络中的地线,而是独立专用的安全地,以避免供电网络中的干扰与影响,建议配置稳压电源或 UPS。

5. 气源

许多坐标测量机由于使用了精密的空气轴承而需要压缩空气。应当满足测量机对压缩空气的要求,防止由于水和油侵入压缩空气对测量机产生影响,同时应防止突然的断气,以免对测量机空气轴承和导轨产生损害。

气源要求:

供气压力: >0.5 MPa

耗气量: >150 Nl/分钟 $= 2.5$ dm3/s(Nl:标准升,代表在 20℃,1 个大气压下的 1 升)

含水:　　　　<6 克/立方米

含油:　　　　<5 毫克/立方米

微粒大小:　　<40 微米

微粒浓度:　　<10 毫克/立方米

气源的出口温度:20±4 ℃,

注意:测量机运动导轨为空气轴承,气源决定您测量机的使用状况和气动部件寿命,空气轴承对气源的要求非常高,推荐使用空压机＋前置过滤＋冷冻干燥机＋二级过滤。

6. 工件的清洁和恒温

检测工件的物理形态对测量结果有一定的影响。最普遍的是工件表面粗糙度和加工留下的切屑。冷却液和机油对测量误差也有影响。如果这些切屑和油污黏附在探针的红宝石球上,就会影响测量机的性能和精度。类似影响测量精度的情况还很多,但大多数可以避免。建议在测量机开始工作之前和完成工作之后分别对工件进行必要的清洁和保养工作,还要确保在检测前对工件有足够的恒温时间。

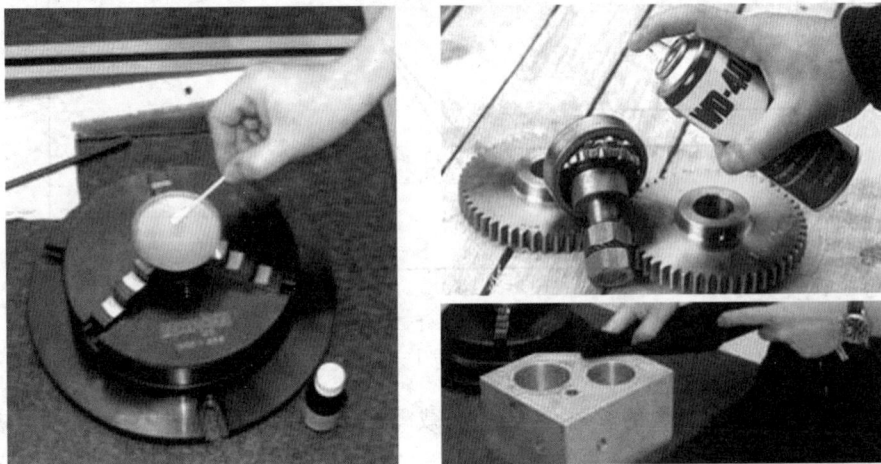

图 9-2

9.2　测量机的维护保养

9.2.1　测量机主要部件的维护保养

1. 测量机气路的维护保养

三坐标测量机压缩空气对其影响是至关重要的,绝大多数三坐标测量机都是采用气浮轴承使运动轴的运动无摩擦,其原理是将压缩空气从气浮块的小孔中喷出,在气浮块和导轨之间形成一定厚度的气膜,这个气膜使测量机的各轴运动时无摩擦,保证三坐标测量机正常的运动状态和测量精度。

正常工作压力下,气浮块的浮起间隙约 $4\sim12\mu m$,空气压力的波动会使气浮块的气浮间隙变化,影响测量重复性。气压严重不足时,会使气浮块不能充分浮起而造成与导轨摩擦,轻者影响测量机运动状态和测量精度,重者会磨损导轨和气浮块,严重损坏测量机。Z轴采用气动平衡的测量机在气压严重不足的情况下会造成 Z 轴失衡下落的情况,非常危险。所以要尽量保证测量机工作压力的稳定。为保证测量机气压的稳定主要有如下几点要求:

　　a.要选择合适的空压机,最好另有储气罐,使空压机工作寿命长,压力稳定。

　　b.空压机的启动压力一定要大于工作压力。

　　c.开机时,要先打开空压机,然后接通电源。

　　三坐标测量机的整个气路示意图如图 9-3 所示。气路的维修和保养对整个测量机的稳定工作至关重要。

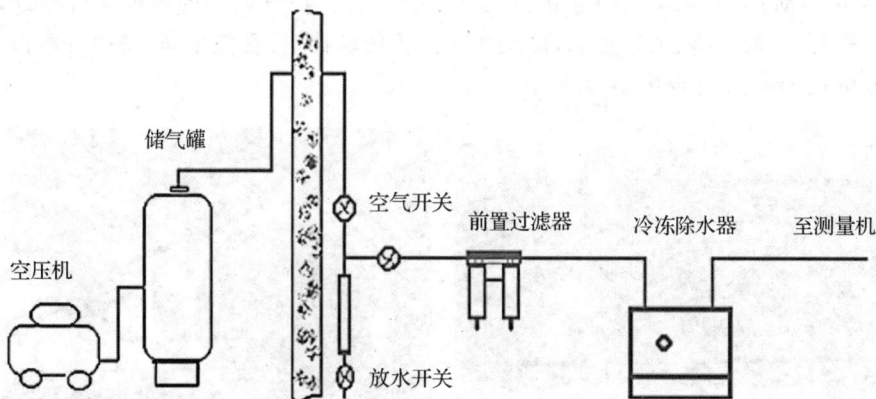

图 9-3　正确的气源安装

　　对气路的维护保养有以下主要事项:

　　a. 每天使用测量机前检查管道和过滤器,放出过滤器内及空压机或储气罐的水和油;

　　b. 一般 3 个月要清洗随机过滤器和前置过滤器的滤芯,空气质量较差的周期要缩短。因为过滤器的滤芯在过滤油和水的同时本身也可能被过滤杂质所堵塞,时间稍长就会使测量机实际工作气压降低,影响测量机正常使用,因此需要定期清洗过滤器滤芯;

　　c. 每天都要擦拭导轨油污和灰尘,保持气浮导轨的正常工作状态。

　　由于空压机对空气压缩的同时会把空气中的水分子和油分子压缩成水和油,而且空压机本身工作时也需要有润滑油对其机构进行润滑,从而使得有一部分润滑油进入压缩空气。进入压缩空气的水和油会随着压缩空气进入到平衡气缸和气浮块。

　　在测量机工作时水和油附着在导轨上,使导轨的直线度改变。当测量机不工作时管道中的油滴可能堵塞气浮块的气孔,使气浮块不能正常浮起,造成气浮块与导轨的摩擦,损坏测量机并使气管老化。管道中的水还会腐蚀气浮块和平衡气缸。油和水都有"附壁"的特性,所以过滤油和水的工作应该从空压机的输出管道就开始了,要合理设置、利用压缩空气的输送管道,尽量多过滤掉油和水。

　　虽然测量机配置有过滤器,但是我们最好只把它看作是"保险丝",因为如果没有前置过滤器,它的滤芯会很快被油污堵塞,造成气压不足而无法工作,因此必须要有前置过滤。

　　2. 测量机导轨的维护和保养

　　测量机的导轨是测量机的基准,只有保养好气浮块和导轨才能保证测量机的正常工作。测量机导轨的保养除了要经常用酒精擦拭外,还要注意不要直接在导轨上放置零件和工具。尤其是花岗石导轨,因其质地比较脆,任何小的磕碰会造成碰伤,如果未及时发现,碎渣就会伤害气浮块和导轨。要养成良好的工作习惯,注意对导轨和台面的保养,工作结束后或上零件结束后要擦拭台面。

3. 传动部件的维护和保养

坐标测量机的传动主要有齿轮齿条传动和皮带传动两种,其各自特点如下:

a. 带传动:结构简单,适用于两轴中心距较大的传动场合;传动平稳无噪声,能缓冲、吸振;超载时带将会在带轮上打滑,可防止薄弱零部件损坏,起到安全保护作用。

b. 齿轮传动:能保证瞬时传动比恒定,平稳性较高,传递运动准确可靠;传递的功率和速度范围较大;结构紧凑、工作可靠,可实现较大的传动比;传动效率高,使用寿命长。

如图 9-4 所示,以皮带传动为例。

图 9-4　皮带传动系统传动部件

主要做的维护保养如下:

a. 定期清理传动皮带和减速皮带齿间灰尘和油污,一般建议周期为半年;

b. 定期检查传动部件是否有松动状况,一般建议周期为一年。

4. 标尺系统的维护和保养

如图 9-5 所示,标尺系统主要由读数头和光栅尺组成。

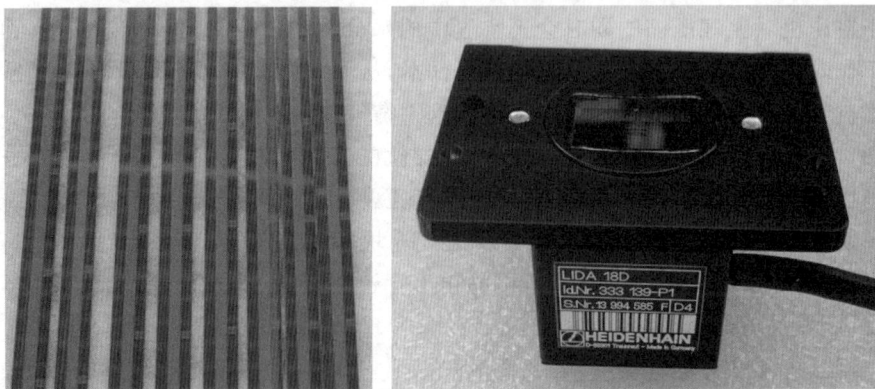

图 9-5　读数头和光栅尺

需要注意以下几方面的维护保养:

a. 定期擦拭光栅尺,建议周期为半年;

b. 如果是封闭型光栅请注意清除光栅周围的灰尘,建议周期为半年;

c. 如果拆装读数头,请不要发生碰撞读数头的情况。

5. 控制系统的维护

如图 9-6 所示，控制系统集中在控制柜中，主要注意以下项目的维护保养：

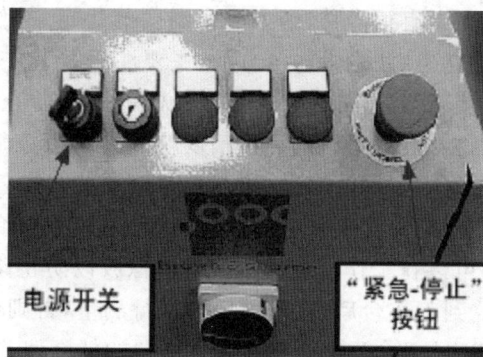

图 9-6　测量机控制柜

正确开关控制系统；

保证电源输入电压稳定，不出现突然断电等情况；

保证测量间湿度适中；

正确判断控制柜错误信息；

需要在专业人员指导下进行控制柜维护。

6. 测头系统的维护保养

测头部分是测量机的重要部件，测头系统的维护保养主要注意以下方面：

a. 测头的维护

测座找正，尽量使用短杆测量，正确输入测杆长度，测头的定期更换，测头测杆的定期采购，正确判断测头回退失败的原因。

b. 测座的维护

拆装测头测座时注意位置准确，用专用扳手操作；调整机器 Z 轴向运动时注意将测头旋转到 A 角 90 度位置；注意使用测杆、加长杆的长度不超出标称长度。

在编程、初次测量等没有绝对把握的情况下，注意控制机器运动速度，防止测头碰撞；搬运装夹工件时请注意不要碰撞测头。

9.2.2　测量机的精度维护

测量员要掌握测量机的精度情况，在测量时才能有把握。如何才能了解机器精度情况呢？可以通过以下办法：

1. 用标准器检查机器精度

检查机器精度的最好办法是用标准器检查。量块，环规，标准球，高精度的角尺等。当温度变化或需要测量精度比较高的零件时，用以上标准器通过检查机器的测长、测圆、测直径、测角度等了解机器的精度情况。必要时还可以对其进行适当的修正。对于操作员来说是非常有用的。

2. 使用典型零件检查机器精度

使用标准件检查机器是非常好的，但是相对来说比较麻烦，只能是一段时间做一次。比较方便的办法是用一个典型零件,编好自动测量程序后,在机器精度校验好的情况下进行多次测量,将结果按照统计规律计算后得出一个合理的值及公差范围记录下来。操作员可以经常检查这个零件以确定机器的精度情况。

影响机器测量精度的因素有很多种,诸如机房温度的稳定、补偿文件的正确性、测头校正的准确性、测量机的运动状态、测量方法等方面,主要注意以下方面:

a. 被测零件在放到工作台上检测之前,应先清洗去毛刺,防止在加工完成后零件表面残留的冷却液及加工残留物影响测量机的测量精度及测尖使用寿命;

b. 被测零件在测量之前应在室内恒温,如果温度相差过大就会影响测量精度;

c. 大型及重型零件在放置到工作台上的过程中应轻放,以避免造成剧烈碰撞,致使工作台或零件损伤。必要时可以在工作台上放置一块厚橡胶以防止碰撞;

d. 小型及轻型零件放到工作台后,应紧固后再进行测量,否则会影响测量精度;

e. 每年对三坐标做精度校验,及时检查和修复机器的精度偏差。

9.2.3　测量机的日常维护计划

一、每日:

在完成保养步骤和纠正所有的偏差之前请不要操作测量机。

请检查测量机中是否有松动或损坏的外罩,如果有请紧好松动的外罩,并修理损坏的外罩。

用酒精和干净、不掉纤维的无纺布清洁空气轴承导轨滑动通道的所有裸露表面。

在对空气过滤器,调节阀或者供气管道执行任何保养之前,请确保到测量机的供气装置已经关闭,并且系统气压指示为零。

检查两个空气过滤器是否有污染。如果需要,请清理过滤碗或者更换过滤器元件。

检查供气装置是否存在松动或损坏。如果需要,请紧固任何松动的连接并更换任何损坏的管道。

二、每月:

请检查测量机外部,查看是否有松动或损坏的组件。视实际情况,紧固松动的组件,替换或修理损坏的组件。

在对三联体过滤器实施保养之前,一定要关闭供气设备。

检查三联体过滤器是否积聚了过多的油和水。

如果发现严重污染,可能需要附加的空气过滤器和空气干燥剂来减少过滤器中积聚的污染物。

拆除平衡支架的前罩,检查传动带和传动轮带的磨损和破裂情况。必要时替换传动带和传动轮带。

三、每季度

在完成保养步骤和纠正所有的偏差之前,请不要操作测量机。

只有经过培训并通过审定的人员才能保养电气组件。

在对控制系统和测量机进行下列任何保养之前,一定要关闭电源。

检查控制系统内的污染物,松动或毁坏的布线。如果存在故障,必须对机器进行维修。

拆除它们的入口外罩,检查气动系统的管道,查看有无收缩和破裂。如果存在故障,必须对机器进行维修。

执行完季度保养清单的内容之后,通过运行简单的测量机精度程序(测试重复性,量块几何尺寸,线性精度等)进行功能性检查。

注意在对供气系统进行任何保养工作之前,必须关闭气源。在打开气源前,过滤器必须牢固连接。

9.2.4　制定测量机维护保养规程

三坐标测量机作为一种精密的测量仪器,如果维护及保养及时,就能延长机器的使用寿命,并使精度得到保障、故障率降低。为使客户更好地掌握和用好测量机,现列出测量机简单的维护及保养规程。

一、开机前的准备

1. 三坐标测量机对环境要求比较严格,应按合同要求严格控制温度及湿度;

2. 三坐标测量机使用气浮轴承,理论上是永不磨损结构,但是如果气源不干净,有油.水或杂质,就会造成气浮轴承阻塞,严重时会造成气浮轴承和气浮导轨划伤,后果严重。所以每天要检查机床气源,放水放油。定期清洗过滤器及油水分离器。还应注意机床气源前级空气来源,(空气压缩机或集中供气的储气罐)也要定期检查;

3. 三坐标测量机的导轨加工精度很高,与空气轴承的间隙很小,如果导轨上面有灰尘或其他杂质,就容易造成气浮轴承和导轨划伤。所以每次开机前应清洁机器的导轨,金属导轨用航空汽油擦拭(120 或 180 号汽油),花岗岩导轨用无水乙醇擦拭。

4. 切记在保养过程中不能给任何导轨上任何性质的油脂;

5. 定期给光杆、丝杆、齿条上少量防锈油;

6. 在长时间没有使用三坐标测量机时,在开机前应做好准备工作:控制室内的温度和湿度(24 小时以上),在南方湿润的环境中还应该定期把电控柜打开,使电路板也得到充分的干燥,避免电控系统由于受潮后突然加电而损坏。然后检查气源、电源是否正常;

7. 开机前检查电源,如有条件应配置稳压电源,定期检查接地,接地电阻小于 4 欧姆。

二、工作过程中:

1. 被测零件在放到工作台上检测之前,应先清洗去毛刺,防止在加工完成后零件表面残留的冷却液及加工残留物影响测量机的测量精度及测尖使用寿命;

2. 被测零件在测量之前应在室内恒温,如果温度相差过大就会影响测量精度;

3. 大型及重型零件在放置到工作台上的过程中应轻放,以避免造成剧烈碰撞,致使工作台或零件损伤。必要时可以在工作台上放置一块厚橡胶以防止碰撞;

4. 小型及轻型零件放到工作台后,应紧固后再进行测量,否则会影响测量精度;

5. 在工作过程中,测座在转动时(特别是带有加长杆的情况下)一定要远离零件,以避免碰撞;

6.在工作过程中如果发生异常响声或突然应急,切勿自行拆卸及维修,请及时与厂家联系。

三、操作结束后

1. 请将 Z 轴移动到机器的左、前、上方,并将测头角度旋转到 A90B180;

2. 工作完成后要清洁工作台面;

3. 检查导轨,如有水印请及时检查过滤器。如有划伤或碰伤也请及时与供应商联系,避免造成更大损失;

4. 工作结束后将机器总气源关闭。

9.3 测量机基本操作

9.3.1 测量机的开关机

对坐标测量系统的操作是通过一系列操作按钮和操作界面来进行的。不同类型坐标测量机开机过程可能各有不同,但一般都是遵循先开硬件,再开软件的原则。启动完毕后,坐标测量系统处于初始状态,包括所有的参数及机器坐标系。

1. 坐标测量机的开机

测量机开机前应有以下几项准备工作:

a. 检查机器的外观及机器导轨是否有障碍物;

b. 对导轨及工作台面进行清洁;

c. 检查温度、湿度、气压、配电等是否符合要求,对前置过滤器、储气罐、除水机进行放水检查;

检查确认以上条件都具备后,可进行三坐标测量机开机操作,测量机的开机顺序如下:

a. 打开气源,要求测量机气压高于 0.5MPa;

b. 开启控制柜电源和计算机电源,系统进入自检状态(操纵盒所有指示灯全亮)

c. 当操纵盒灯亮后按 machine start 按钮加电(急停键必须松开);

d. 待系统自检完毕,启动 PC-DMIS 软件,测量机进入回机器零点过程,三轴依据设定程序依次回零点;

e. 回机器零点过程完成后,PC-DMIS 进入正常工作界面,测量机进入正常工作状态。

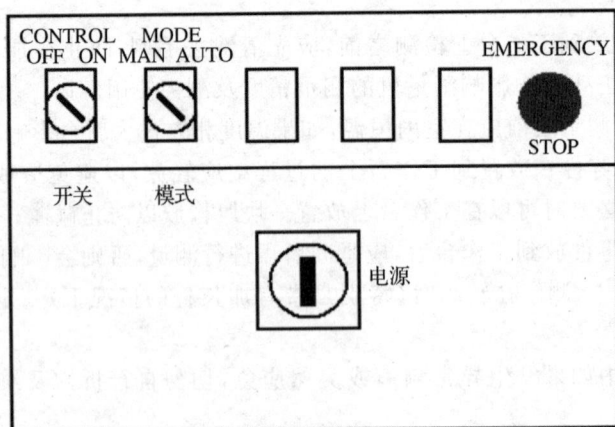

图 9-7 控制柜电源开关

2. 坐标测量机的关机

当完成全部的检测任务后,依据三坐标测量机操作使用规范,测量机的关闭顺序大致如下：

  a. 关闭系统时，首先将 Z 轴运动到安全的位置和高度，避免造成意外碰撞，一般情况下，测头移动到机器的左、前、上位置，测头旋转的到 A90B180；

  b. 退出 PC-DMIS 软件，关闭控制系统电源和测座控制器电源；

  c. 关闭计算机电源，除水机电源等，关闭气源开关。

9.3.2　操纵盒的使用

  测量机的操作盒有多种，我们以常见的两种来描述操作面板上各个按键的功能。测量机的操作盒见接下来的两张图（图 9-8，图 9-9），在操作面板中具有各轴移动、测量采点、测量速度等方面的控制功能。

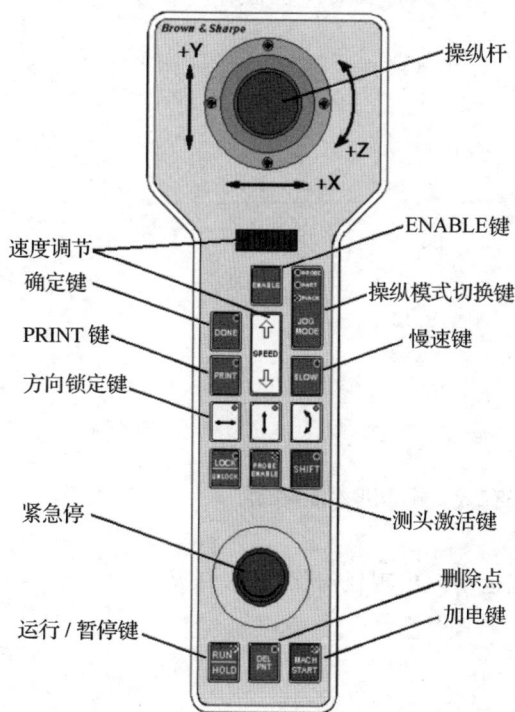

图 9-8　操纵盒 1

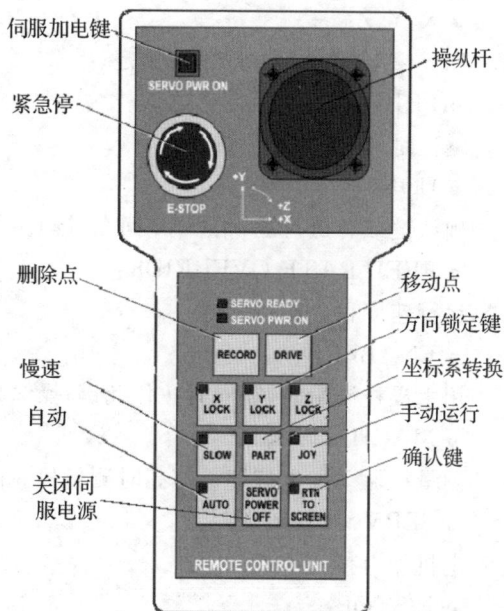

图 9-9　操纵盒 2

注：部分按键由于机器类型不同，可能无效。

具体如下：

● JOGMODE：操纵杆工作模式

A：PROBE：此按键灯亮时，测量机按测头方向移动。

B：PART：此按键灯亮时，测量机按工件坐标系移动。

C：MACH：此按键灯亮时，测量机按机器坐标系移动。

● SLOW：

灯亮时慢速触测状态，灯灭时快速运动状态。触测零件时应保持慢速触测状态。

SHIFT：相当于键盘的 SHIFT 作用

SHIFT 按键灯亮，（RUN/HODE、LOCK/UNLOCK）按键下面的功能有效。

● PROBE ENABLE：

当此按键灯灭时，测头保护的功能有效，但不记录测点。此功能可以用于易出现误测点场合，当需要屏蔽误测点时，将此键按下使灯灭，误测点不被接受。需要正常测点时，将灯按亮。

● LOCK/UNLOCK：

仅用于带有轴锁定系统的老机器。

● STOP：

紧急停按键

● RUN/HODE：

灯灭时，程序暂停（HOLD 状态）；灯亮，程序继续运行（RUN 状态）。

● DEL PNT：

删除 DONE 之前的测点。

● X、Y、Z：

X、Y、Z 轴指示灯，灯灭，轴锁定。

● PRINT：

编程时加 MOVE 点按键。

● DONE：

确认键或者执行键（相当于"回车"键）。

● FEED RATE OVERRIDE：

运行速度百分比指示键。

● ENABLE：

用手操杆测量时，需同时按住此键，操纵杆有效，测量机才能移动。

● MACH START：

测量机驱动加电按键。灯亮时测量机才能运动。出现任何保护时，灯灭。

● SERVO PWR ON：

电机加电按键

● E-STOP：

紧急停按键

● 操纵杆

手动操作时方向控制杆

● RECORD：

删除 DONE 之前的测点。

● DRIVE：

编程时加 MOVE 点按键。

● X、Y、Z：

X、Y、Z 轴锁定。

● SLOW：

灯亮时慢速触测状态，灯灭时快速运动状态。触测零件时应保持慢速触测状态。

● PART：

PART：此按键灯亮时，测量机按工件坐标系移动。

● AUTO/JOY

分别是机器自动运行开启键和手动操作开启键

● SERVO POWER OFF

关闭电机电源

● RTN TO SCREEN：

确认键或者执行键（相当于"回车"键）。

9.3.3 测量软件界面

HEXAGON 三坐标测量机，配套的 PC-DMIS 软件是目前领先的通用测量软件，被公认为当今功能最为强大的坐标测量机专用软件，为几何测量提供了完美的解决方案。双击打开 PC-DMIS 测量软件，如图 9-10 为 PC-DMIS CAD＋＋软件界面。

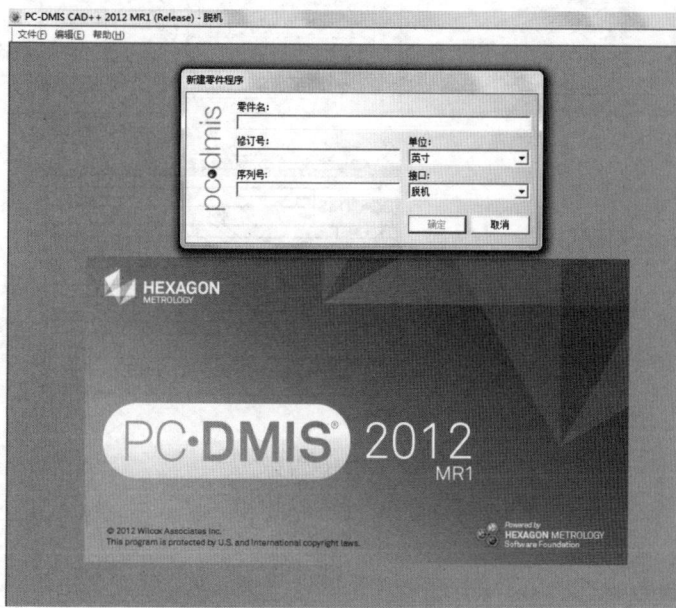

图 9-10 PC-DMIS 软件界面

以图 9-11 软件操作界面为例，简单讲解 PC-DMIS 软件操作说明。在建立新零件测量程序时，要进入文件菜单，选择新建，在新建零件窗口输入"零件名"和"修订号"、"序列号"。这是程序和检测报告中进行区别的标识。其中"零件名"是必填的项目。

如果要调用以前的程序，可以在文件菜单中选择打开，或在程序启动时选择相应已存在的文件名。选择"确认"后程序进入工作状态。

上面是标题栏和菜单栏：软件版本及当前测量程序信息显示在标题栏上；

软件工作环境设置栏。从左至右分别为：

快捷工具栏：

使用快捷工具按钮可以提高效率。在该区域时按下鼠标右键，可以选择显示的快捷键，用鼠标拖动可改变位置。可以把自己习惯的快捷键布局设置好，按下保存键，输入文件名，

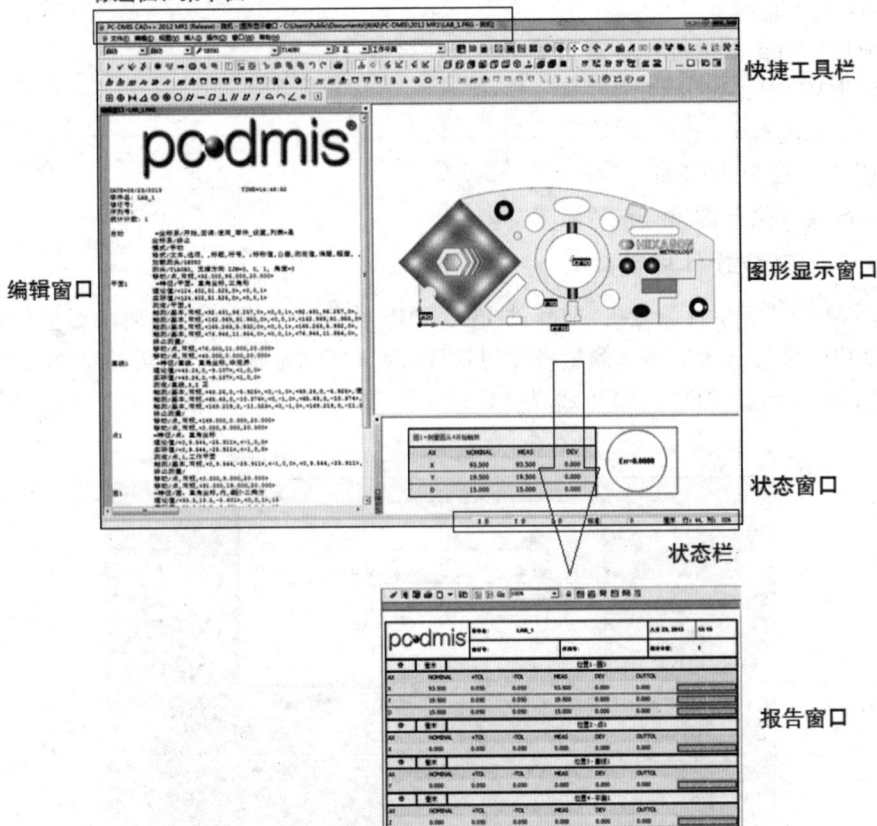

图 9-11　软件操作界面

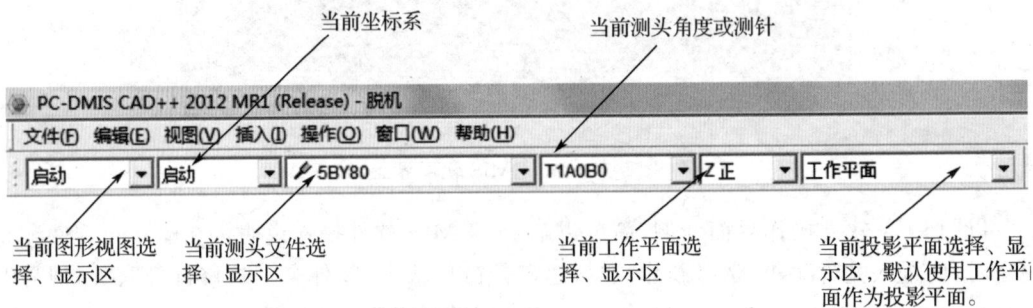

图 9-12　标题和菜单界面

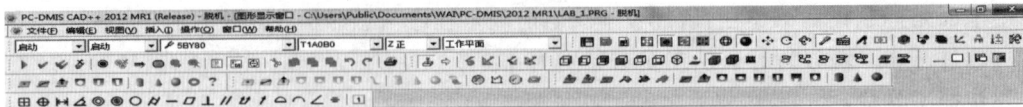

图 9-13　快捷工具栏

即保存了快捷键布局。需要时只要按下相应布局选择键,即可恢复到自己熟悉的快捷键的布局。

左边是编辑窗口,右边是图形显示窗口或报告窗口(CTRL＋TAB 切换),下面是状态窗口和状态栏,编辑窗口可以在视图菜单中选择打开或关闭。编辑窗口可以浮动,也可以停靠在窗口的任何位置。

编辑窗口有三种工作模式,在视图菜单中可选择概要模式或命令模式、DMIS 模式进行模式转换。选择视图——概要模式进入概要模式,在概要模式下可以查看零件测量程序的整个过程,也可以直观的查看各语句、变量、参数的设置。可以通过直观的界面对程序过程进行编辑。

在主菜单选择"视图——工具栏——窗口布局",如图:

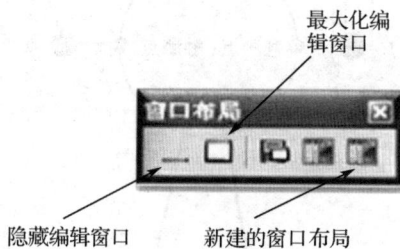

图 9-14　窗口布置

可以通过拖拉来适当地排列工具栏。可以改变编辑窗口和图形显示窗口的尺寸和大小。将鼠标指在"窗口布局"栏,点击"保存窗口布局"图标,然后把名字键入"输入窗口布局名字"对话框,点击确定即可。

图 9-15　窗口布置(2)

9.3.4　常用菜单及工具栏

常用的菜单有文件、编辑、视图、插入、操作等,常用的快捷工具栏有工作环境设置栏,图形操作工具栏,手动特征、自动特征、构造特征、尺寸评价工具栏等。

9.3.5　常用参数设置

1. 运动参数;

几何特征是以命令的形式记录在测量程序中。执行测量操作时,将按照程序顺序结构从上往下执行,所有机器自动运行时程序中不仅需要有测量点和几何特征,还需要在测量特征的前后加上移动点(又称轨迹点或安全点),保证机器自动运行中不发生碰撞。

我们获取特征的过程实际上是一个编程的过程,程序编好后需要自动运行一次才能获得准确的测量数据。手动模式下,执行程序时,程序将忽略移动点,提示操作者手动在工件上采点测量几何特征;自动模式下,程序会根据测触测点和移动点,进行移动和触测。

　　无论是手动测量还是自动运行程序,都遵循以下运动方式,快速移动(移动速度),慢速触测(触测速度),当自动运行时,触测点和移动点由程序给定,逼近回退点由控制柜自动生成(根据软件设置的逼近、回退距离),如图 9-16 所示。

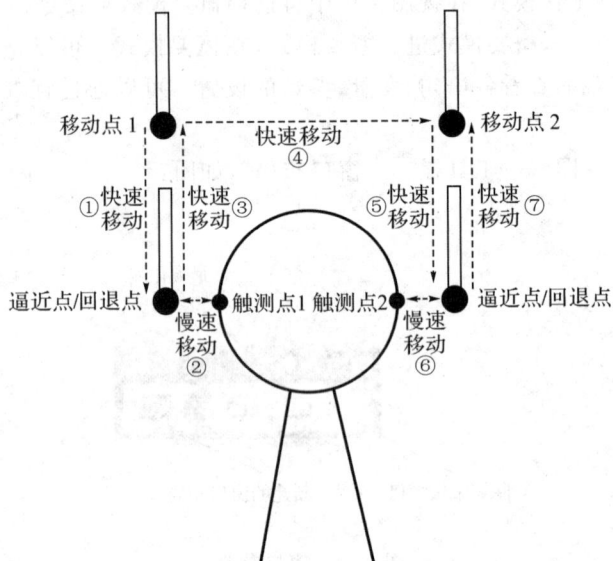

图 9-16　测量移动示意图

运动参数设置:

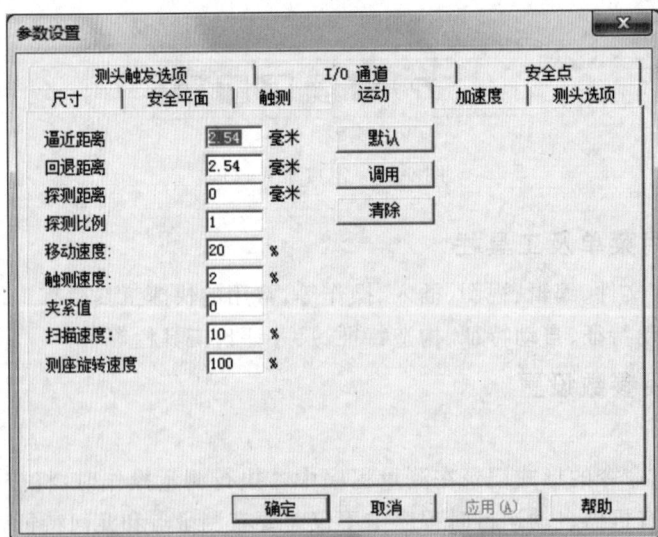

图 9-17　软件操作界面

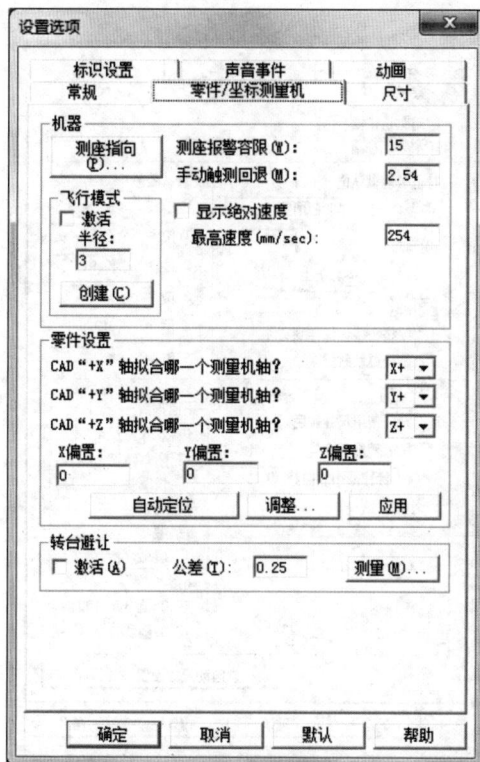

图 9-18

尺寸参数设置：

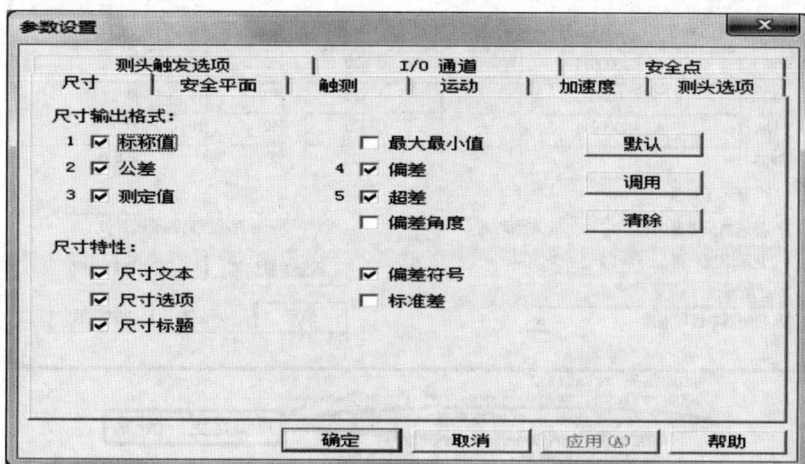

图 9-19

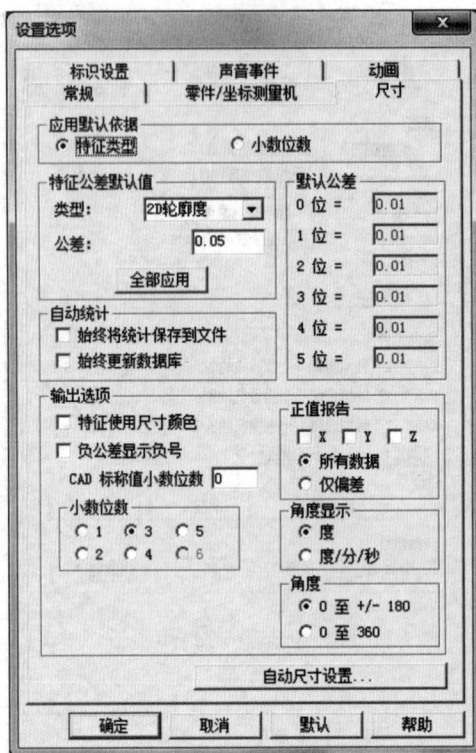

图 9-20

温度补偿设置：

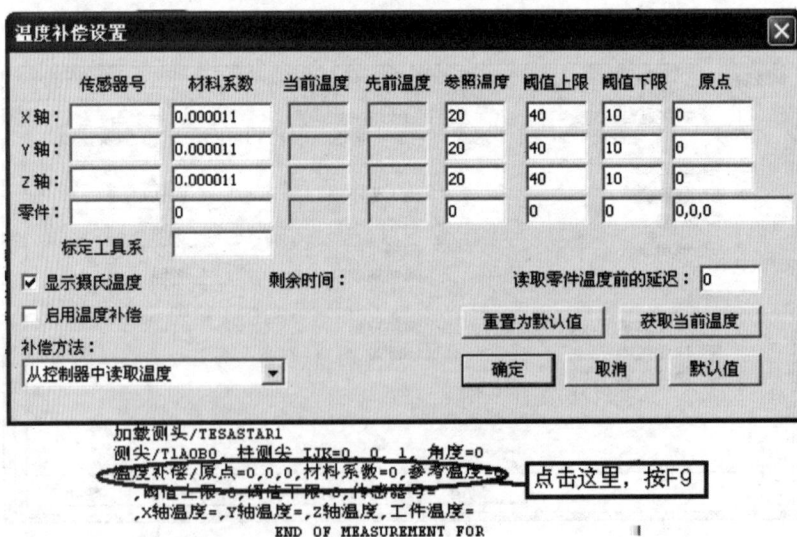

图 9-21

9.3.6 制定测量机操作规程

测量机操作规程通常分为三部分：

一、工作前的准备，主要有以下三项：

A. 检查温度情况，包括测量机房，测量机和零件：连续恒温的机房只要恒温可靠，能达到测量机要求的温度范围，则主要解决零件恒温（按规定时间提前放入测量机房）。

B. 检查气源压力，放出过滤器中的油和水，清洁测量机导轨及工作台表面。

C. 开机运行一段时间，并检查软件、控制系统、测量机主机各部分工作是否正常。

二、在检测工作中应当注意的几个方面：

A. 查看零件图纸，了解测量要求和方法，规划检测方案或调出检测程序。

B. 吊装放置被测零件过程，要注意遵守吊车安全的操作规程，不损坏测量机和零件，零件安放在方便检测，阿贝误差最小的位置并固定牢固。

C. 按照测量方案安装测针及测针附件，要按下紧急停再进行，并注意轻拿轻放，用力适当，更换后试运行时要注意试验一下测头保护功能是否正常。

D. 实施测量过程中，操作人员要精力集中，首次运行程序时要注意减速运行，确定编程无误后再使用正常速度。

E. 一旦有不正常的情况，应立即按紧急停，保护现场，查找出原因后，再继续运行或通知维修人员维修。

F. 检测完成后，将测量程序和程序运行参数及测头配置等说明存档。

G. 拆卸（更换）零件，清洁台面，注意将测头移动到安全位置。

三、关机及整理工作，主要有两项：

A. 将测量机退至原位（注意，每次检测完后均需退回原位），卸下零件，按顺序关闭测量机及有关电源。

B. 清理工作现场，并为第二天工作做好准备。

9.4 坐标测量检测规划

9.4.1 坐标测量检测流程

坐标测量技术应用涉及一个庞大的技术体系，特别是在实际应用中，还有许多具体的工作和问题需要处理。对于一个零件检测，首先应该根据零件和图纸制定一个详细的检测规划，根据检测规划选择合适的夹具，测针配置，测头配置，根据图纸要求建立准确的坐标系以及编写准确的检测程序，最终得到真实可靠的报告。

具体测量机应用流程图如图 9-22 所示。

测量规划内容包括：分析零件图纸，明确测量基准坐标系及确定检测内容、零件装夹方案设计、测针方案配置。

9.4.2 测量规划内容

测量规划工作需要根据图纸或工艺卡的评价要求，确定零件评价参数、评价基准、测量要求、尺寸评价分析等。

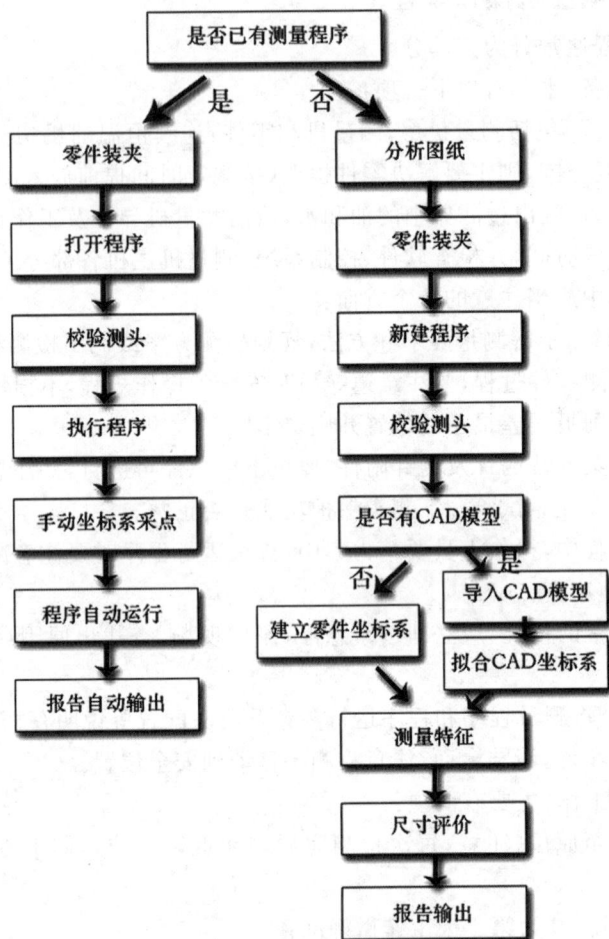

图 9-22　检测基本流程图

如图 9-23 所示，为规划示意图：

1．分析图纸具体要求、工件实际测量状态

根据相关标准和规范，在正确理解工程语言的前提下，完成对工件图样的准确解读，分析工件的图纸，详细、全面地了解图纸的每一细节，有助于后期实质工作的展开。

经验表明，纯粹的只熟悉如何测量，而不涉猎相关的领域，有时会使您在面临元素评价时相当迷惑，所以如果您具备丰富的机加工知识，看图技巧等技能会对你应付复杂的测量非常有益。甚至还可以从测量角度对图纸中不合理的地方提出意见和建议。

在明确测量要求的情况下，应该结合实际工件的测量元素进行分析。工件测量的状态是毛坯状态还是精加工后的状态，都直接会影响到最后的检测结果。另外，还需要明确工件测量的元素是否应该使用三坐标进行检测，三坐标的测量精度是否满足相关的行业标准或者企业标准。例如：圆度的测量既可以在三坐标上进行也可以在圆度仪上进行，此时应该根据圆度要求的公差以及行业要求的精度原则进行辨别。

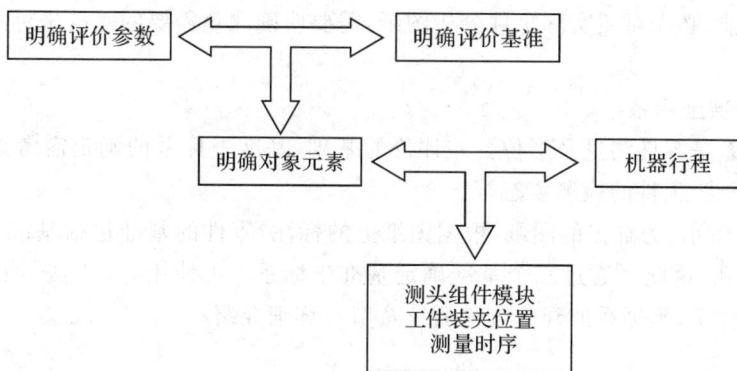

图 9-23　测量规划示意图

2. 明确具体测量要求

建立在图纸和实际工件详细分析基础上的测量要求确定,是编程思路、测针配置、测量方法确认的主要依据,测量的公差要求是它传达的直接要求,有时我们也要注意它所传达的加工要求及装配要求,后者也是影响测量方式、计量手段的重要因素。

具体测量要求包括:

(1)测量基准的选择

(2)测量特征的类型、特点及测量顺序确认

(3)测量方式及公差要求

(4)装配的要求

(5)形位公差评价的要求(如复合位置度评价及延伸位置度评价等)

3. 分析实现测量要求的测针配置

分析实现测量要求测针配置需要注意以下几点

1)测针配置数量尽量最少,这样能够提高测量效率

2)根据实际测量工件的实际状态选择合适的测针,例如毛坯工件的检测一般采用的测针直径比较大. 对于螺纹孔位置度的测量,应该按照相应的行业标准进行测针直径大小的选择。

3)传感器加长杆和测针加长杆应符合传感器加长能力的要求

4. 分析如何建立坐标系

测量的坐标系一般分为粗基准坐标系及精基准坐标系。检测工作是建立在坐标系的基础之上的,坐标系建立的准确与否都将影响最终的检测结果。

粗基准坐标系:是实现测量机自动化测量的基础,明确工件在测量机中的大致位置信息。

精基准坐标系:是图纸尺寸评价基准的唯一依据,用于自动测量与评价的基础。

5. 确立合理的测量顺序与评价顺序

根据先前准备的分析,明确测量所需的合理程序及测量的顺序,在测量元素繁多的情况下能够显著的提高测量效率。

9.4.3 分析零件图纸

进行检测前,必先对照实际工件分析图纸,需要明确测量需要的基准坐标系及形位公差检测内容。

1. 确定基准坐标系

基准坐标系是零件测量及形位公差评价的基础,基准坐标系的确定需考虑工件的装夹位置、检测方便性、工件的检测姿态等。

如图 9-24 所示,为缸盖的图纸,根据图纸上的标注,零件的基准包括基准 A 平面、基准 B 孔及基准 D 孔,由此可通过三个基准确定基准坐标系。可使用 3-2-1 法(面-圆-圆),建立零件的基准坐标系,坐标系的建立方法后续章节有详细介绍。

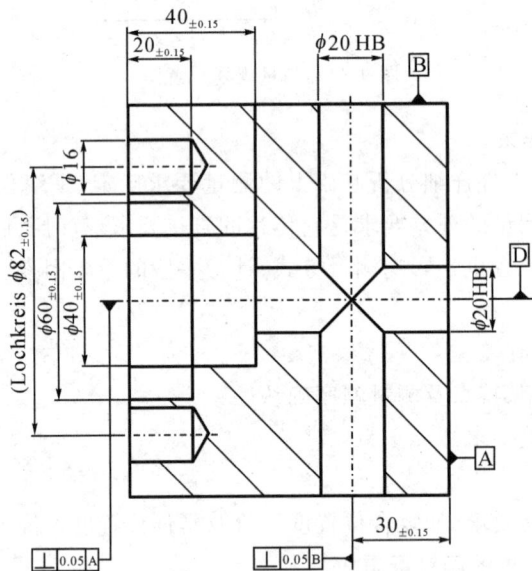

图 9-24 缸盖图纸

2. 确定检测内容

检测内容是指检测任务中工件需要被检测各项参数内容、形位公差,如平面度、垂直度、位置度、轮廓度等。分析过程中,需要明确各项参数、公差的评价要求、基准情况、评价公差需要测量采集的数据及数据量等。

如图 9-24 所示,根据图纸上的要求,确定缸盖的检测内容有分别以 A、B 为基准的垂直度检测;孔的深度、直径等尺寸公差。

(1)位置度评价

如图 9-25 所示,图纸标注内容为基于基准 A、基准 B、基准 C 和基于基准 D 的两个位置度的测量。因此,需要测量的内容包括:几个基准的位置信息及孔的位置信息,再评价位置度。

(2)轮廓度的评价

如图 9-26 所示,图纸标注需要测量工件 4 个位置的轮廓度。因此,需要明确测量要采集数据信息,轮廓度的评价需要三坐标对工件被检查轮廓进行扫描获取形状特征,获取足够

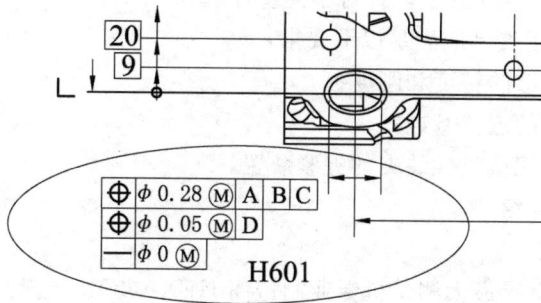

图 9-25　位置度标注

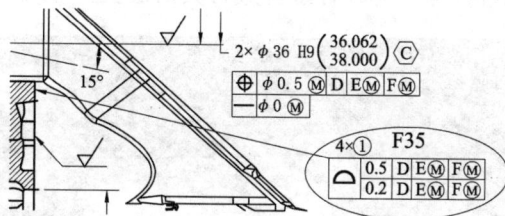

图 9-26　轮廓度标注

反映工件实际状态的数据。

（3）平行度、平面度的评价

如图 9-27 所示，图纸标注测量公差有平行度、平面度。公差评价需要的数据有测量平面的面特征形式以及基准 Z 的信息。

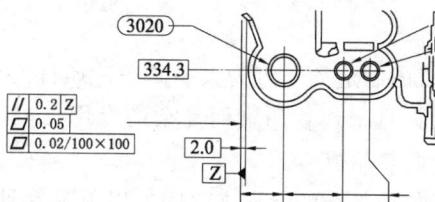

图 9-27　平面度、平行度标注

9.4.4　装夹方案设计

1. 装夹目的和基本原则

装夹目的是保证检测零件的稳定性以及可重复性，确定工件测量姿态，实现测量的准确性。对于大批量检测工件的情况来说，实现工件的重复性装夹，使三坐标测量具有相当高的效率。

零件的装夹方案设计需要考虑：

（1）装夹的稳定性；

（2）零件测量可重复性；

（3）数据测量方便性，需要考虑测针因素、测量特征的分布等；

（4）考虑零件的变形影响（主要针对于薄壁件）。

零件装夹设计,对于夹具应满足以下要求:

（1）夹具应具有足够的精度和刚度;

（2）夹具应有可靠的定位基准;

（3）夹具应有可实现重复性装夹的夹紧装置。

2. 典型装夹方案介绍

（1）通用柔性夹具

Swift-Fix 夹具是世界最大测量机专业制造商 HEXAGON 计量产业集团专业设计具有综合测量性能的装夹系统,可用于各种不同类型零配件的装夹。通过设计了标准型号的配套组件,每套夹具都包含底板座和一套标准的部件,例如:支架,压板、夹钳,柱塞,拉力弹簧柱等。通过各种组件的组合,可以对各种工件进行灵活装夹。

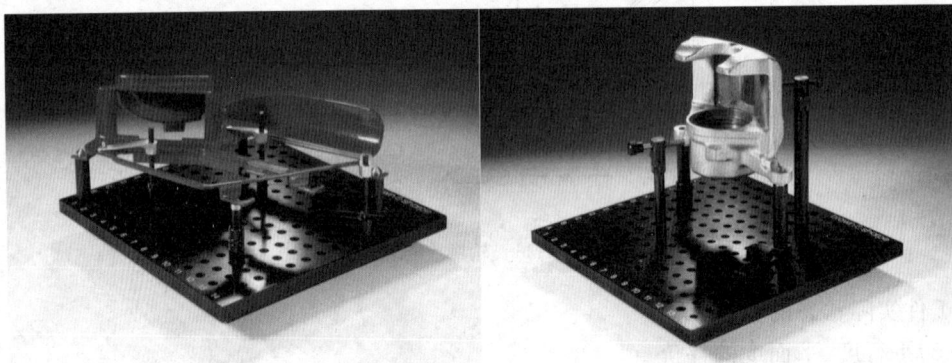

图 9-28　Swift-Fix 夹具装夹案例

（2）薄壁件柔性夹具

近几十年来,汽车和飞机的制造商一直为大型薄壁冲压件的检测夹具而大伤脑筋,他们的梦想是用一种灵活多变的夹具来代替昂贵而复杂的专用夹具。HEXAGON 公司生产的 Five U-nique 系统终于使他们梦想成真。

Five U-nique 如何代替各种复杂的专用夹具呢? 以下就这种柔性夹具的原理,结构、应用程序做一下简单的介绍:"柔性夹具"的原理

需要坐标测量机系统控制质量的工件,往往是属于以下三种类型:

① "冲压件"（如钣金冲压件、塑料仪表盘、玻璃件等）

② "复杂工件"（如齿轮、涡轮叶片、凸轮等）

③ "箱体类工件"（如发动机箱、齿轮箱、汽车化油器等）

其中"复杂工件"和"箱体类工件"都以固有的高刚性为特性,所以他们的几何尺寸不会受装夹的设备和在测量空间的位置的影响。相反地,"冲压几何量"工件,也称为"薄壁件"以其固有的低刚性为特性,则要求用准确的支撑点装夹定位以避免无法控制的结构变形。这些装夹点是一系列相关的三维空间点,对应工件的特征点。因为大多数"薄壁"件,经过单件测量之后,还要装配到车身上,所以最好以车身位置检测。因此,夹具必须在工件最后装配时的特征点"装夹",因为每个工件的特性不同,每种夹具只能对应一种工件或几种非常相似

的工件。专用夹具在满足装夹的需要时,还要保证高重复性及可快速更改(夹具已存在的情况下),但是专用夹具的局限性在于需要很长的交货期,缺乏灵活性及更改时需要较高的成本费用。而且,仓储压力也不容忽视(一般情况下一种工件需要有一种对应夹具)。下图是用专用夹具及用"Five U-nique"灵活夹具系统两种方法,以车身位置装夹"薄壁件":由此看来,柔性夹具是代替专用夹具的一项革新性产品,它使得为一个工件而设计专用夹具的方法从此可以摒弃。

图 9-29 "Five U-nique"装夹车门案例

(3)发动机缸体的装夹

发动机缸体重量大、结构复杂,但是从整体外观形状看大体上是一个立方体,所以考虑测量的时候可以分为六个面来进行,那么夹具设计的时候必须保证一次装夹兼顾六个面的定位和测量。

如图 9-30 所示的夹具方案,可以通过手动的简单调整,能够适用于固定这一系列的工件,如具有 3、4、5 和 6 个气缸的缸体。

(4)轴类零件的装夹

曲轴类零件结构复杂、不规则,造成零件的基准定位装夹困难。如图 9-31 所示,为轴类零件装夹,能实现检测需求。

这类零件的定位设计时,应满足以下要求:

实现完全自动化测量;

实现特殊角度元素的测量;

保证设计要求——通过三柱支撑的数学比例确定摆向,严格按照图纸要求算好各支撑的高度。

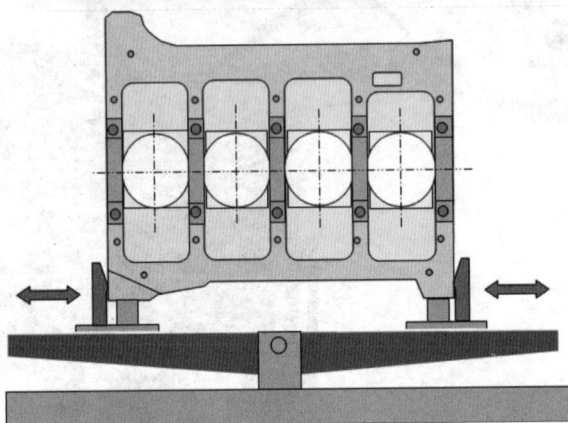

图 9-30　发动机缸体装夹示意图

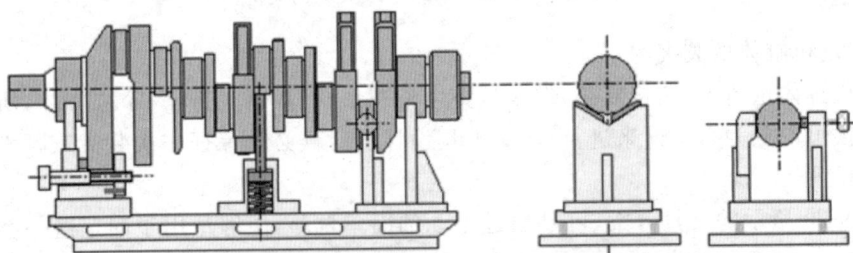

图 9-31　曲轴装夹示意图

习　　题

1. 简述三坐标测量机的工作环境要求，如何做好维护保养工作。
2. 简述测量规划的内容及目的。
3. 分析下列图纸，简要说明需要测量内容。

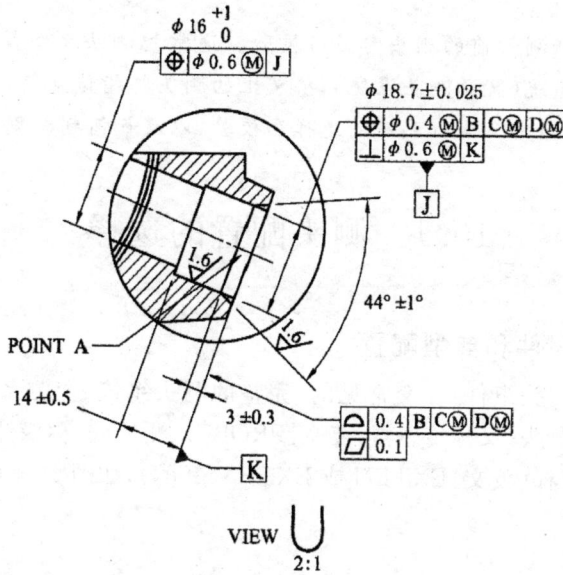

VIEW ∪ 2:1

第 10 章　测头的选择和校验

本章提要：

　　测量前期准备包括测量前的测头定义与校验。通常把测头系统简称为测头，所以广义上的测头指整个探测系统（又称测头系统），狭义上的测头特指传感器，有时口头上也会把测针称为测头，本章主要介绍三坐标测头的选择和校验，以及如何判断测头当前状态。

10.1　测头配置的选择

10.1.1　测头组件和典型配置

　　首先我们来认识测头组件：一套常见的、完整的测头系统（探测系统）包括：测座、转接（英文：CONVERT）、测头（又称传感器，英文：PROBE）、测针（又称探针，英文：TIP 或 STY-LUS 或 STYLI）、加长杆（英文：EXTEN 或 EXTENSION），如图 10-1 所示。

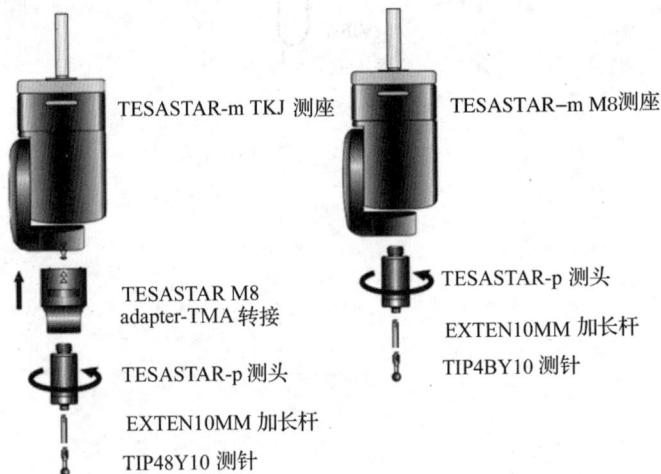

图 10-1　测头系统配置

　　通常触发测头通过 M8 螺纹连接，而扫描测头或激光测头通过卡口连接，如图 10-2 是一套完整的测头系统配置，包括：TESASTAR-M 自动旋转测座，可配置 TESASTAR-R 自动更换架，测座下面可以接多种加长杆或转接，或者直接连接传感器，传感器有多种选择：触发测头、扫描测头、影像测头、激光测头，测头下面可以连接各种加长杆和测针。实际使用中，用户大都是购买了一种或两种传感器，一种测座，多种加长杆和测针。

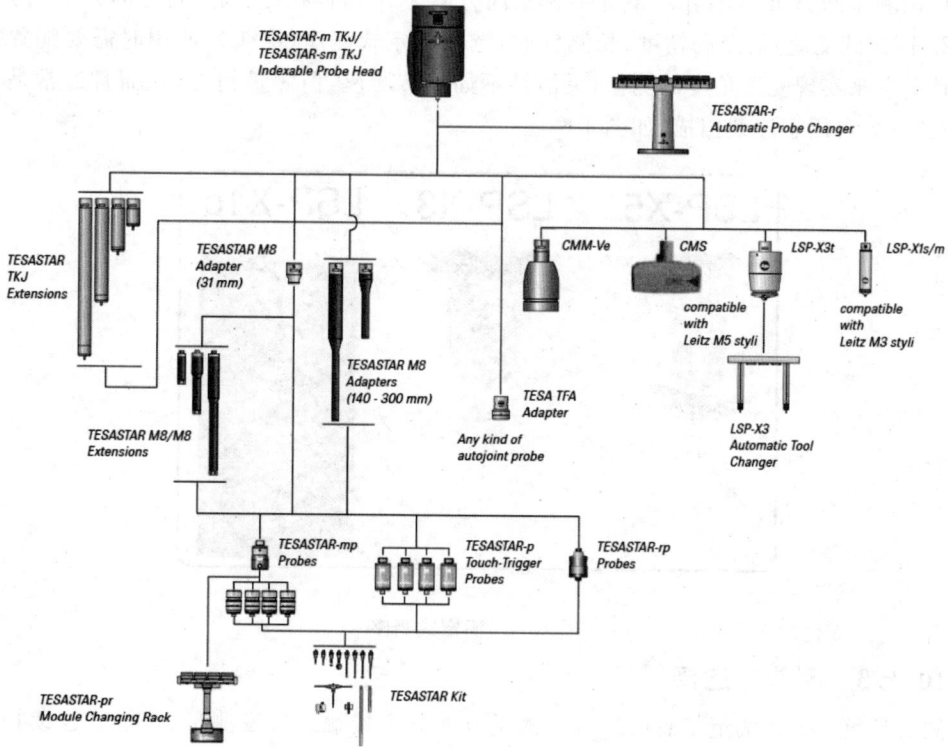

图 10-2　完整的测头系统配置

10.1.2　测座的选择

测座的选择:

1. 旋转式测座:使用灵活,分为自动的和手动的,手测座一般分度为 15°,自动测座分度有 7.5°,5°,2.5°以及无极的,使用前注意仔细阅读用户手册了解加长杆承载能力;如图 10-3 所示为常用的一种测座类型。

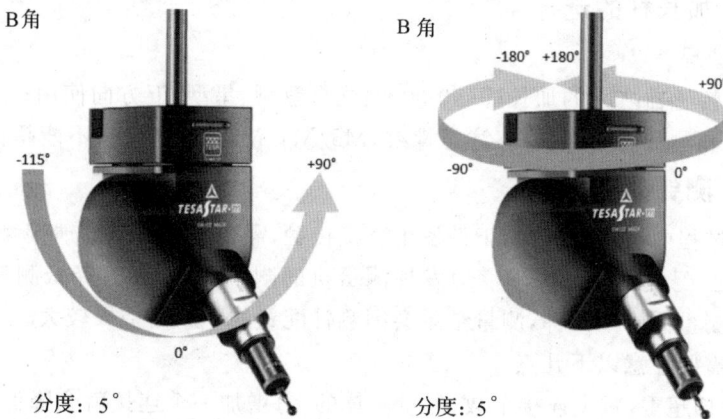

图 10-3　测座的角度

认识测座的 A 角和 B 角。测座俯仰抬高方向为 A 角,围绕主轴自转方向为 B 角。

2. 固定式测座:需要高精度、长测针时,选择固定式测座(测头),使用时需要配置复杂的测针组合来实现复杂角度的测量,灵活性不如旋转测座,但测量精度高,而且通常是与扫描测头一体,可用于连续扫描,如图 10-4。

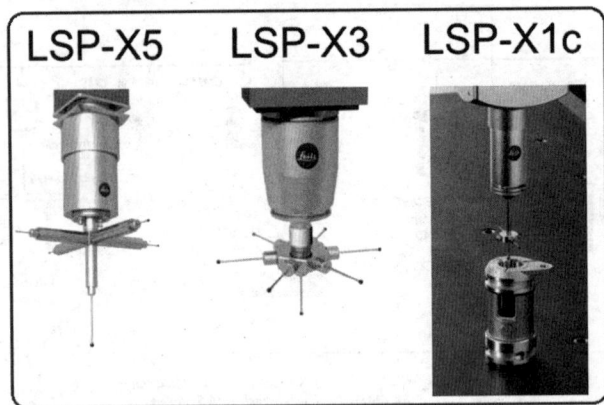

图 10-4　固定式测座

10.1.3　测头的选择

测头是负责采集测量信息的组件。测量方式分为接触式触发测量、接触式连续扫描测量以及非接触式光学测量。实际应用中,需要根据加工精度、工件材料、待检特征等因素,来选取适合的测头,完成检测任务。

1. 触发测头:经济,一般应用;关注传感器的测力;扫描测头测力可调,触发测头的测力由硬件决定,根据不同的需要应选择不同测力的测头或吸盘,一般有磁力吸盘的测头,测力由吸盘决定,少数触发测头通过调节螺钉调整测力,如图 10-5;

2. 扫描测头:接触式连续扫描测头,精度更好,接加长杆能力更强;

3. 光学测头:影像测头扩展了影像测量功能,激光测头能够进行非接触测量,激光扫描逆向;

10.1.4　加长杆的选择

加长杆的选择:

1. 测座和传感器之间的加长杆(50-300):配合盘型、星型、五方向使用;

2. 传感器和测针间的加长杆:注意螺纹,M5/M4/M3/M2,转接,不能超长超重;

10.1.5　测针的选择

坐标检测过程中,测针与被测工件发生直接接触,需要能够快速反馈接触情况。通过合适的测针选择及配置可以最大限度地发挥测量机的测量性能,大大降低测量的不确定度。同一台测量机测量同一个工件,测量结果会因测针配置的不同而差异较大。

选择测针需要注意以下几点:

1. 不能超长超重,减少连接个数,尽量一体的,每增加一个连接就会降低刚性;

2. 注意选择合适的螺纹大小,不同形状的测针常用于不同的用途,球形测针最为常用,星型、五方向、盘型一般用于大孔或槽等球形测针不容易直接测量的情况,柱形测针一般用

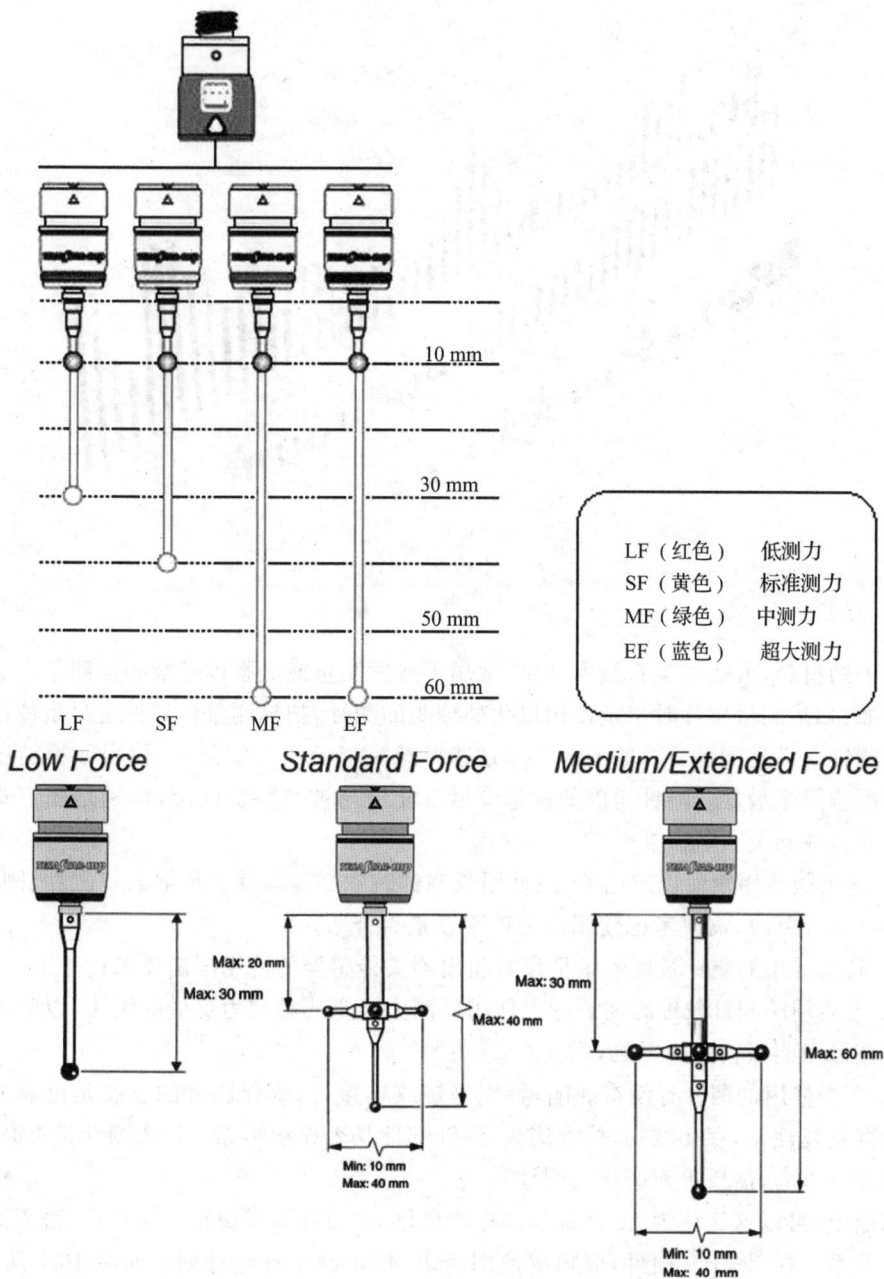

LF（红色）	低测力
SF（黄色）	标准测力
MF（绿色）	中测力
EF（蓝色）	超大测力

图 10-5　测头的长度控制

于薄壁件测量. 同时尽可能避免过多的螺纹连接, 能使用一根测针避免使用测针组合的方式;

3. 测针的刚性:减少连接, 除了星型、五方向测针, 尽量最多一个连接;选择尽量粗,尽量短,尽量轻,尽量大的测针;

4. 测针的材料的选择

测杆的材料:碳化钨刚性最强,但是重,碳纤维、陶瓷刚性强重量轻,常用于长测针或加

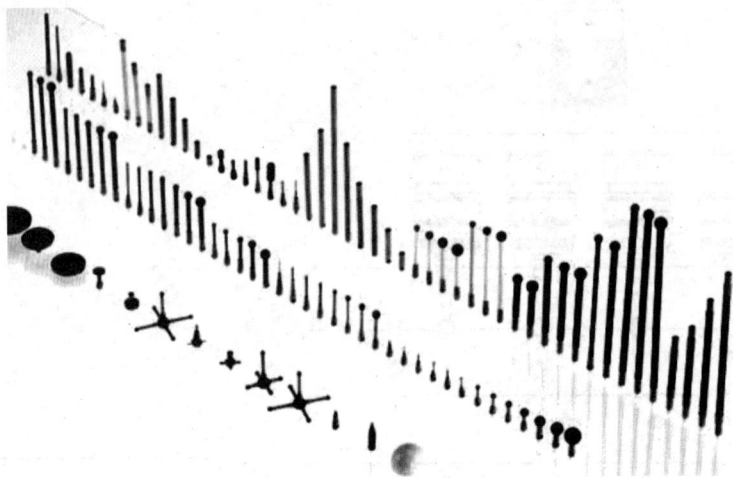

图 10-6　测针

长杆；

　　测尖的材料,人造红宝石最为常见,常用于触发测量或低强度连续扫描测量。

　　例如:扫描测量铝件时尽量使用氮化硅球头的测针,扫描测量铸铁件是尽量使用氧化锆球头的测针。满足测量要求的前提下尽量选择球头半径较大的测针,使表面粗糙度对测量精度的影响降至最低。测针角度的调整应尽可能地与被测特征匹配,特别是固定式模拟测头使用立方体和关节时。

　　5. 尽可能使用短而稳定的测针;使用长测针时务必确保其有足够的稳定性、刚性,当测头校验结果较差时,需要考虑使用的测针刚性是否合适。

　　6. 确保使用的测针长度和重量没有超出测头传感器的使用限制要求;

　　7. 当使用的测针较细时需要考虑使用低测力吸盘或触测力更低的测头,以降低测针测量时的变形对测量精度的影响;

　　8. 检查使用的测针有没有缺陷,特别是螺纹连接处,确保测针的安装是可靠的。如果测量数据重复性差,存在波动,检查测头、测针部件是否连接牢靠。检查测针是否磨损,如果测量精度要求高,需要更换磨损的测针。

　　原则上,可以这么认为,测针就是坐标测量机的"刀具",就像车刀与车床、铣刀和镗刀与铣床的关系一样,属于易损件,应根据使用需求,每年制定补充计划。如图 10-7 所示,为测针磨损。

　　9. 当测量机使用在环境温度不好的情况下,要确认使用的测针部件热稳定性;

　　10. 确保使用的测力及运动速度加速度等参数适合所选测针组合。

　　当使用较细的测针时应根据需要降低这些参数,降低测针测量时变形对测量精度的影响,测针越长,刚性越差,精度就越低,一般机器的精度是在特定配置下的精度,对于更长、更复杂的测头配置,由于不是固定了,没有标准,所以更多是经验值;比如:机器精度探测误差是 1.5u,那么使用标准测杆 10mm,20mm,校验结果标准偏差通常小于探测误差,但是如果测针是 40mm,60mm,或非常细,则校验结果会更大,大到多少就看,不同的传感器、不同粗

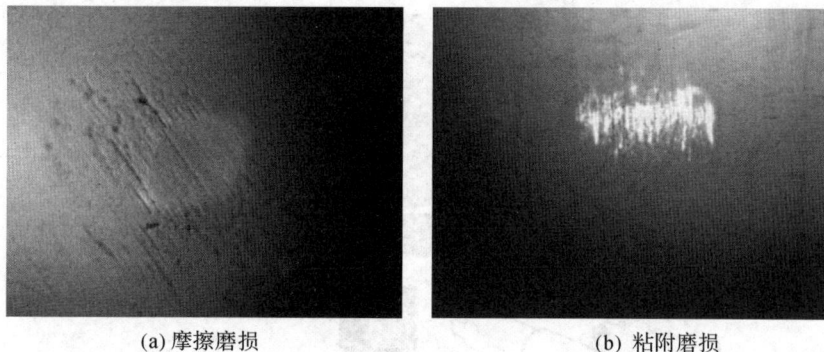

(a) 摩擦磨损　　　　　　　　(b) 粘附磨损

图 10-7　测针磨损示例

细,不同材质的杆都有差异;

　　具体到如何挑选测针,可以参考图 10-8 中所示的测针的主要参数,选择测针时根据需要进行选择,注意不要忽略有效长度。

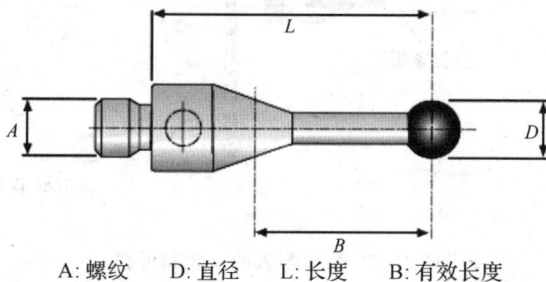

A: 螺纹　　D: 直径　　L: 长度　　B: 有效长度

测针描述	材料	尺寸 (mm)				重量 (g)	零件号
		A	D	L	B		
M2 thread, length 20 mm							
Stylus with ruby ball tip, Ø 0.5 mm	TC	M2	0.5	20	7	0.48	03969269
Stylus with ruby ball tip, Ø 1 mm	TC	M2	1	20	12.5	0.41	03969271
Stylus with ruby ball tip, Ø 1 mm	TC	M2	1	20	7	0.6	03969221
Stylus with ruby ball tip, Ø 1.5 mm	TC	M2	1.5	20	12.5	0.5	03969272
Stylus with ruby ball tip, Ø 2 mm	TC	M2	2	20	15	0.45	03969222
Stylus with ruby ball tip, Ø 2 mm	Steel	M2	2	20	14	0.5	03969212
Stylus with ruby ball tip, Ø 2.5 mm	Steel	M2	2.5	20	14	0.4	03969226
Stylus with ruby ball tip, Ø 3 mm	Steel	M2	3	20	17	0.5	03969213
M2 thread, length 30 mm							
Stylus with ruby ball tip, Ø 1 mm	TC	M2	1	27	20.5	0.4	03969259
Stylus with ruby ball tip, Ø 1.5 mm	TC	M2	1.5	30	25	0.58	03969261
Stylus with ruby ball tip, Ø 2 mm	TC	M2	2	30	25	0.99	03969262
Stylus with ruby ball tip, Ø 3 mm	TC	M2	3	30	25	1.49	03969263
Stylus with ruby ball tip, Ø 6 mm	Carbon	M2	6	30	30	0.96	03969286
M2 thread, length 40 mm							
Stylus with ruby ball tip, Ø 2 mm	TC	M2	2	40	35	1.29	03969282
Stylus with ruby ball tip, Ø 3 mm	TC	M2	3	40	35	1.97	03969283
Stylus with ruby ball tip, Ø 4 mm	TC	M2	4	40	35	2.04	03969284

图 10-8　测针样本示例

10.1.6　测头组件的安装和拆卸

测头配置的安装和拆卸需要使用专用工具,如图 10-9 所示。

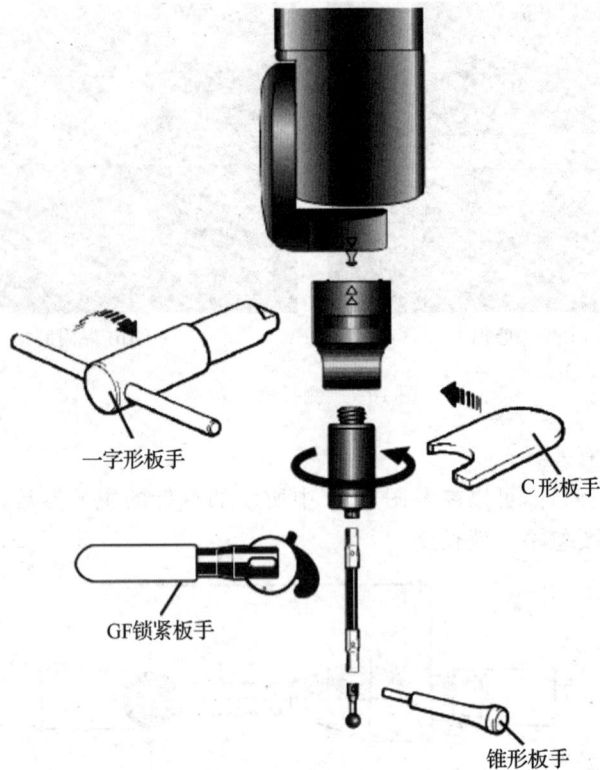

一字形板手

C形板手

GF锁紧板手

锥形板手

图 10-9　测头配置的安装和拆卸

10.2　测头校验

10.2.1　测头校验的目的

测头是三坐标测量机数据采集的重要部件。其与工件接触主要通过装配在测头上的测针来完成。

对于不同的工件,测针所使用的 Dm 和 L 的大小都有不同规格。并且对于复杂的工件可能使用多个测头的角度来完成测量,如图 10-10。

测头只起到数据采集的作用,其本身不具有数据分析和计算的功能,需要将采集的数据传输到测量软件中进行分析计算。

如果我们不事先定义和校准测头,软件本身是无法获知所使用的测针类型和测量的角度。测量得到的数据结果自然是不正确的。我们必须要校验测头之后,才知道我们使用的测针的真实直径以及不同测头角度之间的位置关系,这也是校验测头的目的。

坐标测量机在测量零件时,是用测针的宝石球与被测零件表面接触,接触点与系统传输的宝石球中心点的坐标相差一个宝石球的半径,需要通过校验得到的测针的半径值,对测量结果修正。

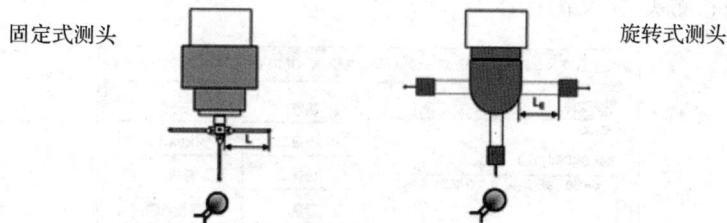

图 10-10　不同测头形式

在测量过程中,往往要通过不同测头角度、长度和直径不同的测针组合测量元素。不同位置的测量点必须要经过转化才能在同一坐标下计算,需要测头校验得出不同测头角度之间的位置关系才能进行准确换算。

所以,测量前,测头的校验工作是极其必要的。

10.2.2　测头校验的原理

测头校验基本原理为通过在一个被认可的标准器上测点来得到测头的真实直径和位置关系。一般采用的标准器都是一个标准圆球(球度小于 $0.1\mu m$),如图 10-11 所示:

在经校准的标准球上校验测头时,测量软件首先根据测量系统传送的测点坐标(宝石球中心点坐标)拟和计算一个球,计算出拟合球的直径和标准球球心点坐标。这个拟合球的直径减去标准球的直径,就是被校正的测头(测针)的等效直径。

由于测点触发有一定的延迟,以及测针会有一定的弯曲变形,通常校验出的测头(测针)直径小于该测针宝石球

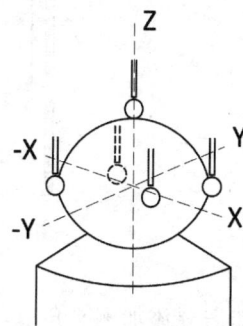

图 10-11　校验测针原理示意图

的名义直径,所以校验出的直径常称为"等效直径"或"作用直径"。该等效直径正好抵消在测量零件时的测点延迟和变形误差,校验过程与测量过程一致,保证了测量的精度。

不同测头位置所测量的拟合球心点的坐标,反映了这些测头位置之间的关系,通过校验测头保证了所有测头位置互相关联。

校验测头位置时,第一个校验的测头位置是所有测头位置的参照基准。校验测头位置,实际上就是校验与第一个测针位置之间的关系。需要注意的是:

增加校验测头的测点数,有效测针的直径越准确;

校验测头和检测工件的速度保持一致;

也可以用量环和块规进行测头检验,但是标准球是首选,因为它考虑了所有的方向。

10.2.3　测头校验的操作

校验测针的一般步骤如图 10-12 所示。

配置测头操作,如图 10-13 所示,包括定义测头文件名、定义测座、定义测座与测头的转

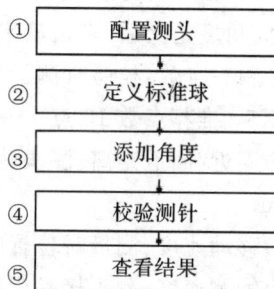

图 10-12　校验测针步骤示意图

①　配置测头

②　定义标准球

③　添加角度

④　校验测针

⑤　查看结果

换、定义加长杆和测头、定义测针；

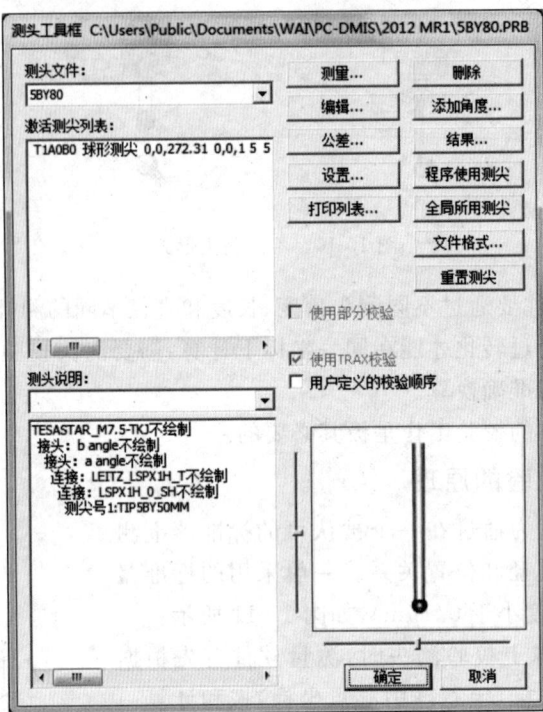

图 10-13　测头配置软件界面

如需要添加测头角度，在测头工具框中点击添加角度的按键，即出现添加新角度的窗口。PC-DMIS 提供有三种添加角度的方法：

单个测头位置角度，可在 A 区中"各个角的数据"框中直接输入 A、B 角度。

多个分布均匀的测头角度，在 B 区的"均匀间隔角的数据"框中分别输入 A、B 方向的起始角、终止角、角度增量的数值，软件会生成均匀角度。

在 C 区的矩阵表中，纵坐标是 A 角，横坐标是 B 角，其间隔是当前定义测座可以旋转的最小角度。使用者可以按需要选择。

完成角度定义后，点击确定即可。完成软件定义设置开始校验测针，如图 10-14 所示。

(1)测头点数：校验时测量标准球的采点数。触发式测头，推荐点数 9 点；扫描测头，例如 X3、X5，推荐点数 16 点

(2)逼近/回退距离：测头触测或回退时速度转换点的位置，可以根据情况设置，一般为 2～5mm。

(3)移动速度：测量时位置间运动速度。

(4)触测速度：测头接触标准球时速度 。

(5)控制方式：一般采用 DCC 方式。

(6)操作类型：选择校验测尖。

(7)校验模式：一般应采用用户定义，层数应选择 3 层。起始角和终止角可以根据情况选择，一般球形和柱形测针采用 0～90 度。对特殊测针（如：盘形测针）校验时起始角、终止

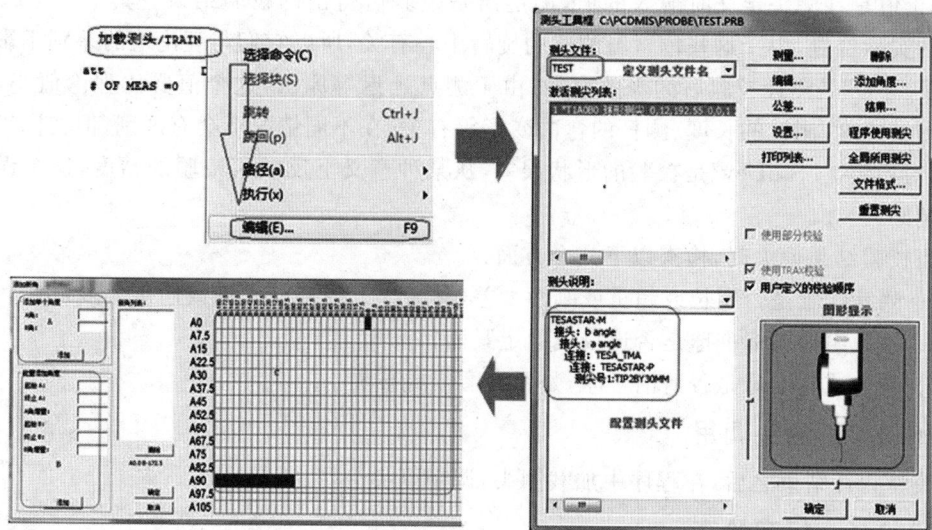

图 10-14　测头检验界面

角要进行必要调整。

　　(8)柱测尖校验:对柱测针校验时设置的参数,偏置是指在测量时使用的柱测针的位置。

　　(9)参数组:用户可以把校验测头窗口的设置,用文件的方式保存,需要时直接选择调用。

　　(10)可用工具列表:是校验测头时使用的校验工具的定义。点击添加工具,弹出添加工具窗口。在工具标识窗口添加"标识",在支撑矢量窗口输入标准球的支撑矢量(指向标准球方向,如:0,0,1),在直径/长度窗口输入标准球检定证书上标注的实际直径值,按下确定键。

10.2.4　测头校验的结果查看

　　校验测针结束之后我们会查看下校验结果。不同的软件查看的方式可能不同,但是查看的方式都很简单。如图 10-15 所示,为 PC-DMIS 下查看到校验的结果。在校验结果窗口

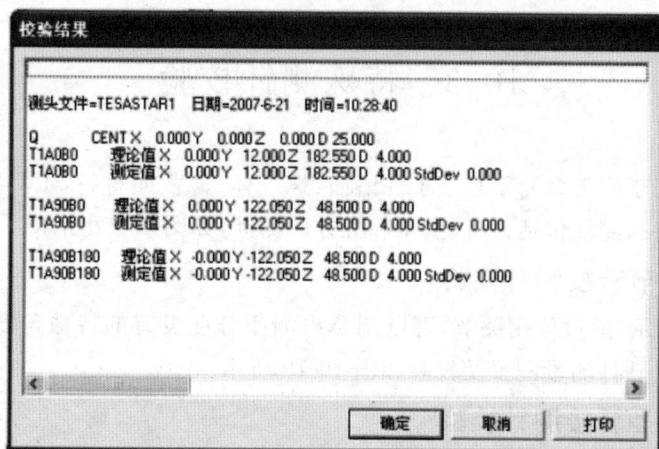

图 10-15　PC-DMIS 下查看到的结果

中,理论值是在测头定义时输入的值,测定值是校验后得出的校验结果。其中"X、Y、Z"是测针的实际位置,由于这些位置与测座的旋转中心有关,所以它们与理论值的差别不影响测量精度。"D"是测针校验后的等效直径,由于测点延迟等原因,这个值要比理论值小,由于它与测量速度、测针的长度、测杆的弯曲变形等有关,在不同情况下会有区别,但在同等条件下,相对稳定。"StdDev"是校验的形状误差,从某种意义上反映了校验的精度,这个误差应越小越好。

当校验结果偏大时,检查以下几个方面:

1. 测针配置是否超长或超重或刚性太差(测力太大或测杆太细或连接太多);

2. 测头组件或标准球是否连接或固定紧固;

3. 测尖或标准球是否清洁干净,是否有磨损或破损。

10.2.5 测头调用

校验测针结束之后,在程序中加载测头,调用测尖。

10.2.6 标定检查

校验结果主要是反映了校验过程中的重复性,能看出一些问题:松了、脏了、刚性不好、超长、超重。

但是有一些问题:比如用一段时间后松了,发生碰撞没有及时校验,测座出现定位故障,这些问题,可通过及时周期性校验避免,通过标定检查进行检查;

检查半径是否准确,多测针之间的关联性,多测针一般有三种情况:旋转测座不同角度,星型或五方向多个方向之间,更换架更换的不同吸盘之间;

当测量有误差时,首先通过标定检查检查当前测头的状态,直径不准,反映出直径、长度等尺寸不准,如果同一个测针测量的元素是准的,多个测针测量的元素误差大,则很可能是关联性出了问题,比如发生过严重碰撞,螺纹连接松了等原因;

10.2.7 其他设置

针对不同的测量环境,根据用户的测量需要,还可以对测头进行简单的参数设置,如图10-16所示。

10.3 特殊测针校验

特殊测针是用于测量多元素复杂工件诸如:螺纹体、薄截面材料,工具箱体以及其他专业应用。常用的特殊测针包括关节、星型和五方向测针,如图10-17所示。

10.3.1 关节转接测针校验

如图10-18所示,通过使用关节,可以调节出测座分度没有的特殊角度,用于测量一些特殊角度的斜孔。软件测量配置及校验如图10-19所示。

10.3.2 星型转接测针校验

星型转接测针,主要是通过一个星型转接器联接多个测针,如图10-20所示。

配置星型测头组件,操作与普通测针配置类似,只需在配置菜单中添加相应的星型转接

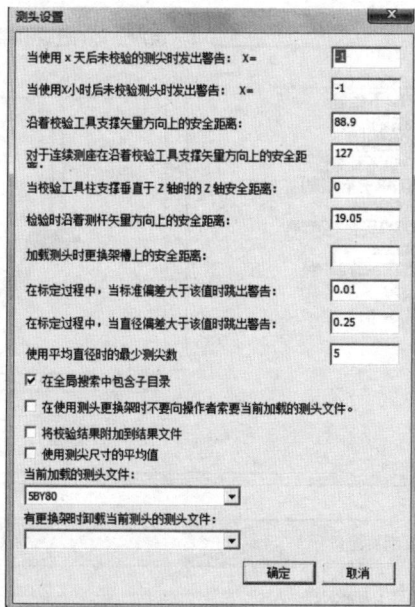

图 10-16　测头设置

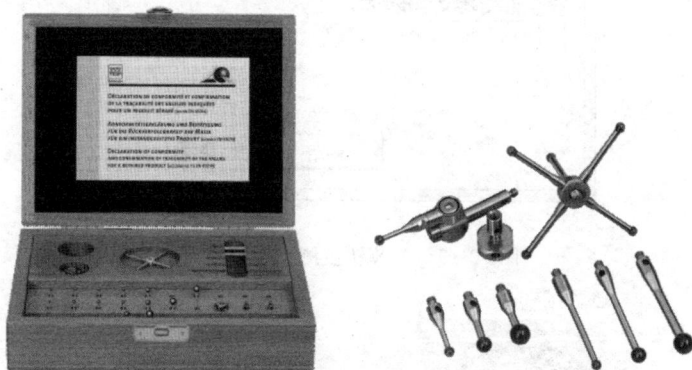

图 10-17　特殊测针

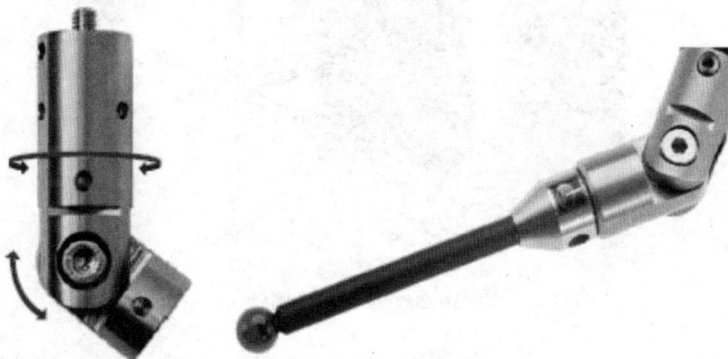

图 10-18　关节转接测针

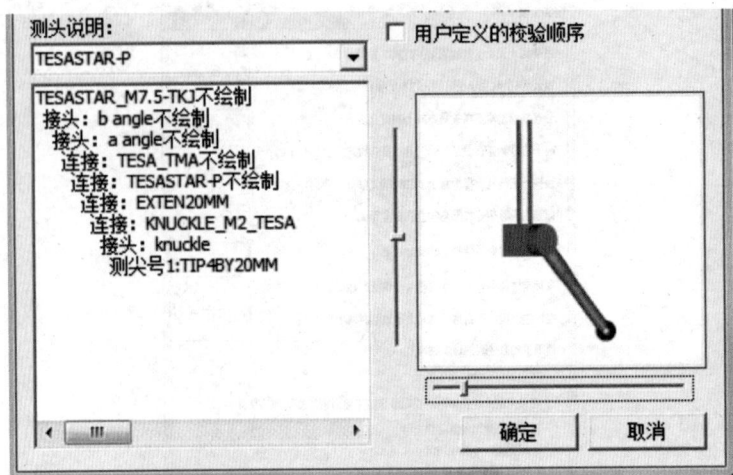

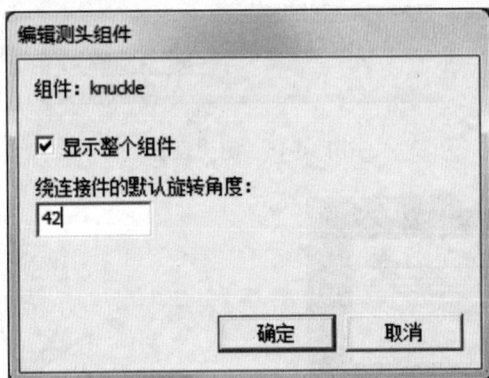

图 10-19　关节转接测针校验界面

图 10-20　星型转接测针

器,并在转接器接口分别配置所需的测针,如图 10-21 所示。

配置星型转接时,需要注意事项有:

1. 使用时,通常使用 20mm 加长杆;

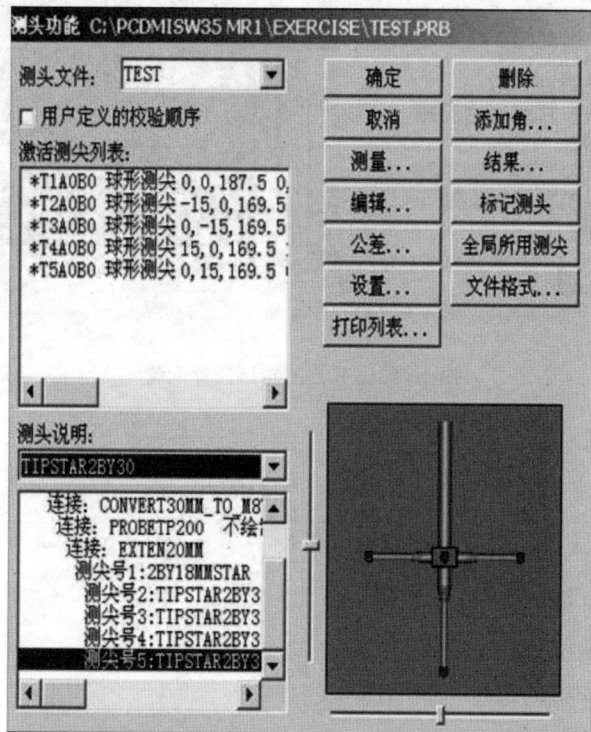

图 10-21　星型转接测针

2. 每添加一个角度,5 个测尖同时添加此角度,若不采用某测尖的此角度,可删除。

3. 安装时,尽量保证 2、3、4、5 号测针中两相对两测针连线与"X"轴或"Y"轴平行;

4. 配置测头文件时,首先选择星型测杆 1 号位置的测针(当角度为 A0B0 时,竖直向下的杆),然后按照顺序选择 2、3、4、5 号针;

10.3.3　五方向转接测针校验

如图 10-22 所示,五方向转接测针,与

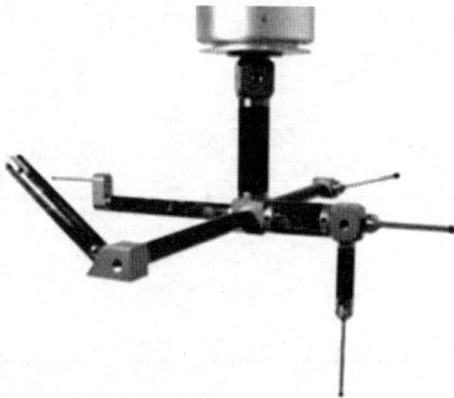

图 10-22　五方向转接测针

星型测针类似,区别是可以在五个方向上配置一个或多个测针,使用上星形测针更灵活。配置如图 10-23 所示。

图 10-23　五方向转接测针配置

习　　题

1. 简述测头的补偿原理。
2. 简述测头校验的目的。
3. 有哪些操作会造成测头校验的误差？

第 11 章　零件坐标系的建立

本章提要：

　　坐标系是零件检测、公差评价的基础，一个正确的零件坐标系的建立对测量精度、准确度有着重要意义。本章配合典型案例介绍三坐标测量零件坐标系建立的方法，包括 3-2-1 法建立坐标系、迭代法建立坐标系、最佳拟合法建立坐标系。

11.1　零件坐标系的原理

　　从前面角尺测量工件的案例，我们理解了为什么要进行零件找正，了解了使用坐标系功能进行软件找正，找正后的坐标系被称为零件坐标系，零件坐标系是后续测量的基础，建立一个正确的零件坐标系是非常关键和重要的。

　　另一个简单的例子：假如你用卷尺来测墙的长度，你会不加思索地把卷尺大概平行于地面，然后从墙的一端量到另一端，你不会设想从墙的上角量到相对的墙的下角。虽然可能是不自觉的，实际你已经把平行于地面来作了一个简单找正建坐标系的过程。

　　建立零件坐标系有以下三个功能：

　　1. 准确测量二维和一维元素；

　　2. 方便进行尺寸评价；

　　3. 实现批量自动测量；

　　在测量机过程中，我们往往需要利用零件的基准建立坐标系来评价公差、进行辅助测量、指定零件位置等，这个坐标系称"零件坐标系"。建立零件坐标系要根据零件图纸指定的 A、B、C 基准的顺序指定第一轴、第二轴和坐标零点。顺序不能颠倒。零件坐标系的使用非常灵活、方便，可以为我们提供很多方便。甚至可以利用零件坐标系生成我们测不到的元素。

　　建立零件坐标系，实际上就是建立被测零件和测量机之间的坐标系矩阵关系；在导入了 CAD 模型进行测量的时候，同时也建立了被测零件、CAD 模型、测量机三者之间的坐标系矩阵关系。

　　按照坐标系执行的方式又分为：手动坐标系和自动坐标系；

　　手动坐标系的目的是确定零件的位置，为后面程序自动运行做准备，所以通常会测量最少的测量点数，又称粗建坐标系；

　　自动坐标系的目的是准确测量相关基准元素，作为后续尺寸评价的基准，所以通常会测量更多的点数，又称精建坐标系，由于自动坐标系在执行时是自动运行的，所以测量元素间需要加上安全移动点；

　　建立零件坐标系后，测量机可以相对于零件作出精密的位置和方向测量，根据图纸或

CAD 模型获取被测特征的参数后,测量机就可以对该特征进行自动测量,从而提高测量特征的精度,这是保证测量结果高精度的重要环节。尤其对于大批量的零件检测,通过在装夹零件的夹具上建立夹具的坐标系可以实现大批量零件的全自动测量。

在建立零件坐标系时,必须使用零件的基准特征来建立零件坐标系。

零件的设计、加工、检测都是以满足零件装配要求为前提。基准特征可以依据装配要求按顺序选择,同时基准特征应该能确定零件在机器坐标系下的六个自由度。例如 ,在零件上选择三个互相垂直的平面是可以建立一个坐标系的,如果选择三个互相平行的平面,则不能够建立坐标系,因为三个平行的平面只能确定该零件三个自由度。

通常选择能代表整个零件方向的主装配面或主装配轴线作为第一基准,因为在装配时是用以上特征首先确定零件的方向;然后选择装配时的辅助定位面或定位孔作为第二基准方向,有的零件有两个定位孔,此时就应该以两个定位孔的连线作为第二基准方向;坐标系原点也应该由以上特征确定。

基准特征的选取直接影响零件坐标系的精度。零件在设计的时候,会指定某几个特征作为该零件的基准特征,我们在建立零件坐标系的时候,必须使用图纸指定的基准特征来建立坐标系。如果设计图纸基准标注不合理或是没有标注基准,这种情况下测量人员不能擅自指定基准特征,而应该将此情况反馈给设计人员或是负责该产品技术开发的技术人员,由他们确定好基准特征后才能开始测量。如果被测零件正在开发过程中或是进行试制的新产品,还不能完全确定基准特征,可以选择加工精度最高、方向和位置具有代表性的几个特征作为基准特征。

在实际应用中,根据零件在设计、加工时的基准特征情况,有以下三种方法建立零件坐标系:3-2-1 法;迭代法;最佳拟合法。

11.2　3-2-1 法建立坐标系

11.2.1　3-2-1 法的应用及原理

所谓 3-2-1 法基本原理是测取 3 点确定平面,取其法向矢量作为第一轴向;测取 2 点确定直线,通过直线方向(起始点指向终止点)作为第二轴向;测取 1 点或点元素作为坐标系零点。

在空间直角坐标系中,任意零件均有六个自由度,即分别绕 X、Y、Z 轴旋转和分别沿 X、Y、Z 轴平移。如图 11-1 所示。

建立零件坐标系就是要确定零件在机器坐标系下的六个自由度。3-2-1 法建立空间直角坐标系分为三个步骤:

(1)找正

确定零件在空间直角坐标系下的 3 个自由度:2 个旋转自由度和 1 个平移自由度。

使用一个平面的矢量方向找正到坐标系的 Z 正方向,这时就确定了该零件围绕 X 轴和 Y 轴的旋转自由度,同时也确定了零件在坐标系 Z 轴方向的平移自由度。零件还有围绕 Z 轴旋转的自由度和沿 X 轴和 Y 轴平移的自由度。

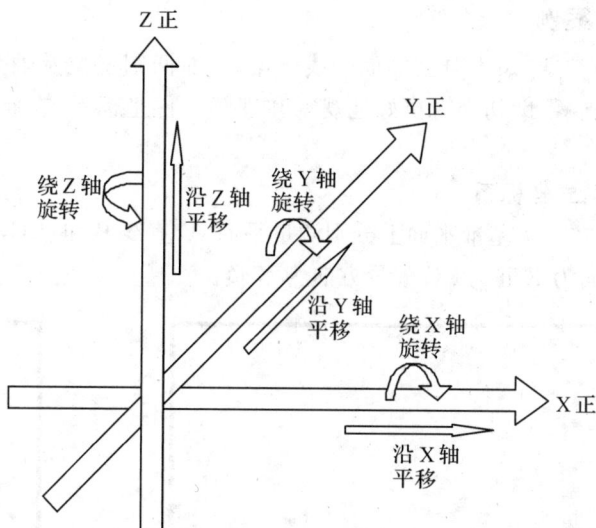

图 11-1　空间直角坐标系下的六个自由度

（2）旋转

确定零件在空间直角坐标系下的 2 个自由度：1 个旋转自由度和 1 个平移自由度。

使用与 Z 正方向垂直或近似垂直的一条直线旋转到 X 正，这时就确定了零件围绕 Z 轴旋转的自由度，同时也确定了零件沿 Y 轴平移的自由度。此时，零件还有沿 X 轴平移的自由度。需要注意的是，在确定旋转方向时需要进行一次投影计算，将第二基准的矢量方向投影到第一基准找正方向的坐标平面上，计算与找正方向垂直的矢量方向，用该计算的矢量方向作为坐标系的第二个坐标系轴向。这个过程应该由测量软件在执行旋转命令时自动完成计算。

（3）原点

确定零件在空间直角坐标系下的 1 个自由度：1 个平移自由度。使用矢量方向为 X 正或 X 负的一个点就能确定零件沿坐标系 X 轴平移的自由度。

经过以上三个步骤，我们就能建立一个完整的零件坐标系。除了以上三个功能外，测量软件还应该具备坐标系的转换功能。我们可以指定坐标系的一个轴作为旋转中心，让坐标系的另外二个轴围绕该轴旋转指定的角度，或是坐标系原点沿某个坐标轴平移指定的距离。

如何确定零件坐标系的建立是否正确，可以观察软件中的坐标值来判断。方法是：将软件显示坐标置于"零件坐标系"方式，查看当前探针所处的位置是否正确。或用操纵杆控制测量机运动，使宝石球尽量接近零件坐标系零点，观察坐标显示，然后按照设想的方向运动测量机的某个轴，观察坐标值是否有相应的变化，如果偏离比较大或方向相反，那就要找出原因，重新建立坐标系。

现在已经发展为多种方式来建立坐标系，如：可以用轴线或线元素建立第一轴和其垂直的平面，用其他方式和方法建立第二轴等。需要注意的是：不一定非要 3－2－1 的固定步骤来建立坐标系，可以单步进行，也可以省略其中的步骤。比如：回转体的零件（圆柱形）就可以不用进行第二步，用圆柱轴线确定第一轴并定义圆心为零点就可以了，第二轴使用机器坐标。用点元素来设置坐标系零点，即平移坐标系，也就是建立新坐标系。

11.2.2　典型案例

根据零件的不同类型,采用典型的面—线—点、一面两圆定位及轴类零件来阐述 3-2-1 法建立坐标系的方法。帮助初学者更好地观察和理解零件坐标系,在此使用三维模型显示零件。

1. 三个面基准建立坐标系

如图 11-2 所示,在三个基准平面上分别测量平面 A、直线 B 和点 C,平面 A 矢量方向为 Z 正,直线 B 矢量方向为 X 正,点 C 矢量方向为 X 负。

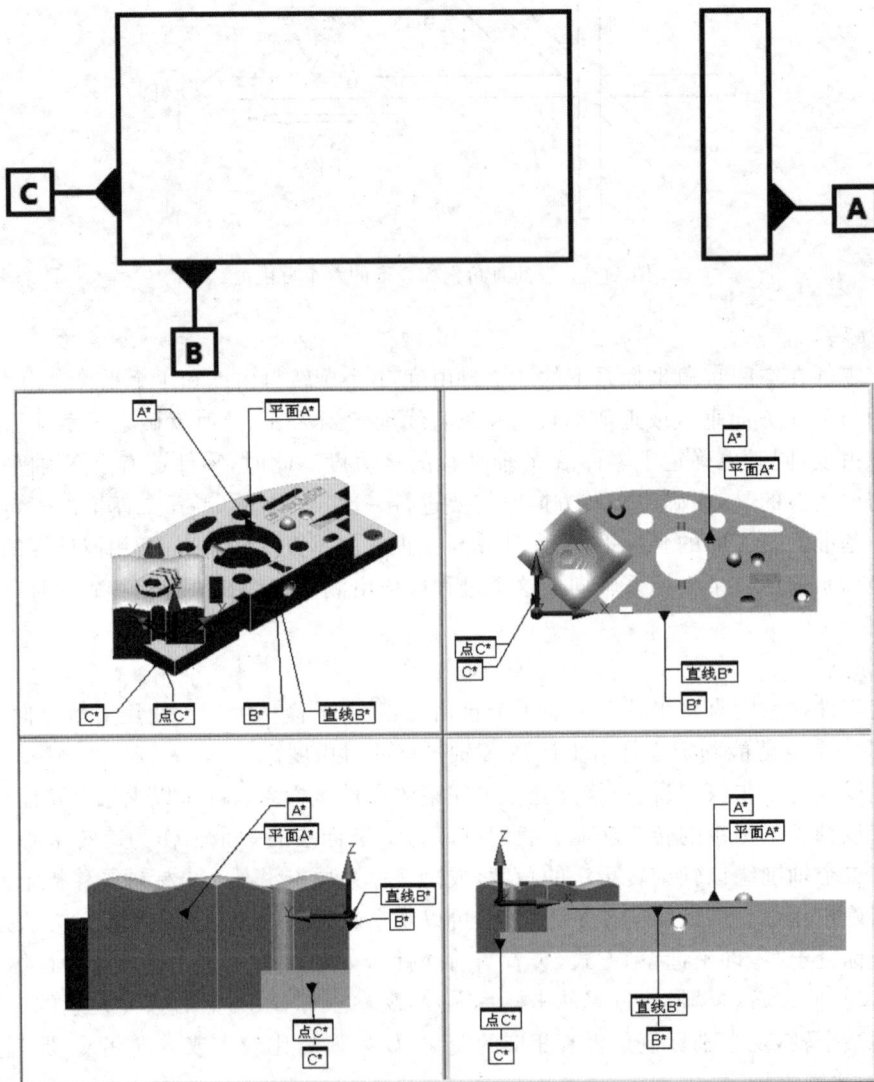

图 11-2　平面—直线—点建立坐标

平面 A 是第一基准,它的矢量方向在新建坐标系中是 Z 正方向,所以应该使用平面 A 找正到 Z 正;直线 B 是第二基准,它的矢量方向在待建立坐标系中是 X 正方向,所以应该使用直线 B 旋转到 X 正;平面 A 确定 Z 轴原点,直线 B 确定 Y 轴原点,点 C 确定 X 轴原点。

　　根据平面—直线—点建坐标系的原理,可以用同样的步骤使用平面—平面—平面、平面—直线—直线、平面—直线—圆等组合建立坐标系,当基准特征都为平面—平面—平面时,建议使用构造点功能的隅角点方法构造三个平面的交点作为坐标系原点,当基准特征为平面—直线—直线时,建议使用构造点功能的相交方法的构造两条直线的交点作为坐标系二个轴向的原点。

2.一面两圆基准建立坐标系

　　如图 11-3 所示为平面—圆—圆定位的特征,平面 A 的矢量方向为坐标系的 Z 正方向,圆 B 的圆心坐标值为(93.5,19.5,0),圆 C 的圆心坐标值为(154.5,80.5,0)。设计时要求

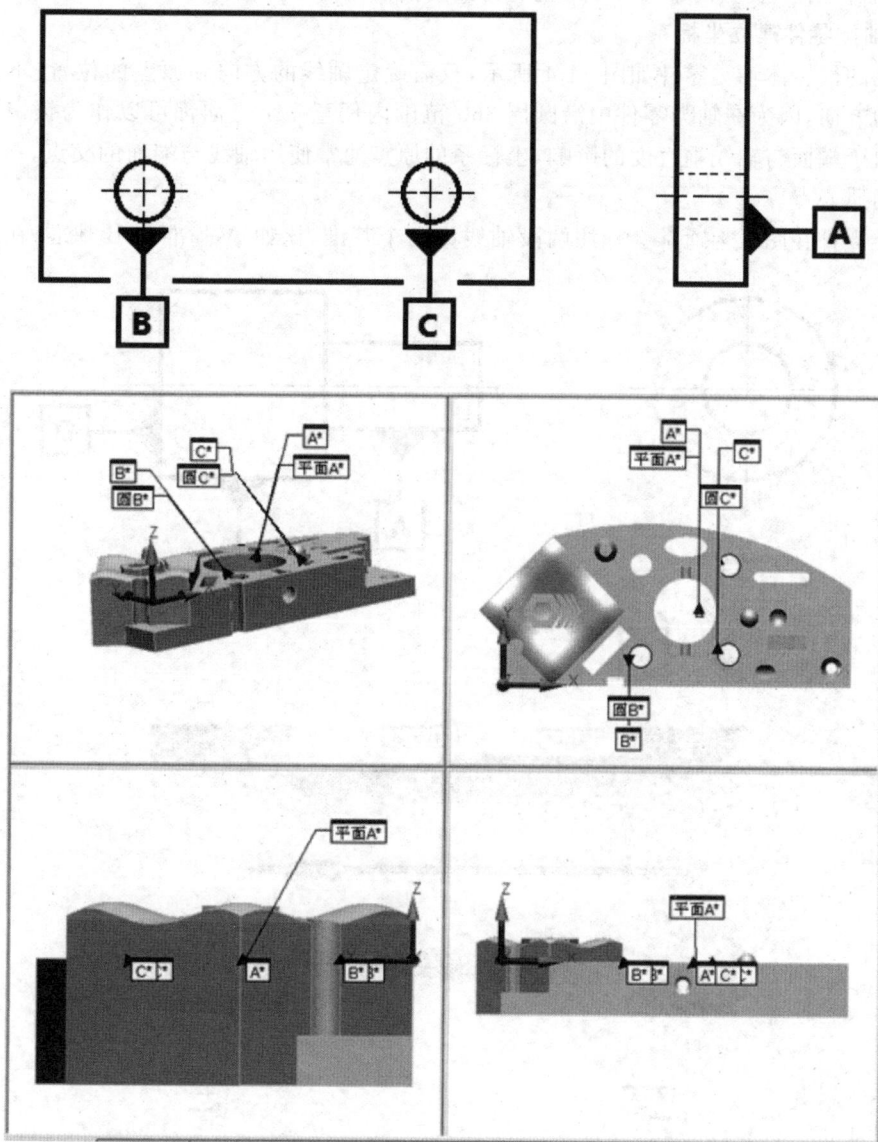

图 11-3　平面—圆—圆建立坐标系

坐标系原点通过圆 B 的圆心平移。通过三维模型可看到，圆 B 和圆 C 的圆心连线与零件坐标系的 X 正方向不平行，而且零件坐标系的原点也不在圆 B 的圆心，所以需要的坐标系要通过坐标系的旋转和平移来建立。

在建立坐标系时，先使用平面 A 找正 Z 正方向，然后使用圆 B 到圆 C 的圆心连线旋转到 X 正，圆 B 的圆心作为坐标系 X 轴和 Y 轴的原点，平面 A 作为 Z 轴的原点，得到一个临时坐标系；

在该临时坐标系的基础上，指定 Z 正为旋转中心，让 X 轴和 Y 轴围绕 Z 正顺时针旋转 45 度，就能得到与零件坐标系方向平行的坐标系；将临时坐标系旋转到与零件坐标系方向平行后，可以利用圆 B 的圆心坐标值进行坐标系的平移。将坐标系原点沿 X 负方向平移 93.5；然后再沿 Y 负方向平移 19.5，就能得到我们需要的零件坐标系。

3. 轴类零件建立坐标系

常见的回转体轴类零件如图 11-4 所示，只需确定轴线的方向和原点的位置，不需要锁定旋转的方向，因为在轴类零件中沿圆周 360° 范围内任意一个方向都可以作为锁定旋转的方向。由于端面与轴线垂直度的影响，坐标系的原点通常使用轴线与端面的交点，不直接使用端面的质心点。

轴类零件在图纸上通常会标注两段轴线为两个基准，比如 A 基准和 B 基准，在标注形

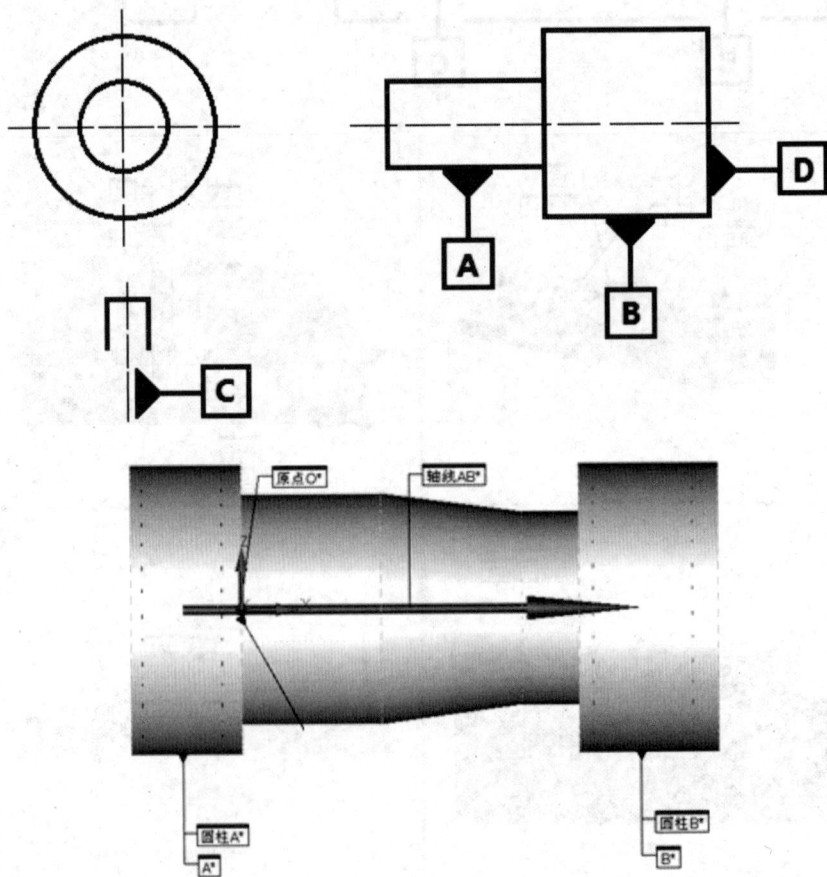

图 11-4　轴类零件坐标系

位公差时又会以两段轴线的公共轴线 A-B 作为形位公差评价的基准。我们在建坐标系时通常也是用 A 基准轴线和 B 基准轴线构造的公共轴线作为第一基准。由于测量公共轴线步骤较多，为方便描述，此处我们直接使用轴线 AB 表示公共轴线；用原点 O 表示轴线 AB 与端面 C 的交点。为便于初学者理解，我们也假设该零件在测量机工作台上装夹后零件坐标系方向与机器坐标系方向近似一致。

11.3　迭代法建立坐标系

11.3.1　迭代法建坐标系的原理

迭代法建立坐标系常用于汽车钣金件及其模具、检具、工装夹具的 RPS 基准点系统，如图 11-5 所示，这种情况下通常使用两种方法建立坐标系，一是构造出偏置平面、偏置直线，用 3-2-1 法建立坐标系，另一种就是迭代法建立坐标系。

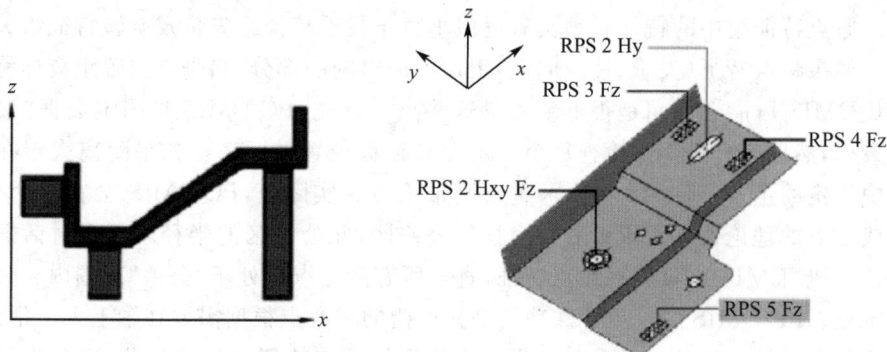

图 11-5　迭代法建立坐标系

迭代法是一种不断用变量的旧值递推新值的过程，跟迭代法相对应的是直接法（或者称为一次解法），即一次性解决问题。迭代法又分为精确迭代和近似迭代。"二分法"和"牛顿迭代法"属于近似迭代法。迭代算法是用计算机解决问题的一种基本方法。它利用计算机运算速度快、适合做重复性操作的特点，让计算机对一组指令（或一定步骤）进行重复执行，在每次执行这组指令（或这些步骤）时，都从变量的原值推出它的一个新值。

通过迭代法，三坐标测量软件可以将测定数据从三维上"最佳拟合"到理论点（或可用的曲面），此方法需要至少测量三个特征。某些特征类型（如点和直线）的三维位置较差，如果选择这些类型的特征之一，则需要添加其他类型特征才能建立精确的坐标系。

第一组特征将使平面拟合特征的质心，以建立当前工作平面法线轴的方位。此部分（找平- 3 ＋）必须至少使用三个特征。

第二组特征将使直线拟合特征，从而将工作平面的定义轴旋转到特征上。此部分（旋转-2 ＋）必须至少使用两个特征。如果未标记任何特征，坐标系将使用"找平"部分中的特征。从"找平"部分中利用的两个特征将成为倒数第二个和第三个特征。

最后一组特征用于将零件原点平移到指定位置（设置原点-1）。

如果未标记任何特征,坐标系将使用"找平"部分中的最后一个特征。迭代法建坐标系主要应用于零件坐标系的原点不在工件的本身、或无法找到相应的基准元素来确定轴向或原点,多为曲面类零件,如叶片等零件。迭代法建坐标系特征元素必须有数模或理论值,尤其是要有矢量信息。

当执行迭代法建坐标系时,应遵守以下一般规则:

对于特征组中的每个元素,PC-DMIS 都需要测定值和理论值。第一组元素的法线矢量必须大致平行。如果特征组中只使用三个特征时不必遵循此规则。如果使用点特征(矢量、棱或曲面),则需要用所有三组元素(三个用于找平的特征、两个用于旋转的特征和一个用于设置原点的特征)来定义坐标系。您可以使用任何特征类型,但三维元素是定义更完善的元素,因此可以提高精确度。3D 特征包括薄壁件圆、槽、柱体、球体或隔角点。

注意:对于薄壁件圆、槽和柱体至少需要三个样例测点。

使用测定点的困难在于只有在建坐标系后,才能知道在何处进行测量,这样导致第一次测量的数据不准确,而 3D 特征则第一次即可精确测量。此外,如果使用点特征(矢量、棱或曲面),旋转特征组中各特征的法线矢量必须具有近似垂直于找平特征组中各特征矢量的法线矢量。原点特征组中的特征必须具有近似垂直于找平特征组矢量及旋转特征组矢量的法线矢量。如果将点特征(矢量、棱或曲面)用作特征组的一部分,当采点位置距离标称位置太远时,PC-DMIS 可能会询问是否重新测量这些点。首先,PC-DMIS 将测定数据"最佳拟合到标称数据,然后,PC-DMIS 检查每个测定点与标称位置的距离。如果距离大于在点目标半径框中指定的量,PC-DMIS 将要求重新测量该点。实际上,PC-DMIS 会在每个矢量点、曲面点或棱点的理论位置周围设置一个柱形公差区,此公差区的半径就是在对话框中指定的点公差。PC-DMIS 将重新测量点特征,直至所有测定点都处于"公差"范围内。公差区只影响测定点。PC-DMIS 的一项特殊功能是允许槽的中心点根据需要在轴上上下滑动,因此槽不能用作原点特征组的一部分。如果要将槽用作原点特征组的一部分,需要先用槽构造一个点,然后将原点特征组中使用该构造点。建议不要将槽用作迭代法建坐标系的原点特征组的一部分。

迭代法建立坐标系的步骤与过程如下,但是前提都在手动模式下。

a. 用理论值创建程序,但不选择测量;

b. 手动执行程序,取得实测值;

c. 迭代法建坐标系:配置参数后,自动迭代。

11.3.2 典型案例

1. 六个点迭代

根据六个矢量点建坐标系的方法,分别在如图 11-6 所示钣金工件的基准处生成六个矢量点的测量程序,进行迭代法坐标系的建立。

3:三个矢量点——确定平面——曲面矢量——找正一个轴向

要求三个点矢量方向近似一致;

2:两个矢量点——确定直线——方向——旋转确定第二轴

要求两个点矢量方向近似一致,并且此两点的连线与前三个点方向垂直;

1:一个矢量点——原点;

要求方向与前五个点矢量方向垂直;

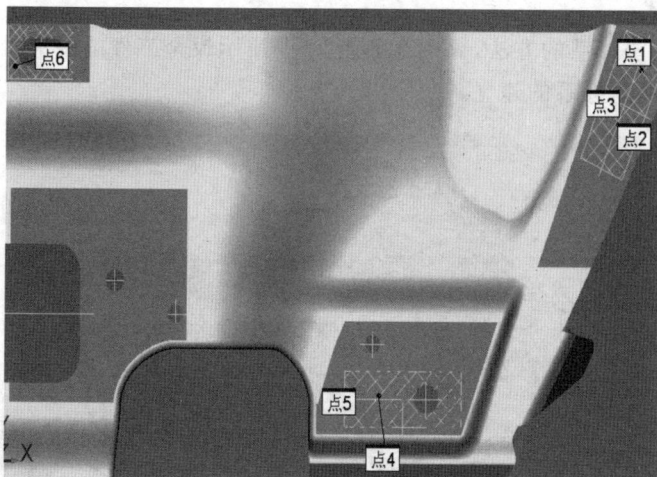

图 11-6　六个点迭代

2. 三个点两个圆迭代

三个点两个圆是基准点体系中常见的一种基准布局,其中第二个圆也常用圆槽。

根据三个矢量点两个圆建坐标系的方法,分别在如图 11-7 所示钣金工件的基准处生成三个矢量点、两个自动圆的测量程序,进行迭代法坐标系的建立。

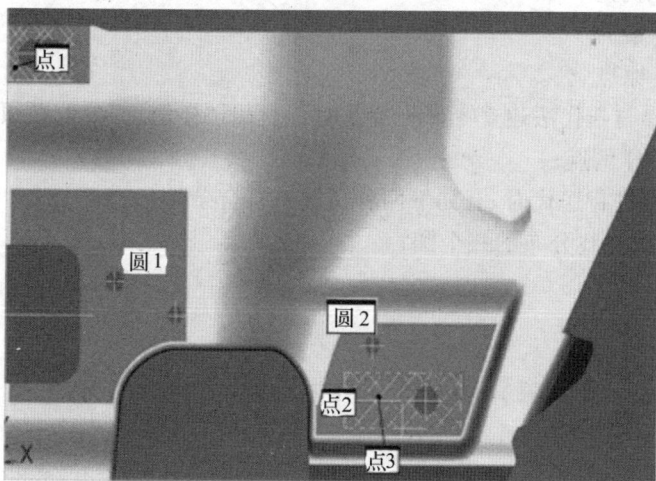

图 11-7　三个点两个圆迭代

3:三个矢量点——确定平面——曲面矢量——找正一个轴向

要求三个点矢量方向近似一致;

2:两个圆——确定直线——方向——旋转确定第二轴

有圆参与迭代法建立零件坐标系时,测量时"样例点"参数必须为 3,即必须在圆所在表面采集三个样例点

1:一个圆——原点;

3. 三个圆迭代

根据 3 个圆建坐标系的方法，分别在如图 11-8 所示钣金工件的基准处生成 3 个圆的测量程序，进行迭代法坐标系的建立。

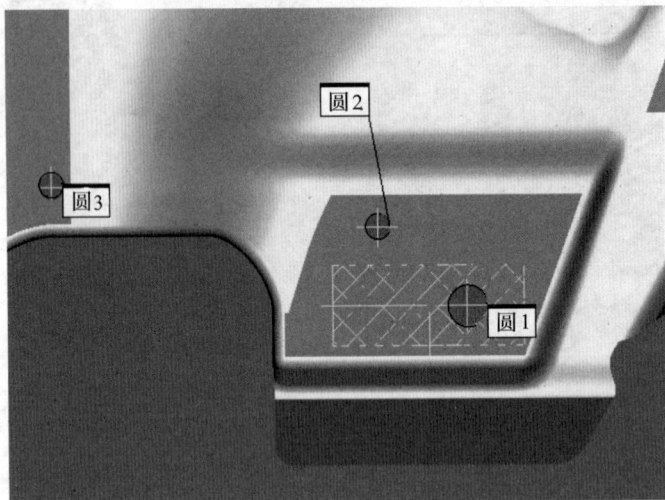

图 11-8　三个圆迭代

a. 三个圆——找正

b. 二个圆——旋转

c. 一个圆——原点

注意 1：有圆参与迭代法建立零件坐标系时，测量时"样例点"参数必须为 3，即必须在圆所在表面采集三个样例点；

注意 2：三个圆进行迭代时，有如下两种情况不符合条件：

A. 圆心成一条直线分布的三个圆；

B. 同心圆。

11.4　最佳拟合法建立坐标系

11.4.1　最佳拟合建立坐标系原理

所谓最佳拟合，是指实际测量结果与理论值整体尽量接近。尽量接近的目的，就是观察零件与数模的差异。如果只是在数模上取点后，再用手动测量（类似迭代法初次采点），根本就测不到这些理论点的位置，所谓最佳拟合也达不到目的。这与最佳拟合法建坐标系取点原则不同，最佳拟合法取点原则最好是三轴封闭的点、球心点、圆柱与平面的交点、圆柱交点、隔角点等。

如果确实想用多点（散点）进行最佳拟合，也应在采用适当方式拟合坐标系后，在数模上取得点的理论数据，在让测量机自动执行程序测点后，再进行拟合。这样就把因坐标系建立过程中出现的误差减少了些。

最佳拟合法建立坐标系比较方便,但是存在的问题是:把零件的制造误差也分布在坐标系中。好在最佳拟合法中有各点在拟合坐标系时的权重分配,可以使我们在建坐标系时偏向重要基准。取拟合元素时,要尽量分布开,距离远比近好。

假如您检测的模具有三个球,可以首先在数模上测量这三个球,生成了测量这三个球的程序语句。然后执行这段程序,用手动的方法测量这三个球(测量的顺序要与测量数模时一致),在程序语句中生成实测值。进入最佳拟合建立坐标系,选择这三个球,设置权重和 3D 等,即可创建。这次最佳拟合建坐标系就完成了。如果要精确再拟合一次,可以在此坐标系下按如上步骤,再自动测量和拟合一次。

最佳拟合的另一个用法,是把建立坐标系时产生的误差消除或不考虑基准,以实际测量元素或点的结果与数模进行最佳拟合。这些都是在使用数模或有理论数据的情况下使用。

此方法可提高坐标系精度,特别是对于曲线曲面类零件,通过理论曲线和实际曲线的匹配得到更精确的坐标系。常用于有 CAD 模型的情况,通过编辑所选拟和特征理论值和测定值的加权,并选定不同拟和方法,取得不同的拟和效果。

11.4.2　典型案例

在某些情况下,当坐标系根据基准建立完成之后,某些重要的尺寸要求(例如与装配相关的尺寸或者其他要求较高的加工尺寸)与理论值差别较大,此时将需要根据这些重要尺寸的测定值和理论值的偏差将坐标系进行平移或者旋转,使坐标系在满足当前基准的条件下,尽量减小这些重要尺寸的偏差。

如图 11-9 所示,SCAN2 和 SCAN3 是在满足基准装配的同时要求配合精度较高的曲面轮廓,在坐标系建立完成之后,可以通过对两扫描轮廓坐标系最佳拟和,减小其理论值与测定值的偏差,保证其装配精度。

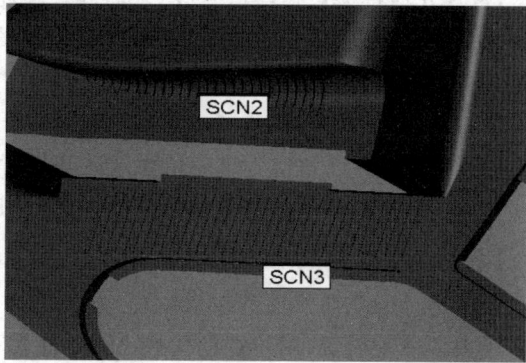

图 11-9　最佳拟合建坐标系

习　　题

1. 坐标系的分类有什么?
2. 简述三坐标测量机的坐标系的作用。
3. 简述三坐标测量机建坐标系的方法及其原理特点。
4. 简述最佳拟合建坐标系的原理及应用。

第 12 章　几何特征的测量

本章提要：

几何特征的测量是三坐标技术实现机械几何检测的表现。本章内容主要介绍三坐标测量机对各种几何特征的测量，包括点、直线、平面、圆、圆柱、圆锥、球等特征以及曲线曲面扫描功能等。

12.1　常规几何特征

几何特征（Geometrical Feature）又称几何元素或几何要素，简称特征（Feature）、元素或要素，常规几何特征包括：点、直线、平面、圆、圆柱、圆锥、球。三坐标测量的主要工作是测量各种几何特征，然后进行相关尺寸、形状、位置的评价。几何特征的测量主要有以下几种方法：

1. 手动特征：通过手动测量获取的几何特征；
2. 自动特征：通过输入理论值生成的几何特征；
3. 构造特征：通过已有的几何特征构造出的几何特征，比如：中点、交点等；

12.1.1　几何特征的属性

每种类型的几何特征都包含位置、方向及其他特有属性，通常用特征的质心（Centroid）坐标代表特征的位置，用特征的矢量（Vector）表示特征的方向，以下分别列举了几种常规几何特征的属性和实际测量时需要的最少测点数：

a. 点

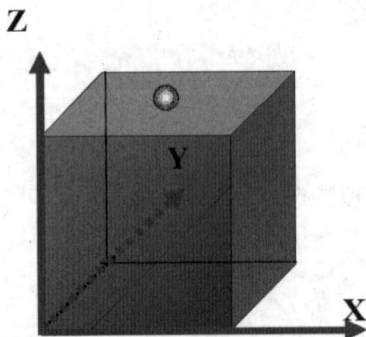

位置属性（质心）：点本身的坐标值
方向属性（矢量）：测头回退的方向
数学表达式：POINT X, Y, Z, I, J, K
最少测点数：1个点

b. 直线

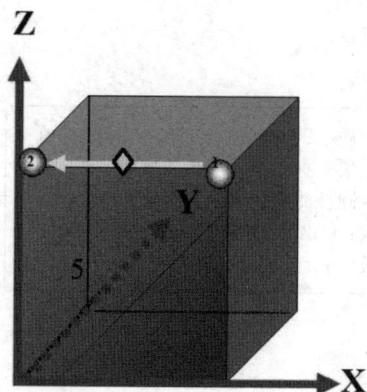

位置属性（质心）：直线中点的坐标值
方向属性（矢量）：第一点指向最后一点的方向
数学表达式：LINE X, Y, Z, I, J, K
最少测点数：2个点

c. 平面

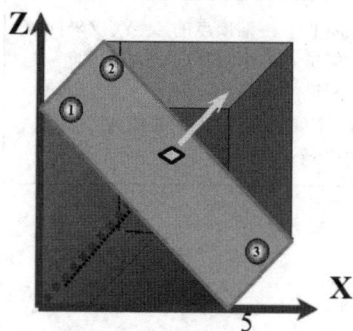

位置属性（质心）：平面重心点的坐标值
方向属性（矢量）：垂直于平面测头回退的方向
数学表达式：PLANE X, Y, Z, I, J, K
最少测点数：3个点（不在一条直线上）

d. 圆

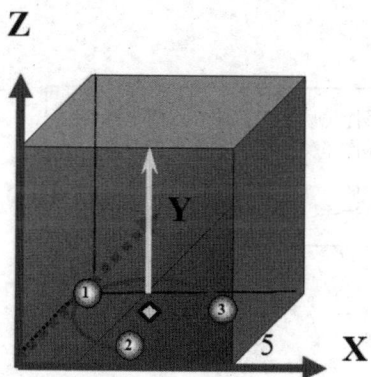

位置属性（质心）：圆心点的坐标值
方向属性（矢量）：工作（投影）平面的方向
其他属性：圆的直径
数学表达式：CIRCLE X, Y, Z, I, J, K, D
最少测点数：3个点（不在一条直线上）

e. 圆柱

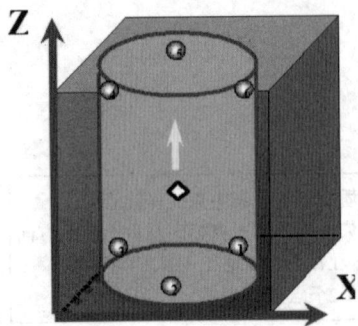

位置属性（质心）：重心点的X、Y、Z坐标值
方向属性（矢量）：第一层指向最后一层的方向
其他属性：圆柱的直径
数学表达式：CYLINDER X, Y, Z, I, J, K, D
最少测点数：6个点（两层）

f. 圆锥

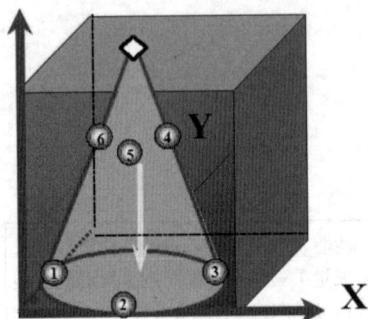

位置属性（质心）：锥顶点的X、Y、Z坐标值
方向属性（矢量）：小圆指向大圆的方向
其他属性：圆锥的锥顶角
数学表达式：CONE X, Y, Z, I, J, K, A
最少测点数：6个点（两层）

g. 球

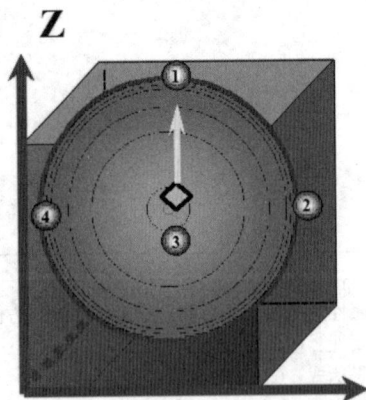

位置属性（质心）：球心点的坐标值
方向属性（矢量）：工作平面的方向
其他属性：球的直径
数学表达式：SPHERE X, Y, Z, I, J, K, D

12.1.2 几何特征测量策略

实际测量时，由于工件表面存在着形状、位置等几何误差，以及波纹度、粗糙度、缺陷等结构误差，仅仅测量最少测点数是不够的。理论上说，测量几何特征时测点越多越好，但受限于实际测量条件、测量时间及经济性等因素，很难对所有的被测几何特征做全面的测量，

实际上也没有必要。因此在实际测量中会根据尺寸要求和被测特征的精度,选择合适的测点分布方法和测量点数,图 12-1 是常见的测点分布方法,表 12-1 是推荐的测量点数。

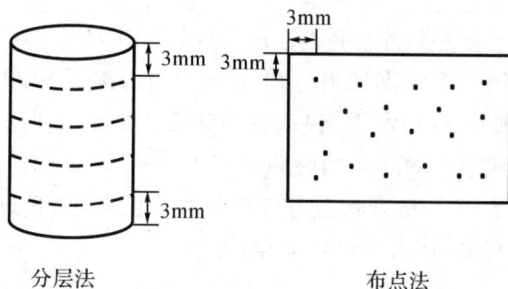

图 12-1　几何特征测点分布方法

表 12-1　几何特征的坐标测量点数推荐表

几何特征类型	推荐测点数（尺寸位置）	推荐测点数（形状）	说　明
点（一维或三维）	1 点	1 点	手动点为一维点,矢量点为三维点
直线（二维）	3 点	5 点	最大范围分布测量点（布点法）
平面（三维）	4 点	9 点	最大范围分布测量点（布点法）
圆（二维）	4 点	7 点	最大范围分布测量点（布点法）
圆柱（三维）	8 点/2 层	12 点/4 层	为了得到直线度信息,至少测量 4 层
		15 点/3 层	为了得到圆柱度信息,每层至少测量 5 点
圆锥（三维）	8 点/2 层	12 点/4 层	为了得到直线度信息,至少测量 4 层
		15 点/3 层	为了得到圆度信息,每层至少测量 5 点
球（三维）	9 点/3 层	14 点/4 层	为了得到圆度信息,测点分布为 5＋5＋3＋1

12.2　手动特征

通过手动使用操纵盒在工件表面进行触测,得到不同类型的几何特征,叫做手动特征,又称测量特征或测定特征。通过手动特征来获取几何特征的编程方式常称为自学习编程。PC-DMIS 软件包括以下手动特征类型,如图 12-2 所示为手动特征测量;

自动推测,当不选择任何特征时默认为自动推测

图 12-2　手动特征测量

测量手动特征的方法有以下两种,其中第二种方法为最常用的方法。

1. 指定元素测量:先指定元素类型,然后进行触测,确定后得到指定类型的测量特征。

2. 自动推测测量:不需要指定元素类型,直接触测,确定后软件根据测点位置和方向,自动推测出测量特征的类型,有时如果特征类型不太明确可能出现误判。如:一个比较窄的平面可能会被判断为直线,这时可以通过替代推测功能来更改特征类型。

12.2.1 手动特征测量步骤

下面以圆为例介绍手动测量的步骤：

1. 确认工作平面为 Z+；

2. 移动测头到"圆 1"第 1 个测点上方合适高度，按 PRINT 键加一个移动点；

3. 然后往下运动到第 1 个测点回退方向 5mm 左右，按下 SLOW 键切换到慢速触测，触测后回退 5mm 左右，取消 SLOW 键，快速移动到第 2 个测点回退方向 5mm 左右；

4. 用同样的方法完成第 2、3、4 点的触测；

5. 检查状态栏测点数为 4，检查状态窗口显示误差正常，按下 DONE 键生成"圆 1"；

6. 快速抬起到合适高度，加入一个移动点；

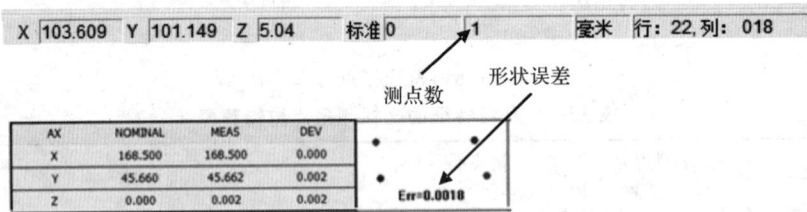

图 12-3　测量状态栏

如图 12-3 所示，如果状态窗口显示形状误差偏大，说明有测点误差偏大，在按下 DONE 键前，可以通过 DEL PNT 键删除，每按一次删除一个，可以从状态栏观察测点数的变化，按下 DONE 键之后，只能删除该特征重新测量，测量操作后，软件显示结果如图 12-4 所示。

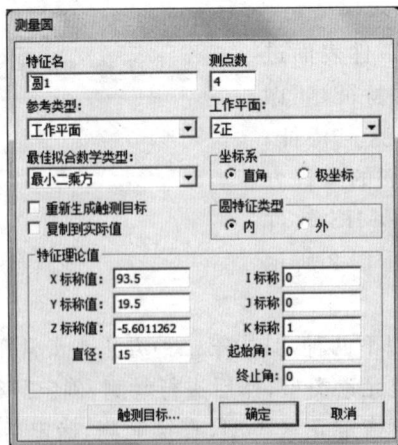

图 12-4　测圆软件界面及程序码

坐标测量软件显示的元素特征都是由采集的点拟合获得,因此,在手动元素采集操作时尤其需要注意数据点采集的位置,手动测量示意如图 12-5 所示。

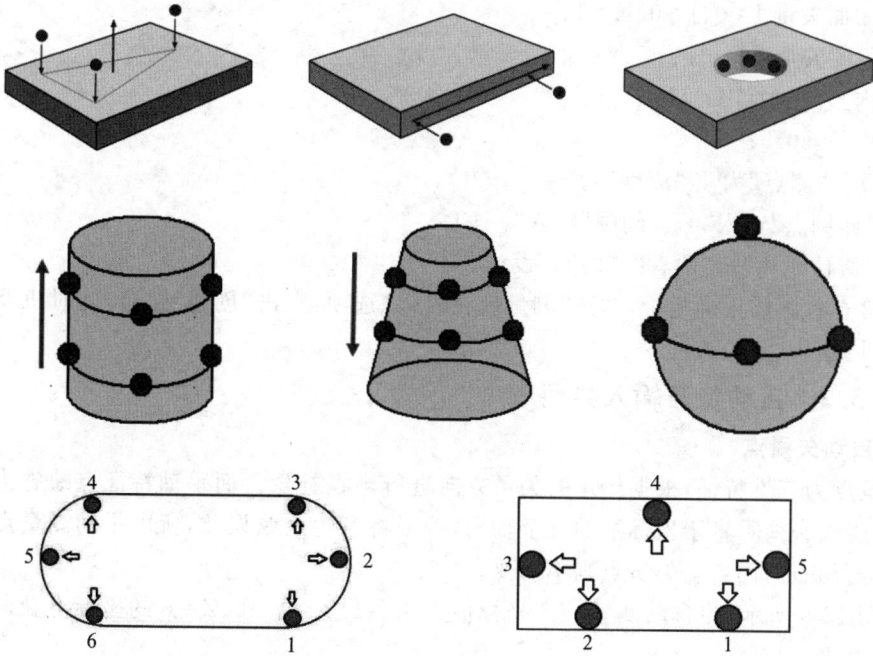

图 12-5　手动测量示意图

12.2.2　手动特征测量原则

使用手动方式测量零件时为了保证手动测量所得数据的精确性,要注意以下几方面的问题:

- 要尽量测量零件的最大范围,合理分布测点位置和测量适当的点数。
- 触测时的方向要尽量沿着测量点的法向矢量,避免测头"打滑"。
- 触测时应按下慢速键,控制好触测速度,测量各点时的速度要一致。
- 测量二维元素时,须确认选择了正确的工作(投影)平面。
- 测量点时,必须要找正,保证被测表面与某个坐标轴垂直。

12.3　自动特征

生成自动特征的过程,是操作者在软件界面中输入几何特征的属性参数,或在 CAD 上选取几何特征软件自动读取特征属性,由程序自动生成测点和运动轨迹。

没有 CAD 时,一般根据图纸,将相关理论数据按照自动特征的需要填写到自动特征界面中。程序自动生成移动和测量点,驱动测量机进行测量。

12.3.1　自动特征测量步骤

下面以圆为例介绍自动测量的步骤:

从"自动特征"工具栏选择"自动圆"图标 。

a. 根据图纸在特征属性框中输入圆的理论中心位置 X：124、Y：50、Z：0；

b. 曲面矢量 I：0、J：0、K：1；

c. 角度矢量 1、0、0；

d. 内/外类型：内；

e. 直径：60.5；

f. 设置"测点"为 4，"深度"为 2；

g. "样例点"输入"0"，"间隙"输入"0"；

h. "避让距离"选"两者"，"距离"设为"30"；

i. 检查各参数正确与否，勾选"测量现在目标"选项，点击"创建"按钮，此时机器将会自动测量圆 1。

12.3.2 自动特征输入界面

1. 自动矢量点

矢量点为三维特征，根据给定的矢量方向进行半径补偿。而手动特征点缺省为一维特征，被测表面必须垂直于坐标系的一个轴向，否则将产生余弦误差，所以手动测量点前必须对工件进行找正，而自动矢量点则不需要。

如图 12-6 所示，为自动测量一个坐标值为 X=142、Y=10、Z=0 的坐标点及矢量方向 I=0，J=0，K=1。

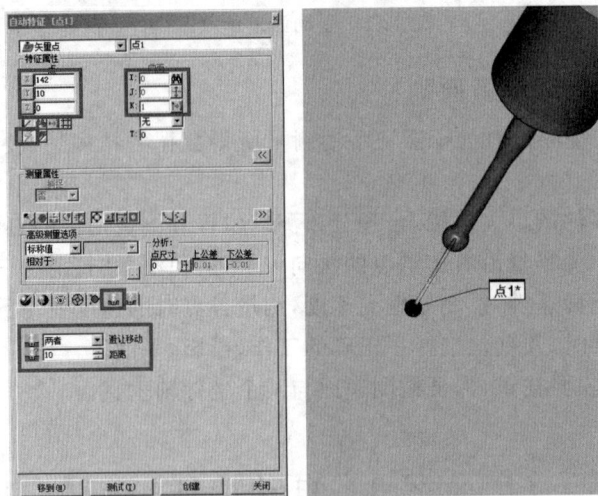

图 12-6　自动测量点界面

测量参数：

● XYZ 框：显示点特征位置的 X、Y 和 Z 标称值，坐标信息可以通过直角坐标系或极坐标系，两种方式输入。

● 曲面矢量 IJK：自动测点时的逼近矢量，用以确定机器的进针路径。

● 创建：选择测量后，点击创建，测量机开始进行工件特征元素的测量。

2. 自动测量圆柱

自动测量特征圆、圆柱、圆锥的界面操作类似,测量时,需要增加设置圆测量时起始角和终止角(如图 12-7 所示,起始角是 180 度,终止角是 270 度),以及测量深度(如图 12-8)等参数。

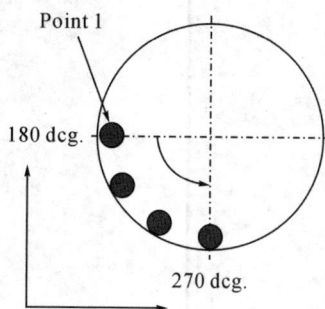

图 12-7　圆测量角度设置

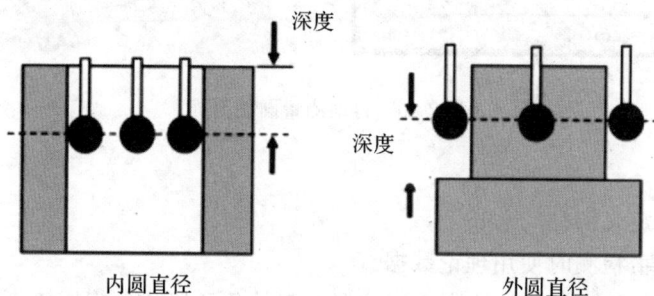

内圆直径　　　　外圆直径

图 12-8　深度参数

对于圆柱、圆锥的测量,则通过多层圆面采集特征数据,如图 12-9 所示。

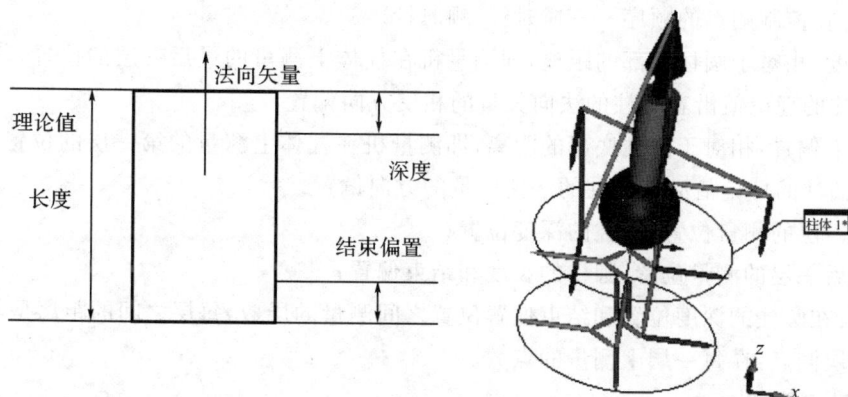

图 12-9　自动测量圆柱示意图

如图 12-10 所示,为自动测量一个坐标值为 X＝154.5、Y＝80.5、Z＝0 直径是 15 的圆柱。

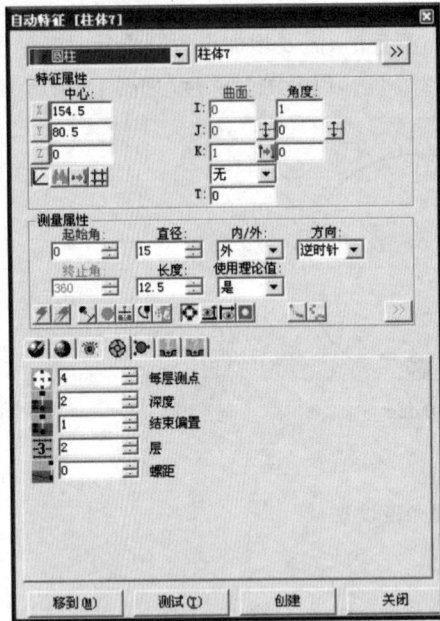

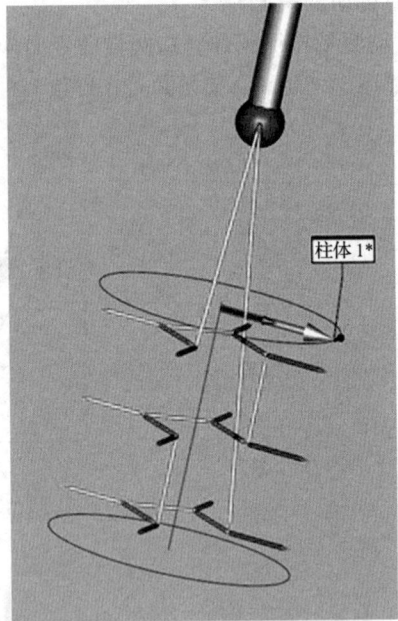

图 12-10　自动测量圆柱界面

测量参数：

● 长度：用于定义圆柱的总长度。

● 使用理论值：检测时使用理论数据。

● 角度 IJK：定义绕曲面矢量的 0 度位置。起始角和终止角将用该矢量来进行计算。

● 起始角/终止角：测量圆的起始角度与终止角度。

● 内/外：用于设定测量的圆是内圆还是外圆。

● 直径：用于输入测量圆的直径。

● 方向：控制测点的顺序——逆时针、顺时针。

● 深度：相对于圆柱顶部的距离，即测量机在柱体上测量的最后一层的位置，其数值是相对于圆柱的理论值沿着圆柱的法向矢量的相反方向偏置；

● 结束偏置：相对于圆柱底部的距离，即测量机在柱体上测量的第一层的位置，其数值是相对于圆柱的理论值沿着圆柱的法向矢量的方向偏置；

● 第一层的测量位置：圆柱的深度位置；

● 最后一层的测量位置：圆柱的长度和结束偏置；

● 层：在圆柱的深度位置和结束偏置位置之间测量的层数，每层之间的距离是等分的。

● 每层测点：在每一层上测量的点数。

3. 自动测量球

与其他圆类特征测量不同，球体的特征测量则需要设置两对圆测量参数：球体上经线方向的起始角、终止角；球体上纬线方向的起始角 2、终止角 2，如图 12-11 所示。

如图 12-12 所示，在零件上自动测量一个坐标值为 X＝93.5、Y＝80.5、Z＝0 直径是 15 的球。

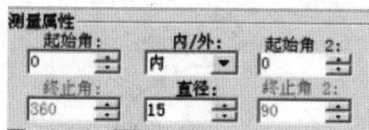

图 12-11 圆测量参数设置

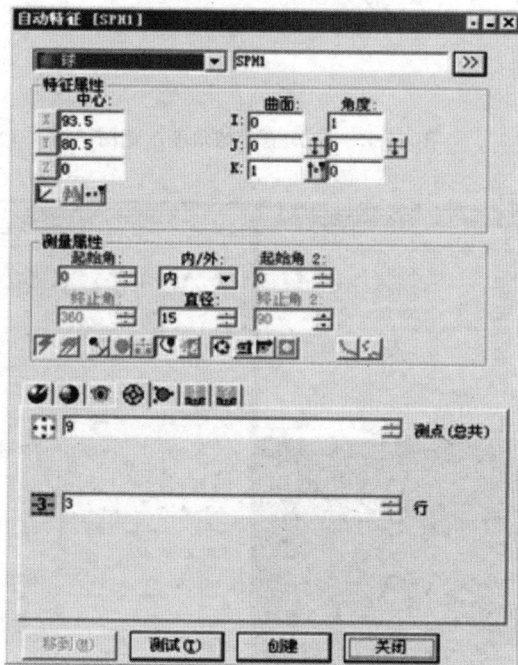

图 12-12 自动测量球界面

测量参数(如图 12-13):

- 起始角:球体上经度方向的起始角为 0°
- 终止角:球体上经度方向的终止角为 360°
- 起始角 2:球体上纬线方向的起始角度 0°
- 终止角 2:球体上纬线方向的终止角度 90°

如果工件测量提供 CAD 数模,测量机可以通过数模确定测量特征的参数信息,可以直接用鼠标点击选取测量对象,从而填写特征测量界面中的位置坐标和矢量参数。相比提供图纸的测量情况,利用 CAD 数模测量过程更加方便、快速、准确。数据的接受格式,根据使用的软件有所不同,一般都支持 IGES、DXF、DES、STEP 等。

PC-DMIS 软件系统下,有 CAD 数模的测量,特征设置界面与前述测量方法相同。如图 12-14 所示,为自动测量圆柱,可以在 CAD 数模上选取测量对象,在操作界面上自动生成特征的位置和矢量参数。其他特征的测量也都可以通过软件自动判断生成测量指令。

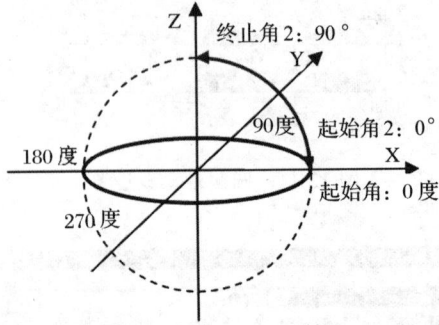

图 12-13　自动测量球角度示意图

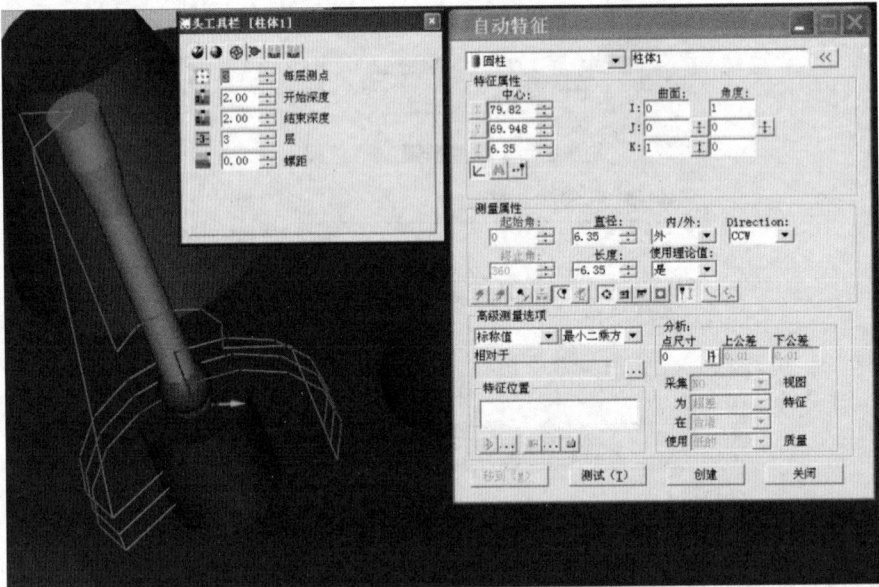

图 12-14　自动测量圆柱

12.4　构造特征

在日常的检测过程中有些特征无法直接测量得到,必须使用构造功能构造相应的特征,才能完成特征的评价。下面介绍几种常用的构造方法:最佳拟合、最佳拟合重新补偿、相交、中分、坐标系、偏置等,如图 12-15 所示。

构造特征具体步骤:

1. 构造-选择需要得到特征;

2. 2D/3D(对于直线、圆等二维的特征,2D 是计算时投影到工作平面,3D 是空间特征);

3. 选择用于构造的特征;

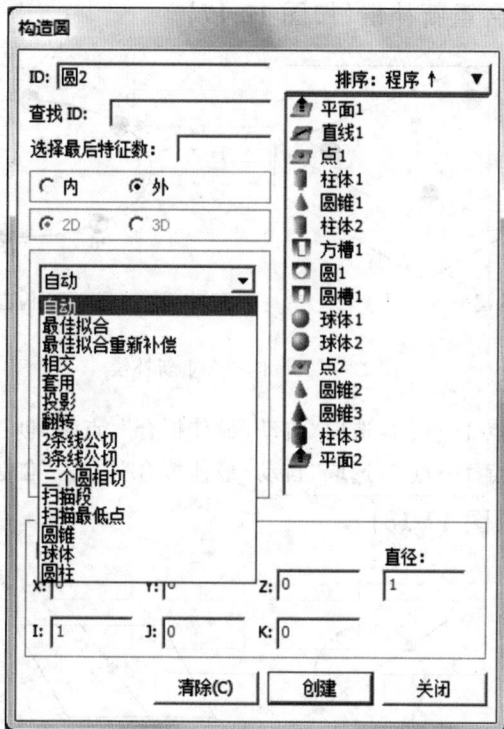

图 12-15　构造软件界面

4. 选择相应构造方法,或默认自动,创建。

12.4.1　最佳拟合(如图 12-16)

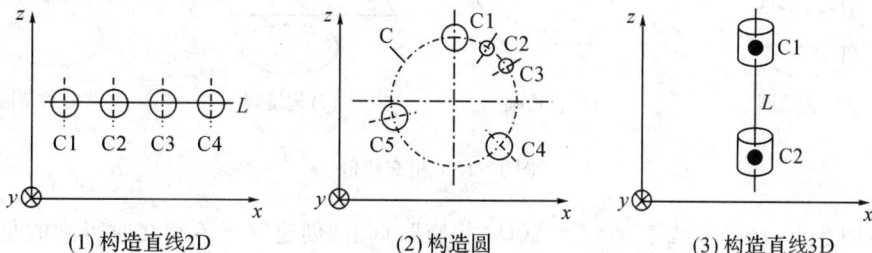

(1) 构造直线2D　　　　(2) 构造圆　　　　(3) 构造直线3D

图 12-16　最佳拟合

(1)构造直线 2D:选择圆 1、圆 2、圆 3、圆 4···,选取"自动/最佳拟合",点击"创建"(构建的直线是根据圆心位置进行拟合,默认为单位 1 长度);

(2)构造圆:选择圆 1、圆 2、圆 3、···圆 5,选取"自动/最佳拟合",点击"创建"(构建的圆是根据圆心位置进行拟合);

(3)构造直线 3D:选择圆柱 1、圆柱 2,选取"自动/最佳拟合",点击"创建"(常用于轴类零件基准);

12.4.2 最佳拟合重新补偿(如图12-17)

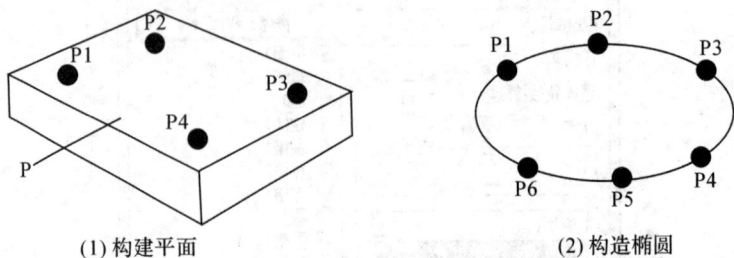

(1)构建平面   (2)构造椭圆

图12-17 最佳拟合重新补偿

(1)构造平面:选择点1…点4,选取"自动/最佳拟合",点击"创建";(须指定构造方法)
(2)构造椭圆:选择点1…点6,选取"自动/最佳拟合",点击"创建";(须指定构造方法)

12.4.3 相交(如图12-18)

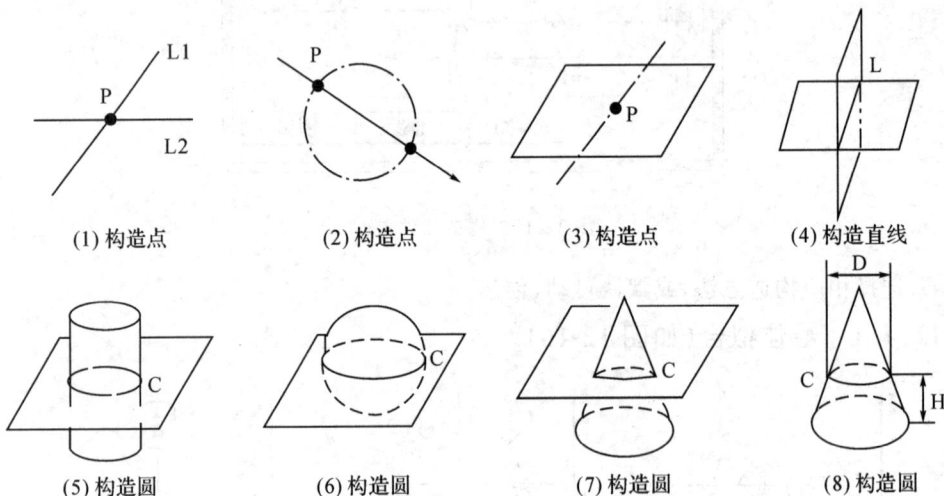

(1)构造点   (2)构造点   (3)构造点   (4)构造直线

(5)构造圆   (6)构造圆   (7)构造圆   (8)构造圆

图12-18 相交构造

(1)构造点:选择直线1、直线2,默认"相交",点击"创建"(当不相交时得到的是公垂线中点);

(2)构造点:选择直线1、圆1,默认"刺穿",点击"创建"(得到穿入点,构造反向直线构造穿出点);

(3)构造点:选择直线1、平面1,默认"刺穿",点击"创建";

(4)构造直线:选择平面1、平面2,默认"相交",点击"创建";

(5)构造圆:选择圆柱1、平面1,默认"相交",点击"创建";

(6)构造圆:选择球1、平面1,默认"相交",点击"创建";

(7)构造圆:选择圆锥1、平面1,默认"相交",点击"创建";

(8)构造圆:选择圆锥1,方法:圆锥,类型:直径/高度,输入数值,点击"创建"(注:须指定构造方法);

12.4.4 中分(如图 12-19)

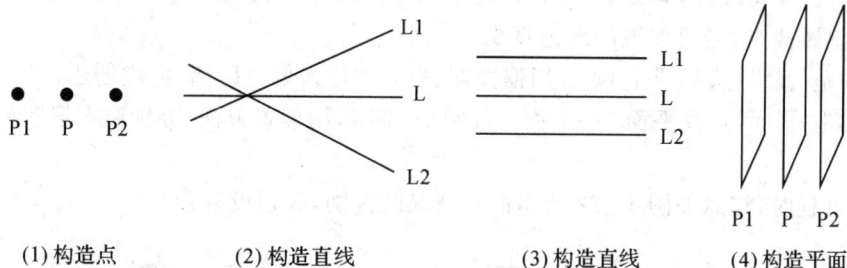

(1) 构造点　　　　(2) 构造直线　　　　(3) 构造直线　　(4) 构造平面

图 12-19　中分

(1)构造点:选择点 1、点 1,默认"中点",点击"创建";

(2)构造直线 2D:选择直线 1、直线 2,默认"中分",点击"创建"(平分锐角的中分线);

(3)构造直线 2D:选择直线 1、直线 2,默认"中分",点击"创建";

(4)构造平面:选择平面 1、平面 2,默认"中分面",点击"创建";

12.4.5 坐标系

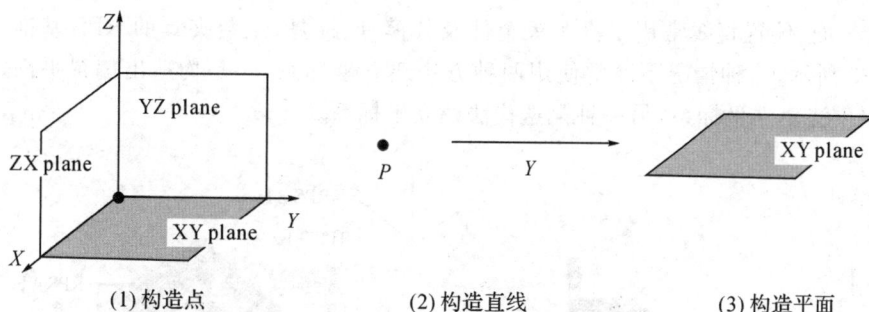

(1) 构造点　　　　(2) 构造直线　　　　(3) 构造平面

图 12-20　坐标系创建

(1)构造-点:根据坐标系的原点创建;

(2)构造-直线:根据坐标系的工作平面,如 Y+工作平面,创建工作面上的直线;

(3)构造-平面:根据坐标系的工作平面,如 Z+工作平面,创建平面;

12.4.6 偏置

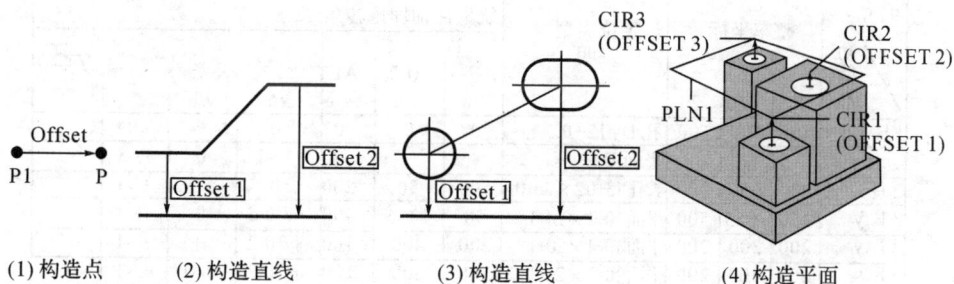

(1) 构造点　　(2) 构造直线　　　(3) 构造直线　　　(4) 构造平面

图 12-21　偏置

（1）构造-点：选择点 1，通过偏置点功能，输入偏置距离，完成创建；

（2）构造-直线：选择平面 1、平面 2，通过偏置，分别输入偏置距离，完成创建；（注：相当于已知理论距离，构造出虚拟的理论直线）

（3）构造-直线：选择圆 1、圆 2，用偏置方法，分别输入偏置距离，完成创建；

（4）构造-平面：选择平面 1…平面 3 或圆 1…圆 3，用偏置方法，分别输入偏置距离，完成创建；

构造过程时，注意如图 12-22 所示两种情况的区别，区别设置参数。

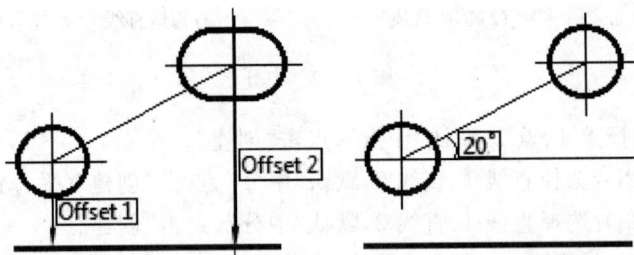

图 12-22　偏置区别

偏置平面、偏置直线常用于汽车钣金件及其模具、检具、工装夹具的 RPS 基准点系统，如图 12-23 所示，这种情况下通常使用两种方法建立坐标系，一是构造出偏置平面、偏置直线，用 3-2-1 法建立坐标系，另一种是迭代法建立坐标系。

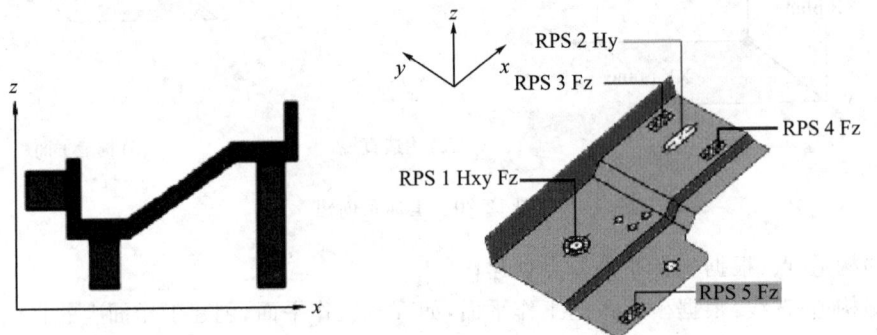

RPS 功能点	整车坐标			定位类型说明	基准点坐标:　　　X:400 Y:-65 Z:100						
					绕坐标轴理论转角:X.　　Y.　　Z.						
					名义尺寸			公差			⊕∅1
	X	Y	Z		AE1 x/a	AE2 y/b	AE3 z/c	x/a	y/b	z/c	.
1 Hx.zFy	400	700	100	孔 D=12+0.2	0	0	0	0	-	0	.
.....	.	.	.	平面 D=34+1	.	.	.	+/-1	0	+/-1	.
2 Hx	900	650	300	长孔 13+0.2 × 26+0.4	500	50	200	0	+/-0.2	+/-1	.
3 F.y	450	-655	500	平面 10+1 × 20+1	50	1355	400	+/-0.2	0	+/-1	.
4 F.y	200	300	200	平面 10+1 × 20+1	200	400	100	+/-0.2	0	+/-1	.
5 F.y	600	400	200	平面 10+1 × 20+1	200	300	100	+/-0.2	+/-1	+/-1	.

图 12-23　偏置建立坐标系

表 12-1　构造点小结

方法	输入特征数	特征 1	特征 2	特征 3	注释
套用	1	任意	—	—	在输入特征的质心构造点
隔角点	3	平面	平面	平面	在三个平面的交叉处构造点
垂射	2	任意	锥体、柱体、直线、槽	—	第一个特征垂射到第二个直线特征上
相交	2	锥体、柱体、直线、槽	锥体、柱体、直线、槽	—	在两个特征的线性属性交叉处构造点
中点	2	任意	任意	—	在输入的质心之间构造中点
矢量距离	2	任意	任意		利用任意两个特征质心点构造第三点。在两个质心点连线方向上,以第二个特征的质心为基准构造点
偏置点	1	任意	—	—	需要对应于输入元素 X、Y 和 Z 的坐标值的 3 个偏置量
原点	0	—	—	—	在坐标系原点处构造点
刺穿	2	锥体、柱体、直线、槽	锥体、柱体、平面、球体、圆、椭圆		在特征 1,刺穿特征 2 的曲面处构造点。选择顺序很重要。如果第一个特征是直线,则方向很重要。
投影	1 或 2	任意	平面	—	输入特征 1 的质心点射影到特征 2 或工作平面上

表 12-2　构造直线小结

方法	输入特征数	特征 1	特征 2	注释
坐标轴	0	—	—	构造通过坐标系原点的直线
最佳拟合	至少需要 2 个输入特征	—	—	使用输入来构造最佳拟合直线
最佳拟合重新补偿	至少需要 2 个输入特征(其中一个必须是点)	—	—	使用输入来构造最佳拟合直线
套用	1	任意	—	在输入特征的质心构造直线
相交	2	平面	平面	在两个平面的相交处构造直线
中分	2	直线、锥体、柱体、槽	直线、锥体、柱体、槽	在输入特征之间构造中线
偏置	至少需要 2 个输入特征	任意	任意	构造一条相对于输入元素具有制定偏移量的直线
平行	2	任意	任意	构造平行于第一个特征,且通过第二个特征的直线
垂直	2	任意	任意	构造垂直于第一个特征,且通过第二个特征的直线
投影	1 或 2		平面	使用 1 个输入特征将直线射影到特征 2 或工作平面上
翻转	1	直线	—	利用翻转矢量构造通过输入特征的直线
扫描段	1	扫描		由开放路径或闭合路径扫描的一部分构造直线。

表 12-3　构造平面小结

方法	输入特征数	特征 1	特征 2	特征 3	注释
坐标轴	0	—	—	—	在坐标系原点处构造平面
最佳拟合	至少需要 3 个输入特征	—	—	—	利用输入特征构造最佳拟合平面
最佳拟合重新补偿	至少需要 3 个输入特征。(其中一个必须是点)	—	—	—	利用输入特征构造最佳拟合平面
套用	1	任意	—	—	在输入特征的质心构造平面
高点	1 个特征组(至少使用 3 个特征)或者 1 个扫描	如果输入为特征组,则使用任意特征;如果输入为扫描,则使用片区扫描			利用最高的可用点来构造平面。
中分面	2	任意	任意	—	在输入的质心之间构造中平面
偏置	至少需要 3 个输入特征。	任意	任意	任意	构造偏置于每个输入特征的平面
平行	2	任意	任意		构造平行于第一个特征,且通过第二个特征的平面
垂直	2	任意	任意		构造垂直于第一个特征,且通过第二个特征的平面
翻转	1	平面	—		利用翻转矢量构造通过输入特征的平面

表 12-4　构造圆小结

方法	输入特征数	特征 1	特征 2	特征 3	注释
最佳拟合	至少 3 个输入特征	任意	任意	任意	利用输入的特征构造最佳拟合圆
最佳拟合重新补偿	至少 3 个输入特征(其中一个必须为点特征)	任意	任意	任意	利用输入的特征构造最佳拟合圆
套用	1	任意	—	—	在输入特征的质心构造圆
圆锥	1	锥	—	—	在锥体指定的直径或高度构造圆
相交	2	圆,球,锥,或柱	面		在圆弧特征与平面、锥体或柱体相交处构造圆
		面	圆,球,锥,或柱		
		锥	锥或柱		
		柱	锥	—	
投影	1 或 2 个输入特征	任意	面	—	1 个输入特征将会向工作平面投影构造圆
翻转	1	圆	—	—	翻转矢量后构造圆
2 条线公切	2	直线	直线		构造出与两条直线都相切的圆。注意两条直线的矢量方向与构造出的圆的位置有关
3 条线公切	3	直线	直线	直线	构造出与两条直线都相切的圆
扫描片段	1	扫描特征	—	—	利用开线扫描或闭线扫描的一部分构造圆

12.5　CAD 辅助测量

12.5.1　CAD 的导入和操作

PC-DMIS 对于导入 CAD 模型的数据文件提供了多种数据类型：igs、dxf/xwg、step、UG 转换器、Pro-e 转换器、CAD 等。对于本例采用的为 igs 格式。

步骤：

图 12-24　导入 CAD 数据

1. "导入"菜单的路径：选"文件—导入"，如图 12-24。

首先，选择所要导入 CAD 模型的数据类型—"IGES"；

其次，在"查找范围"下拉菜单中选择要导入文件所在的盘符——如："f:"，并在当前盘符下制定的目录中查找文件存放的位置；

再次，选择所要导入模型的名称（如：HEXAGON_WIREFRAME_SURFACE. IGS）最后，点击"导入"。CAD 数据已经导入程序中，可以到图形窗口中看到导入的 CAD 模型。

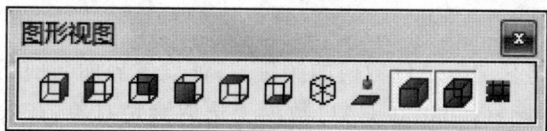

点击图形视图按钮显示不同的视图，以及切换实体模式和线框模式。

更改 CAD 的颜色，如图 12-25 所示：选择菜单编辑—图形显示窗口—CAD 元素

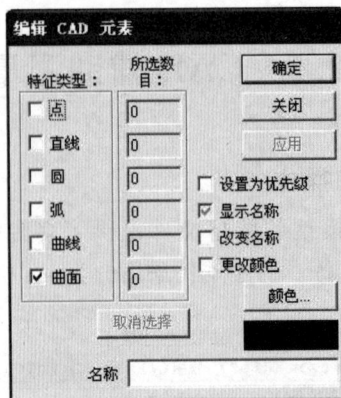

图 12-25　设置 CAD 元素界面

12.5.2　CAD 坐标系的拟合

方法 1 是用 3-2-1 法建立坐标系,然后:CAD=PART(操作-图形显示窗口-CAD 拟合零件),这种拟合实际上是平移拟合,必须保证零件上的坐标系方向和原点与 CAD 坐标系一致,才能使用 CAD=PART。方法 2 是用迭代法或最佳拟合建立坐标系,可以实现旋转和平移的拟合,迭代法可以看做是一种特殊的最佳拟合,并且其中集成了迭代逼近等功能,主要用于 RPS 参考点系统的坐标系建立。

如图 12-26 所示,单击测头形状的"程序模式"图标切换到程序模式,此时可以在 CAD 上使用鼠标采点,相当于是用操纵盒在工件上采点。通过这种方法,可以脱机在 CAD 上自学习编程。实际使用中,经常是把程序模式和自动特征结合起来用于 CAD 辅助测量。

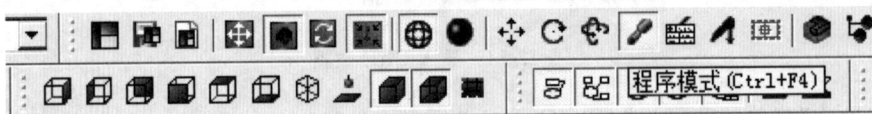

图 12-26　任务栏界面

12.5.3　有 CAD 的自动特征

如果工件测量提供 CAD 数模,可以直接用鼠标点击选取测量对象,从而填写特征测量界面中的位置坐标和矢量参数。相比提供图纸的测量情况,利用 CAD 数模测量过程更加方便、快速、准确。数据的接受格式,根据使用的软件有所不同,一般都支持 IGES、DXF、DES、STEP 等。

PC-DMIS 软件系统下,有 CAD 数模的测量,特征设置界面与前述测量方法相同。如图 12-27 所示,为自动测量圆柱,可以在 CAD 数模上选取测量对象,在操作界面上自动生成特征的位置和矢量参数。其他特征的测量也都可以通过软件自动判断生成测量指令。

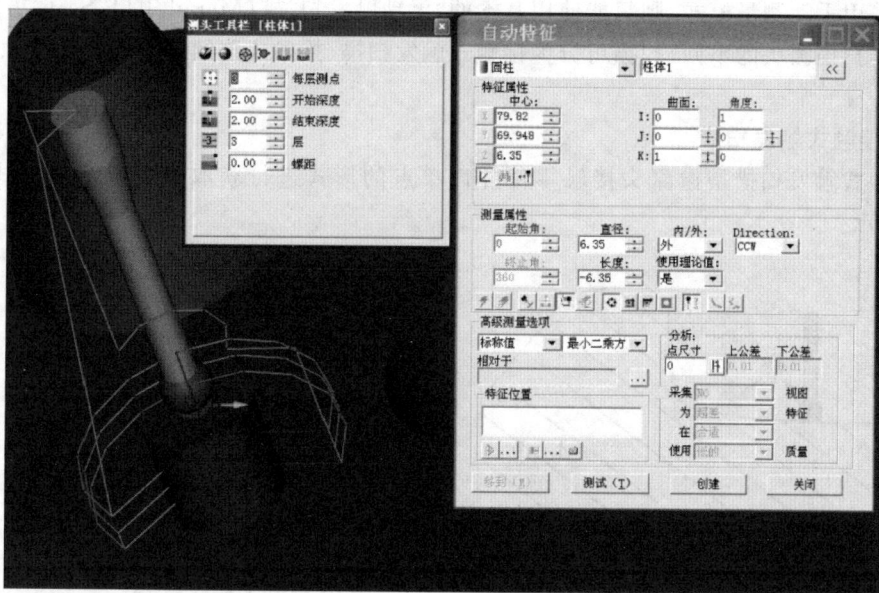

图 12-27　自动测量圆柱

12.6　曲线曲面扫描

12.6.1　扫描的原理和应用

零件扫描是指用测头在零件上通过不同的触测方式,采集零件表面数据信息,用于分析或 CAD 建模。

扫描技术主要依赖于三维扫描测头技术,因为三维测头可以通过三维传感器受测量过程中的瞬时受力方向,调整对测量机 X、Y、Z 三轴马达的速度的分配,使得测头的综合变形量始终保持在某一恒定值附近,从而自动跟踪零件轮廓度形状的变化。

三坐标测量机的扫描操作是应用测量软件在被测物体表面的特定区域内进行数据点采集,该区域可以是一条线、一个面片、零件的一个截面、零件的曲线或距边缘一定距离的周线等。

扫描主要应用于以下两种情况:

a. 对于未知零件数据:只有工件、无图纸、无 CAD 模型,应用于测绘。

b. 对于已知零件数据:有工件、有图纸或 CAD 模型,用于检测轮廓度。

在测量软件中,扫描类型与测量模式、测头类型以及是否有 CAD 文件等有关,控制屏幕上的"扫描"(Scan)选项由状态按钮(手动/自动)决定。

若采用自动方式测量,又有 CAD 文件,则可供选用的扫描方式有"开线"(Open Linear)、"闭线"(Closed Linear)、"片区"(Patch)、"截面"(Section)和"周线"(Perimeter)扫描"UV 扫描";若采用自动方式测量,而只有线框型 CAD 文件,则可选用"开线"(Open Linear)、"闭线"(Closed Linear)和"面片"(Patch)扫描方式。

若采用手动测量模式,则只能使用基本的"手动触发扫描"(Manul TTP Scan)方式。

根据扫描测头的不同,扫描可分为接触式触发扫描、接触式连续式扫描和非接触式激光扫描。

1. 接触式触发扫描

接触式触发扫描是指测头接触零件并以单点的形式进行获取数据的测量模式,如图12-28所示。

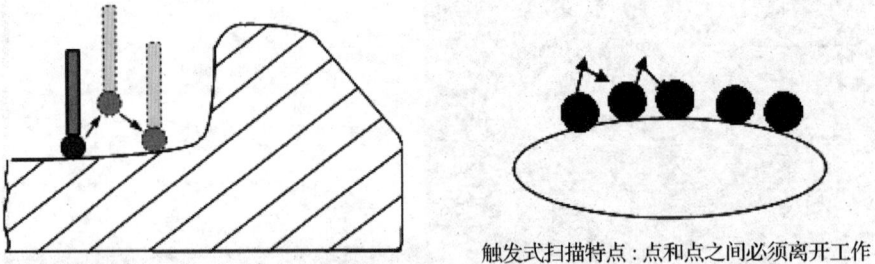

触发式扫描特点:点和点之间必须离开工作

图 12-28　接触式触发扫描示意图

一般的接触式触发扫描使用的测头包括 TESASTAR-P、TP20、TP200 等。

2. 接触式连续扫描

接触式连续式扫描是指测头接触零件并沿着被测零件获取测量数据的测量模式,如图12-29所示。

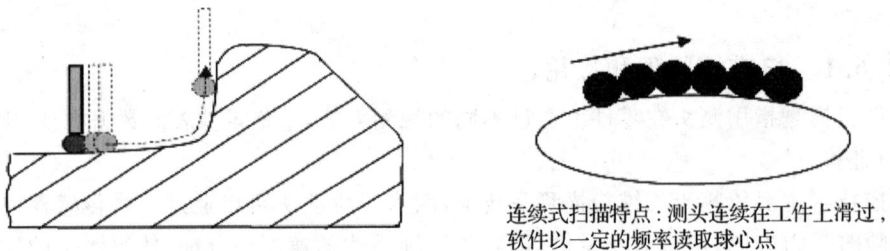

连续式扫描特点:测头连续在工件上滑过,软件以一定的频率读取球心点

图 12-29　接触式连续扫描示意图

一般的接触式连续扫描使用的测头包括 SP600、SP25、LSP-X3、LSP-X5 等。

3. 非接触式激光扫描

非接触式激光扫描是指使用激光测头沿着零件表面获取数据的测量模式。非接触式激光扫描示意图如图 12-30 所示。

连续扫描比触发式扫描速率要高,可以在短时间内可以获取大量的数据点,真实反映零件的实际形状,特别适合对复杂零件的测量。激光测头的扫描取样率高,在 50 次/秒到 23000 次/秒之间,适用于表面形状复杂,精度要求不特别高的未知曲面。

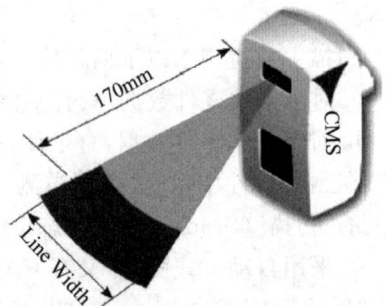

图 12-30　非接触式激光扫描示意图

12.6.2 扫描的操作方法

扫描过程如下：

a. 定义扫描起始点、方向点和终止点；

b. 测头从起始点开始测量，按照扫描方向向终止点扫描；

c. 计算机实时读取传感器 T 信号和光栅尺数据，并进行分析；

d. 控制系统根据传感器信号控制测头的运动方向随着零件表面变化而变化。

1. 开曲线扫描

根据实际应用需求，有时需要对零件上的某一截面中的某一段曲线进行测量，然后分析它的曲线轮廓误差，有时需要对零件进行测绘和 CAD 造型。在这种情况下，可以通过开曲线扫描方式来完成对零件表面数据的采集。

开曲线扫描是最基本的扫描方式。测头从起始点开始，沿一定方向并按预定步长进行扫描，直至终止点。开曲线扫描根据有、无 CAD 模型可分两种情况，分别设置扫描参数。如图 12-31 所示。

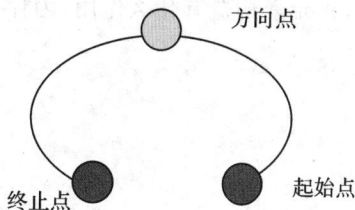

图 12-31　开曲线扫描示意图

2. 闭曲线扫描

根据需要，有时需要对零件上的某一闭合截面曲线进行扫描测量，它只需要定一个起始点和方向点，因为 PC-DMIS 将应用起点同时作为终止点，如图 12-32 所示。

3. 曲面扫描

根据需要，有时需要对零件上的某一曲面块进行扫描测量，从而分析它的曲面轮廓误差，或进行零件

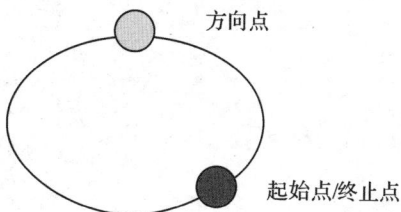

图 12-32　闭曲线扫描

测绘来获取测量数据，进而实现 CAD 的造型。在这种情况下，要通过曲面块扫描来完成。

曲面扫描允许用户扫描一个区域而不再是扫描线，应用此扫描方式，至少需要四个边界点信息：一个开始点、一个方向点、扫描长度和扫描宽度。按此基本的或缺省的信息，PC-DMIS 将根据给出的边界点 1、2、3 来定出三角形面片，而方向由 D 的坐标来定；若增加了第四个边界点，面片可以为四方形，如图 12-33 所示。

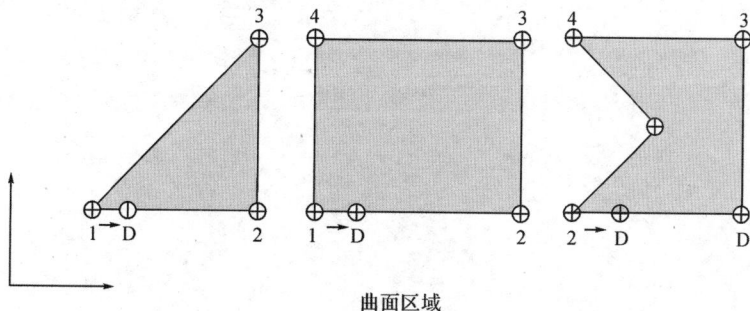

图 12-33　曲面区域扫描

习　题

1. 三坐标测量机按自动化程度不同,测量方式有几种? 各有什么特点?
2. 扫描主要应用有哪些?
3. 元素构造有什么作用,为什么需要用到元素构造功能?

第13章　尺寸评价和报告输出

本章提要：

　　尺寸误差评价是三坐标测量技术最终的落脚点，尺寸评价功能用于评价尺寸误差和几何误差，尺寸误差包括：位置、距离、夹角，几何误差又称为形位误差，包括形状误差和位置误差，本章主要内容介绍 PC-DMIS 软件如何实现尺寸评价及其检测报告输出。

13.1　尺寸误差评价

　　PC-DIMS 软件支持所有类型的尺寸、形状、位置误差评价，如图 13-1 是尺寸评价快捷图标。其中最后一个图标为键入尺寸，用于将其他检测设备检测的尺寸或计算出的尺寸输出到 PC-DMIS 测量报告上。

图 13-1　尺寸评价工具条

13.1.1　位置

位置尺寸用于评价几何特征的属性，比如：坐标、矢量、直径、半径、角度、长度等。

如图 13-2 所示，位置尺寸评价步骤和对话框：

1. 打开位置评价对话框；
2. 在特征选择框中选择被评价特征；
3. 在坐标轴中选择要评价的几何特征属性；
4. 输入公差、标称值或选择 ISO 公差等级；
5. 单击创建。

尺寸评价界面的公共选项，如图 13-3 所示：

1. 尺寸输出单位：英寸或毫米；
2. 尺寸输出到：统计软件、测量报告、两者、无输出；
3. 尺寸分析：在文本报告中显示尺寸文本分析，在图形显示窗口中显示尺寸图形分析；
4. 尺寸信息：在图形显示窗口中显示尺寸信息；

特征选择框　　　特征属性　　　公差　ISO公差等级

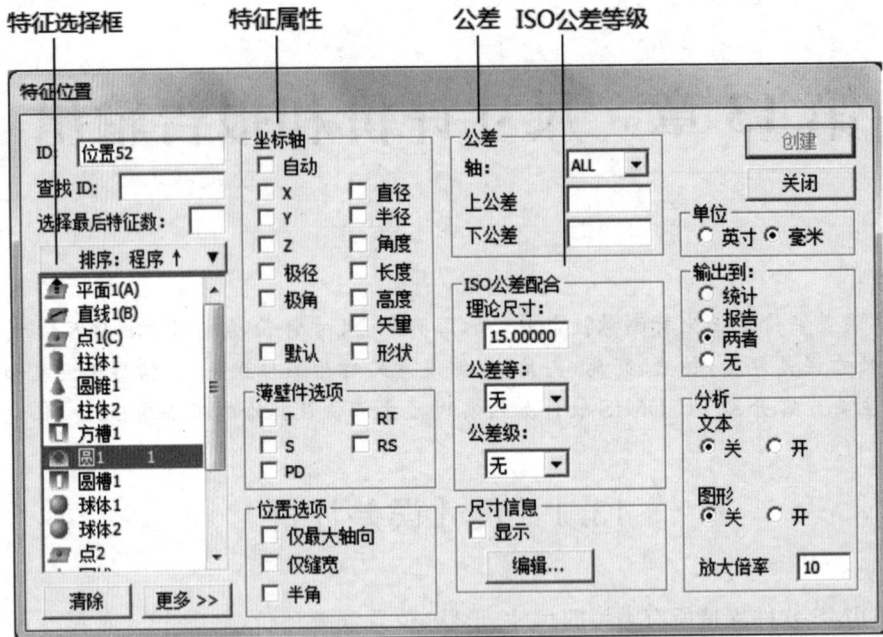

图 13-2　位置尺寸评价界面

图 13-3　尺寸评价界面

13.1.2　距离

距离尺寸评价步骤和对话框,如图 13-4:

1. 打开距离评价对话框;

2. 在特征选择框中选择被评价特征;

3. 输入公差、标称值,选择 2D/3D 类型;

4. 根据需要选择关系、方向、圆选项,不需要则跳过这一步;

5. 单击创建。

距离尺寸几何关系:

尺寸-距离:选择特征 1、特征 2,选择 2D/3D 模式(2D 是先投影,再求距离,3D 是直接计算空间距离),创建评价,得到质心连线的长度,一般不用于线和面,点包括所有特征的质心点,线包括直线、轴线、中心线等,如图 13-5 所示;

特征选择框　　　　　公差 2D/3D　　　关系 方向　　　　　圆选项

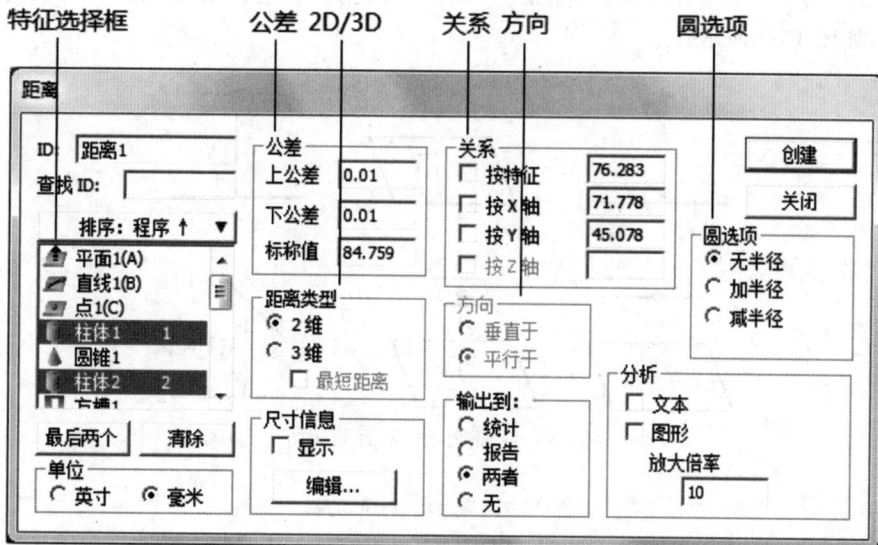

图 13-4　距离评价界面

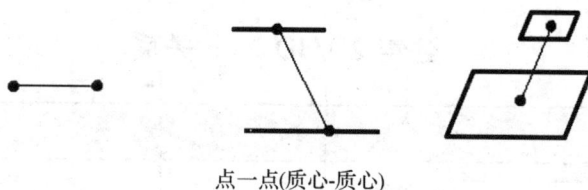

点一点(质心-质心)

图 13-5　点-点关系

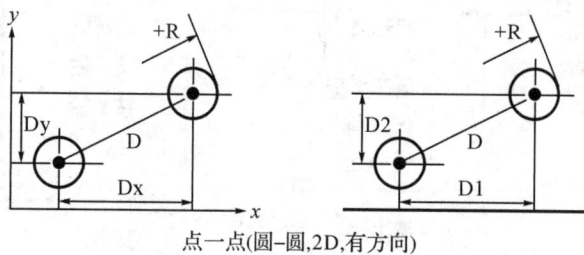

点一点(圆–圆,2D,有方向)

图 13-6　点-点关系(方向性)

D:尺寸-距离,2D,选择圆1、圆2,完成创建;

Dx:尺寸-距离,2D,选择圆1、圆2,按X轴,平行于,完成创建;

Dy:尺寸-距离,2D,选择圆1、圆2,按Y轴,平行于,完成创建;

D1:尺寸-距离,2D,选择圆1、圆2、直线1,按特征,平行于,完成创建;

D1:尺寸-距离,2D,选择圆1、圆2、直线1,按特征,垂直于,完成创建;

当所求距离需要加上或减去半径时,选择加半径或减半径选项。

尺寸-距离:选择特征1、特征2,选择2D/3D模式,按特征类型确定方向,完成创建;(注意选择顺序,第一个特征用质心点,最后一个特征确定方向,选择最短距离时得到的是公垂线长度),如图 13-7 所示。

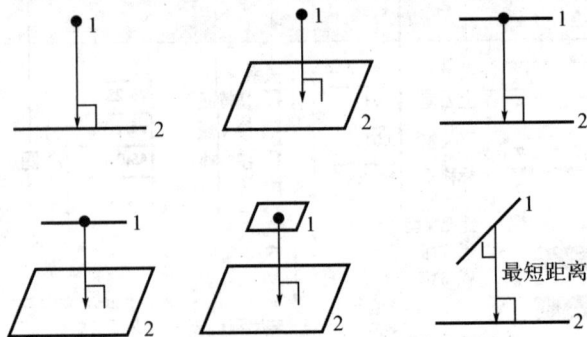

点-线,点-面,线-线,线-面,面-面

图 13-7　点-线、点-面距离

13.1.3　夹角

夹角尺寸评价步骤和对话框,如图 13-8 所示:

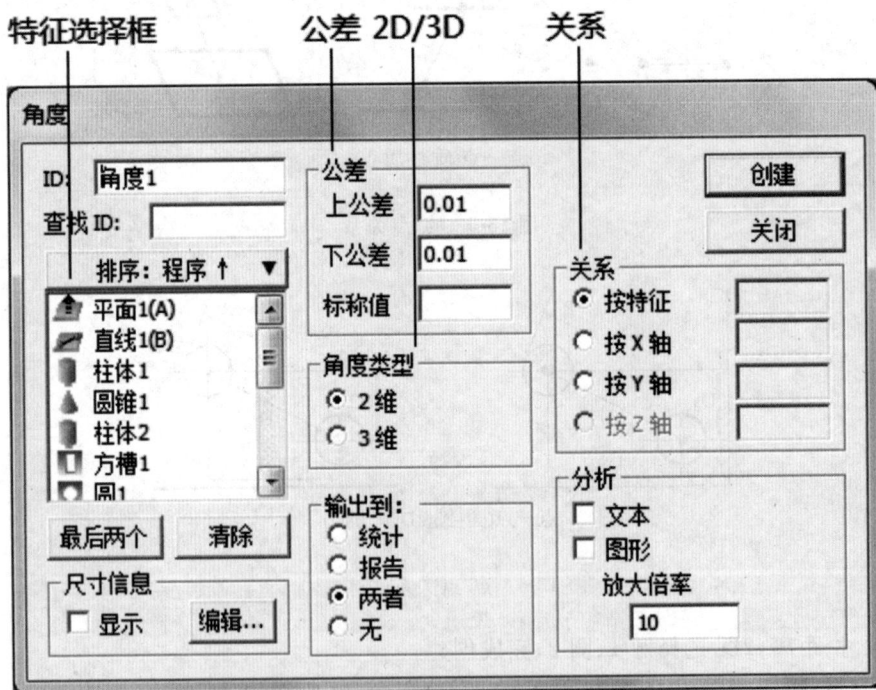

图 13-8　夹角软件界面

1. 打开夹角评价对话框;
2. 在特征选择框中选择被评价特征;
3. 输入公差、标称值,选择 2D/3D 类型;

4. 选择关系：按特征或按坐标轴；

5. 单击创建。

夹角尺寸几何关系：

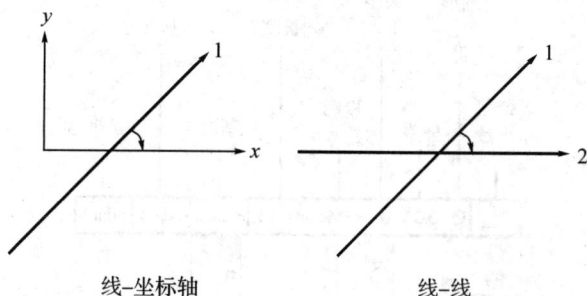

线-坐标轴　　　　　　　　　　　线-线

图 13-9　　线-线关系

线-坐标轴夹角：选择特征 1，选择 2D/3D 模式，按坐标轴方向，如 X 轴，完成夹角创建；（线包括直线、轴线、中心线、矢量等）；

线-线夹角，选择特征 1、特征 2，选择 2D/3D 模式 2D/3D，按特征确定方向，完成夹角创建；

当不输入标称值时，夹角为线 1 指向线 2 的夹角，逆时针为正，顺时针为负；当输入标称值时，软件根据理论值自动判断夹角象限（锐角/钝角、正/负）；

13.2　几何误差评价

几何误差评价步骤和对话框，如图 13-10 所示：

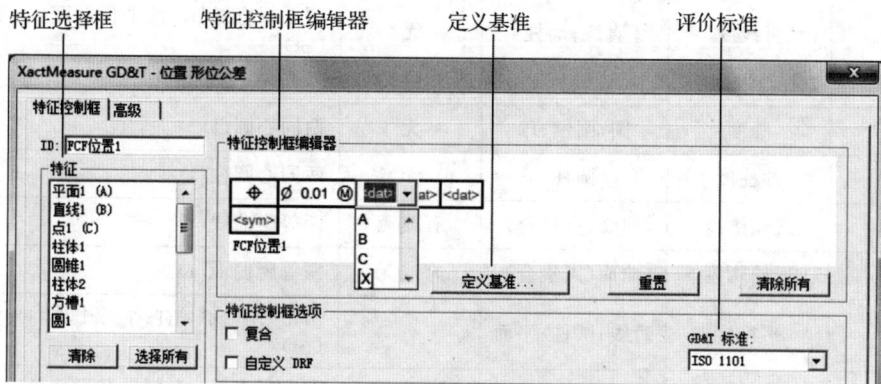

图 13-10　几何误差评价界面

1. 打开尺寸评价对话框（公差符号）；

2. 在特征选择框中选择被评价特征；

3. 定义基准，如果已经定义好则跳过这一步；

4. 在特征控制框编辑器中选择/输入,如图 13-11 所示:公差带形状、公差、实体条件、投影长度、基准;

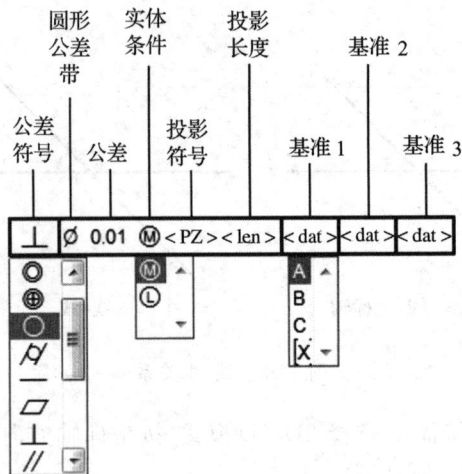

图 13-11　特征控制框

5. 根据需要设置其他选项:评价标准、高级等,不需要则跳过这一步;

6. 单击创建。

如表 13-1 所示,形位误差评价所需条件。

表 13-1　形位误差评价条件

符号	误差项目	被评价特征	有或无基准	公差带
▱	平面度	平面	无	两平行平面(t)
—	直线度	直线;圆柱	无	两平行直线(t);两平行平面(t);圆柱面(φt)
○	圆度	圆;圆锥;球	无	两同心圆(t)
⌀	圆柱度	圆柱	无	两同心圆柱(t)
⌒	线轮廓度	曲线(点集合)	有或无	两等距曲线(t)
⌓	面轮廓度	曲面(点集合)	有或无	两等距曲面(t)
//	平行度	直线;圆柱;平面	有	两平行直线(t);两平行平面(t);圆柱面(φt)
⊥	垂直度	直线;圆柱;平面	有	两平行直线(t);两平行平面(t);圆柱面(φt)
∠	倾斜度	直线;圆柱;平面	有	两平行直线(t);两平行平面(t);圆柱面(φt)
⌖	位置度	点;直线;平面;圆;圆柱;	有	两平行直线(t);两平行平面(t);圆(φt);圆柱面(φt);球面(sφt)

符号	误差项目	被评价特征	有或无基准	公差带
◎	同心度	圆	有	圆（φt）
	同轴度	圆柱；圆锥	有	圆柱面（φt）
═	对称度	两个面；两条线；一个特征组；	有	两平行平面（t）
↗	端面圆跳动	一层圆形面	有	两平行平面（t）
	径向圆跳动	圆	有	两同心圆（t）
↗↗	端面全跳动	多层圆形面	有	两平行平面（t）
	径向全跳动	圆柱	有	两同轴圆柱面（t）

我们可以想象位置度公差带就像我们打靶，靶心表示特征理论中心点，由于加工误差，实际圆心和理论圆心必然不重合，就用位置度公差带限制圆心的位置必须在某个公差圆范围，如图 13-12，我们打了十次靶，就像加工了 10 个零件，有 7 个合格，三个超差。

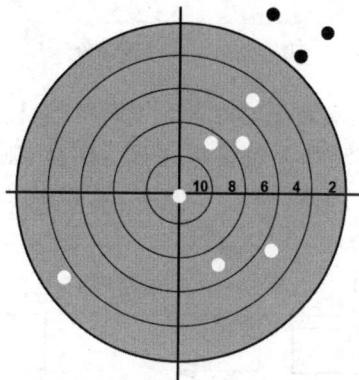

图 13-12　测量示意图

与位置公差相比，位置度公差提供了较大的公差带区域，圆形公差带比正方形公差带要大 57％，同时：MMC 调整因子的使用允许使用额外的公差补偿，这些降低了制造成本。应用到工件检测上，当位置度合格和超差时分别如图 13-13 所示：

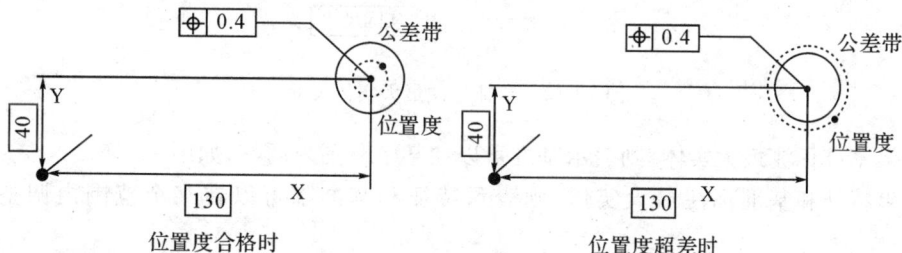

图 13-13　位置度测量评价

下面我们来看看为何需要最大实体条件？

当考虑两个轴和两个孔能否装配时，我们通常考虑间距（或者坐标）是否合格，当实际间距和理论间距之差超差时,是否就一定判断该零件不合格呢? 如图 13-14 所示。

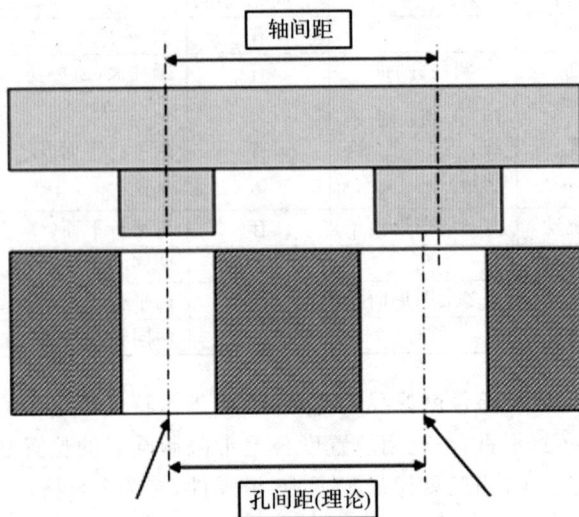

图 13-14　孔间距评价

答案肯定是不一定,因为影响装配的因素除了间距(坐标)外,还有直径的影响,这就引入了最大实体条件。如图 13-15,如果特征标注最大实体,则表示特征可以在某个范围内调整。

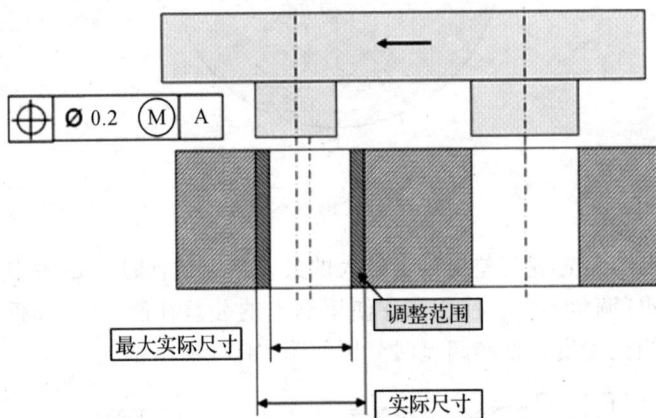

图 13-15　特征标注最大实体尺寸

如果基准标注最大实体,则表示基准可以在某个范围内调整,如图 13-16。

如果特征和基准标注最大实体,则表示特征和基准都可以在某个范围内调整,如图 13-17。

通过上面的学习,我们知道,评价对象的最大实体条件是将特征的公差放大,而基准的最大实体条件是提供最佳装配路径(即最佳拟合)以缩小位置度。对于装配来说更加容易。

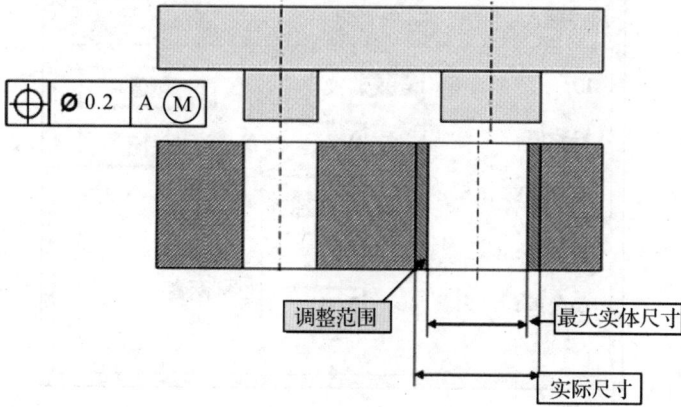

图 13-16　基准标注最大实体尺寸

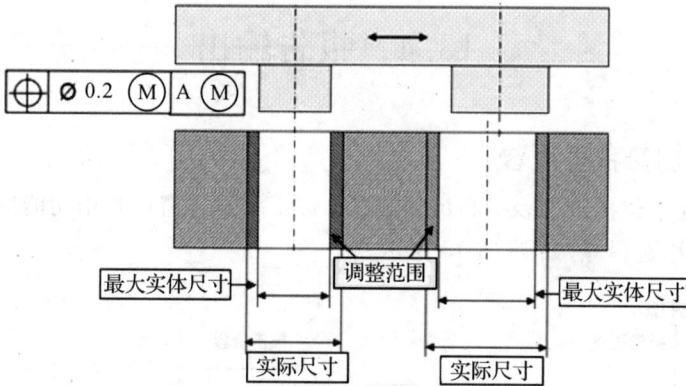

图 13-17　特征和基准标注最大实体尺寸

13.3　理论尺寸输入

键入尺寸用于将其他检测设备检测的尺寸或计算出的尺寸输出到同一张测量报告上；
键入尺寸操作步骤和对话框，如图 13-18 所示：

1. 打开键入评价对话框；
2. 输入 ID、标称值、实际值、公差；
3. 单击创建。

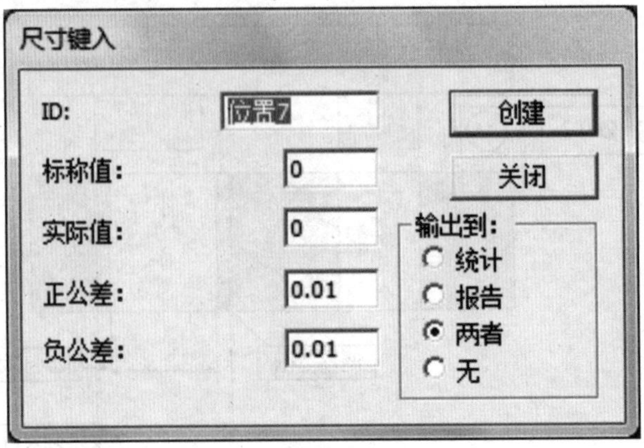

图 13-18 输入尺寸界面

13.4 报告输出

13.4.1 测量报告内容

测量报告通常包括报告表头和尺寸信息。以下为报告窗口常用功能按钮：报告刷新、报告打印、报告模版选择等，如图 13-19 所示。

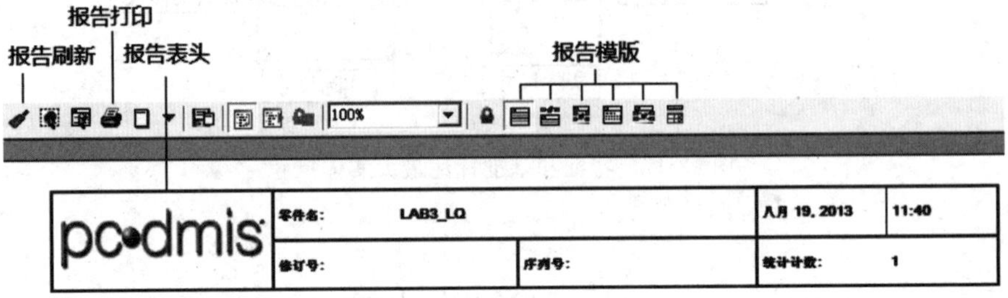

图 13-19 报告设置界面

测量报告尺寸信息通常包括标称值、实测值、公差、偏差、超差等信息，如图 13-20 所示。

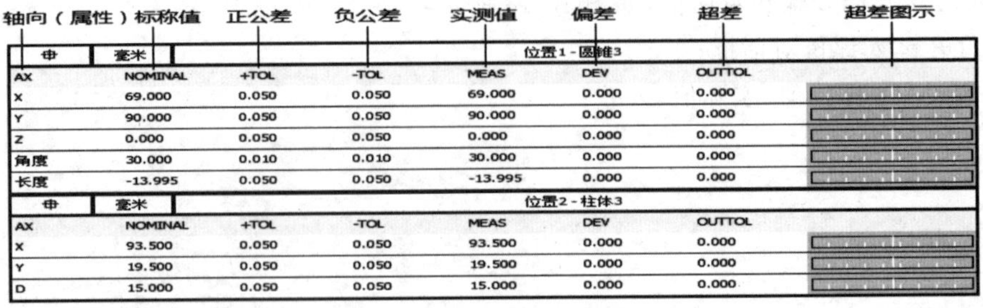

轴向（属性）	标称值	正公差	负公差	实测值	偏差	超差	超差图示
串 毫米				位置1 - 圆锥3			
AX	NOMINAL	+TOL	-TOL	MEAS	DEV	OUTTOL	
X	69.000	0.050	0.050	69.000	0.000	0.000	
Y	90.000	0.050	0.050	90.000	0.000	0.000	
Z	0.000	0.050	0.000	0.000	0.000	0.000	
角度	30.000	0.010	0.010	30.000	0.000	0.000	
长度	-13.995	0.050	0.050	-13.995	0.000	0.000	
串 毫米				位置2 - 柱体3			
AX	NOMINAL	+TOL	-TOL	MEAS	DEV	OUTTOL	
X	93.500	0.050	0.050	93.500	0.000	0.000	
Y	19.500	0.050	0.050	19.500	0.000	0.000	
D	15.000	0.050	0.050	15.000	0.000	0.000	

图 13-20 报告信息

13.4.2 测量报告模版

PC-DMIS 软件自带多种报告模版,可以根据需要将测量数据显示在不同的报告模版里,如图 13-21 所示。

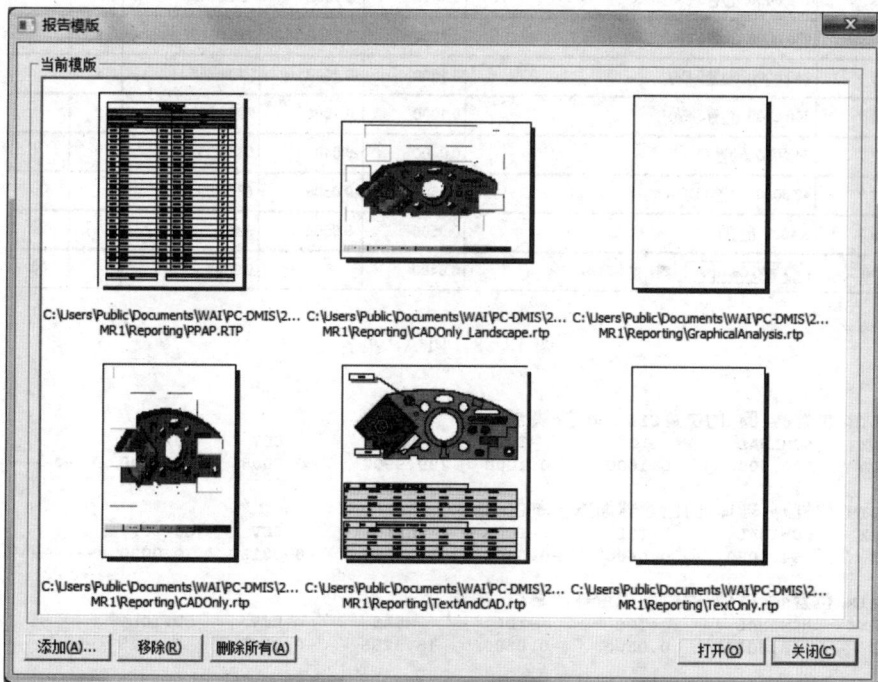

图 13-21 报告模板样式

1. 文本报告

文本报告是最常用的测量报告格式。在文本报告中显示的项目比较完整,报告内容排列整齐,易于理解。同时,文本报告有多种样式,带边框的文本报告(图 13-22)、PPAP 报告(图 13-23)、纯文本报告(图 13-24)。

⊕	毫米	位置6 - C16					
AX	NOMINAL	+TOL	-TOL	MEAS	DEV	OUTTOL	
极角	300.0000	0.1000	-0.1000	299.9992	-0.0008	0.0000	
⊕	毫米	位置7 - 球面球					
AX	NOMINAL	+TOL	-TOL	MEAS	DEV	OUTTOL	
D	54.1050	0.0400	-0.0400	54.0735	-0.0315	0.0000	
⊕	毫米	位置8 - 球道球					
AX	NOMINAL	+TOL	-TOL	MEAS	DEV	OUTTOL	
D	48.6030	0.0500	-0.0500	48.5255	-0.0775	0.0275	
同心度1	毫米	◎ ⌀0.04 A					
特征	NOMINAL	+TOL	-TOL	MEAS	DEV	OUTTOL	
球道球	0.0000	0.0400		0.0401	0.0401	0.0001	

图 13-22 带边框的文本报告

Item	Specification	+Tol	-Tol	Measurement	OK	Reject
1	360.0000 (位置1-PA)	0.1000	-0.1000	360.0000	✔	
2	60.0000 (位置2-PA)	0.1000	-0.1000	60.0090	✔	
3	120.0000 (位置3-PA)	0.1000	-0.1000	120.0049	✔	
4	180.0000 (位置4-PA)	0.1000	-0.1000	180.0582	✔	
5	240.0000 (位置5-PA)	0.1000	-0.1000	240.0368	✔	
6	300.0000 (位置6-PA)	0.1000	-0.1000	299.9992	✔	
7	54.1050 (位置7-D)	0.0400	-0.0400	54.0735	✔	
8	48.6030 (位置8-D)	0.0500	-0.0500	48.5255		⊘
9	3.4000 (位置9-Z)	0.0500	-0.0500	3.4713		⊘
10	◎ Ø0.04 A (同心度1-POS)	0.0400		0.0401		⊘

图 13-23　PPAP 报告

```
DIM 位置6= 圆 的位置C16  单位=毫米
AX    NOMINAL    +TOL      -TOL       MEAS       DEV     CUTTOL
PA    300.0000   0.1000   -0.1000   299.9992   -0.0008   0.0000 ----#----

DIM 位置7= 球体 的位置球面球  单位=毫米
AX    NOMINAL    +TOL      -TOL       MEAS       DEV     CUTTOL
D     54.1050    0.0400   -0.0400   54.0735    -0.0315   0.0000 #--------

DIM 位置8= 球体 的位置球道球  单位=毫米
AX    NOMINAL    +TOL      -TOL       MEAS       DEV     CUTTOL
D     48.6030    0.0500   -0.0500   48.5255    -0.0775   0.0275 <--------

同心度1 = 同心度 CF 球道球  单位=毫米
AX    NOMINAL    +TOL      -TOL       MEAS       DEV     CUTTOL
M     0.0000     0.0400    0.0000    0.0401     0.0401    0.0001 -------->
```

图 13-24　纯文本报告

2. 图形报告

图形报告将测量图形(图 13-25)或 CAD 模型(图 13-26)与相应的测量尺寸同时显示,这样可以直观地看到测量特征在零件上的位置和测量结果。

3. 图文报告

图文报告是将文本报告和测量图形结合在一起,在报告中同时显示尺寸评价结果及其对应特征的图形。如图 13-27 所示,报告中显示 C1、C4、C7、C10、C13、C16 的极角评价结果以及测量图形。

13.4.3　测量报告输出

测量报告输出到文件支持 PDF 和 RTF 格式;或者可以输出到打印机,相关设置如下,设置好后每次执行完程序后会自动根据设置打印或输出,或者手动在报告窗口上方点击打印按钮,如图 13-28 所示。

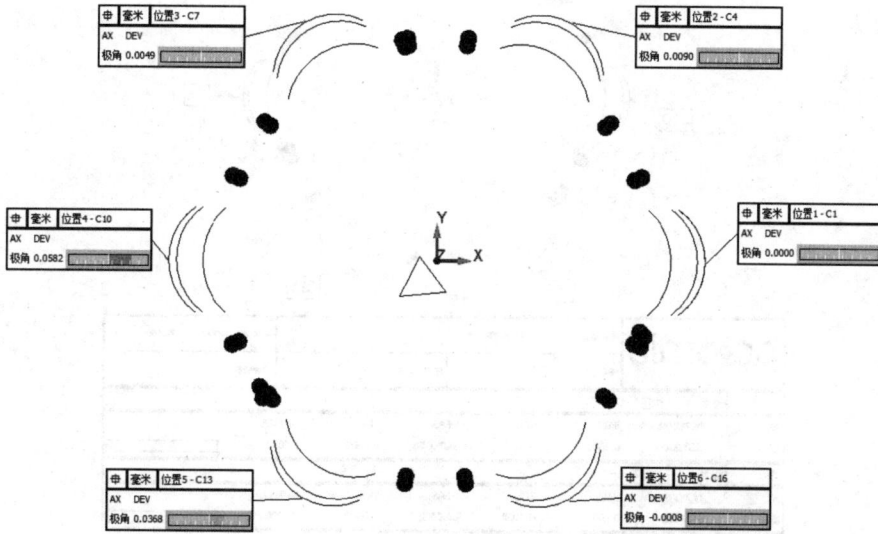

图 13-25　测量图形图形报告

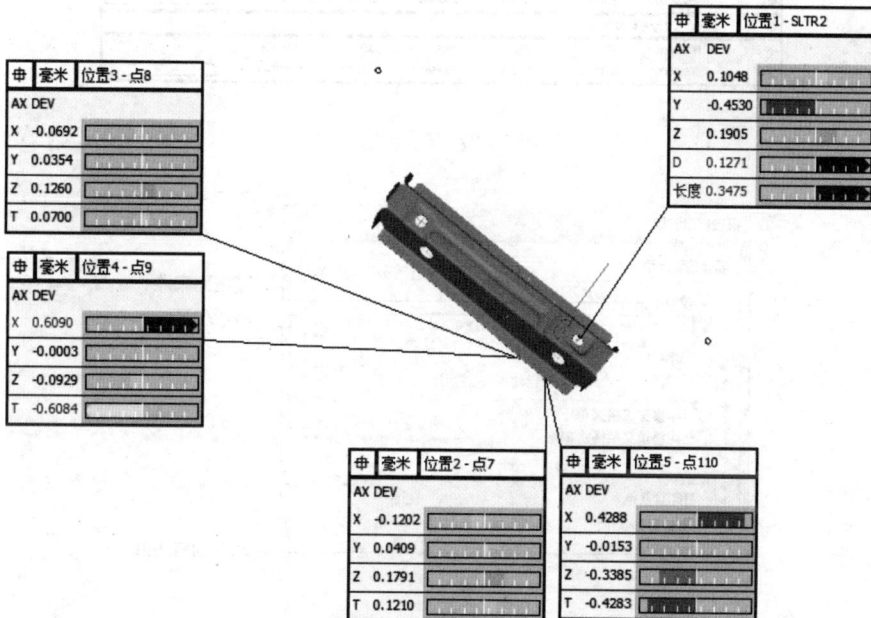

图 13-26　CAD 模型图形报告

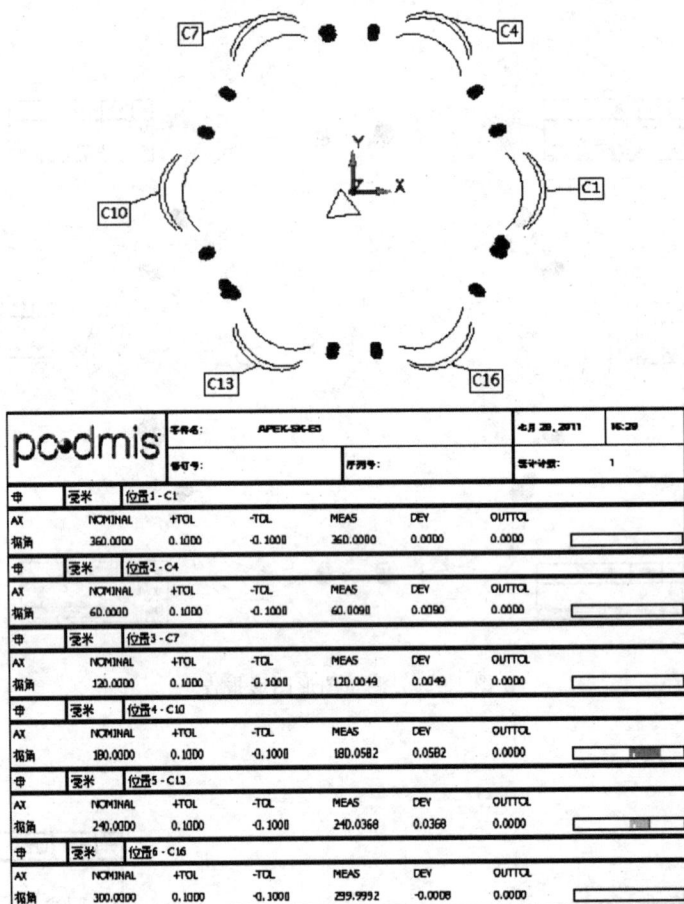

图 13-27 图文报告

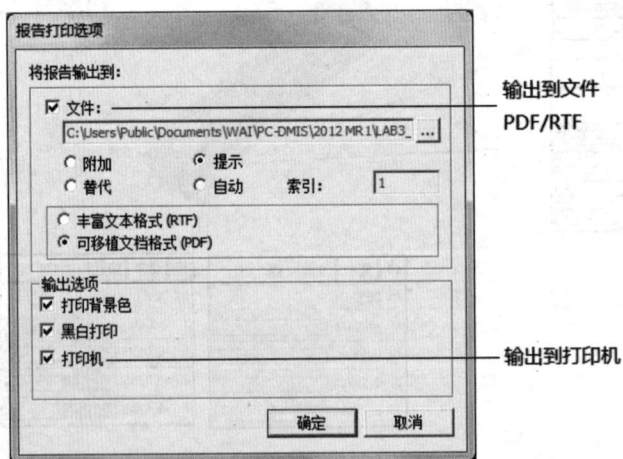

图 13-28 报告输出设置

13.5　报告分析

检查测量报告尺寸是否有超差尺寸,如果有超差尺寸,分析超差的合理性,同时应检查工件尺寸超差位置是否有异常? 比如:是否测量表面有异物? 工件是否紧固? 重新清洁和紧固后,再测一次,对比两次测量的重复性,从而确定测量结果的合理性。

13.6　特殊尺寸误差评价和报告输出

对于齿轮、叶片、涡轮、蜗杆、转子、凸轮轴等特殊零件,如图 13-29 所示,通常都有相应的专用检测标准,评价一些特殊误差,这些误差以前需要特殊的算法,需要使用测量软件的专用模块来实现检测和误差评价。

图 13-29　齿轮、叶轮零件

13.6.1　齿轮误差评价

PC-DMIS Gear 齿轮测量模块,图 13-30 所示,主要用于检测渐开线式圆柱直齿轮(内、外直齿轮)、斜齿轮(内、外斜齿轮)、螺旋伞齿,用户只需输入参数即可基于 PC-DMIS 软件完成编程可测量,并实现自动评价。该软件包支持 AGMA、DIN、ISO、JIS 国际通用标准的测量和评价,Gear 可实现在线或是脱机时,对渐开线式齿轮进行评定。只需输入齿轮参数即可自动生成通用测量程序和专业报告,支持完整和不完整的圆柱齿轮(直齿和斜齿)、螺旋伞齿齿轮的测量。用户可以切换各种国际标准;齿轮支持 PC-DMIS AGMA 2000-A88,DIN 3962,JIS B1702 和 ISO 1328。对于螺旋伞齿轮,它支持 AGMA 2009 年,AGMA 390-03A 和 DIN 3965 标准。软件提供了专业易理解的报告模板,包括工业标准模版,可替代专用齿轮测量设备。

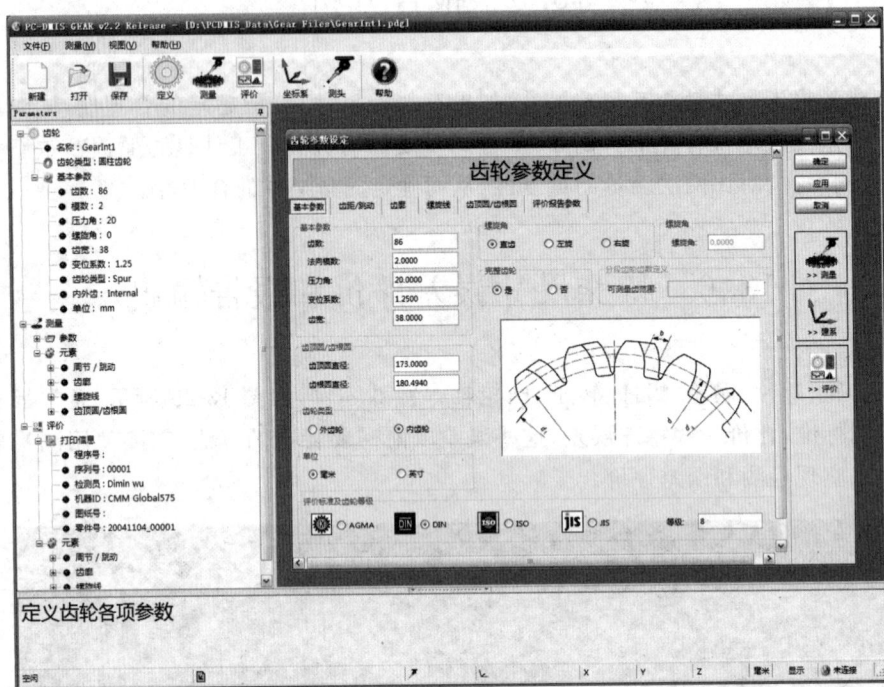

图 13-30　齿轮测量软件

13.6.2　叶片误差评价

PC-DMIS Blade 叶片测量模块,如图 13-31 所示,它可以迅速定义被测截面的参数及计算方法通过 PC-DMIS 软件快速执行测量,软件为叶片测量提供了通用程序,用户只需简单修改无需重新编程。只需输入叶片参数即可自动生成通用测量程序和专业报告,提供专业且丰富的评价分析算法,参数分析,支持变公差评价功能,全面的最佳拟合与 CAD 的完美结合,输出高效精准的检测报告,提供一系列专业报告模板,做到真正图文并茂分析,如图 13-32 所示。

13.6.3　其他特殊零件误差评价

QUINDOS 特殊模块包括圆柱齿轮,未知齿轮,齿轮量规,直伞齿轮,螺旋伞齿轮,GLEASON GAGE 4/WIN,CAT 齿轮,链轮,滚刀,成型刀具,剃齿齿轮,拉刀,圆柱蜗杆,蜗轮,球状蜗杆,叶片,螺纹,凸轮轴,活塞椭圆度,气阀导管和阀座,螺杆压缩机,互补凸轮,步进齿轮,自动量规检测,球板检测,零件托盘检测,基于要素检测等超过 50 个特殊模块,可以实现所有常见特殊零件的测量和误差评价。

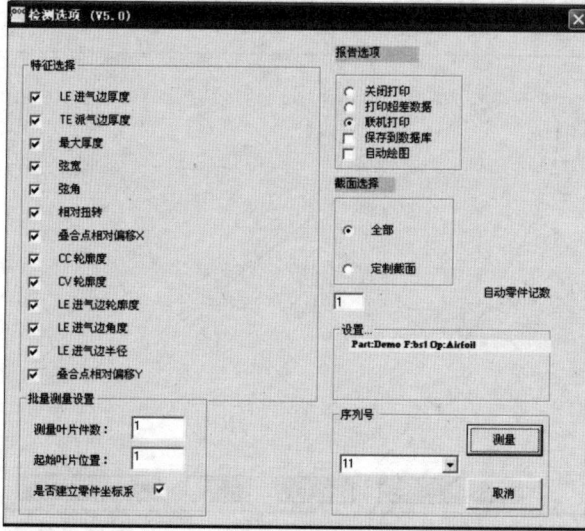

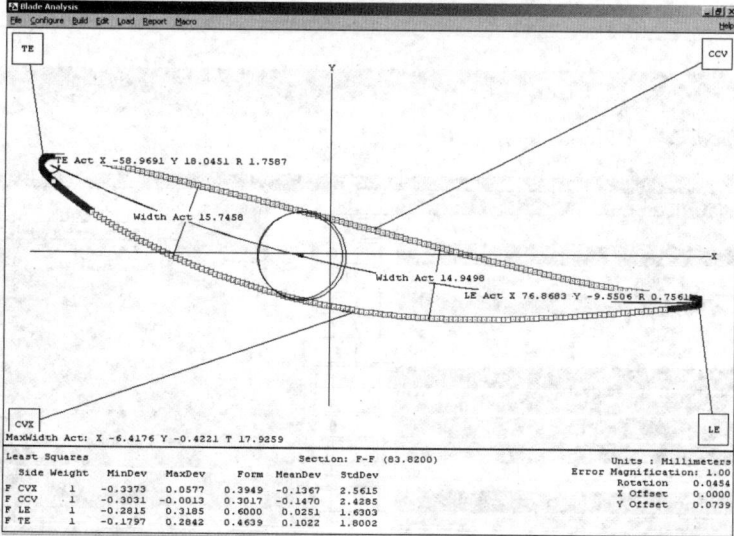

图 13-31　叶片测量软件

13.7　统计过程分析 SPC 和统计报告输出

　　检测数据不但可以提供单一零件的测量报告；同时对批量零件的测量结果也可自动进行数据分析和产品质量监控和评估，用于指导加工、设计部门调整和改进产品质量。如图 13-33 所示，通过 CP、CPK、UCL、LCL 等参数报告。

　　对于批量加工和测量的数据，按照工艺和设计部门要求，进行各种控制图分析，从整体、批量数据评估和总结产品质量和改进方向。

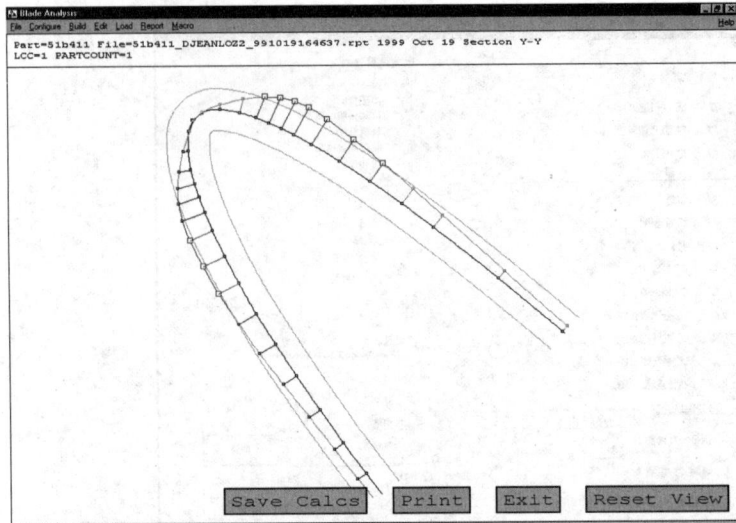

图 13-32　叶片检测报告

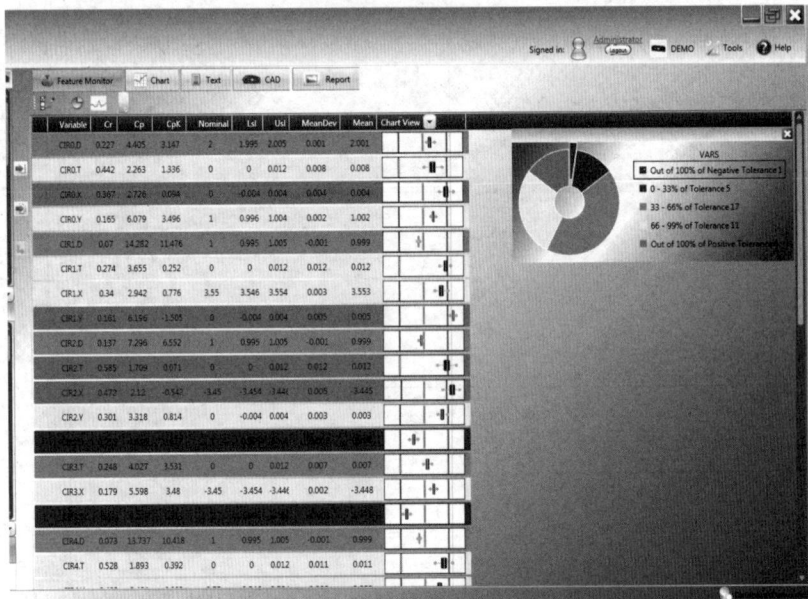

图 13-33　统计分析 CP、CPK 图

习　题

1. 测量误差评价的目的是什么？
2. PC-DMIS 包括哪几项误差评价？
3. 报告输出形式有几种？

第14章　三坐标测量项目

本章提要:

本项目包括 4 个子项目 10 个经典任务,全面反映了三坐标测量机的测量操作。通过本项目,可以掌握三坐标测量机的使用,并加强实践操作能力。

项目一　三坐标测量前规范操作

任务一　三坐标测量机准备工作

一、任务描述

现在安排检测任务,三坐标测量机需对标准块工件如图 14-1 所示,进行相关测量及形位公差检测,测量前需要做怎样准备工作才能保证顺利检测。

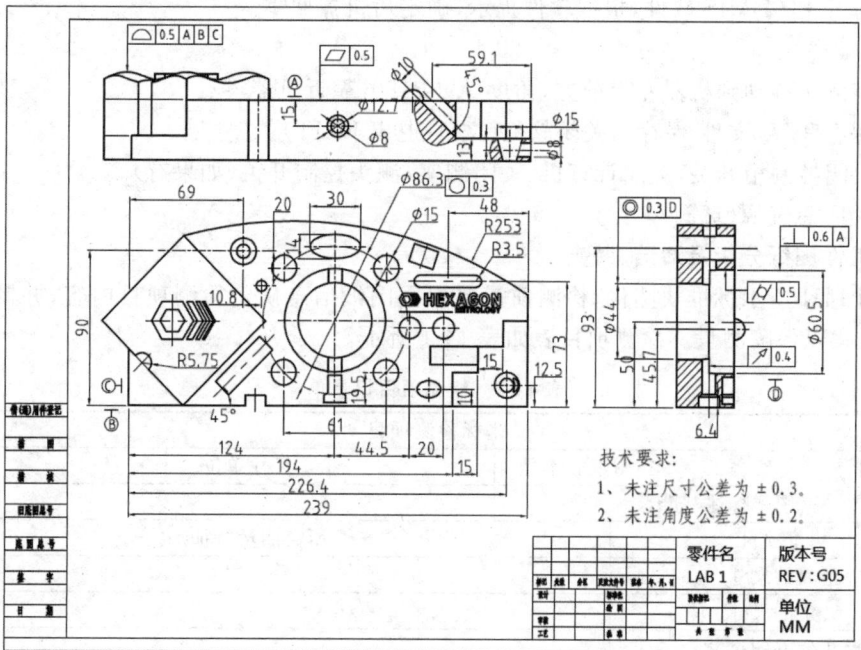

图 14-1　标准块图例

二、任务分析

为保证三坐标测量顺利进行,检测前必须对相应的测量项目做具体分析,并形成检测方案。保证检测的精度同时又能方便检测,前期基本要完成以下几个方面:测量机工作环境、测量机导轨清洁和开关机、工件图纸分析、工件清洁、装夹、测量文件创建。

三、任务实施

1. 测量机工作环境

环境要求对三坐标测量机非常重要。工作环境包括温度条件、湿度、振动、供电电源、气源。测量前必须分别仔细检测环境温度、湿度、振动等,满足三坐标测量机正常工作所需要的条件。

2. 测量机导轨清洁和开关机

测量机导轨的清洁度会影响到工件测量精度,甚至还会影响到机器的工作寿命。测量前,必须用无纺布或无尘纸蘸无水乙醇(99.5%),顺着一个方向擦拭机器三个轴向的导轨,然后擦拭工作台;

测量机的启动与关闭,也是必须按照规范操作。

开机顺序:

a. 打开总气源,检查测量机三联体过滤器气压,0.4 或 0.45MPA,根据不同机型。

b. 打开控制柜开关、计算机开关、测座/测头控制器开关。

c. 操纵盒闪烁(控制柜自检),当自检完成后,按住"machine start"按钮加电,如果加不上电,请检查:气压是否足够? 紧急停是否松开?

d. 打开 PC-DMIS 软件,根据软件提示,确定后机器回零。

关机顺序

a. 将测头移动到机器左上前方,角度 A90B180(靠近机器零点)。

b. 保存程序(文件-保存),关闭软件(文件-退出 EXIT)。

c. 关闭控制柜开关,关闭计算机,关闭测座/测头控制开关(如果有)。

d. 关闭总气源(球阀)。

3. 工件图纸分析及清洁、装夹

如图 14-1 所示标准块图例,检测前需要根据图纸信息确定检测项目内容,并制定相应的装夹方案以保障测量。检测项目表如表 14-1 所示。

表 14-1 检测项目记录单

坐标检测项目					
零件名		图纸版本号		尺寸单位	
图样标注基准					
测量项目		所需测量特征			
距离的尺寸					
夹角的尺寸					
形状公差的尺寸					
位置公差的尺寸					

4. 新建零件程序

PC-DMIS 软件,新测量程序建立,步骤可参考如下:

1）选择"文件"—"新建"。

2）根据图纸输入"零件名"为"lab1_姓名缩写"、"修订号"和"版本号"。

3）选择单位，"毫米"，确认"接口"为"机器 1"，点击"确定"。

4）屏幕上跳出"测头工具"窗口，选择一个测头文件，点击"确定"关闭窗口。

5）在工具栏空白处，点击"右键"，调出常用的工具栏，保存一个窗口布局，如图 14-2。

图 14-2　软件工具栏界面

6）"文件"-"保存"，保存零件程序。

7）按照图 14-3 所示轨迹在标准球上练习操纵盒的移动、采点过程：

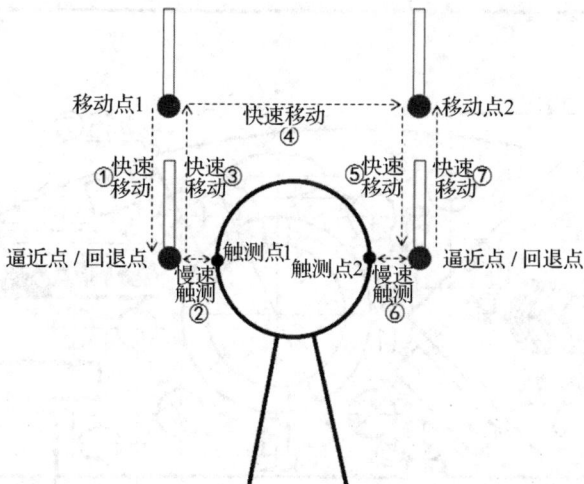

图 14-3　采点轨迹示意图

8）确认 SLOW 灯状态为灭，快速移动测头到"移动点 1"，按下 PRINT 键记录移动点；

9）快速移动到"逼近点"（触测点回退方向 5mm 左右位置），按下 SLOW 键，SLOW 灯亮，慢速触测"触测点 1"，然后回退到"回退点"，检查状态栏测点数为 1，按下 DONE 键生成"点 1"；

10）然后取消 SLOW，快速抬起到"移动点 1"，按下 PRINT 键记录移动点，然后快速移动到"移动点 2"，按下 PRINT 键记录移动点；

11）快速移动到"逼近点"（触测点回退方向 5mm 左右位置），按下 SLOW 键，SLOW 灯亮，慢速触测"触测点 2"，然后回退到"回退点"，检查状态栏测点数为 1，按下 DONE 键生成"点 2"，按照以上步骤在标准球的左、右、前、后、上各测量一个点，注意：快速移动，慢速触测，每一个点前后添加移动点。

任务二 三坐标测量机测头的校验

一、任务描述

测量前需要对测量所需的测头进行定义与校验。根据检测工件的图纸分析需要,确定检测的测针类型,并在 PC-DMIS 软件中设置测头定义以及各测量角度的校验。

二、任务分析

PC-DMIS 软件中测头定义操作主要功能包括:新建一个测头文件、定义校验工具、自动校验定义的测针、添加角度、校验测头。

分析图纸如图 14-4 所示,确定需要的测头角度有:A0B0,A90B180,A90B-90;

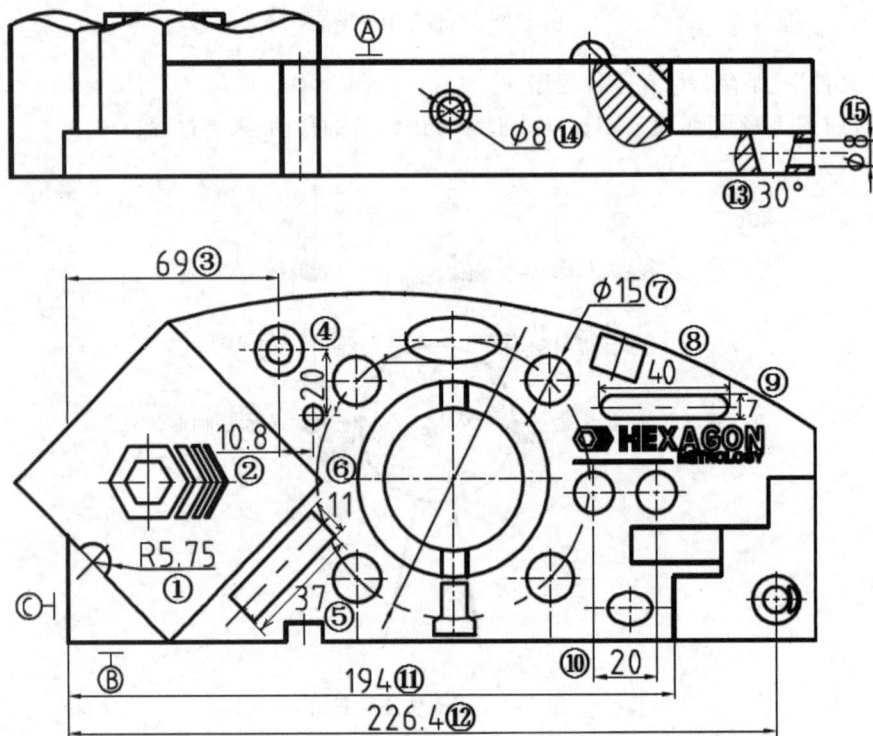

图 14-4 标准块示意图

三、任务实施

PC-DMIS 软件中测头相关操作可参考以下步骤。

1. 新建一个测头文件

1)选择"文件"——"新建",新建一个"零件名"为"LAB3_NAME"。

2)屏幕上将出现测头工具框窗口,图 14-5。如果不显示测头工具框,可以从"操作"下拉菜单中选择"校验/编辑,激活测头"。

3)在"测头工具"窗口中"测头文件"处输入测针配置"4BY20_NAME"。

在"测头说明"部分有两种情况:第一行显示"未定义测头"。如果是这样显示,选中"未定义测头"这一行,继续步骤 5;第一行如果已经包含第一个测头组件配置(如 TESASTAR-M),那么最后一行显示"空连接 1",选中"空连接 1"这一行,继续步骤 5。

4) 为了完成测头文件每个组件的配置,从机器 Z 轴底端到测针之间每个部分都需要定义。一个标准的测头配置由一个测座、(转接)、传感器和测针组成。实际配置取决于当前机器加载的测头组件。

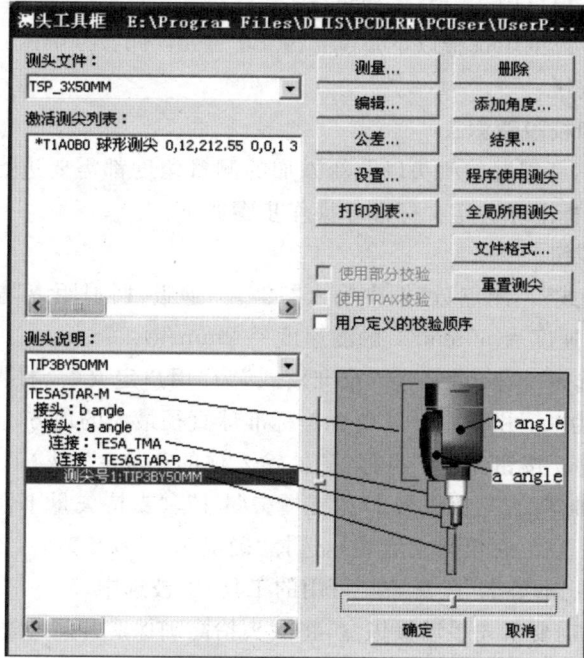

图 14-5　测头配置界面

a. 定义测座:
● 注意:如果第一行的描述已经包含测座,直接继续步骤 5。
● 单击三角下拉箭头,选择合适的测头类型,例如:TESASTAR-M、LSP-X5 等。
b. 如果有转接,必须定义。
● 选择该组件之前,确认"空连接 1"是选中状态。
● 单击三角下拉箭头,选择适合的转接组件,例如:TESA_TMA 转接。
c. 如果有传感器,也必须定义。
● 选择该组件之前,确认"空连接 1"是选中状态。
● 单击三角下拉箭头,选择适合的传感器名称,例如:TESASTAR-P、TESASTAR-MP 和 PROBE_TP200 等。
d. 定义测针。
● 选择该组件之前,确认"空连接 ♯1"是选中状态。
● 单击三角下拉箭头,选择适合的测针名称,例如:TIP2BY20MM 和 TIP3BY20MM 测针。

测头配置结束后,测针列表里会自动出现一个测头角度 T1A0B0。此时,测头文件新建步骤即完成。

2. 添加要校准的角度

分析图纸，工件特征测量除校验 A0B0 角度外，测量基准 B 平面上的圆孔需要 A90B180 角度，测量与基准 C 平行侧面上圆孔需要 A90B-90 角度，测量与基准 B 平面相对的圆弧面上圆孔需要 A90B0 角度。添加测量角度操作步骤如下：

1）从"测头工具"窗口中，选择"添加角度"。

2）从测头角度矩阵框中选择以下角度：A90B0、A90B-90、A90B180

3）点击"确定"按钮。

3. 定义标准球和校验新测头

为保证测量精度，新配置的测头以及新添加的测量角度都需要进行校准认定。校准过程是通过测针去触碰标准球。定义标准球操作步骤如下：

1）点击"测量"按钮。

2）选择"DCC 模式"，"测点数"框中输入"12"。"逼近/回退距离"输入 2.54。默认"移动和触测速度"（移动速度＝ 60mm/s，触测速度＝ 2mm/s）。

3）"操作类型"选择"校验测尖"。"校准模式"为"用户定义"。"层数"为"3 层"，"起始角"和"终止角"分别为"0°"和"90°"。0°位置是标准球直径最大的地方。

4）点击"添加工具"按钮，在"工具标识"处输入你的"name"，从"工具类型"下拉列表中选择"球体"，输入标准球的"支撑矢量 I"、"支撑矢量 J"、"支持矢量 K"（根据标准球实际位置计算），输入球体的直径（标准球上查看），选择"确定"。

5）确保名称为"您的姓名"工具，在"可用的工具"中被选中。

校准测头及角度需要事先手动操纵盒，将测头抬高确保避开障碍物，再如以下操作步骤逐步进行。

1）在"激活测尖列表"中选中 A0B0，然后按住"CTRL"键依次选中 A90B0、A90B-90、A90B180 角度。

2）选择右下角"测量"按钮。出现"是否校验所有角度？"，点击"是"。

3）接着出现"标定工具是否已经移动或测量机零点被更改？"选择"是-手动采点定位工具"。

4）然后会出现一个提示对话框"测尖将旋转到 T1A0B0"（注意测头抬高到安全位置），选择"确定"，测头旋转到 A0B0 角度。

5）用 A0B0 角度，在标准球的最高点测一点（前后左右去看）。

6）测完点后将测头稍抬高，确定慢速后，按操纵盒上"DONE"键继续。

7）当屏幕上出现"是否要将测头旋转到…"时，使用操纵盒将测头移动到安全位置，以便测头安全旋转。然后，选择"是"，测头将自动选择到即将校验的角度。

注意：观察校验完之后测头的移动路径是否安全移动。校验完成后，"测头工具"窗口将出现。

4. 查看校验结果

测头校验后，点击测头工具框中的"结果…"按钮，会弹出校验结果窗口，如图 14-6。在校验结果窗口中，用户需要查看 D 和 StdDev 两项的值是否超差，以确定本次校验是否可用。"D"是测针校验后的实测直径，略小于理论值。"StdDev"是形状误差，越小越好。根据经验 D 与理论值的偏差不大于 0.01mm,StdDev 不大于 0.005mm。

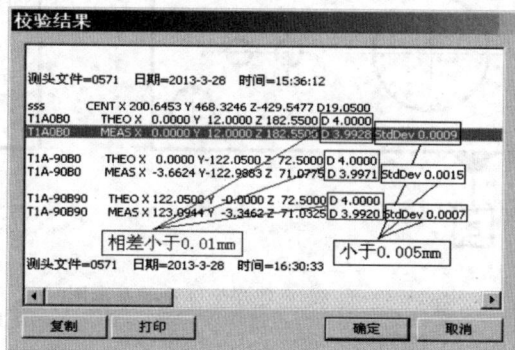

图 14-6　校验结果

项目二　零件坐标系的建立

任务三　手动建立坐标系(3-2-1 法)

一、任务描述

三坐标检测中,被测零件坐标系的建立是对其实施坐标检测和评价的基础。任务要求,如图 14-7 所示零件,在 PC-DMIS 软件中,通过手动操作建立起零件坐标系。

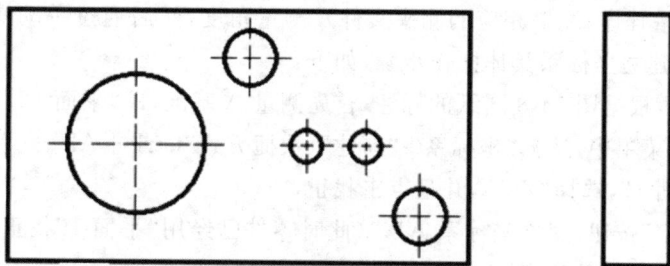

图 14-7　零件图纸

二、任务分析

通过图纸分析如图 14-8 所示,不难看出零件的 A、B、C 三个面可作为基准平面,因此可通过这三个面建立测量坐标系。PC-DMIS 软件中,建立坐标系的方法很多如:3-2-1 法、迭代法等,由图纸分析可知,该零件的坐标系可通过 3-2-1 法(面-线-点)建立坐标系。

再分析图纸,零件中的圆特征也可以作为基准元素,如图 14-9 所示,可通过 PC-DMIS 软件,以面-圆-圆为基准建立坐标系。

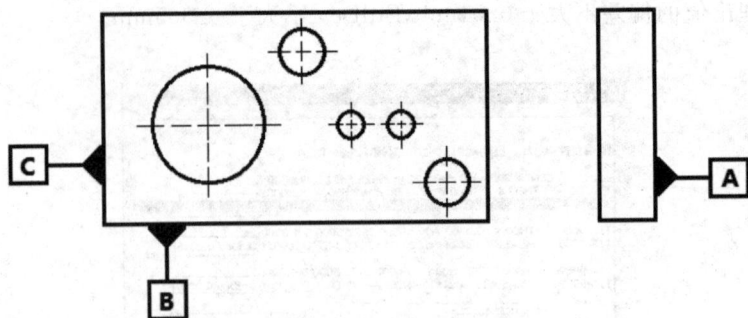

图 14-8　面-线-点建立坐标系的基准图

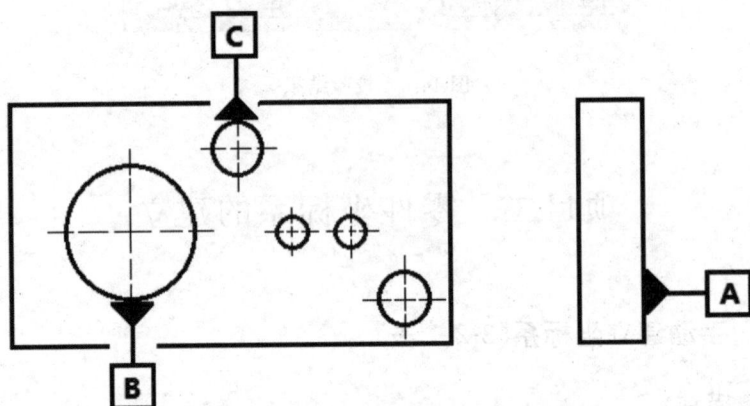

图 14-9　面-圆-圆建立坐标系的基准图

三、任务实施

1. 3-2-1 法手动建立坐标系——面-线-点

首先新建测量程序,配置相应的测头文件及测量角度,然后通过手动操作建立坐标系,软件中,面-线-点建立坐标系具体操作步骤,如下:

1) 分析图纸,根据图 14-8 图纸的标注,首先测量 A 基准,即"平面 1"。

2) 从"插入"菜单中,选择"坐标系"-"新建"(快捷方式"Ctrl ＋Alt ＋ A")。

3) 选中"平面 1",选择"Z＋",并且点击找正。

4) 点击"确定"按钮,建立坐标系 A1。(此时零件已经用"平面 1"找正第一轴向。这一步是测量二维特征的必要准备工作。)

5) 沿着 B 基准(工件前表面)方向,手动测量"直线 1"。

6) 按照图纸标注在 C 基准处取 1 点,即为"点 1"。

7) 在"插入"菜单,选择"坐标系"-"新建"(或者选用快捷方式"Ctrl ＋Alt ＋ A"),打开坐标系功能框。

8) 选中"直线 1",选择围绕"Z＋"旋转到"X＋",并且点击"旋转"按钮,再次选中"直线 1",在"原点"框中,勾上"Y",并且点击"原点"按钮。选中"点 1",在"原点"框中,勾上"X",并点击"原点"按钮。

9) 选中"平面 1",在"原点"框中,勾上"Z",并点击"原点"按钮。

10) 点击"确定"按钮,手动坐标系 A2 将建立成功。

注意：看屏幕右边"图形显示窗口"，会发现坐标系的 Z 轴原点是由平面 1 确定，Y 轴原点是直线 1 确定的，X 轴原点是点 1 确定的。

下面可以验证下建的坐标系是否正确，手动将测针移动到接近新建坐标系的原点处，观察状态栏右下角的 X、Y、Z 测针球心坐标值（或者选择快捷键"Ctrl ＋W"，打开测头读数窗口，观察 X、Y、Z 轴的数值），数值接近于 0、0、0，即原点正确。沿着 Z 方向向上走（X 和 Y 轴不动），发现右下角 Z 轴坐标值在逐步增大；再沿着 Z 方向向下走（X 和 Y 轴不动），发现右下角 Z 轴坐标值在逐步缩小，说明 Z 轴轴向没有问题，以此类推，依次沿着 X 和 Y 方向向上，向下移动，观察坐标值，检查 Y 轴和 X 轴的轴向是否正确。

2. 建立手动坐标系——面/圆/圆

PC-DMIS 软件中，面-圆-圆建立坐标系具体操作步骤，如下：

1) 根据上图图纸的标注，首先测量 A 基准，即"平面 2"。

2) 从"插入"菜单中，选择"坐标系"-"新建"（或者选用快捷方式"Ctrl ＋Alt ＋ A"），选中"平面 2"，选择"Z＋"，并且点击找正。

3) 选择"确定"按钮，建立坐标系 A3。（此时零件已经用"平面 2"找正第一轴向。这一步是测量二维特征的必要准备工作。）

4) 测量图纸上标注的 B 基准，即"圆 1"。

5) 测量图纸上标注的 C 基准，即"圆 2"。

6) 在"插入"菜单，选择"坐标系"-"新建"（或者选用快捷方式"Ctrl ＋Alt ＋ A"），打开坐标系功能框。

7) 同时选中"圆 1"和"圆 2"，旋转到"X＋"。

8) 选中"圆 1"，在"原点"框中，勾上"X"和"Y"，点击"原点"按钮。

9) 选中"平面 1"，在"原点"框中，勾上"Z"，点击"原点"按钮。

10) 点击"确定"按钮，手动坐标系 A4 将建立成功，如下图所示。

11) 看屏幕右边"图形显示窗口"，你会发现坐标系的 Z 轴原点是由平面 1 确定，Y 轴和 X 轴原点是点 1 确定的。

用面-圆-圆建立出来的坐标系如图 14-10 所示，我们需要把 A4 的坐标系轴向变换为和 A2 坐标系轴向一致，则需要做以下操作：

1) 从"插入"菜单中，选择"坐标系"-"新建"（快捷方式"Ctrl ＋Alt ＋ A"）。

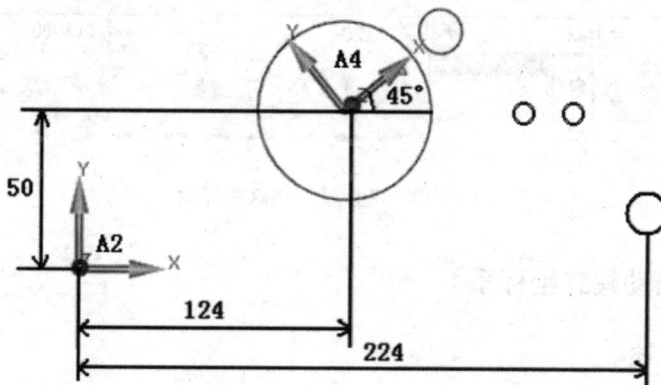

图 14-10　需旋转操作的坐标系

2）根据图纸分析，A4 坐标系轴向转换到 A1，需要围绕 Z 轴转−45°。

3）在"围绕"处右面的下拉菜单里选择"Z＋"，"偏转角度"框里输入"−45"，点击"旋转"按钮。

4）注意图形显示窗口坐标系轴向的转动。

5）单击"确定"，坐标系的轴向则转为和 A2 保持一致了，新坐标系 A5 建立成功，如图 14-11。

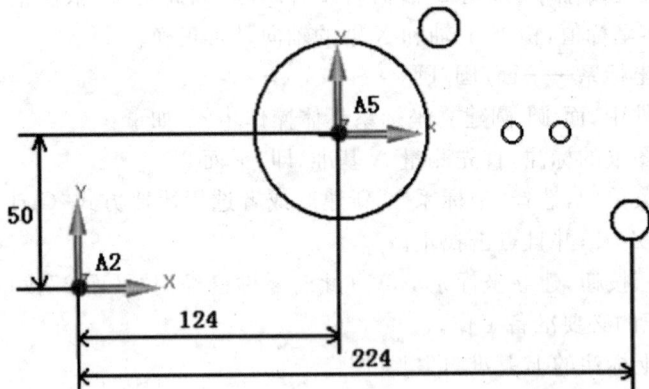

图 14-11　完成旋转的坐标系

完成旋转后，我们还需把 A5 坐标系的原点偏置到 A2 的原点处，需以下操作：

1）从"插入"菜单中，选择"坐标系"-"新建"（或者选用快捷方式"Ctrl ＋Alt ＋ A"）。

2）从图纸上读取到，A5 坐标系原点转换到 A2 的原点，需要在 X 方向偏置-124，Y 方向偏置-50。

3）在原点复选框选择"X"，"偏置距离"里输入"-124"，点击"原点"。

4）在原点复选框选择"Y"，"偏置距离"里输入"-50"，点击"原点"。

5）注意图形显示窗口坐标系原点的移动，单击"确定"，新坐标系 A6 建立成功。

所有建立的坐标系都存在于图 14-12 所示的坐标系下拉列表里，选择 A5，即可将坐标系将自动回调到 A5 坐标系下。

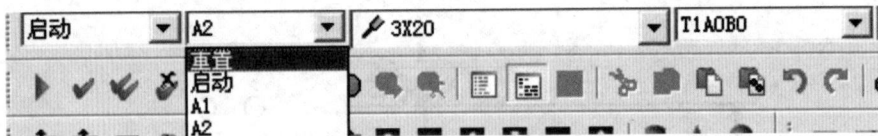

图 14-12　坐标系调用软件界面

任务四　自动建立坐标系

一、任务描述

任务要求，在如图 14-13 所示零件上，通过 PC-DMIS 软件的自动建立零件坐标系功能，建立零件坐标系。

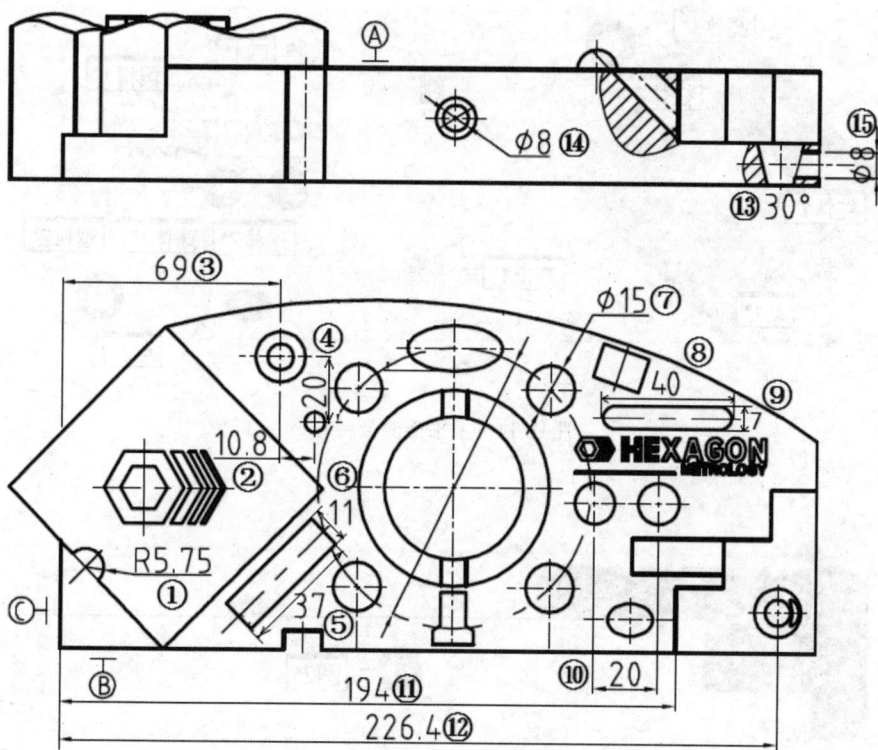

图 14-13　零件图

二、任务分析

1. 通过分析图纸,列举出所要测量尺寸

表 14-2　图例尺寸

序号	项目	尺寸(mm)	序号	项目	尺寸(mm)
1	内圆柱的半径	R5.75	8	外圆锥与外圆柱在 X 方向的距离	10.8
2	小圆的直径×5	15	9	外圆锥与外圆柱在 Y 方向的距离	20
3	方槽长度×宽度	37×11	10	小侧面距离基准 C 的距离	194
4	圆槽长度×宽度	40×7	11	内圆锥距离基准 C 的基准	226.4
5	内圆锥的锥角	30°	12	外圆锥离基准 C 的距离	69
6	Y-平面上小圆的直径	8	13	外球和内球的距离	20
7	X＋平面上小圆的直径	8			

2. 将图纸上的尺寸转换为相应几何特征的测量

如图 14-14 所示,上平面(Z＋工作平面)需测量的特征:

如图 14-15 所示,前平面(Y-工作平面)需测量的特征:

如图 14-16 所示,右平面(X＋工作平面)需测量的特征:

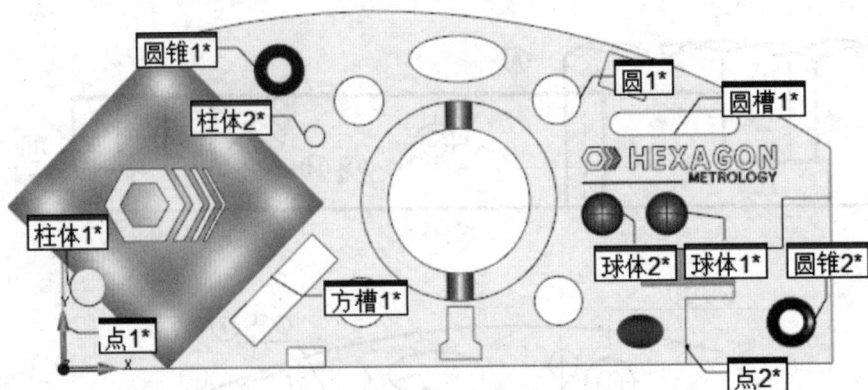

图 14-14　上平面测量特征

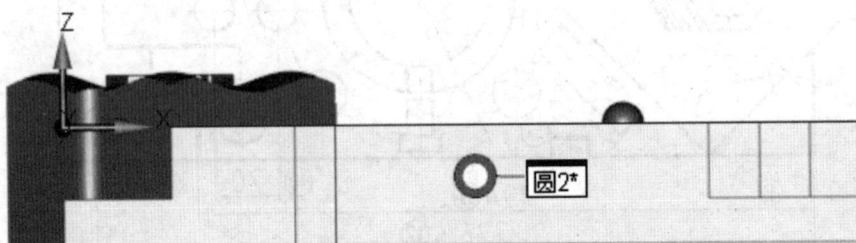

图 14-15　前平面测量特征

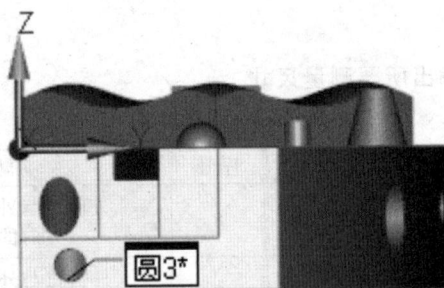

图 14-16　右平面测量特征

3. 根据要测量的几何特征选择合适的测头和摆放方式

根据要测量的几何特征尺寸、位置，选择合适的测针配置和测头角度。测针可配置：4BY20；测头角度可用：A0B0、A90B180、A90B-90。

4. 测量规划

a. 新建零件程序、加载测头

b. 手动坐标系(面线点)

c. 自动坐标系(面线线)

d. 测量上平面的几何特征(从左到右，从上往下)工作平面：Z+；

e. 测量前平面的几何特征工作平面:Y-;

f. 测量右平面的几何特征工作平面:X+;

g. 尺寸评价

h. 全部自动运行一遍

i. 输出测量报告

三、任务实施

首先根据测量规划新建零件程序,选择测头文件 4BY20_NAME,确定后默认测头角度为 A0B0。

3-2-1 法手动坐标系(面线点)已经在前面内容提及,通过测量平面1、直线1和点1建立手动坐标系可参见手动建立坐标系内容。

1. 3-2-1 法建立自动坐标系(面线线)

同样基于 3-2-1 法建立坐标系,PC-DMIS 软件还为用户提供了自动模式,具体操作步骤如下:

1) 在工具栏目中点击 DCC 模式按钮,进入自动模式。

2) 将测头移动到距离上表面 40mm 处,按"print"键加入一个安全点。

3) 手持操纵盒在工件上表面采集 4 点,按键盘上的"END"键,生成"平面 2",将测头沿 Z+方向移动 40mm,加入一个移动安全点。

4) 继续在工件的 Y-面上采集 4 点,生成"平面 3",注意在测量"平面 3"之前和之后上空 40mm 处,分别加入一个安全点。

5) 在工件 X-面上采集 4 点,生成"平面 4",注意在测量"平面 4"之前和之后,分别一个距离上表面 40mm 的安全点

完成操作后,视图框如图 14-17 所示,红点是测量点、绿点是安全点。

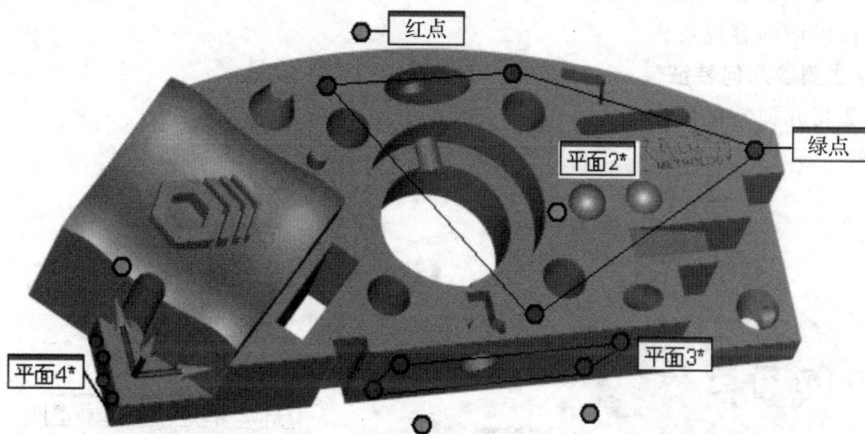

图 14-17 自动建立坐标系采点

6) 打开"插入"-"坐标系"-"新建"对话框,做以下操作:

7) 选中"平面 2",找正"Z+",再次选中"平面 2",勾上"Z",点击"原点"按钮;

8) 选中"平面 3",旋转"Y-",再次选中"平面 3",勾上"Y",点击"原点"按钮;

9）选中"平面4"，勾上"X"，点击"原点"按钮；

10）点击"确定"按钮，将生成自动坐标系。

11）将测头抬高到上表面的安全位置，鼠标的光标放在"编辑窗口"中"DCC模式"的后面，用"CTRL＋U"命令执行光标以下的程序，机器将自动测量参与建立自动坐标系的特征。

12）所有特征测完后，自动坐标系即准备可用。

看屏幕右边"图形显示窗口"，你会发现坐标系的Z轴原点是由平面2确定，Y轴原点是平面3确定的，X轴原点是平面4确定的。

测量规划中的几何特征测量、尺寸评价操作在后续内容会详细讲解，在此不作解释。

项目三　坐标测量及评价报告

任务五　手动测量几何特征

一、任务描述

在自动建立坐标系任务基础上，手动测量几何特征。任务要求，在如图14-13所示零件上，通过PC-DMIS软件，手动测量零件的几何特征。

二、任务分析

本任务分析与任务四相同，不再重复解析。

三、任务实施

首先根据测量规划新建零件程序，选择测头文件4BY20_NAME，确定后默认测头角度为A0B0，并添加所需其他测头角度如A90B180。通过3-2-1法手动或自动建立坐标系，操作方法已在前面内容提及。

1．手动测量几何特征

手动测量几何特征操作如下：

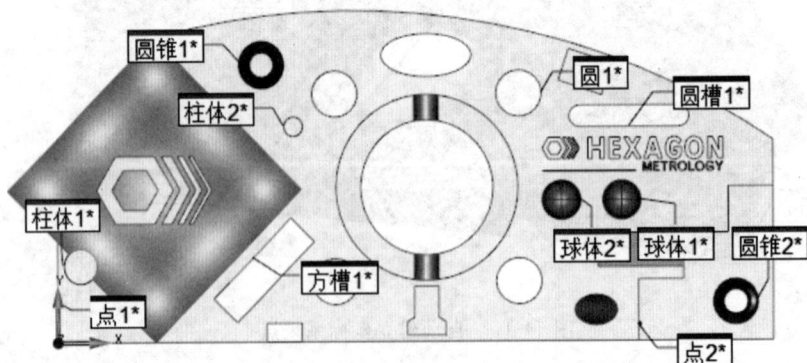

图14-18　Z＋工作平面需测量的特征

测量"点 1"要点:测点所在平面必须垂直于坐标系的一个轴向,矢量方向为测头回退的坐标轴方向。

步骤:移动测头到"点 1"上方,按 PRINT 键加一个移动点,然后往下运动到第 1 个测点回退方向 5mm 左右,按下 SLOW 键切换到慢速触测,触测后回退 5mm 左右,检查状态栏测点数为 1,按下 DONE 键生成"点 1",快速抬起到合适高度,加入一个移动点;

测量"柱体 1"要点:测量 2 层,每层 4 个点且尽量在一个高度上,测量范围尽量大,特征前后添加移动点,快速移动,慢速触测,矢量方向为第一层指向最后一层;

测量"圆锥 1"要点:测量 2 层,每层 4 个点且尽量在一个高度上,测量范围尽量大,特征前后添加移动点,快速移动,慢速触测,矢量方向为小圆指向大圆;

测量"柱体 2"要点:测量 2 层,每层 4 个点且尽量在一个高度上,测量范围尽量大,特征前后添加移动点,快速移动,慢速触测,矢量方向为第一层指向最后一层;

测量"方槽 1"要点:顺时针或逆时针,先在一条长边上测量 3 个点,然后在其他 3 条边上各测量 2 个点,尽量在一个高度上,测量范围尽量大,特征前后添加移动点,快速移动,慢速触测,矢量方向为投影平面的方向;

测量"圆 1"要点:顺时针或逆时针,测量 4 个点,尽量在一个高度上,测量范围尽量大,特征前后添加移动点,快速移动,慢速触测,矢量方向为投影平面的方向;

测量"圆槽 1"要点:分别在每段圆弧上测量 4 个点,尽量在一个高度上,测量范围尽量大,特征前后添加移动点,快速移动,慢速触测,矢量方向为投影平面的方向;

测量"球 1"要点:测量 9 个点 3 层,先在球顶附近测量 1 个点,然后在赤道附近测量 4 个点且尽量在一个高度上,然后在中间位置测量 4 个点且尽量在一个高度上,测量范围尽量大,特征前后添加移动点,快速移动,慢速触测,矢量方向为工作平面的方向;

测量"球 2"要点:测量 9 个点 3 层,先在球顶附近测量 1 个点,然后在赤道附近测量 4 个点且尽量在一个高度上,然后在中间位置测量 4 个点且尽量在一个高度上,测量范围尽量大,特征前后添加移动点,快速移动,慢速触测,矢量方向为工作平面的方向;

测量"点 2"要点:测点所在平面必须垂直于坐标系的一个轴向,矢量方向为测头回退的坐标轴方向;

测量"圆锥 2"要点:测量 2 层,每层 4 个点且尽量在一个高度上,测量范围尽量大,特征前后添加移动点,快速移动,慢速触测,矢量方向为小圆指向大圆;

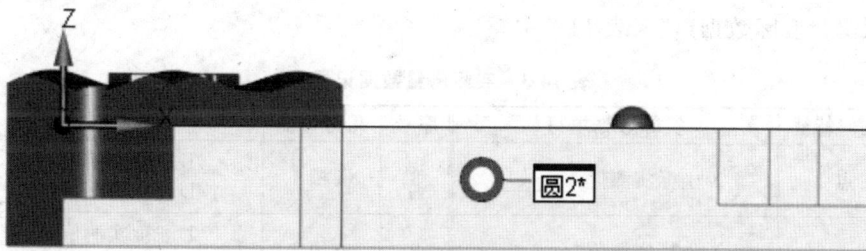

图 14-19　Y-工作平面需测量的特征

从图形显示窗口观察测量的元素,通过 ⊞ 或 CTRL＋Z 缩放到适合大小,通过 ▣ 切换

视图为 Z＋视图（俯视图）；确认程序窗口光标在程序末尾，切换当前工作平面为 Y-
X正 ▾ ，切换测头角度为 A90B180 T1A90B-90 ▾ ，沿着 Y-方向移动测头到最前边，按
PRINT 键加移动点；

测量"圆 2"要点：顺时针或逆时针，测量 4 个点，尽量在一个高度上，测量范围尽量大，特征前后添加移动点，快速移动，慢速触测，矢量方向为投影平面的方向，注意切换工作平面到所在投影方向；

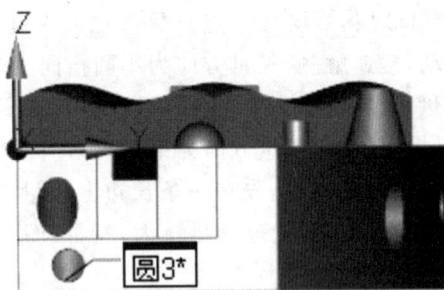

图 14-20　X＋工作平面需测量的特征

从图形显示窗口观察测量的元素，通过 ✥ 或 CTRL＋Z 缩放到适合大小，通过 ▱ 切换视图为 X＋视图（右视图），确认程序窗口光标在程序末尾，切换当前工作平面为 X＋
X正 ▾ ，切换测头角度为 A90B-90 T1A90B-90 ▾ ，沿着 X＋方向移动测头到最右边，按
PRINT 键加移动点；

测量"圆 3"要点：顺时针或逆时针，测量 4 个点，尽量在一个高度上，测量范围尽量大，特征前后添加移动点，快速移动，慢速触测，矢量方向为投影平面的方向，注意切换工作平面到所在投影方向；

注意：对于点、直线、平面、圆、圆柱、圆锥、球，使用自动推测时如果软件推测错误，可以使用替代推测来转换特征类型，对于方槽、圆槽，如果软件推测错误，建议选择指定特征类型测量；

2. 读取实测尺寸

读取测量实际数据，填入表 14-3 中。

表 14-3　实际测量数据记录单

序号	几何特征	实际数据填写	序号	几何特征	实际数据填写
1	点 1	X 坐标实测值：_____	8	圆槽 1	L 长度实测值：_____ D 宽度实测值：_____
2	点 2	X 坐标实测值：_____	9	方槽 1	L 长度实测值：_____ D 宽度实测值：_____
3	柱体 1	D 直径实测值：_____	10	球 1	X 坐标实测值：_____
4	柱体 2	X 坐标实测值：_____ Y 坐标实测值：_____	11	球 2	X 坐标实测值：_____

序号	几何特征	实际数据填写	序号	几何特征	实际数据填写
5	圆 1	D 直径实测值：_____	12	圆锥 1	X 坐标实测值：_____ Y 坐标实测值：_____
6	圆 2	D 直径实测值：_____	13	圆锥 2	X 坐标实测值：_____ A 锥角实测值：_____
7	圆 3	D 直径实测值：_____			

3. 测量报告

根据上面的实测尺寸填写表 14-4 测量报告，保留 3 位小数，合格打勾，超差打叉：

表 14-4　测量报告

序号	标称值 NOM	上公差＋TOL	下公差-TOL	实测值 MEAS	偏差 DEV	超差 OUTTOL
1	5.75	＋0.3	－0.3			
2	10.8	＋0.3	－0.3			
3	69	＋0.3	－0.3			
4	20	＋0.3	－0.3			
5	37	＋0.3	－0.3			
6	11	＋0.3	－0.3			
7	15	＋0.3	－0.3			
8	40	＋0.3	－0.3			
9	7	＋0.3	－0.3			
10	20	＋0.3	－0.3			
11	194	＋0.3	－0.3			
12	226.4	＋0.3	－0.3			
13	30	＋0.2	－0.2			
14	8	＋0.3	－0.3			
15	8	＋0.3	－0.3			

任务六　自动测量几何特征

一、任务描述

在如图 14-21 所示零件上，通过 PC-DMIS 软件，自动检测模式测量零件的几何特征。

二、任务分析

1. 分析图纸，明确需要测量的形位尺寸

表 14-5　图中所列形位尺寸

序号	项目	尺寸(mm)	序号	项目	尺寸(mm)
1	位置度	0.3	5	圆柱度	0.5
2	直线度	0.3	6	垂直度	0.6
3	圆度	0.3	7	圆跳动	0.4
4	同轴度	0.3			

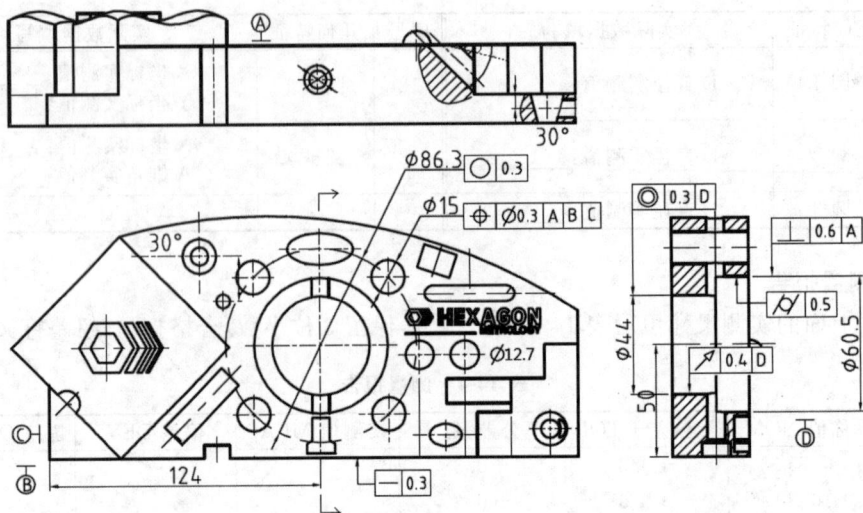

图 14-21　零件图

2. 将需评价尺寸转化为需要测量的元素

如图 14-22,图 14-23 所示:

按 Z＋方向

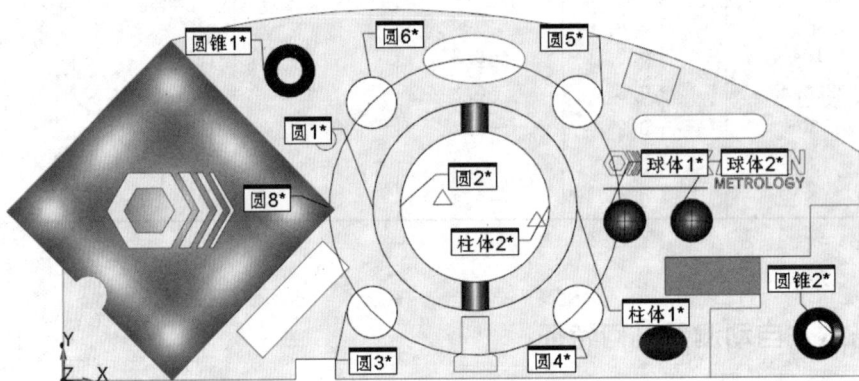

图 14-22　上平面测量特征

按 Y-方向

3. 根据要测量的几何特征选择合适的测针、测头角度

根据要测量的几何特征尺寸、位置,选择合适的测针配置和测头角度。测针可配置:4BY20;测头角度可用:A0B0、A90B180。

三、任务实施

首先根据测量规划新建零件程序,选择测头文件 4BY20_NAME,确定后添加测头角度A0B0、A90B180。通过 3-2-1 法手动或自动建立坐标系,操作方法已在前面内容提及。

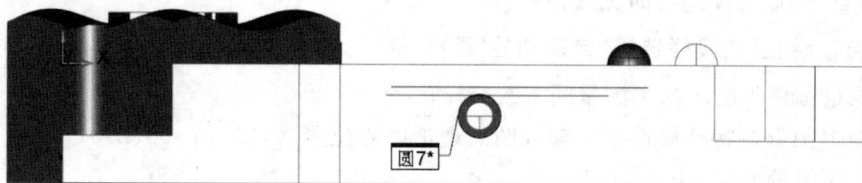

图 14-23　前平面测量特征

1. 没有 CAD 自动特征

从"自动特征"工具栏选择"自动圆"图标 。

a. 根据图纸在特征属性框中输入圆的理论中心位置 X:124、Y:50、Z:0;

b. 曲面矢量 I:0、J:0、K:1;

c. 角度矢量 1、0、0;

d. 内/外类型:内;

e. 直径:60.5;

f. 设置"测点"为 4,"深度"为 2;

g. "样例点"输入"0","间隙"输入"0";

h. "避让距离"选"两者","距离"设为"30";

i. 检查各参数正确与否,点击"创建"按钮,此时机器将会自动测量圆 1。

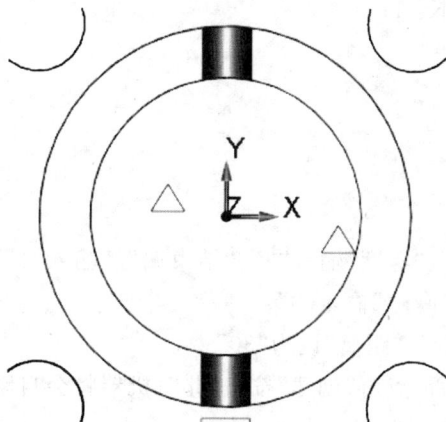

图 14-24　自动圆示意图

采用同样方式,测量中心位置为 X:124、Y:50、Z:-15 的圆 2;中心位置为 X:93.5、Y:19.5、Z:0 的圆 3。

通过阵列方式测量圆 4、圆 5、圆 6。

a. 通过坐标系平移方式,将坐标系平移至圆 2 圆心,坐标系 ID 为 A5;

b. 选中圆 3,单击右键选择"复制",点击工具栏"编辑",选择"阵列",在阵列设置对话框中设置角度为"90",偏转次数为"3",点击"编辑",选择"阵列粘贴";

c. 在程序窗口可以看到圆 4、圆 5、圆 6 被创建完毕,此时在每一个特征程序末尾插入一个移动点,保证程序运行时无碰撞干涉。

从"自动特征"工具栏选择"自动圆柱"图标

a. 测量圆柱 1 的步骤和测量圆大致一样;

b. 根据图纸在特征属性框中输入圆的理论中心位置 X:124、Y:50、Z:0;

c. 曲面矢量 I:0、J:0、K:1;

d. 角度矢量 1、0、0;

e. 内/外类型:内;

f. 直径:60.5;

g. 圆柱长度:10;

h. "每层测点"输入"4"、"深度"输入"3"、"结束偏置"输入"3"、"层数"输入"2"、"螺距"输入"0";

i. "样例点"输入"0","间隙"输入"0";

j. "避让距离"选"两者","距离"设为"30";

k. 检查各参数正确与否,点击"创建"按钮,此时机器将会自动测量圆柱;

l. 通过同样方式自动测量圆柱 2。

从"自动特征"工具栏选择"自动圆锥"图标

a. 测量圆锥的步骤和测量圆柱大致一样;

b. 根据图纸在特征属性框中输入圆锥的理论中心位置 X:69、Y:90、Z:0;

c. 曲面矢量 I:0、J:0、K:-1;

d. 角度矢量:1、0、0;

e. 内/外类型:外;

f. 直径:15.5;

g. 角度:30;

h. 圆锥长度:14;

i. "每层测点"输入"4"、"深度"输入"3"、"结束偏置"输入"4"、"层数"输入"2";

j. "样例点"输入"0","间隙"输入"0";

k. "避让距离"选"两者","距离"设为"30";

l. 检查各参数正确与否,点击"创建"按钮,此时机器将会自动测量圆锥;

m. 上述步骤去测量圆锥 2。

从"自动特征"工具栏选择"自动球"图标

a. 根据图纸在特征属性框中输入圆锥的理论中心位置 X:168.5、Y::45.66、Z:0;

b. 曲面矢量:I:0、J:0、K:1;

c. 角度矢量:100;

d. 内/外类型:外;

e. 直径:12.7;

f. 起始角 0、终止角:360,起始角 2:0、终止角 2:90;

g. "总测点数"输入"9"、"行数"输入"3";

h. "样例点"输入"0","间隙"输入"0";

i. "避让距离"选"两者","距离"设为"30";

j. 检查各参数正确与否,点击"创建"按钮,此时机器将会自动测量球;

k. 上述步骤去测量球 2。

设置当前工作平面为 Y-,设置移动点,调用测头角度 A90B180,保证测头在转换角度时,无碰撞、干涉,采用自动测量圆的方式,测量圆 7,如图 14-25 所示。

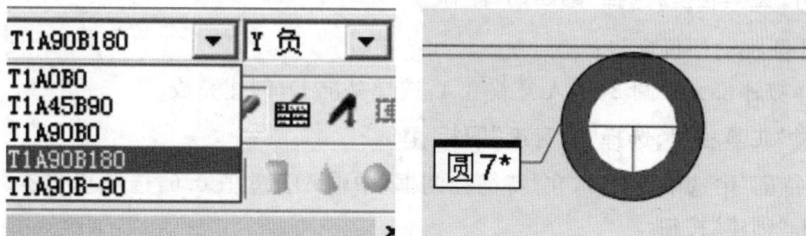

图 14-25　圆 7 测量示意图

2. 尺寸评价

从"尺寸"工具栏里,选择"位置度"图标 ⊕

a. 屏幕上跳出位置度评价框,首先设置"特征控制框"标签里的内容;

b. 点击"定义基准"按钮,在跳出的"基准定义"框里设置基准;

c. 根据图纸,选中所测的平面 2,设为基准 A,直线 2 设为基准 B、直线 3 设为基准 C,基准创建完成后点击"关闭";

d. 在"特征控制框"的标签里,选中"圆 5";

e. 在"特征控制编辑器"里分别填入公差"0.3",基准处分别选中定义的基准 A、基准 B 和基准 C,创建完成圆 5 的位置度评价。

从"构造特征"工具栏里,选择"构造圆"图标 ⊙

a. 屏幕跳出"构造圆"功能框,设置 ID"圆 8";

b. 在右边特征列表里选择"圆 3、圆 4、圆 5、圆 6";

c. "2 维线"处打勾,构造方法的三角下拉菜单里选择"最佳拟合";

d. 点击右下角"创建",此时编辑窗口和图形显示窗口将分别出现圆 8 的程序和图形。

从"尺寸"工具栏里,选择"圆度"图标 ◯

a. 屏幕上跳出圆度评价框,首先设置"特征控制框"标签里的内容;

b. 在特征栏选中构造的圆 8,输入公差 0.3,圆 8 圆度尺寸评价创建完毕。

从"尺寸"工具栏里,选择"直线度"图标 ▬

a. 屏幕上跳出直线度评价框,首先设置"特征控制框"标签里的内容;

b. 在特征栏选中直线 2,输入公差 0.3,直线 2 直线度尺寸评价创建完毕。

从"尺寸"工具栏里,选择"同轴度"图标 ◎

a. 在"特征控制框"里,点击"定义基准";

b. 在跳出的"基准定义"框里,根据图纸,选中所测的圆柱 1;

c. 点击"创建",基准 D 创建成功,关闭"基准定义"框;

d. 返回"特征控制框"的标签里,选中圆柱"2"输入公差值 0.3;

e. 点击"创建"按钮。

从"尺寸"工具栏里,选择"圆柱度"图标 ⚑

a. 在"特征控制框"的标签里,选中圆柱"1",输入公差值 0.5;

b. 点击"创建"按钮。

从"尺寸"工具栏里,选择"圆跳动"图标 ⟋

a. 打开圆跳动评价窗口;

b. 选择被评价元素圆 2,输入公差 0.4,选择基准 D,创建完成。

从"尺寸"工具栏里,选择"垂直度"图标 ⊥

a. 在"特征"中选中圆柱 1,在"特征控制框"中输入公差值 0.6,选择基准 A;

b. 点击"创建"按钮。

从"尺寸"工具栏里,选择"位置"图标 ⊞

a. 在左边特征里,选中测量圆 7。

b. 在"坐标轴"选择框,选择"X"。

c. 在"公差"处,"轴"框里选择为"ALL",输入上公差"0.3"和下公差"-0.3",点击"创建",然后"关闭"。

3. 打印报告

a. 从"文件"菜单,选择"打印"-"报告窗口打印设置"选择"确定"。

2. 在"将报告输出到"处勾上"文件",然后点击"浏览"按钮,选择"D:/report"位置。

b. 选择"提示"输出方式。

c. 选择"PDF"格式。

d. "输出选项"在"打印背景色"处打钩。

e. 点击"确定"按钮。

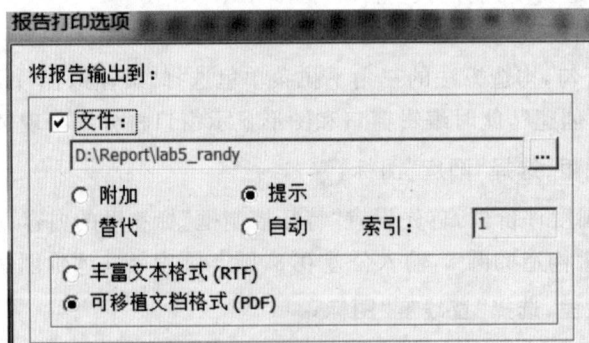

图 14-26　报告输出对话框

任务七　尺寸评价

一、任务描述

如图 14-27 所示零件,通过 PC-DMIS 软件,软件评价测量零件的几何特征的尺寸。

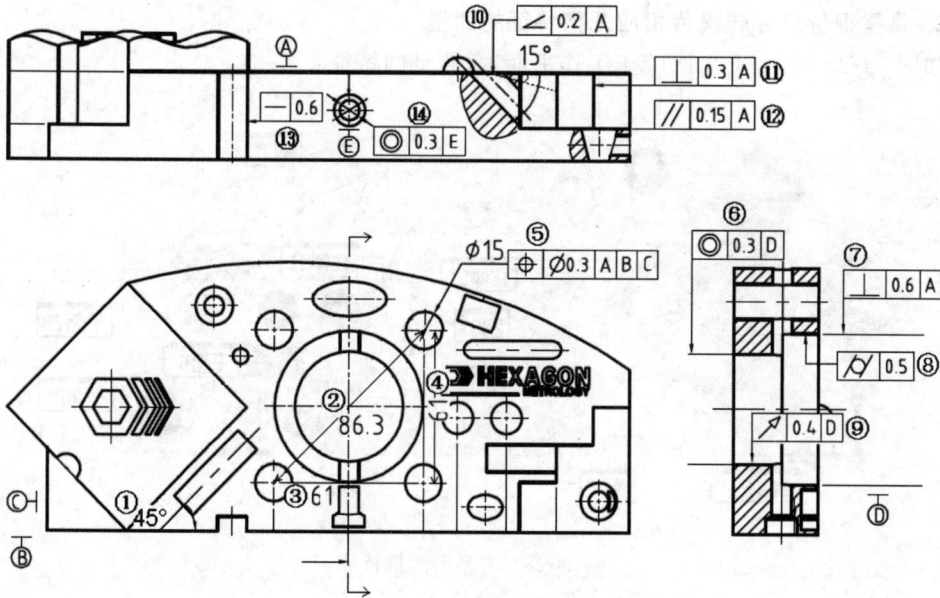

图 14-27　测量零件图

二、任务分析

1. 通过分析图纸,明确需要测量的尺寸

表 14-6　测量项目记录表

序号	项目	尺寸	序号	项目	尺寸
1	方槽与 X 轴的夹角	45°	9	中间大圆柱(基准 D)相对于基准 A 的垂直度	⊥ 0.6 A
2	两个小圆的圆心距离	86.3	10	中间大圆柱(基准 D)的圆柱度	⌀ 0.5
3	两个小圆在 X 方向上距离	61	11	⌀60.5 圆柱的圆柱度	⌀ 0.5
4	两个小圆在 Y 方向上距离	61	12	中间的小圆相对于基准 D 的圆跳动	↗ 0.4 D
5	⌀15 圆的位置度	⊕ ⌀0.3 A B C	13	角度为 15°的小斜面相对于基准 A 的倾斜度	∠ 0.2 A
6	中间小圆柱相对于基准 D 的同轴度	◎ 0.3 D	14	小侧面相对于基准 A 的垂直度	⊥ 0.3 A
7	前平面两个小圆的同心度	◎ 0.3 E	15	高度为-22 的小平面相对于基准 A 的平行度	∥ 0.15 A
8	凹口槽右边小窄面的直线度	— 0.6			

2. 将需评价尺寸转换为相应几何特征的测量

如图 14-28 所示,上平面(Z+工作平面)需测量的特征:

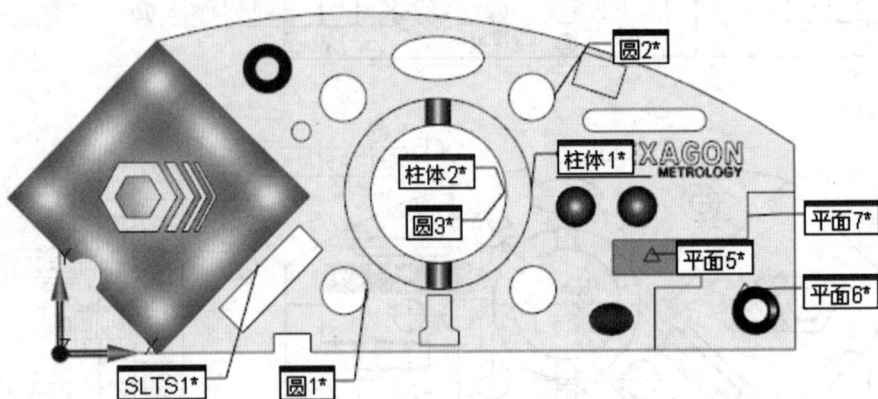

图 14-28　上平面测量特征

如图 14-29 所示,前平面(Y-工作平面)需测量的特征:

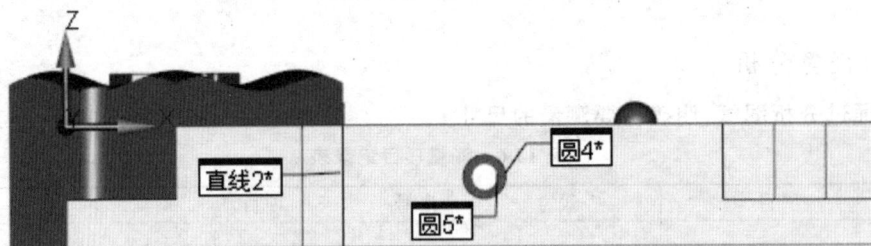

图 14-29　前平面测量特征

3. 据要测量的几何特征选择合适的测针、测头角度

根据要测量的几何特征尺寸、位置,选择合适的测针配置和测头角度。测针可配置:
4BY20;测头角度可用:A0B0、A90B180。

4. 测量规划

a. 新建零件程序、加载测头

b. 手动坐标系(面线点)

c. 自动坐标系(面线线)

d. 测量上平面的几何特征(从左到右,从上往下);工作平面:Z+

e. 测量前平面的几何特征;工作平面:Y-

f. 测量右平面的几何特征;工作平面:X+

g. 尺寸评价

h. 全部自动运行一遍

i. 输出测量报告

三、任务实施

首先根据测量规划新建零件程序,选择测头文件 4BY20_NAME,确定后添加测头角度 A0B0、A90B180。通过 3-2-1 法手动或自动建立坐标系,操作方法已在前面内容提及。

1. 手动测量特征

1) 按照测量规划,首先测量 Z+工作平面上的特征,调用 A0B0 角度,设置当前工作平面为 Z+。

2) 手持操纵盒在工件的上表面,依次测量 SLTS1(方槽 1)、圆 1、圆 2、圆 3、柱体 1、柱体 2、平面 5、平面 6 和平面 7,注意在测量任何一个特征前和后都必须加一个移动安全点(按操纵盒上的 print 按钮),保证自动测量时特征与特征之间的测量路径不发生碰撞。

3) 将测头沿 Z+抬高 200mm,调用 A90B180,设置当前工作平面为 Y-。

4) 手持操纵盒在工件的 Y-面上,依次测量圆 4、圆 5 和直线 2,同样在测量任何一个特征的前和后都必须加一个移动安全点,保证测量路径安全。

2. 距离、夹角、形状和位置公差评价

方槽与 X 轴的夹角 45°

1) 设置当前工作平面为 Z+。

2) 从"尺寸"工具栏里,选择"夹角"图标 ◢。

3) 在左边特征里,选中特征"SLTS1",输入"上公差"0.3 和"下公差"-0.3,"标称值"45,"角度类型"选 2 维,"关系"按 X 轴,其他设置默认。

4) 点击"创建",然后"关闭","报告窗口"会出现评价结果。

两个小圆的圆心距离 86.3;两个小圆在 X 方向上距离 61;两个小圆在 Y 方向上距离 61

1) 从"尺寸"工具栏里,选择"距离"图标 ⊢━┤。

2) 在左边特征里,选中特征"圆 1"和"圆 2",输入"上公差"0.2 和"下公差"-0.2,"标称值"86.3,"距离类型"选 2 维,其他设置默认。点击"创建","报告窗口"会出现圆 1 和圆 2 的圆心距离评价结果。

3) 继续打开"距离"评价框,在左边特征里,选中特征"圆 1"和"圆 2",输入"上公差"0.2 和"下公差"-0.2,"标称值"61,"距离类型"选 2 维,"关系"选择按 X 轴,"方向"选择平行于,其他设置默认。点击"创建","报告窗口"会出现圆 1 和圆 2 的在 X 方向上的距离评价结果。

4) 再次打开"距离"评价框,在左边特征里,选中特征"圆 1"和"圆 2",输入"上公差"0.2 和"下公差"-0.2,"标称值"61,"距离类型"选 2 维,"关系"选择按 Y 轴,"方向"选择平行于,其他设置默认。点击"创建","报告窗口"会出现圆 1 和圆 2 的在 Y 方向上的距离评价结果。

φ15 圆的位置度 ⊕ Ø0.3 A B C

1) 从"尺寸"工具栏里,选择"位置度"图标 ⊕,评价圆 2 的位置度。

2) 在"位置度"框中,点击"定义基准"按钮,在出现的"基准定义"框中,选中"平面 2","基准"处输入 A,点击"创建";选中"平面 3","基准"处输入 B,点击"创建";选中"平面 4","基准"处输入 C,点击"创建",然后"关闭"。

3) 在"位置度"框中的左边特征列表里,选中"圆 2"。

4）在特征控制框编辑器里的"公差"处，输入 0.3，在标有"dat"的位置分别选择基准 A、基准 B 和基准 C。

5）在"高级"标签中，最下面的位置度选项中，选择"当前坐标系"，修改 X、Y 理论值分别为 154.5 和 80.5，然后点击"创建"。

中间小圆柱相对于基准 D 的同轴度 $\boxed{\odot}\boxed{0.3}\boxed{D}$

1）从"尺寸"工具栏里，选择"同轴度"图标 ⊚，评价柱体 2 和柱体 1 的同轴度。

2）在"同轴度"框中，点击"定义基准"按钮，在出现的"基准定义"框中，选中"柱体 1"，"基准"处输入 D，点击"创建"，然后"关闭"。

3）在"同轴度"框中的左边特征列表里，选中"柱体 2"。

4）在特征控制框编辑器里的"公差"处，输入 0.3，在标有"dat"的位置选择基准 D。

5）检查其他参数无误，点击"创建"，然后"关闭"。

中间大圆柱(基准 D)相对于基准 A 的垂直度 $\boxed{\perp}\boxed{0.6}\boxed{A}$

1）从"尺寸"工具栏里，选择"垂直度"图标 ⊥，评价柱体 1 和平面 2 的垂直度。

2）在"垂直度"框中的左边特征列表里，选中"柱体 1"。

3）在特征控制框编辑器里的"公差"处，输入 0.3，在标有"dat"的位置选择基准 A。

4）检查其他参数无误，点击"创建"，然后"关闭"。

中间大圆柱(基准 D)的圆柱度 $\boxed{/\!\!\!\diagup}\boxed{0.5}$

1）从"尺寸"工具栏里，选择"圆柱度"图标 ⌀，评价柱体 1 的圆柱度。

2）在左边特征里，选中测量"柱体 1"。

3）在"公差"处，输入 0.5，其他设置默认，点击"创建"，然后"关闭"。

中间的小圆相对于基准 D 的圆跳动 $\boxed{\nearrow}\boxed{0.4}\boxed{D}$

1）从"尺寸"工具栏里，选择"圆跳动" ↗ 图标，评价圆 3，与柱体 1 的圆跳动。

2）在左边特征列表里，选中"圆 3"。

3）在特征控制框编辑器里的"公差"处，输入 0.4，在标有"dat"的位置选择基准 D。

4）检查其他参数无误，点击"创建"，然后"关闭"。

角度为 15° 的小斜面相对于基准 A 的倾斜度 $\boxed{\angle}\boxed{0.2}\boxed{A}$

1）从"尺寸"工具栏里，选择"倾斜度"图标 ∠，评价平面 5 与平面 2 的倾斜度。

2）在左边特征列表里，选中"平面 5"。

3）在特征控制框编辑器里的"公差"处，输入 0.2，在标有"dat"的位置选择基准 A，在"高级"标签里设定理论值为 15°。

4）检查其他参数无误，点击"创建"，然后"关闭"。

小侧面相对于基准 A 的垂直度 $\boxed{\perp}\boxed{0.3}\boxed{A}$

1）从"尺寸"工具栏里，选择"垂直度"图标 ⊥，评价平面 7 与平面 2 的垂直度。

2）在左边特征列表里，选中"平面 7"。

3）在特征控制框编辑器里的"公差"处，输入 0.3，在标有"dat"的位置选择基准 A。

4）检查其他参数无误，点击"创建"，然后"关闭"。

高度为-22 的小平面相对于基准 A 的平行度 // 0.15 A

1）从"尺寸"工具栏里，选择"平行度" // 图标，评价平面 6 与平面 2 的平行度。

2）在左边特征列表里，选中"平面 6"。

3）在特征控制框编辑器里的"公差"处，输入 0.15，在标有"dat"的位置选择基准 A。

4）检查其他参数无误，点击"创建"，然后"关闭"。

前平面两个小圆的同心度 ◎ 0.3 E

1）从"尺寸"工具栏里，选择"同心度"图标 ◎，评价圆 4 和圆 5 的同心度。

2）在"同心度"框中，点击"定义基准"按钮，在出现的"基准定义"框中，选中"圆 4"，"基准"处输入 E，点击"创建"，然后"关闭"。

3）在"同轴度"框中的左边特征列表里，选中"圆 5"。

4）在特征控制框编辑器里的"公差"处，输入 0.3，在标有"dat"的位置选择基准 E。

5）检查其他参数无误，点击"创建"，然后"关闭"。

凹口槽右边小窄面的直线度 — 0.6

1）从"尺寸"工具栏里，选择"直线度"图标 —，评价直线 2 的直线度。

2）在左边特征里，选中测量"直线 2"。

3）在"公差"处，输入 0.6，其他设置默认，点击"创建"，然后"关闭"。

3. 报告模板设置

1）点击菜单栏"窗口"，切换至图形显示窗口。

2）在报告窗口第一栏处，有六个图标 [目 眢 昱 圛 昱 昙] 分别对应六种报告模板，可单击图标进行不同报告模板之间的切换，其中，最后一个图标对应的是纯文本格式的报告 [目 眢 昱 圛 昱 圇]。

3）在报告出单击右键，选择"编辑对象"。

a. 在出现的参数设置界面中，可将尺寸评价的行、列进行筛减，将前面的钩号去掉，则对应的内容将不再显示，如图 14-30 所示；

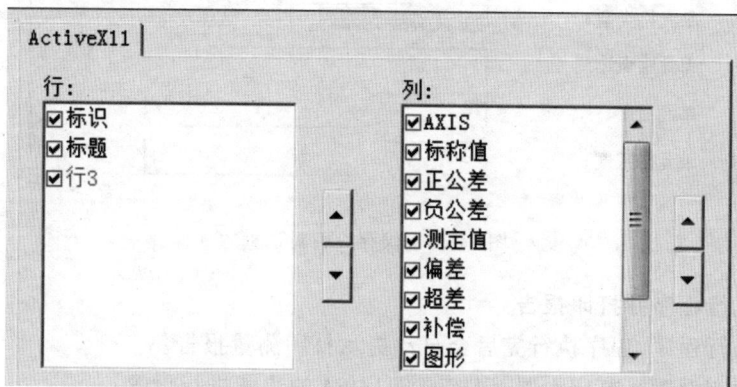

图 14-30　参数设置对话框

b. 如图 14-31 所示，选择"这个标签"，则上述 a 的设置只针对当前光标处的单个尺寸评价有效；选择"本页所有相似标签"，则 a 的设置针对当前页码的报告有效；选择"本章节所有相似标签"，则 a 的设置对当前程序生成的所有报告有效。

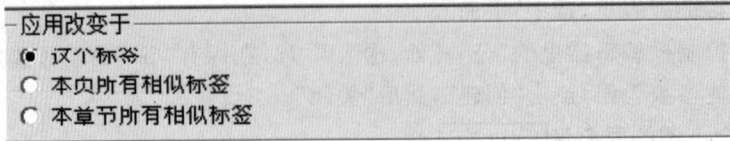

图 14-31　标签对话框

4）修改表头标签 LOGO。

a. 在 PC-DMIS 默认安装路径下找到一个名为 Reporting 的文件夹，将此文件夹备份；

b. 单击"文件"中"报告模板"，选择"编辑""标签模板"，出现"Reporting"文件夹；

c. 在该文件夹中找到名为"FILE HEADER"的文件，选中该文件 FILE_HEADER.LBL ，点击"打开"，此时报告窗口显示，如图 14-32 所示：

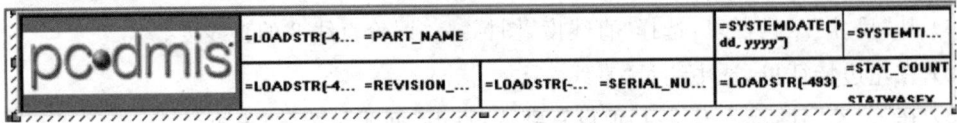

图 14-32　报告显示

c. 在左边的 PC-DMIS 标志处点击右键，出现如图 14-33 所示对话框：点击单元格类型右边的选择按钮，可打开 jpg、bmp 等格式的图片，点击确定后，即可完成报告表头标签 LOGO 的修改。

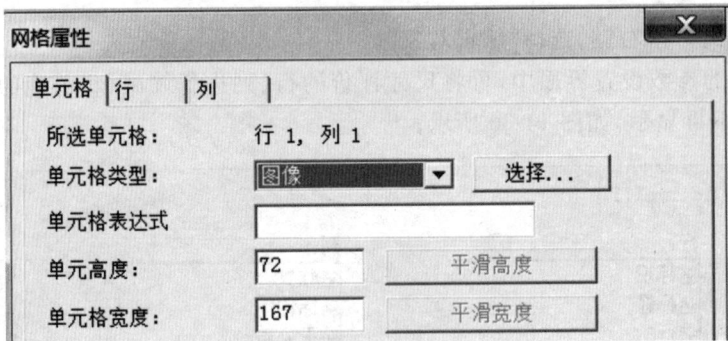

图 14-33　保存设置对话框

4．自动执行程序并打印报告

1）自动执行程序，程序执行完后会自动提示打印测量报告。

2）如果没有设置好打印设置，请按照图 14-34 的步骤进行设置；

图 14-34　报告输出

项目四　三坐标检测进阶应用

任务八　PC-DMIS 软件构造特征

一、任务描述

如图 14-35 所示零件,要求通过 PC-DMIS 软件中构造功能,评价零件中无法被直接测量的几何特征尺寸。

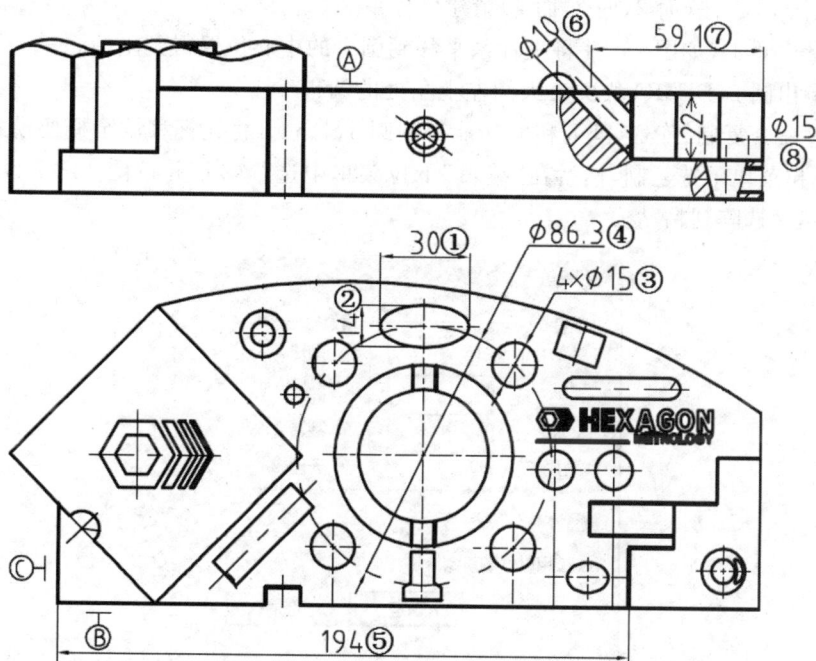

图 14-35　零件尺寸图

二、任务分析

任务分析已经在上面练习中反复提及,在此不再重复介绍。根据任务要求,将测量尺寸转换为需要测量的元素,如图 14-36 所示。

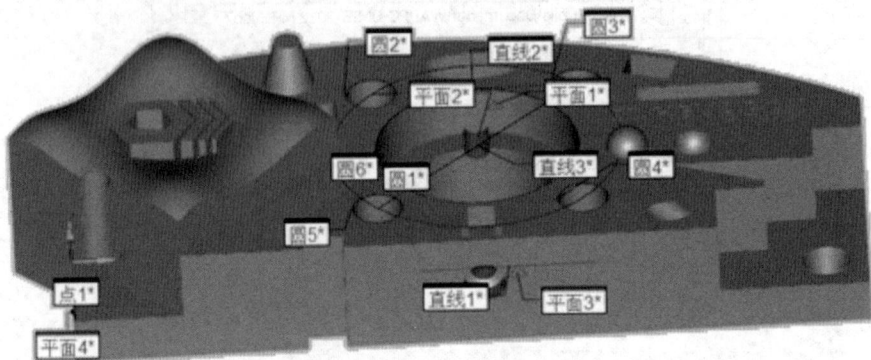

图 14-36 分析转化成测量元素

三、任务实施

1. 新建测量文件并测量相应元素

1)从"文件"菜单,"新建"一个文件,名称为"Lab5_name"。

2)在"测头工具"窗口,选择之前所定义的"测头文件"。

3)从"测头列表"中选择"T1A0B0"角度,选择前确保测头在安全位置。

4)利用 3,2,1 法(面 1,线 1,点 1)粗建坐标系 A3。

5)利用 3,2,1 法(面 2,面 3,面 4)精建坐标系 A4。

6)测量出圆 1(如图 2),并将坐标系平移到圆 1 的中心位置得到坐标系 A5。

7)测量出圆 2(DEMO 块中心大圆左上角处的圆)。

8)通过命令复制、阵列、阵列粘贴功能得到圆 3、4、5。(将光标移放至概要模式圆 2 上,在编辑的下拉菜单中选复制,然后在"编辑"下拉菜单中选"阵列"并按图 14-37 设置完成阵列子菜单,然后选阵列粘贴。)

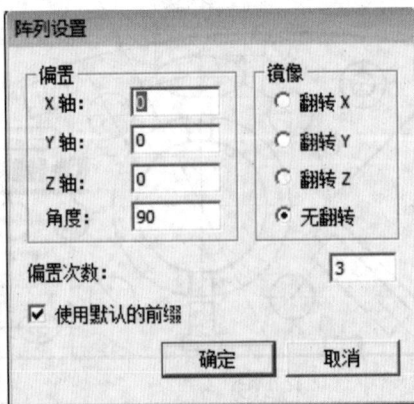

图 14-37 阵列设置对话框

2. 构造特征

利用拟合法得到通过 4 个小圆圆心的大圆：

1）打开"构造圆"功能框。

2）选中圆 2、3、4、5、，使用"最佳拟合"功能构造得到圆 6。

利用套用方法得到圆柱轴线：

1）测量圆柱 1。

2）打开"构造线"对话框，选中表中"圆柱 1"。

3）使用"套用"的方法来构造圆柱的轴线，"直线 2"。如图 14-38 所示。

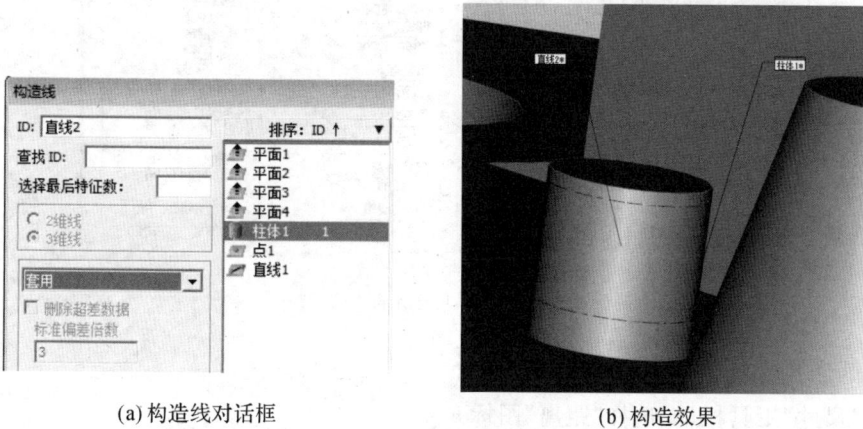

(a) 构造线对话框　　　　　　　　　　(b) 构造效果

图 14-38　构造线对话框

利用面面相交方法构造交线：

1）打开"构造线"对话框。

2）选中列表中"平面 2"和"平面 3"，如图 14-39 所示。

3）使用"相交"的方法来构造两个平面的交线，"直线 3"。

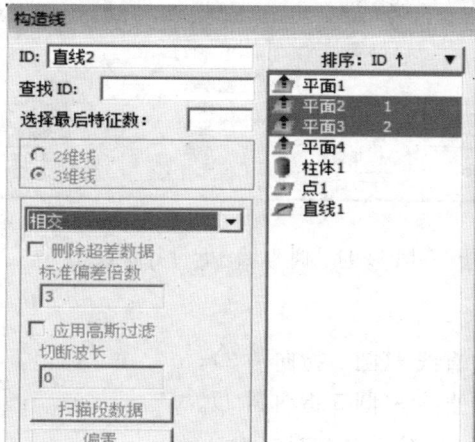

图 14-39　对话框

3.尺寸评价(位置、距离、夹角)

评价圆1的位置:

1)从"尺寸"工具栏里,选择"位置"图标 ▦ 。

2)选中"圆1"按照图14-40填写相应的内容,点击"创建"。

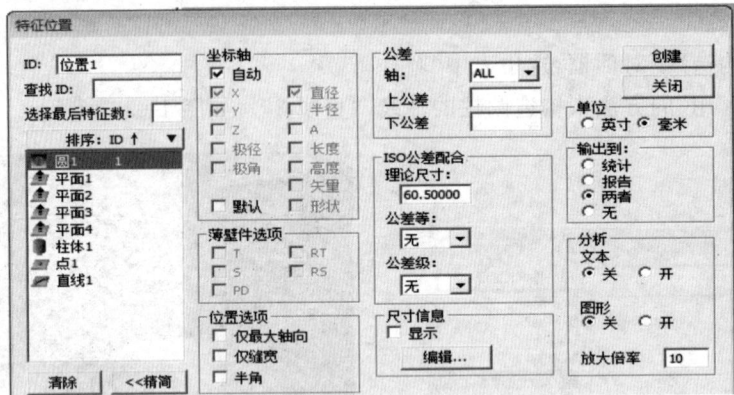

图14-40 圆1尺寸评价设置

评价圆2和圆3在X方向的距离:

1)从"尺寸"工具栏里,选择"距离"图标 ↦ 。

2)选圆2圆3按照图14-41填写相应的内容。(注意选按X轴)

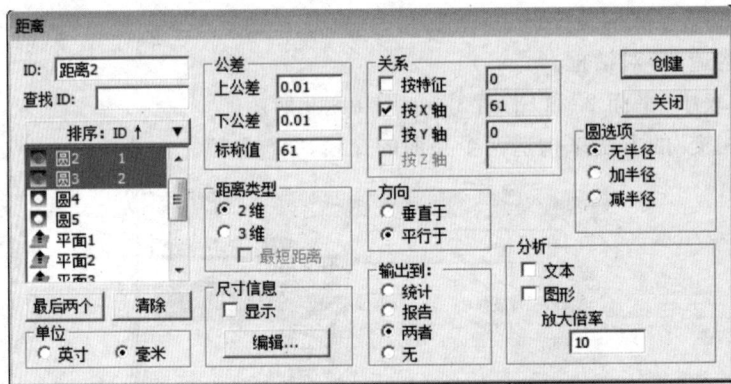

图14-41 圆2、圆3尺寸评价设置

评价两条直线的夹角:

1)利用圆2,圆3构造直线4(圆2指向圆3)。

2)利用圆5,圆3构造直线5(圆5指向圆3)。

3)从"尺寸"工具栏里,选择"夹角"图标 ◿ 。

4)按图14-42进行参数设置。

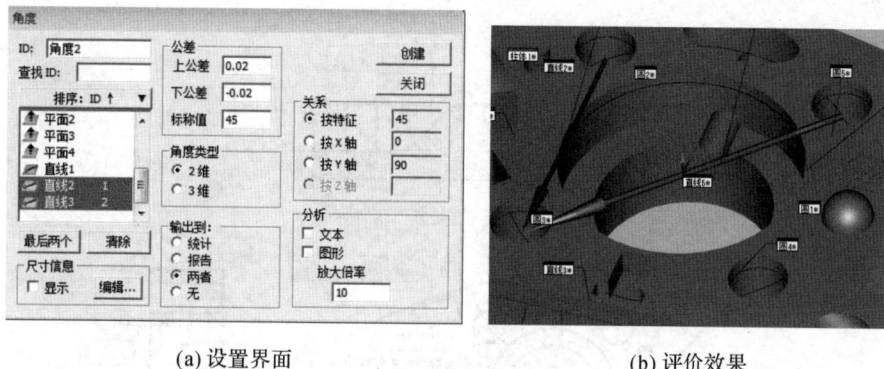

(a) 设置界面   (b) 评价效果

图 14-42　直线夹角设置

4. 补充添加新角度

校验完成后，发现测量基准 A 上的斜孔 A45B90 忘记校验，此时标准球可能会出现以下两种情况，分别按步骤添加校验。完成角度添加后，重复测量操作，再继续构造所需的特征。

标准球距离上次校验移动过：

1) 光标放在"编辑窗口"中的"加载测头"位置，点击 F9，"测头工具栏"被打开。

2) 在"添加角度"里添加上 A45B90。

3) 在"测头工具栏"里，勾上"用户定义的校验顺序"。

4) 按住键盘上"CTRL"键，在"激活测尖列表"中，选中 A0B0、A45B90，注意先选 A0B0。

5) 点击"测量"，填写校验参数（和之前校验设置一样）。

6) 出现"标定工具是否已经移动或测量机零点被更改？"选择"是-手动采点定位工具"，用 A0B0 在标准球最高点取一点，按"DONE"键，机器将自动校验。

7) 校验结束，查看"结果"，合格即可使用。

标准球未移动：

1) 光标放在"编辑窗口"中的"加载测头"位置，点击 F9，"测头工具栏"被打开。

2) 在"添加角度"里添加上 A45B90。

3) 在"激活测尖列表"中，选中 A45B90。

4) 点击"测量"，填写校验参数（和之前校验设置一样）。

5) 出现"标定工具是否已经移动或测量机零点被更改？"选择"否"，机器将自动校验。

任务九　CAD 辅助测量

一、任务描述

如图 14-43 所示，测量任务提供有零件的 CAD 模型，要求按图纸要求完成所需尺寸的检测。

二、任务分析

1. 通过分析图纸，明确所要测量尺寸

位置尺寸：124、50

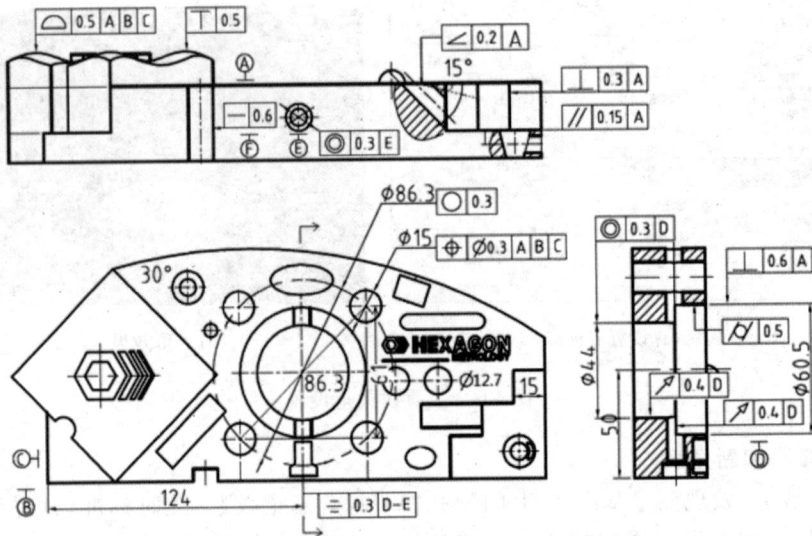

图 14-43　测量零件图

锥角：30°

直径：86.3、44、60.5、15

角度：15°

距离：15、61

形状公差：圆柱度(1 个)、圆度(1 个)、直线度(1 个)

位置公差：面轮廓度(1 个)、平行度(1 个)、垂直度(2 个)、同轴度(1 个)、同心度(1 个)、圆跳动(1 个)、端面跳动(1 个)、对称度(1 个)、倾斜度(1 个)、位置度(1 个)。

2. 通过图纸上尺寸的分析，可将测量尺寸转换为测量的特征

如图 14-44 所示，Z＋工作平面需测量的特征。

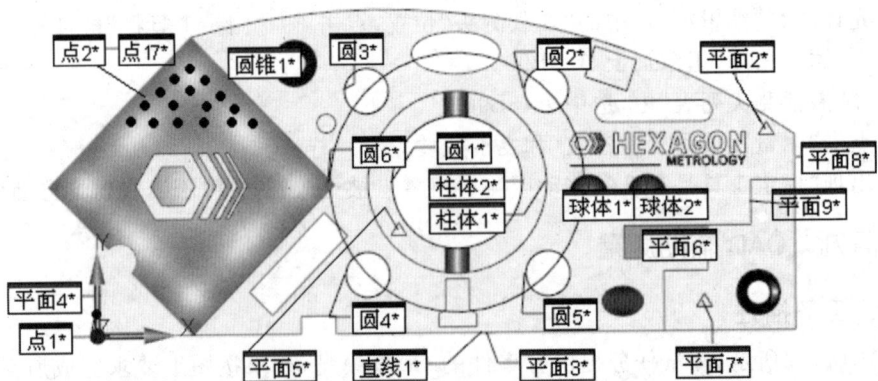

图 14-44　Z＋工作平面需测量

如图 14-45 所示，Y-工作平面需测量的特征。

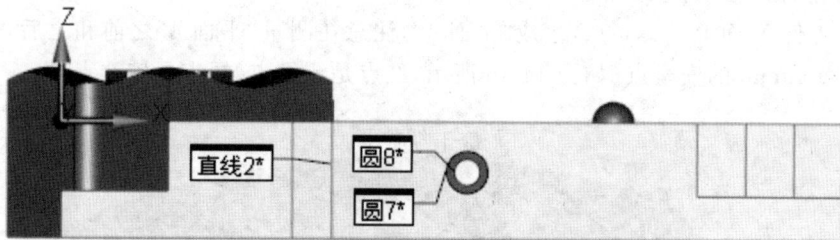

图 14-45　Y-工作平面需测量

3. 据要测量的几何特征选择合适的测针、测头角度

根据要测量的几何特征尺寸、位置,选择合适的测针配置和测头角度。测针可配置:4BY20;测头角度可用:A0B0、A90B180。

4. 测量规划

a. 新建零件程序、加载测头

b. 手动坐标系(面线点)

c. 自动坐标系(面线线)

d. 测量上平面的几何特征(从左到右,从上往下);工作平面:Z+

e. 测量前平面的几何特征工作平面:Y-;

f. 测量右平面的几何特征工作平面:X+;

g. 尺寸评价

h. 全部自动运行一遍

i. 输出测量报告

三、任务实施

首先根据测量规划新建零件程序,选择测头文件 4BY20_NAME,确定后添加测头角度 A0B0、A90B180。

1. 3-2-1 法建立手动坐标系(面/线/点)

1)"新建"一个文件名为"lab7_name"的程序,选择测头文件。

2)从"文件"-"导入"-"IGES",选择"HEXBLOCK_WIREFRAME_SURFACE.igs" CAD 模型,点击"导入"按钮。在"IGES 文件"对话框里,点击"处理"按钮,然后"确定"。

3)手持操纵盒,在工件上测量"平面 1",并找正"Z+",确定"Z"原点。

4)在工件上测量"直线 1",旋转"X+",确定"Y"原点。

5)在工件上测量"点 1",确定"X"原点。

2. 3-2-1 法建立自动坐标系(面/面/面)

1)在工具栏目中点击 DCC 模式按钮 ⇨ ,进入自动模式。

2)将测头移动到距离上表面 40mm 处,按"print"键加入一个安全点。

3)手持操纵盒在工件上表面采集 4 点,按键盘上的"END"键,生成"平面 2",将测头沿 Z+方向移动 40mm,加入一个移动安全点。

4)继续在工件的 Y-面上采集 4 点,生成"平面 3",注意在测量"平面 3"之前和之后上空

40mm 处,分别加入一个安全点。

5) 在工件 X-面上采集 4 点,生成"平面 4",注意在测量"平面 4"之前和之后,分别一个距离上表面 40mm 的安全点(如图 14-46 所示,红点是测量点、绿点是安全点)。

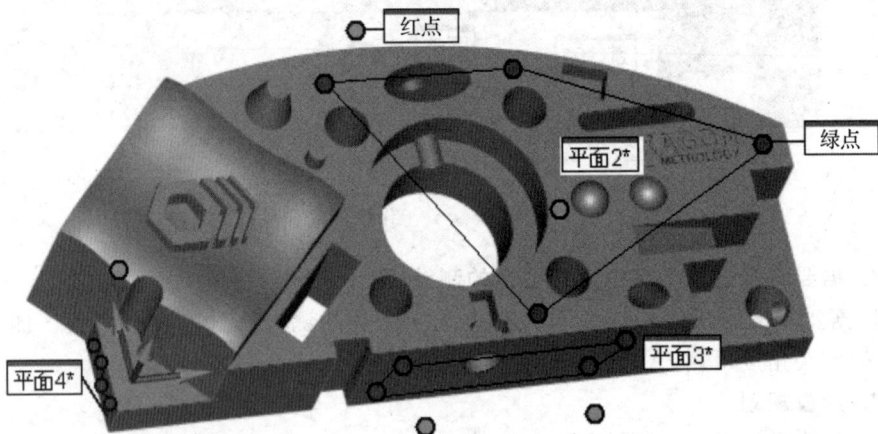

图 14-46　自动坐标系示意图

6) 打开"插入"-"坐标系"-"新建"对话框,做以下操作:

a. 选中"平面 2",找正"Z+",再次选中"平面 2",勾上"Z",点击"原点"按钮;

b. 选中"平面 3",旋转"Y-",再次选中"平面 3",勾上"Y",点击"原点"按钮;

c. 选中"平面 4",勾上"X",点击"原点"按钮;

7) 点击"CAD=工件",然后点击"确定"按钮,将生成自动坐标系 A3。

8) 将测头抬高到上表面的安全位置,鼠标的光标放在"编辑窗口"中"自动模式"的后面,用"CTRL+U"命令执行光标以下的程序,机器将自动测量参与建立自动坐标系的特征。

9) 所有特征测完后,自动坐标系 A3 即准备可用。

3. 测量特征并构造

按照图 14-47 的规划,测量图示所有特征,首先测量 Z+工作平面上的特征,选择 A0B0 角度,

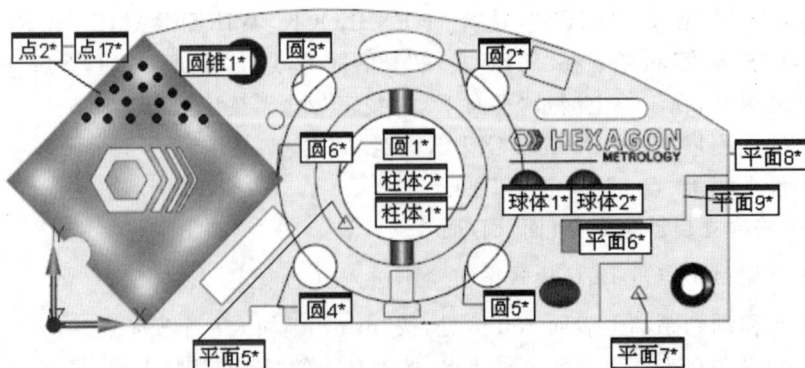

图 14-47　元素测量规划

自动测量圆柱

1) 鼠标光标在图示"柱体 1"(ϕ60.5 的孔)周边点击,确保该圆柱被选中,此时它的固有理论属性被 pc-dmis 读取,如中心坐标、曲面矢量、直径、长度等(注意加载的测针是否满足设置的长度);

2) 按照图 14-48,分别设置测点数、深度、结束偏置、层数、避让距离和样例点等信息。

图 14-48　自动测量圆柱设置

3) 检查各参数无误,点击"创建"按钮,机器将测量"柱体 1"。

4) 用上述的步骤,测量"柱体 2"(ϕ44 的孔)。

自动测量圆

1) 鼠标光标在图 14-47 示"圆 1"(ϕ44)周边点击,确保该圆被选中,此时它的固有理论属性被 pc-dmis 读取;

2) 按照图 14-49,分别设置测点数、深度、避让距离和样例点等信息。

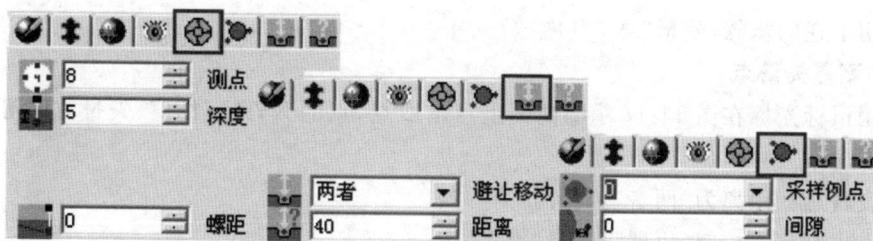

图 14-49　自动测量圆设置

3) 检查各参数无误,点击"创建"按钮,机器将测量"圆 1"。

4) 用上述的步骤,测量"圆 2"、"圆 3"、"圆 4"和"圆 5"(ϕ15X4)。

5) 打开"构造圆"功能框,在特征列表里选中"圆 2、圆 3、圆 4、圆 5",构造方法选择"最佳拟合",点击"创建"按钮,生成"圆 6"。

自动测量圆锥

1) 用鼠标光标在图 14-47 示"圆锥 1"(外锥)周边点击,确保该圆锥被选中,此时它的固有理论属性被 pc-dmis 读取;

2) 按照图 14-51,分别设置测点数、深度、避让距离和样例点等信息。

3) 检查各参数无误,点击"创建"按钮,机器将测量"圆锥 1"。

自动测量球

1) 用鼠标光标在图 14-47 示"球 1"(外球)周边点击,确保该球被选中,此时它的固有理

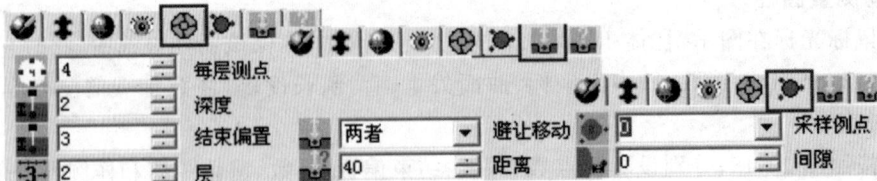

图 14-50　自动测量圆锥设置

论属性被 pc-dmis 读取；

2）按照图 14-51，分别设置测点数、深度、避让距离和样例点等信息。

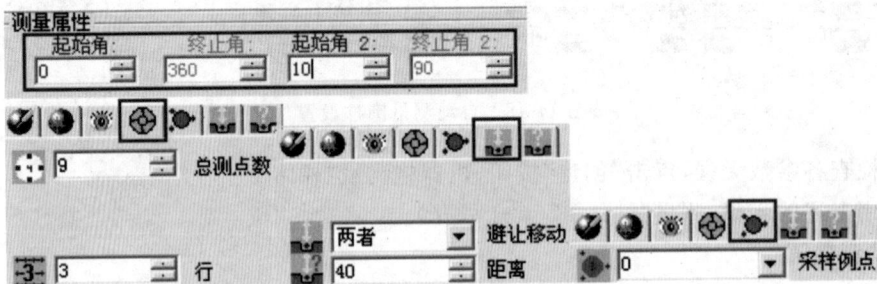

图 14-51　自动测量球设置

3）检查各参数无误，点击"创建"按钮，机器将测量"球 1"。

4）用上述的步骤，测量"球 2"（内球）。

自动测量矢量点

1）用鼠标光标在图 14-47 示的曲面上点击取点，点的 XYZ 坐标值、矢量方向等信息被 pc-dmis 读取；

2）设置避让距离为"两者"，"距离"为"40"。

3）点击"创建"按钮，机器将测量"点 2"。

4）用上述的步骤和方法，测量"点 3"、"点 4"…"点 17"等 16 个点，如图 14-52 所示。

5）打开"构造特征组"，选中"点 2、点 3…点 17"，点"创建"，生成特征组"扫描 1"。

自动测量平面

测量柱体 1 和柱体 2 之间的小台面（平面 5）：

1）输入平面的中心坐标 XYZ（124、50、-15），设置曲面矢量（0,0,1），角度矢量（1,0,0,）；

2）测量属性选择显示"三角形"，阵列"圆形"。

（a）自动特征操作界面

（b）参数设置界面

3）按照图 14-53 所示，设置每圈测点数、环形、避让移动和间隙等参数；

4）检查各参数无误，点击"创建"按钮，机器将测量"平面 5"。

手持操纵盒在工件上测量与上表面有 15°夹角的斜平面，取 4 点，按"DONE"键生成"平面 6"，注意在测量之前和之后加入移动安全点；按同样的操作测量"平面 7"、"平面 8"和"平

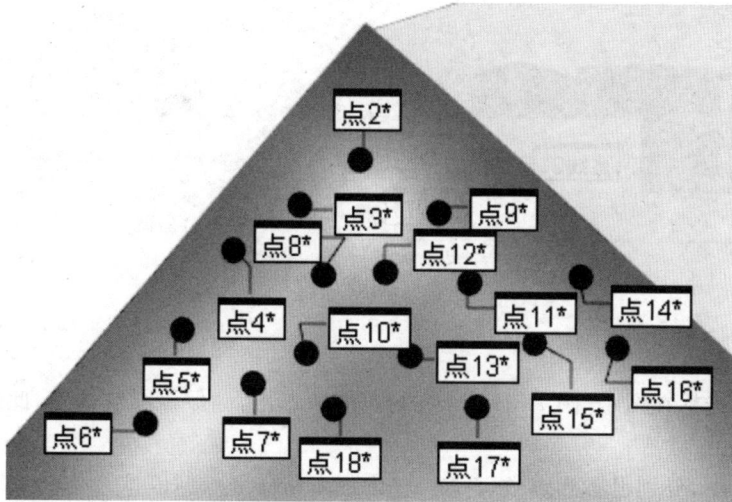

图 14-52　测量点示意图

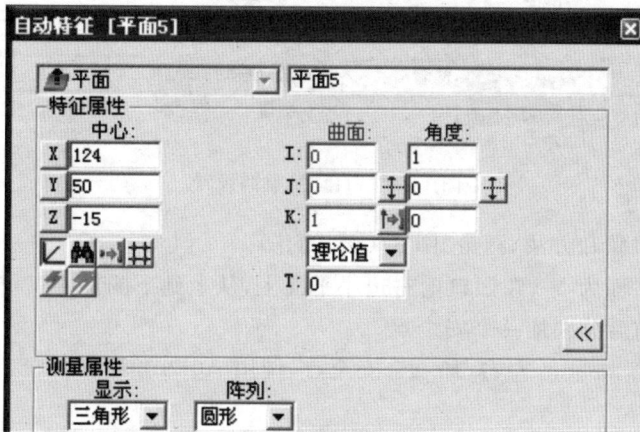

(a) 自动特征操作界面

(b) 参数设置界面

图 14-53　自动平面设置界面

面 9"，每个特征之间加好移动点。

　　将测头抬高至上表面 240mm 左右的安全位置，加一个安全点，选择 A90B180 角度，测量零件上 Y-面的特征。

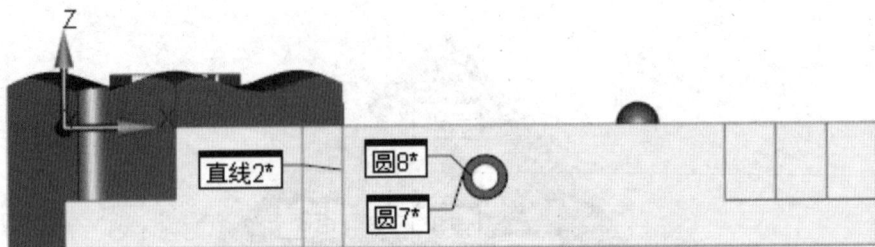

图 14-54　Y-面特征

自动测量圆

1）用鼠标光标在图示"圆 7"（φ12.7 的孔）周边点击,确保该圆被选中,此时它的固有理论属性被 pc-dmis 读取；

2）按照下图,分别设置测点数、深度、避让距离和样例点等信息。

图 14-55　自动测量圆设置

3）用上述的步骤和方法,测量"圆 8"（φ8 的孔）。

4）设置工作平面为 Y-,在凹口槽右边小平面上,从上到下测量 4 点,按"DONE"键生成"直线 2",在测量前后分别加一个安全点。

5）将测头抬高 300mm 左右,加一个安全点,调用 A0B0 角度。

4. 尺寸评价

（1）位置尺寸评价

圆柱位置、直径

1）从"尺寸"工具栏里,选择"位置"图标 ⊞,评价柱体 1、柱体 2 的位置和直径。

2）在左边特征里,选中已测量的"柱体 1"、"柱体 2",在"坐标轴"选择框,选择"X、Y、D"。

3）在"公差"处,"轴"框里选择为"ALL",输入"上公差"0.3 和"下公差"-0.3,点击"创建",然后"关闭"。

4）在"编辑窗口"里查看结果尺寸。查看图纸,检查理论值和上下公差是否正确。

圆锥锥角

1）从"尺寸"工具栏,选择"位置"图标 ⊞,评价圆锥 1 的锥角。

2）在左边特征里,选中测量"圆锥 1",在"坐标轴"选择框,选择"A"。

3）在"公差"处,"轴"框里选择为"ALL",输入"上公差"0.3 和"下公差"-0.3,点击"创建",然后"关闭"。

⊕	毫米				位置3 - 柱体1		
AX	NOMINAL	+TOL	-TOL	MEAS	DEV	OUTTOL	
X	124.000	0.300	-0.300	124.000	0.000	0.000	
Y	50.000	0.300	-0.300	50.200	0.200	0.000	
D	60.500	0.300	-0.300	60.500	0.000	0.000	
⊕	毫米				位置4 - 柱体2		
AX	NOMINAL	+TOL	-TOL	MEAS	DEV	OUTTOL	
X	124.000	0.300	-0.300	124.000	0.000	0.000	
Y	50.000	0.300	-0.300	50.000	0.000	0.000	
D	44.000	0.300	-0.300	44.000	0.000	0.000	

图 14-56 直径评价结果

⊕	毫米				位置5 - 圆锥1		
AX	NOMINAL	+TOL	-TOL	MEAS	DEV	OUTTOL	
角度	30.000	0.300	-0.300	30.000	0.000	0.000	

图 14-57 圆锥锥角评价结果

圆、球直径

1）从"尺寸"工具栏里，选择"位置"图标 ⊞，评价圆 6、球 1、球 2 的直径。

⊕	毫米				位置6 - 圆6		
AX	NOMINAL	+TOL	-TOL	MEAS	DEV	OUTTOL	
D	86.300	0.300	-0.300	86.267	-0.033	0.000	
⊕	毫米				位置7 - 球体1		
AX	NOMINAL	+TOL	-TOL	MEAS	DEV	OUTTOL	
D	12.700	0.300	-0.300	12.700	0.000	0.000	
⊕	毫米				位置8 - 球体2		
AX	NOMINAL	+TOL	-TOL	MEAS	DEV	OUTTOL	
D	12.700	0.300	-0.300	12.700	0.000	0.000	

图 14-58 圆、球直径评价结果

（2）距离评价

1）从"尺寸"工具栏里，选择"距离"图标 ⊬，评价平面 8 和平面 9 的距离。

2）在左边特征里，选中测量"平面 8"和"平面 9"。

3）在"公差"处，输入"上公差"0.3 和"下公差"-0.3，"标称值"为 15，"距离类型"为"2维"，勾上"按 X 轴"，方向为"平行于"，点击"创建"，然后"关闭"。

←	毫米			距离1 - 平面9 至 平面8 (X轴)		
AX	NOMINAL	+TOL	-TOL	MEAS	DEV	OUTTOL
M	15.000	0.300	-0.300	15.000	0.000	0.000

图 14-59　距离评价结果

（3）角度评价

1）从"尺寸"工具栏里,选择"夹角"图标 △,评价平面 6 和平面 2 的夹角。

2）在左边特征里,选中测量"平面 2"和"平面 6"。

3）在"公差"处,输入"上公差"0.2 和"下公差"-0.2,"标称值"为"-15","角度类型"3 维,其他设置默认,点击"创建",然后"关闭"。

△	度			角度4 - 平面6 至 平面2		
AX	NOMINAL	+TOL	-TOL	MEAS	DEV	OUTTOL
角度	-15.000	0.200	-0.200	-15.000	0.000	0.000

图 14-60　夹角评价结果

（4）形状公差评价

圆柱度

1）从"尺寸"工具栏里,选择"圆柱度"图标 ⌭,评价柱体 1 的圆柱度。

2）在左边特征里,选中测量"柱体 1"。

3）在"公差"处,输入 0.5,其他设置默认,点击"创建",然后"关闭"。

FCF圆柱度1	毫米				⌭ 0.5		
特征	NOMINAL	+TOL	-TOL	MEAS	DEV	OUTTOL	BONUS
柱体1	0.000	0.500		0.000	0.000	0.000	

图 14-61　圆柱度评价结果

圆度

1）从"尺寸"工具栏里,选择"圆度"图标 ○,评价圆 6 的圆度。

2）在左边特征里,选中测量"圆 6"。

3）在"公差"处,输入 0.3,其他设置默认,点击"创建",然后"关闭"。

FCF圆度1	毫米				○ 0.3	
特征	NOMINAL	+TOL	-TOL	MEAS	DEV	OUTTOL
圆6	0.000	0.300		0.000	0.000	0.000

图 14-62　圆度评价结果

直线度

1）从"尺寸"工具栏里,选择"直线度"图标 ▬ ,评价直线 2 的直线度。

2）在左边特征里,选中测量"直线 2"。

3）在"公差"处,输入 0.6,其他设置默认,点击"创建",然后"关闭"。

FCF直线度	毫米				▬ 0.6	
特征	NOMINAL	+TOL	-TOL	MEAS	DEV	OUTTOL
直线2	0.000	0.600		0.000	0.000	0.000

图 14-63   直线度评价结果

（5）位置公差评价

面轮廓度

1）从"尺寸"工具栏里,选择"面轮廓度"图标 ◠ ,评价特征组"扫描 1"的面轮廓度。

2）在"面轮廓度评价"框中,点击"定义基准"按钮,在出现的"基准定义"框中,选中"平面 2","基准"处输入 A,点击"创建";选中"平面 3","基准"处输入 B,点击"创建";选中"平面 4","基准"处输入 C,点击"创建",然后"关闭"。

3）在"面轮廓度评价"框中左边特征里,选中测量"扫描 1"。

4）在特征控制框编辑器里的"公差"处,输入 0.5,在标有"dat"的位置分别选择基准 A、基准 B 和基准 C。

5）检查其他参数无误,点击"创建",然后"关闭"。

FCF轮廓度	毫米				◠ 0.5 A B C	形状与位置	
特征	NOMINAL	+TOL	-TOL	MEAS	DEV	OUTTOL	BONUS
扫描1	0.000	0.250	-0.250	0.049	0.049	0.000	

图 14-64   面轮廓度评价结果

垂直度

1）从"尺寸"工具栏里,选择"垂直度"图标 ⊥ ,评价柱体 1 与平面 2 的垂直度。

2）在左边特征列表里,选中"柱体 1"。

3）在特征控制框编辑器里的"公差"处,输入 0.6,在标有"dat"的位置选择基准 A。

4）检查其他参数无误,点击"创建",然后"关闭"。

FCF垂直度	毫米				⊥ 0.6 A	
特征	NOMINAL	+TOL	-TOL	MEAS	DEV	OUTTOL
柱体1	0.000	0.600	0.000	0.000	0.000	0.000

图 14-65   柱体 1 评价结果

1）从"尺寸"工具栏里，选择"垂直度"图标 ⊥ ，评价平面9与平面2的垂直度。

2）在左边特征列表里，选中"平面9"。

3）在特征控制框编辑器里的"公差"处，输入0.3，在标有"dat"的位置选择基准A。

4）检查其他参数无误，点击"创建"，然后"关闭"。

FCF垂直度 2	毫米				⊥	0.3	A
特征	NOMINAL	+TOL	-TOL	MEAS	DEV		OUTTOL
平面9	0.000	0.300	0.000	0.000	0.000		0.000

图14-66　平面垂直度评价结果

平行度

1）从"尺寸"工具栏里，选择"平行度"图标 // ，评价平面7与平面2的平行度。

2）在左边特征列表里，选中"平面7"。

3）在特征控制框编辑器里的"公差"处，输入0.15，在标有"dat"的位置选择基准A。

4）检查其他参数无误，点击"创建"，然后"关闭"。

FCF平行度 1	毫米				//	0.15	A
特征	NOMINAL	+TOL	-TOL	MEAS	DEV		OUTTOL
平面7	0.000	0.150	0.000	0.000	0.000		0.000

图14-67　平行度评价结果

倾斜度

1）从"尺寸"工具栏里，选择"倾斜度"图标 ∠ ，评价平面6与平面2的倾斜度。

2）在左边特征列表里，选中"平面6"。

3）在特征控制框编辑器里的"公差"处，输入0.2，在标有"dat"的位置选择基准A。

4）检查其他参数无误，点击"创建"，然后"关闭"。

FCF倾斜度 1	毫米				∠	0.2	A
特征	NOMINAL	+TOL	-TOL	MEAS	DEV		OUTTOL
平面6	0.000	0.200	0.000	0.000	0.000		0.000

图14-68　倾斜度评价结果

同轴度

1）从"尺寸"工具栏里，选择"同轴度"图标 ◉ ，评价柱体1和柱体2的同轴度。

2）在"同轴度"框中，点击"定义基准"按钮，在出现的"基准定义"框中，选中"柱体1"，"基准"处输入D，点击"创建"，然后"关闭"。

3）在"同轴度"框中的左边特征列表里，选中"柱体2"。

4）在特征控制框编辑器里的"公差"处，输入0.3，在标有"dat"的位置选择基准D。

5）检查其他参数无误，点击"创建"，然后"关闭"。

FCF同轴度 1	毫米				⊕ Ø0.3	D
特征	NOMINAL	+TOL	-TOL	MEAS	DEV	OUTTOL
柱体2	0.000	0.300		0.000	0.000	0.000

图 14-69　同轴度评价结果

圆跳动

1）从"尺寸"工具栏里，选择"圆跳动"图标 ↗，评价圆 1 与柱体 1 的圆跳动。

2）在左边特征列表里，选中"圆 1"。

3）在特征控制框编辑器里的"公差"处，输入 0.4，在标有"dat"的位置选择基准 D。

4）检查其他参数无误，点击"创建"，然后"关闭"。

FCF跳动2	毫米				↗ 0.4	D	径向的
特征	NOMINAL	+TOL	-TOL	MEAS	DEV	OUTTOL	
圆1	0.000	0.400		0.000	0.000	0.000	

图 14-70　径向圆跳动评价结果

1）从"尺寸"工具栏里，选择"圆跳动" ↗ 图标，评价平面 5 与柱体 1 的圆跳动。

2）在左边特征列表里，选中"平面 5"。

3）在特征控制框编辑器里的"公差"处，输入 0.4，在标有"dat"的位置选择基准 D。

4）检查其他参数无误，点击"创建"，然后"关闭"。

FCF跳动3	毫米				↗ 0.4	D	轴向的
特征	NOMINAL	+TOL	-TOL	MEAS	DEV	OUTTOL	
平面5	0.000	0.400		0.000	0.000	0.000	

图 14-71　轴向圆跳动评价结果

同心度

1）从"尺寸"工具栏里，选择"同心度"图标 ◎，评价圆 7 和圆 8 的同心度。

2）在"同心度"框中，点击"定义基准"按钮，在出现的"基准定义"框中，选中"圆 7"，"基准"处输入 E，点击"创建"，然后"关闭"。

3）在"同轴度"框中的左边特征列表里，选中"圆 8"。

4）在特征控制框编辑器里的"公差"处，输入 0.3，在标有"dat"的位置选择基准 E。

5）检查其他参数无误，点击"创建"，然后"关闭"。

FCF同心度 1	毫米				◎	Ø0.3	E
特征	NOMINAL	+TOL	-TOL	MEAS	DEV	OUTTOL	
圆8	0.000	0.300		0.000	0.000	0.000	

图 14-72　同心度评价结果

位置度

1）从"尺寸"工具栏里，选择"位置度"图标 ⊕，评价圆 2 的位置度。

2）在"位置度"框中的左边特征列表里，选中"圆 2"。

3）在特征控制框编辑器里的"公差"处，输入 0.3，在标有"dat"的位置分别选择基准 A、基准 B 和基准 C。

4）在"高级"标签中，最下面的位置度选项中，选择"当前坐标系"，检查 X、Y 轴的理论坐标系是否正确，然后点击"创建"。

5）检查其他参数无误，点击"创建"，然后"关闭"。

FCF位置1 位置	毫米				⊕	Ø0.3	A	B	C
特征	NOMINAL	+TOL	-TOL	MEAS	DEV	OUTTOL	BONUS		
圆2	0.000	0.300		0.786	0.786	0.486	0.000		

FCF位置1 概要 拟和基准=开，垂直于中心线的偏差=开				
特征	AX	NOMINAL	MEAS	DEV
圆2	X	154.500	154.893	0.393
	Y	80.500	80.500	0.000

图 14-73　位置度评价结果

5. 报告输出

1）从"文件"菜单，选择"打印"-"报告窗口打印设置"。

2）在"将报告输出到"处勾上"文件"，然后点击"浏览"按钮 ...，选择"D:/report"位置。

3）选择"提示"输出方式，勾上"PDF"格式，"输出选项"在"打印背景色"处打钩。

4）点击"确定"按钮。

任务十　钣金件测量和曲线曲面扫描

一、任务描述

如图 14-74 所示零件，要求通过 PC-DMIS 软件中评价零件中几何特征尺寸。

二、任务分析

1. 通过分析图纸，明确所要测量尺寸

面轮廓度 0.5；

线轮廓度 0.2。

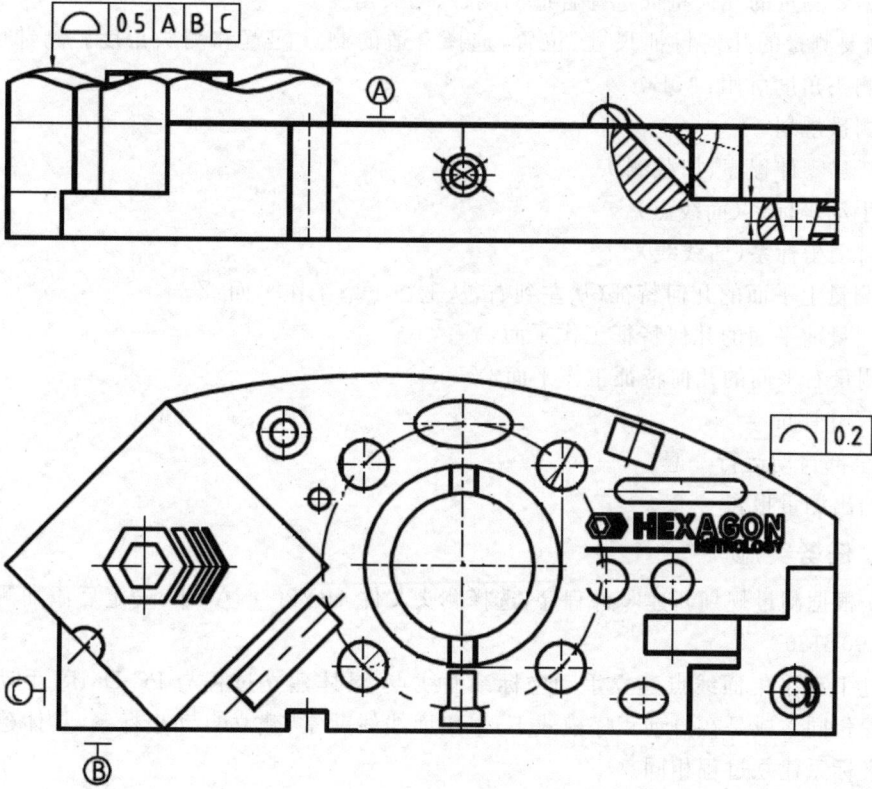

图 14-74　零件图

2. 通过图纸上尺寸的分析,可将测量尺寸转换为测量的特征

如图 14-75 所示,Z＋工作平面需测量的特征

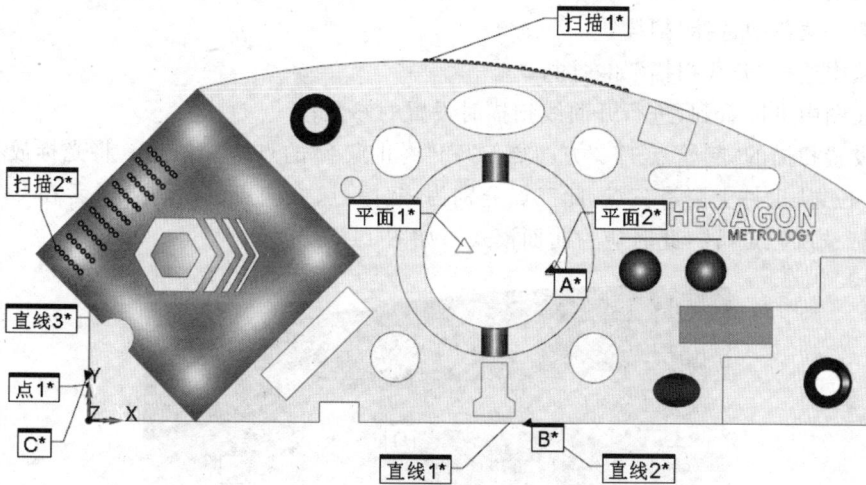

图 14-75　Z＋工作平面需测量

3. 据要测量的几何特征选择合适的测针、测头角度

根据要测量的几何特征尺寸、位置,选择合适的测针配置和测头角度。测针可配置:4BY20;测头角度可用:A0B0。

4. 测量规划

a. 新建零件程序、加载测头

b. 手动坐标系(面线点)

c. 自动坐标系(面线线)

d. 测量上平面的几何特征(从左到右,从上往下);工作平面:Z+

e. 测量前平面的几何特征工作平面:Y-;

f. 测量右平面的几何特征工作平面:X+;

g. 尺寸评价

h. 全部自动运行一遍

i. 输出测量报告

三、任务实施

首先根据测量规划新建零件程序,选择测头文件 4BY20_NAME,确定后添加测头角度 A0B0、A90B180。

通过手动采集面线点建立手动坐标系面线点,具体建立过程与 PC-DMIS 手动坐标系建立过程相同。或是在自动程序模式下,采集面线线元素,建立自动坐标系,具体建立过程与自动坐标系建立过程相同。

1. 开线扫描

1)根据所用的扫描测头,将其正确定义并校正;

2)根据零件要求,建立相应的零件坐标系;

3)设置扫描参数:逼近、回退距离、扫描速度、扫描密度等参数;

4)测量模式转换为 DCC 模式;

5)插入菜单中选择"扫描";

6)从中选择"开线扫描"如右图;

7)在图中可以看到,进行开曲线扫描时设置的参数;

8)设置扫描的"起始点 1"、"方向点 D"和"终止点 2"的点坐标信息。将光标放在"边界点"的"1"位置,工件上测量三点,此三点分别为:起始点、方向点、终止点;或者在 CAD 模型上,用鼠标选取三点(注:此时应为曲面模式);如图 14-76 所示。

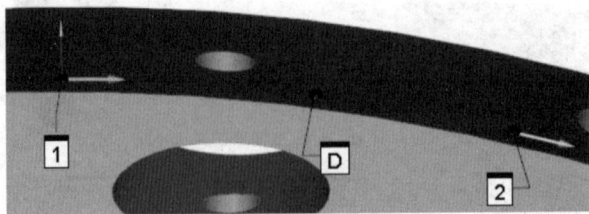

图 14-76　开线扫描示意图

9）设置扫描方向 1 方法为"直线"；

10）设置最大增量为 2；

11）边界类型为平面，交叉数为 1；

12）触测点控制；

13）检查起始矢量、剖面矢量、终止矢量、平面矢量。PC-DMIS 根据测量的点或选取的点，自动生成矢量，如果矢量不合适，可以根据各参数的含义进行适当修改，将剖面适量修改为 0 ，0 ，1 保证扫描触电为等高；

14）如果有 CAD 模型，"理论值方法"需选择"查找标称值"；

15）并根据扫描测头类型的不同选择"重新学习"；

16）如果有 CAD 模型，则在定义路径选项下，点击"生成"按钮，会生成理论点及路径；如图 14-77 所示。

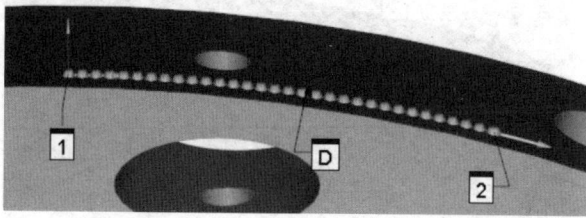

图 14-77　开线扫描结果示意图

17）最后单击"创建"，进行扫描。

2. 曲面扫描

曲面扫描允许用户扫描一个区域而不再是扫描线，应用此扫描方式，至少需要四个边界点信息：一个开始点、一个方向点、扫描长度和扫描宽度。按此基本的或缺省的信息，PC-DMIS 将根据给出的边界点 1、2、3 来定出三角形面片，而方向由 D 的坐标来定；若增加了第四个边界点，面片可以为四方形。具体操作过程如下：

1）插入菜单中选择"扫描"；

2）选择"曲面扫描"，进入曲面扫描设置参数；

3）将光标放在"边界点""1"位置，手动方式在功能块上测量一系列点，这些点形成一个多边形区域，分别为起始点、方向点及边界点。或者在 CAD 数模上，用鼠标选取这些点（注：此时应为曲面模式）如图 14-78 所示：

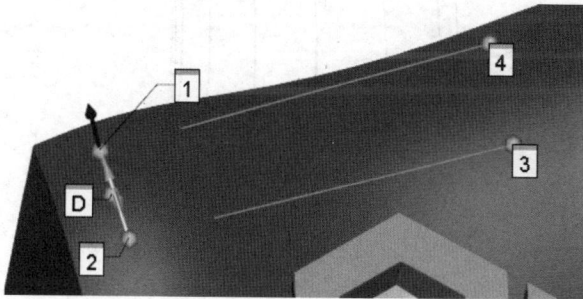

图 14-78　曲面扫描示意图

4）设定方向 1 方法中的"最大增量"为 2，即由起始点沿方向点方向扫描时测点间距最大为 2mm 1 个点；

5）设定方向 2 方法中的"增量"为 5，即扫描线之间的间距为 5mm；

6）设定"起始矢量" PC-DMIS 会根据用户选取的点或测量的点，自动生成矢量，如果矢量不合适，用户可以根据各参数的含义进行适当修改；

7）导入 CAD 后，设置"理论值方法"为"查找标称值"；

8）设定"执行控制"；

9）选取"测头半径补偿"；

10）点击"生成"按钮，PC-DMIS 自动在 CAD 模型上查找扫描路径如图 14-79 所示；

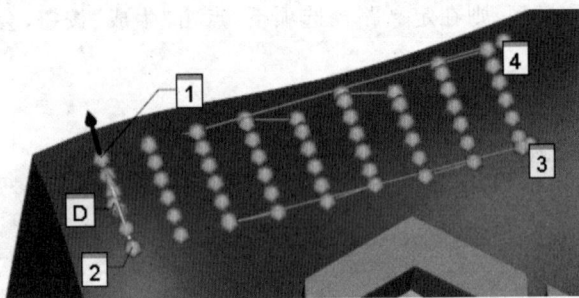

图 14-79　曲面扫描结果示意图

11）点击"创建"，PC-DMIS 开始进行自动扫描。

3. 尺寸评价

1）插入菜单"尺寸评价"，选择"线轮廓度"；

2）进入线轮廓度评价对话框，选择要评价的开线，并定义平面 2、直线 2、直线 3 分别为 A、B、C 基准，定义公差为 0.2，创建开线扫描线轮廓度尺寸评价；

3）插入菜单"尺寸评价"，选择"面轮廓度"，选择扫描的曲面，选择 A、B、C 基准，创建曲面轮廓度评价；

4）插入"报告命令"，选择"分析"，选中轮廓度 2-扫描 2，查看窗口，得到如图 14-80 所示，分析结果。

图 14-80　扫描结果

4. 打印报告

1）从"文件"菜单，选择"打印"，再选择"报告窗口打印设置"。

2）在"将报告输出到"处勾上"文件"，然后点击"浏览"按钮 **...**，选择"D:/report"位置。

3）选择"提示"输出方式，选择"PDF"格式。

4）"输出选项"在"打印背景色"处打勾。

5）点击"确定"按钮。

5. 自动执行程序

1）自动执行程序

注意：当程序执行到屏幕跳出一个"输入"类型的注释语句时，键入数字"123456"，然后点"确定"。当报告打印出来后，你可以在报告里看到输入的数字。

2）保存并退出程序。

第 15 章　虚拟三坐标测量机的使用

15.1　软件简介

　　三坐标测量机价昂贵,课程教学时间有限,几乎不可能让每一个学生都能三坐标测量机反复操作,多数情况下以小组形式完成测量项目检测。而虚拟三坐标测量机完全可以让每个学生都操作三坐标检测!

　　《虚拟三坐标测量机》由浙大旭日科技与全球领先的测量设备生产商海克斯康合作开发的机械检测虚拟仿真教学与实训软件。它采用独特的"三屏"显示与操控模式,创造出极佳的用户操作体验。虚拟 PC-DMIS 软件界面(如图 15-1 所示),操作规范以及相应评价系统与真实的 PC-DMIS 软件界面高度仿真,包括文件的建立与保存,测头的配置,特征数据的采集,特征拟合、构造,特征 3D 显示,特征评价及评价报告输出等。

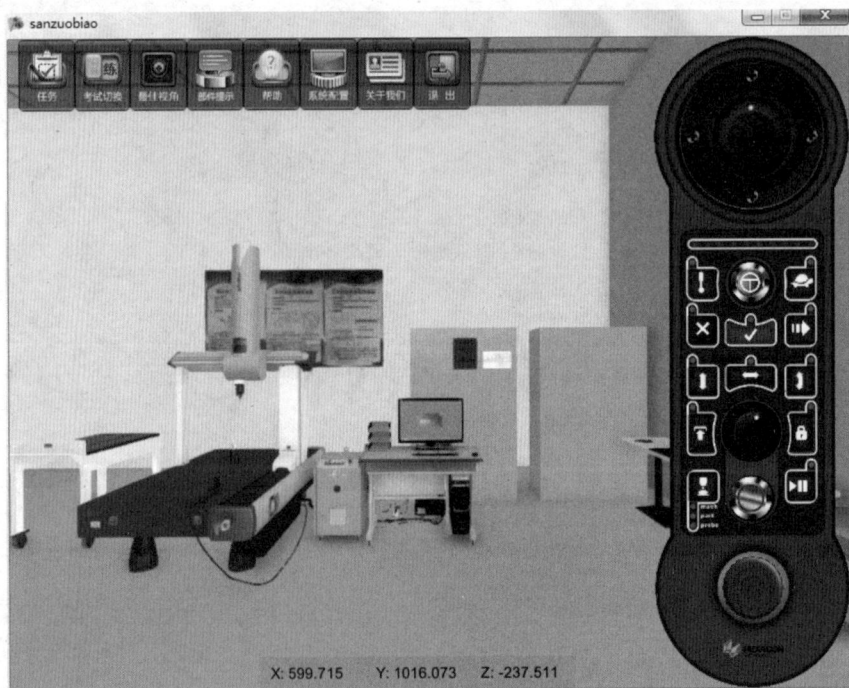

图 15-1　软件界面

由于该款《虚拟三坐标测量机》软件,高度仿真真实三坐标测量机的外观及操作方式,因此,利用该款软件进行虚拟实训,可以使学生直观感受、清楚认知三坐标测量机的结构、其工作原理及操作方法。

当然,从真实感的角度出发,虚拟操作与实物还有一定差距,主要是无法使学生体会到实物的物理特性,如材料、重量、质地、手感等。所以,"虚"、"实"结合的三坐标测量机操作实训模式,既能给学生提供充分的实训机会和高效的实训手段,又能让学生对真实三坐标测量机有所体验,从而大大提升检测课程的教学效果!

15.2　教学功能简介

虚拟仿真软件可在虚拟实训过程中,全程自动实施监控,及时发现、提醒和制止不良操作行为,尤其是在特征元素拟合,构造击评价过程中能直接显示温馨提示或不正常操作。对测量范围内任意形状的物体的有效特征进行测量和相关评价,与真实三坐标测量机测量操作一致,从而大大提高仿真实训效果。

系统主要分为四大教学功能:

(1)通过认知三坐标测量机功能学习三坐标测量基础知识:学生可先观看三坐标操作的立体动画演示,每一步都同步伴有文字说明,如图 15-2 所示。之后,学生可自主完成交互操作全过程,系统可在实训过程中自动判断每一步操作的正确性,并可根据要求提示下一步可选的正确操作。

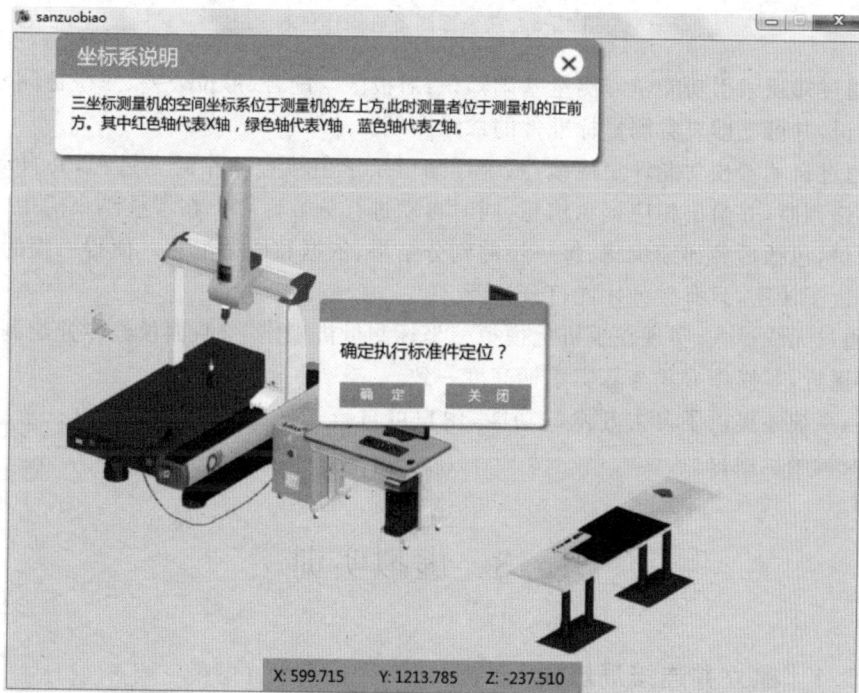

图 15-2　三坐标测量基础知识讲解

（2）通过标准件测量案例功能学习三坐标规范操作流程：测量前准备、测量基本特征、特征评价、测量后保养，从而学习三坐标测量机的工作流程。而传统的动画方式只能以一个固定不变的方式观察操作工作过程。如图 15-3 所示。

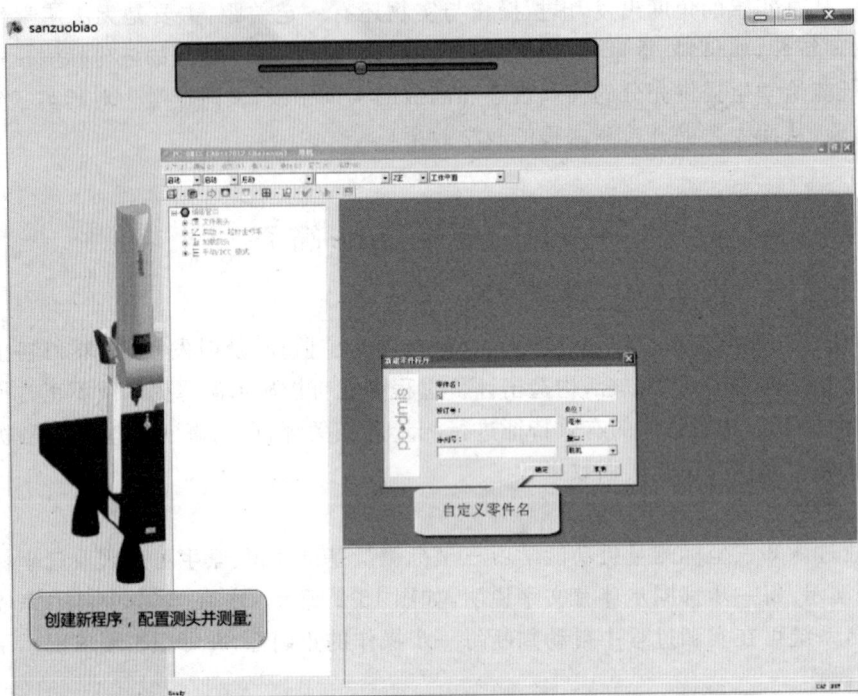

图 15-3　三坐标测量机操作仿真

（3）通过知识索引功能学习测量基础知识：对极限与配合、形位公差、三坐标测量机相关的理论知识，并可立即查看测量标准件的二维图纸。

（4）通过自动考核功能评定成绩：系统详细记录学生检查操作的全过程，并自动对每一步进行对错判断，并给出相应提示信息，同时自动进行分数计算。在考核结束后生成详细的考核记录单，包括拆装详细步骤、每一步的判分结果、依据和成绩汇总。值得一提的是，考核记录单进行了加密，只有教师才能打开评阅。

（5）通过无线模式，实现在手机上模拟三坐标测量机操作手柄，面板经专业绘制，与真实手柄高度逼近，其操作方式与真实手柄高度一致。

此外，系统还提供了自主开发的功能，用户可自行开发、制作、添加新的三坐标检测案例，自主编辑测量项目。

15.3　虚拟实训

15.3.1　建立并连接局域网

如果电脑是 PC 机，局域网的建立需要 WiFi 外设，常用的有无线网卡、小米 WiFi 等；如果电脑是笔记本（自带无线网卡），无线局域网（也叫无线 WiFi 热点）的建立可按照常规方

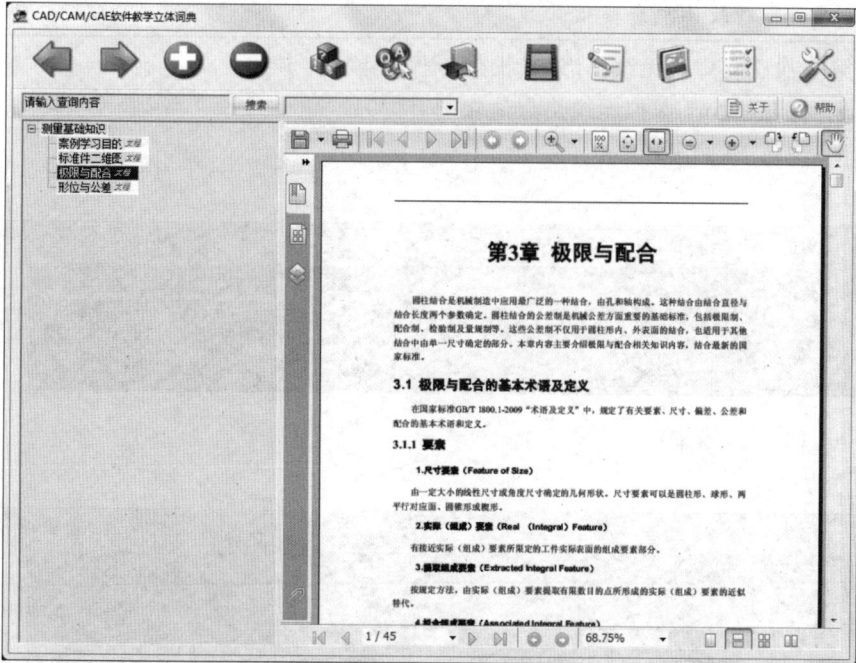

图 15-4　测量知识索引和学习

图 15-5　手机无线模式

法实现。本节介绍一种建立无线 WiFi 的批处理文件(图 15-6)。批文件处理是为了简化原先较为复杂系统操作。

Win7虚拟无线热点建立.bat	2014/7/2 14:50	Windows 批处理...	2 KB
开启虚拟WiFi.bat	2012/12/16 12:15	Windows 批处理...	1 KB

图 15-6　手机无线模式

两个批处理文件与软件配套提供。

用户第一次建立虚拟无线热点,其操作步骤如下:

第 1 步:打开"Win7 虚拟无线热点建立.bat"。

第 2 步:输入 Y,回车;

第 3 步:输入 1,回车;

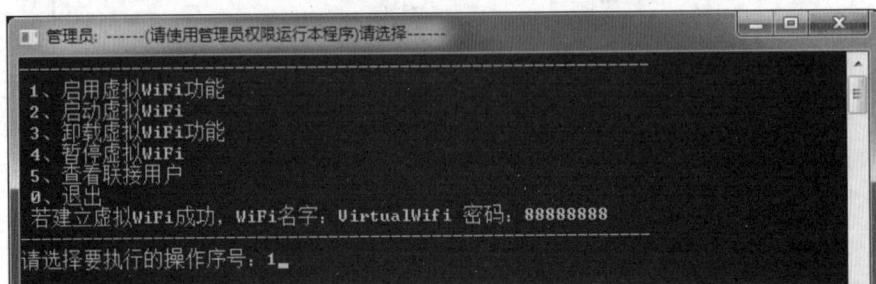

第 4 步:提示创建 WiFi 成功,按任意键继续;

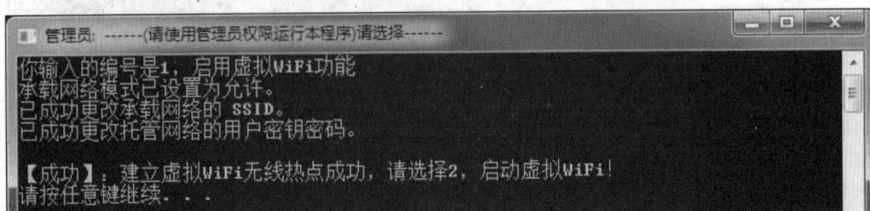

第 5 步:输入 2,回车;

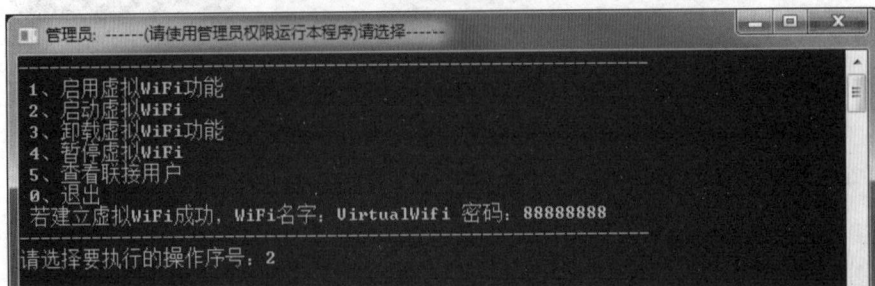

第 6 步:提示无线 WiFi 已启用,按任意键自动退出。

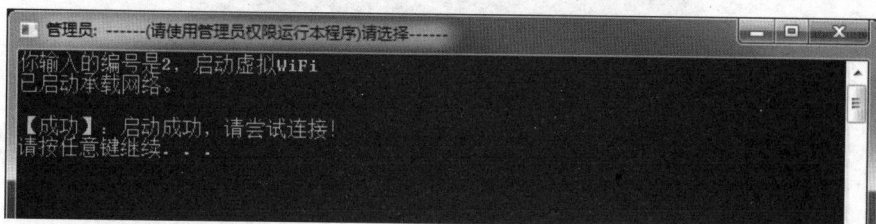

如果当前用户在此笔记本电脑上已经执行过上述操作，则可直接双击打开"开启虚拟WiFi. bat"即可，批处理文件将自动完成 WiFi 的创建。

无线 WiFi 热点的名称和密码的设置可通过右击"Win7 虚拟无线热点建立. bat"，选择编辑，用户可看到 ssid 和 WiFi key。用户自主修改这两个选项可完成名称和密码的修改，如图 15-7。

```
:Num1
cls
echo 你输入的编号是%num%，启用虚拟WiFi功能
netsh wlan set hostednetwork mode=allow ssid=VirtualWifi key=88888888
if %errorlevel% == 1 echo 【失败】：没有无线网卡或者此网卡不支持建立虚拟WiFi无线热点!
if %errorlevel% == 0 echo 【成功】：建立虚拟WiFi无线热点成功，请选择2，启动虚拟WiFi!
pause
goto begin
```

图 15-7　修改名称和密码

15.3.2　启动虚拟三坐标测量机软件

软件启动后，即进入逼真的三维车间环境，其中包括：车间设备、用品、卷闸门、监控摄像头、车间照明灯等。利用鼠标、键盘操作，可在车间中进、退、左转、右转、抬头、低头、镜头远近调节等。

同时，软件将出现模式选择界面，如图 15-8 所示。此时选择无线模式，进入无线连接界面，如图 15-9 所示，等待虚拟操作手柄的连接。单机模式下将不支持无线操作手柄的功能。

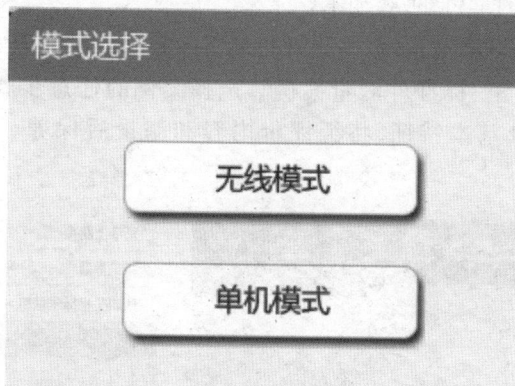

图 15-8　模式选择界面

15.3.3　启动虚拟操作手柄软件

启动虚拟操作手柄软件，随即进行无线连接，如 15-10 所示。输入来自虚拟三坐标测量机软件中的 IP 地址，可实现两者之间的连接，同时进入手柄界面。

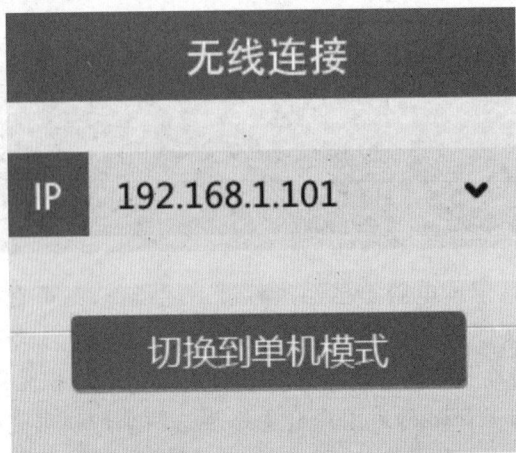

图 15-9　无线连接界面

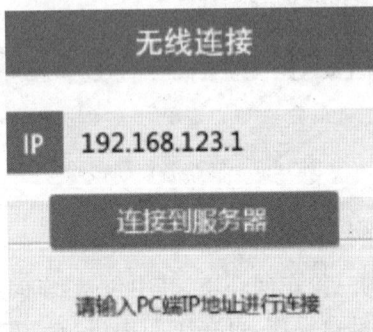

图 15-10　手机端无线连接界面

15.3.4　调用测量案例

调用测量案例(如图 15-11)步骤如下：

第 1 步：将鼠标移动至屏幕顶端，当出现自动下拉菜单后移动至"任务"处；

第 2 步：将鼠标移动至"标准件测量案例"，选择案例的任意步骤然后进行虚拟教、练、考，如：测量前准备、测量基本特征、特征评价内容和测量后保养。具体操作步骤可参考第 14 章。

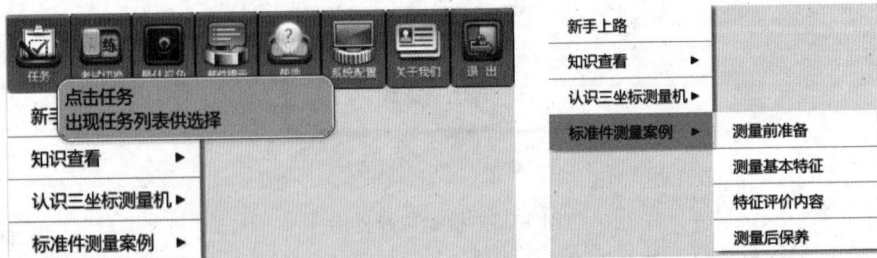

图 15-11　调用案例

15.3.5　启动仿真 PC-DMIS 软件

案例的"测量前准备"阶段,需要启动仿真 PC-DMIS 软件,并进行配置,具体操作如下:

第 1 步:启动仿真 PC-DMIS 软件,弹出"建立与虚拟三坐标测量机的通讯"对话框(如图 15-12 所示),选择"确定";弹出"是否执行回零操作"对话框(如图 15-13 所示),选择"是"。此时虚拟三坐标测量机进行回零,测头将自动运行至设备的左上角位置。

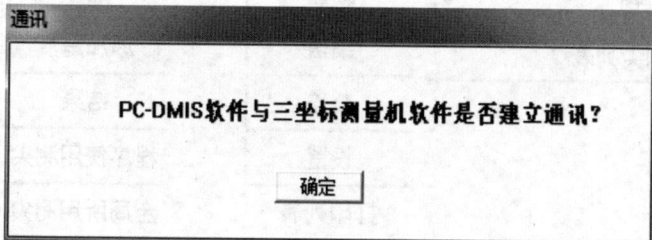

图 15-12　通讯界面

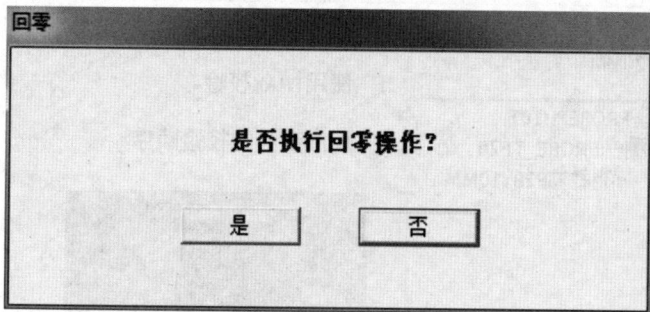

图 15-13　回零操作界面

第 2 步:新建文件("文件"菜单下"新建",见图 15-14)。

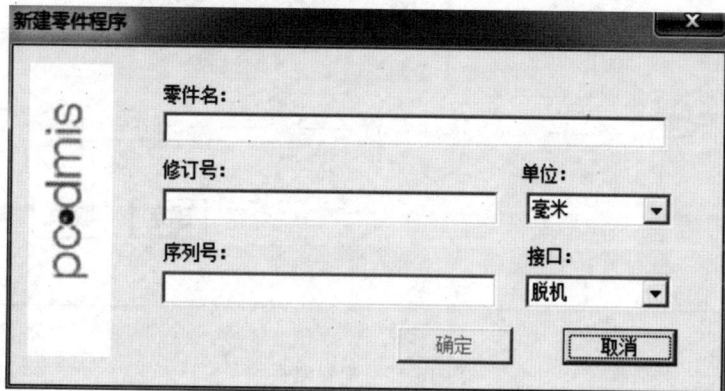

图 15-14　新建零件程序

第 3 步:、配置测头(见图 15-15)。

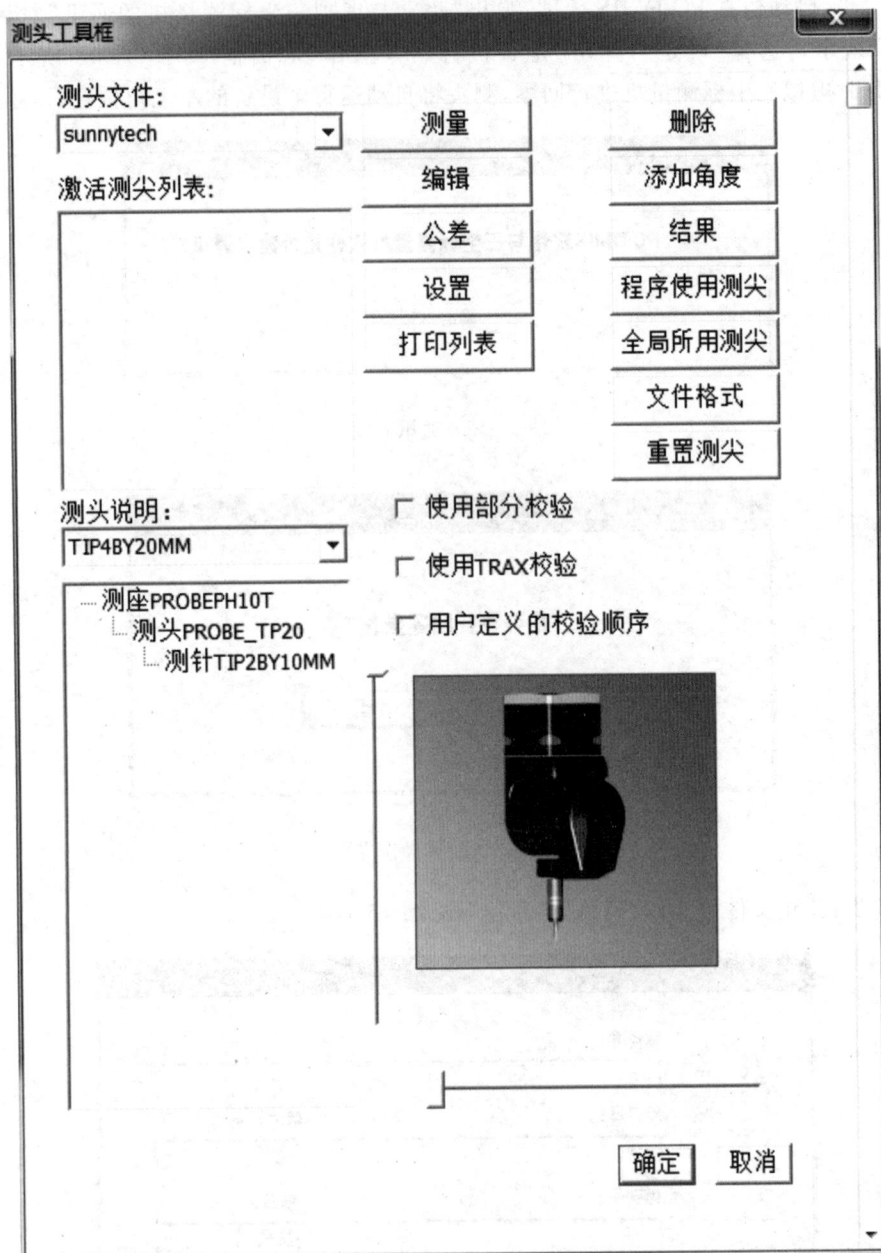

图 15-15　配置测头

第 4 步:选择测角(见图 15-16)。

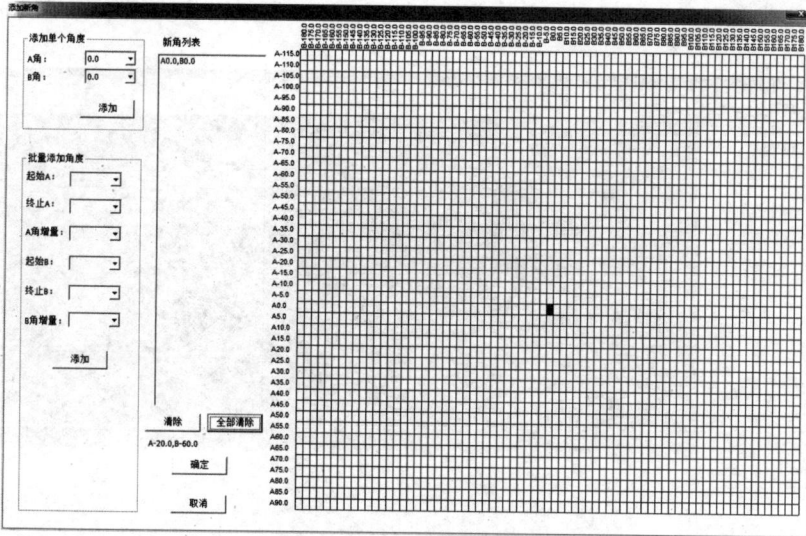

图 15-16　选择合适测角

第 5 步:检验测头(见图 15-17)

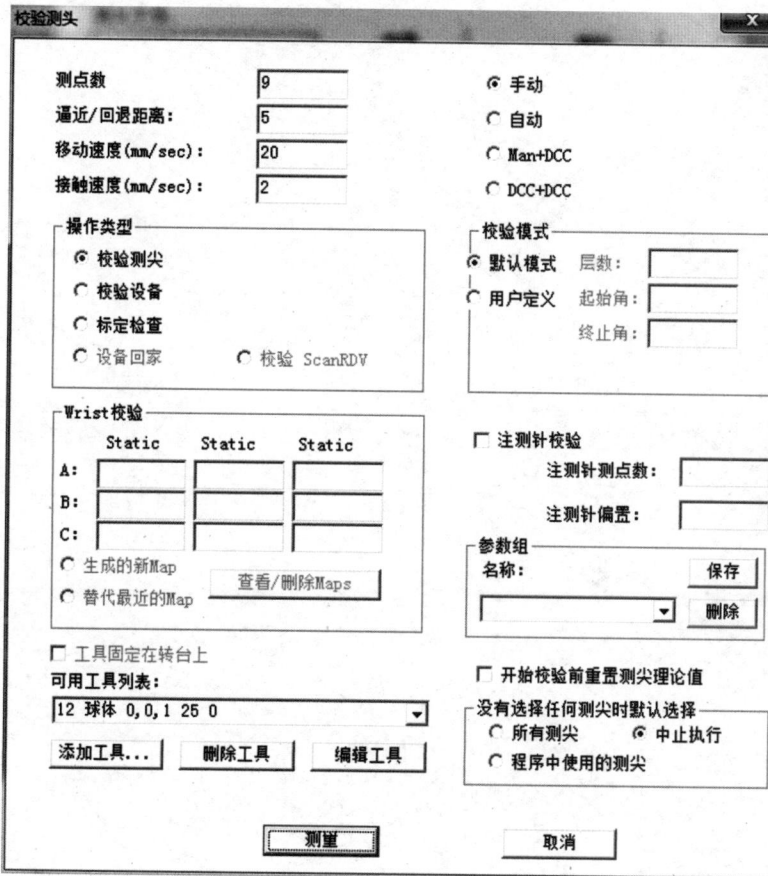

图 15-17　检验测头

第 5 步:导入模型。

可在文件菜单下导入标准件 STL 模型。如图 12-18 所示由海克斯康提供的标准件。

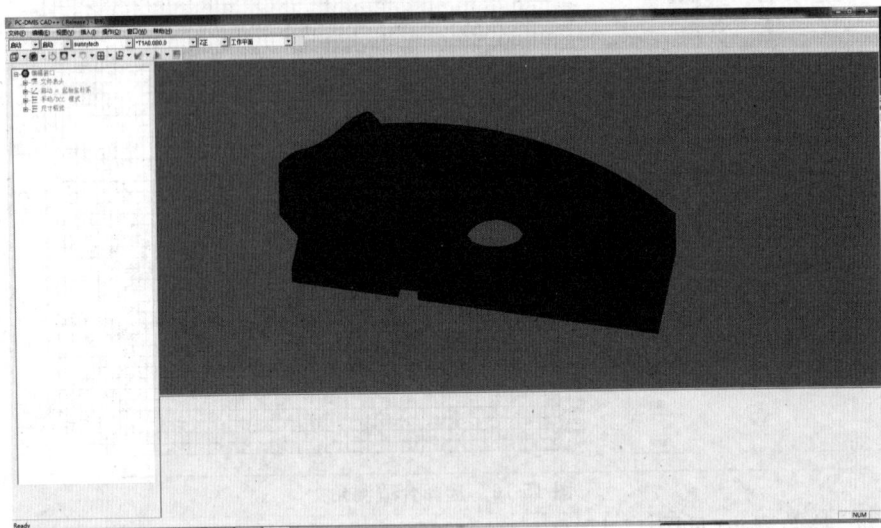

图 15-18　导入标准件模型

附　　录

·国家标准选摘

附表 A-1　参考的部分国家标准

GB/T 321—2005	优先数和优先数系
GBT 6093—2001	几何量技术规范(GPS) 长度标准 量块
JJG 146—2003	量块检定规程
GB/Z 20308—2006	产品几何技术规范(GPS)总体规划
GB/T 18780—2002	产品几何技术规范(GPS)几何要素
GB/T 13319—2003	产品几何量技术规范(GPS)几何公差 位置度公差注法
GB/T 1958—2004	产品几何量技术规范(GPS)形状和位置公差 检测规定
GBT 4249—2009	产品几何技术规范(GPS) 公差原则
GBT 1800.1—2009	产品几何技术规范(GPS)极限与配合 第1部分:公差、偏差和配合的基础
GB/T 11336—2004	直线度误差检测
GB/T 11337—2004	平面度误差检测
GB/T 4380—2004	圆度误差的评定两点、三点法
GB/T 1184—1996	形状和位置公差未注公差值
GBT 1182—2008	产品几何技术规范(GPS)几何公差 形状、方向、位置和跳动公差标注
GBT 16671—2009	产品几何技术规范(GPS)几何公差 最大实体要求、最小实体要求和可逆要求
GB/T 3505—2009	产品几何技术规范(GPS) 表面结构 轮廓法 表面结构的术语、定义及参数
GB/T 1031—2009	产品几何技术规范 表面结构 轮廓法 表面粗糙度参数及其数值
GB/T 131—2006	产品几何技术规范 技术产品文件中表面结构的表示法
GB/T 7220—2004	表面粗糙度 术语 参数测量
GBT 21388—2008	游标、数显、带表深度卡尺
GBT 21389—2008	游标、数显、带表卡尺
GB/T 1216—2004	外径千分尺
GB/T 20919—2007	电子数显外径千分尺
GBT 1219—2008	指示表
GB/T 16455—2008	条式和框式水平仪
GB/T 1957—2006	光滑极限量规 技术条件
ISO 10360—1—2000	三坐标测量标准(中文版)

附表 A-2 各级量块的精度指标(摘自 JJG146—2003)

标称长度 l_n/mm	K 级		0 级		1 级		2 级		3 级	
	$\pm t_e$	t_v	$\pm t_e$	t_v	$\pm t_e$	t_v	$\pm t_e$	t_v	$\pm t_e$	t_v
	最大允许值/μm									
$l_n \leqslant 10$	0.20	0.05	0.12	0.10	0.20	0.16	0.45	0.30	1.0	0.5
$10 < l_n \leqslant 25$	0.30	0.05	0.14	0.10	0.30	0.16	0.60	0.30	1.2	0.5
$25 < l_n \leqslant 50$	0.40	0.06	0.20	0.10	0.40	0.18	0.80	0.30	1.6	0.55
$50 < l_n \leqslant 75$	0.50	0.06	0.25	0.12	0.50	0.18	1.00	0.35	2.0	0.55
$75 < l_n \leqslant 100$	0.60	0.07	0.30	0.12	0.60	0.20	1.20	0.35	2.0	0.55
$100 < l_n \leqslant 150$	0.80	0.08	0.40	0.14	0.80	0.20	1.6	0.40	3.0	0.65
$150 < l_n \leqslant 200$	1.00	0.09	0.50	0.16	1.00	0.25	2.0	0.40	4.0	0.70
$200 < l_n \leqslant 250$	1.20	0.10	0.60	0.16	1.20	0.25	2.4	0.45	5.0	0.75
$250 < l_n \leqslant 300$	1.40	0.10	0.70	0.18	1.40	0.25	2.8	0.50	6.0	0.80
$300 < l_n \leqslant 400$	1.80	0.12	0.90	0.20	1.80	0.30	3.6	0.50	7.0	0.90
$400 < l_n \leqslant 500$	2.20	0.14	1.10	0.25	2.20	0.35	4.4	0.60	9.0	1.00
$500 < l_n \leqslant 600$	2.60	0.16	1.30	0.25	2.6	0.40	5.0	0.70	11.0	1.10
$600 < l_n \leqslant 700$	3.00	0.18	1.50	0.30	3.0	0.45	6.0	0.70	11.0	1.10
$700 < l_n \leqslant 800$	3.40	0.20	1.70	0.30	3.4	0.50	6.5	0.80	14.0	1.30
$800 < l_n \leqslant 900$	3.80	0.20	1.90	0.35	3.8	0.50	7.5	0.90	15.0	1.40
$900 < l_n \leqslant 1000$	4.20	0.25	2.00	0.40	4.2	0.60	8.0	1.00	17.0	1.50

注:距离测量面边缘 0.8mm 范围内不计。

附表 A-3 各等量块的精度指标(摘自 JJG146—2003)

标称长度 l_n/mm	1 等		2 等		3 等		4 等		5 等	
	测量不确定度	长度变动量	测量不确定度	长度变动量	测量不确定度	长度变动量	测量不确定度	长度变动量	测量不确定度	长度变动量
	最大允许值/μm									
$l_n \leqslant 10$	0.022	0.05	0.06	0.10	0.11	0.16	0.22	0.30	0.6	0.50
$10 < l_n \leqslant 25$	0.025	0.05	0.07	0.10	0.12	0.16	0.25	0.30	0.6	0.50
$25 < l_n \leqslant 50$	0.030	0.06	0.08	0.10	0.15	0.16	0.30	0.30	0.8	0.55
$50 < l_n \leqslant 75$	0.035	0.06	0.09	0.12	0.18	0.18	0.35	0.35	0.9	0.55
$75 < l_n \leqslant 100$	0.040	0.07	0.10	0.12	0.20	0.20	0.40	0.35	1.0	0.60
$100 < l_n \leqslant 150$	0.05	0.08	0.12	0.14	0.25	0.20	0.5	0.40	1.2	0.65
$150 < l_n \leqslant 200$	0.06	0.09	0.15	0.16	0.30	0.25	0.6	0.40	1.5	0.70
$200 < l_n \leqslant 250$	0.07	0.10	0.18	0.16	0.35	0.25	0.7	0.45	1.8	0.75
$250 < l_n \leqslant 300$	0.08	0.10	0.20	0.18	0.40	0.25	0.8	0.50	2.0	0.80
$300 < l_n \leqslant 400$	0.10	0.12	0.25	0.20	0.50	0.30	1.0	0.50	2.5	0.90
$400 < l_n \leqslant 500$	0.12	0.14	0.30	0.25	0.60	0.35	1.2	0.60	3.0	1.00
$500 < l_n \leqslant 600$	0.14	0.16	0.35	0.25	0.7	0.40	1.4	0.70	3.5	1.10
$600 < l_n \leqslant 700$	0.16	0.18	0.40	0.30	0.8	0.45	1.6	0.70	4.0	1.20
$700 < l_n \leqslant 800$	0.18	0.20	0.45	0.30	0.9	0.50	1.8	0.80	4.5	1.30
$800 < l_n \leqslant 900$	0.20	0.20	0.50	0.35	1.0	0.50	2.0	0.90	5.0	1.40
$900 < l_n \leqslant 1000$	0.22	0.25	0.55	0.40	1.1	0.60	2.2	1.00	5.5	1.50

注:1. 距离测量面边缘 0.8mm 范围内不计。

2. 表内测量不确定度置信概率为 0.99。

附表 A-4　直线度和平面度的未注公差值(摘自 GB/T 1184—1996)　　mm

公差等级	基本长度范围					
	≤10	>10~30	>30~100	>100~300	>300~1000	>1000~3000
H	0.02	0.05	0.1	0.2	0.3	0.4
K	0.05	0.1	0.2	0.4	0.6	0.8
L	0.1	0.2	0.4	0.8	1.2	1.6

附表 A-5　垂直度未注公差值(摘自 GB/T 1184—1996)　　mm

公差等级	基本长度范围			
	≤100	>100~300	>300~1 000	>1 000~3 000
H	0.2	0.3	0.4	0.5
K	0.4	0.6	0.8	1
L	0.6	1	1.5	2

附表 A-6　对称度未注公差值(摘自 GB/T 1184—1996)　　mm

公差等级	基本长度范围			
	≤100	>100~300	>300~1 000	>1 000~3 000
H	0.5			
K	0.6		0.8	1
L	0.6	1	1.5	2

附表 A-7　圆跳动的未注公差值(摘自 GB/T 1184—1996)　　mm

公差等级	圆跳动公差值
H	0.1
K	0.2
L	0.5

附表 A-8　直线度、平面度(摘自 GB/T 1184—1996)

主参数 L/mm	公 差 等 级											
	1	2	3	4	5	6	7	8	9	10	11	12
	公差值，μm											
≤10	0.2	0.4	0.8	1.2	2	3	5	8	12	20	30	60
>10~16	0.25	0.5	1	1.5	2.5	4	6	10	15	25	40	80
>16~25	0.3	0.6	1.2	2	3	5	8	12	20	30	50	100
>25~40	0.4	0.8	1.5	2.5	4	6	10	15	25	40	60	120
>40~63	0.5	1	2	3	5	8	12	20	30	50	80	150
>63~100	0.6	1.2	2.5	4	6	10	15	25	40	60	100	200
>100~160	0.8	1.5	3	5	8	12	20	30	50	80	120	250
>160~250	1	2	4	6	10	15	25	40	60	100	150	300
>250~400	1.2	2.5	5	8	12	20	30	50	80	120	200	400
>400~630	1.5	3	6	10	15	25	40	60	100	150	250	500
>630~1000	2	4	8	12	20	30	50	80	120	200	300	600
>1000~1600	2.5	5	10	15	25	40	60	100	150	250	400	800
>1600~2500	3	6	12	20	30	50	80	120	200	300	500	1000
>2500~4000	4	8	15	25	40	60	100	150	250	400	600	1200
>4000~6300	5	10	20	30	50	80	120	200	300	500	800	1500
>6300~10000	6	12	25	40	60	100	150	250	400	600	1000	2000

附表 A-9　圆度、圆柱度(摘自 GB/T 1184—1996)

主参数 d(D) mm	公差等级												
	0	1	2	3	4	5	6	7	8	9	10	11	12
	公差值, μm												
≤3	0.1	0.2	0.3	0.5	0.8	1.2	2	3	4	6	10	14	25
>3~6	0.1	0.2	0.4	0.6	1	1.5	2.5	4	5	8	12	18	30
>6~10	0.12	0.25	0.4	0.6	1	1.5	2.5	4	6	9	15	22	36
>10~18	0.15	0.25	0.5	0.8	1.2	2	3	5	8	11	18	27	43
>18~30	0.2	0.3	0.6	1	1.5	2.5	4	6	9	13	21	33	52
>30~50	0.25	0.4	0.6	1	1.5	2.5	4	7	11	16	25	39	62
>50~80	0.3	0.5	0.8	1.2	2	3	5	8	13	19	30	46	74
>80~120	0.4	0.6	1	1.5	2.5	4	6	10	15	22	35	54	87
>120~180	0.6	1	1.2	2	3.5	5	8	12	18	25	40	63	100
>180~250	0.8	1.2	2	3	4.5	7	10	14	20	29	46	72	115
>250~315	1.0	1.6	2.5	4	6	8	12	16	23	32	52	81	130
>315~400	1.2	2	3	5	7	9	13	18	25	36	57	89	140
>400~500	1.5	2.5	4	6	8	10	15	20	27	40	63	97	155

附表 A-10　平行度、垂直度、倾斜度(摘自 GB/T 1184—1996)

主参数 L, d(D) mm	公差等级											
	1	2	3	4	5	6	7	8	9	10	11	12
	公差值, μm											
≤10	0.4	0.8	1.5	3	5	8	12	20	30	50	80	120
>10~16	0.5	1	2	4	6	10	15	25	40	60	100	150
>16~25	0.6	1.2	2.5	5	8	12	20	30	50	80	120	200
>25~40	0.8	1.5	3	6	10	15	25	40	60	100	150	250
>40~63	1	2	4	8	12	20	30	50	80	120	200	300
>63~100	1.2	2.5	5	10	15	25	40	60	100	150	250	400
>100~160	1.5	3	6	12	20	30	50	80	120	200	300	500
>160~250	2	4	8	15	25	40	60	100	150	250	400	600
>250~400	2.5	5	10	20	30	50	80	120	200	300	500	800
>400~630	3	6	12	25	40	60	100	150	250	400	600	1000
>630~1000	4	8	15	30	50	80	120	200	300	500	800	1200
>1000~1600	5	10	20	40	60	100	150	250	400	600	1000	1500
>1600~2500	6	12	25	50	80	120	200	300	500	800	1200	2000
>2500~4000	8	15	30	60	100	150	250	400	600	1000	1500	2500
>4000~6300	10	20	40	80	120	200	300	500	800	1200	2000	3000
>6300~10000	12	25	50	100	150	250	400	600	1000	1500	2500	4000

附表 A-11　同轴度、对称度、圆跳动和全跳动(摘自 GB/T 1184—1996)

主参数 d(D),B,L mm	公差等级											
	1	2	3	4	5	6	7	8	9	10	11	12
	公差值,μm											
≤1	0.4	0.6	1.0	1.5	2.5	4	6	10	15	25	40	60
>1~3	0.4	0.6	1.0	1.5	2.5	4	6	10	20	40	60	120
>3~6	0.5	0.8	1.2	2	3	5	8	12	25	50	80	150
>6~10	0.6	1	1.5	2.5	4	6	10	15	30	60	100	200
>10~18	0.8	1.2	2	3	5	8	12	20	40	80	120	250
>18~30	1	1.5	2.5	4	6	10	15	25	50	100	150	300
>30~50	1.2	2	3	5	8	12	20	30	60	120	200	400
>50~120	1.5	2.5	4	6	10	15	25	40	80	150	250	500
>120~250	2	3	5	8	12	20	30	50	100	200	300	600
>250~500	2.5	4	6	10	15	25	40	60	120	250	400	800
>500~800	3	5	8	12	20	30	50	80	150	300	500	1000
>800~1250	4	6	10	15	25	40	60	100	200	400	600	1200
>1250~2000	5	8	12	20	30	50	80	120	250	500	800	1500
>2000~3150	6	10	15	25	40	60	100	150	300	600	1000	2000
>3150~5000	8	12	20	30	50	80	120	200	400	800	1200	2500
>5000~8000	10	15	25	40	60	100	150	250	500	1000	1500	3000
>8000~10000	12	20	30	50	80	120	200	300	600	1200	2000	4000

附表 A-12　Rα 参数值与取样长度 lr 值的对应关系(摘自 GB/T 1031—2009)

Rα/μm	lr/mm	l_n/mm (l_n＝5×lr)
≥0.008~0.02	0.08	0.4
>0.02~0.1	0.26	1.25
>0.1~2.0	0.8	4.0
>2.0~10.0	2.5	12.5
>10.0~80.0	8.0	40.0

附表 A-13　Rz 参数数值与取样长度 lr 值的对应关系(摘自 GB/T 1031—2009)

Rz/μm	lr/mm	l_n/mm (l_n＝5×lr)
≥0.025~0.10	0.08	0.4
>0.10~0.50	0.25	1.25
>0.50~10.0	0.8	4.0
>10.0~50.0	2.5	12.5
>50~320	8.0	40.0

附表 A-14　公称尺寸至 3150mm 的标准公差数值（摘自 GB/T 1800.1—2009）

公称尺寸 /mm		标准公差等级																	
		IT1	IT2	IT3	IT4	IT5	IT6	IT7	IT8	IT9	IT10	IT11	IT12	IT13	IT14	IT15	IT16	IT17	IT18
大于	至	μm											mm						
—	3	0.8	1.2	2	3	4	6	10	14	25	40	60	0.1	0.14	0.25	0.4	0.6	1	1.4
3	6	1	1.5	2.5	4	5	8	12	18	30	48	75	0.12	0.18	0.3	0.48	0.75	1.2	1.8
6	10	1	1.5	2.5	4	6	9	15	22	36	58	90	0.15	0.22	0.36	0.58	0.9	1.5	2.2
10	18	1.2	2	3	5	8	11	18	27	43	70	110	0.18	0.27	0.43	0.7	1.1	1.8	2.7
18	30	1.5	2.5	4	6	9	13	21	33	52	84	130	0.21	0.33	0.52	0.84	1.3	2.1	3.3
30	50	1.5	2.5	4	7	11	16	25	39	62	100	160	0.25	0.39	0.62	1	1.6	2.5	3.9
50	80	2	3	5	8	13	19	30	46	74	120	190	0.3	0.46	0.74	1.2	1.9	3	4.6
80	120	2.5	4	6	10	15	22	35	54	87	140	220	0.35	0.54	0.87	1.4	2.2	3.5	5.4
120	180	3.5	5	8	12	18	25	40	63	100	160	250	0.4	0.63	1	1.6	2.5	4	6.3
180	250	4.5	7	10	14	20	29	46	72	115	185	290	0.46	0.72	1.15	1.85	2.9	4.6	7.2
250	315	6	8	12	16	23	32	52	81	130	210	320	0.52	0.81	1.3	2.1	3.2	5.2	8.1
315	400	7	9	13	18	25	36	57	89	140	230	360	0.57	0.89	1.4	2.3	3.6	5.7	8.9
400	500	8	10	15	20	27	40	63	97	155	250	400	0.63	0.97	1.55	2.5	4	6.3	9.7
500	630	9	11	16	22	32	44	70	110	175	280	440	0.7	1.1	1.75	2.8	4.4	7	11
630	800	10	13	18	25	36	50	80	125	200	320	500	0.8	1.25	2	3.2	5	8	12.5
800	1000	11	15	21	28	40	56	90	140	230	360	560	0.9	1.4	2.3	3.6	5.6	9	14
1000	1250	13	18	24	33	47	66	105	165	260	420	660	1.05	1.65	2.6	4.2	6.6	1.5	16.5
1250	1600	15	21	29	39	55	78	125	195	310	500	780	1.25	1.95	3.1	5	7.8	12.5	19.5
1600	2000	18	25	35	46	65	92	150	230	370	600	920	1.5	2.3	3.7	6	9.2	15	23
2000	2500	22	30	41	55	78	110	175	280	440	700	1100	1.75	2.8	4.4	7	11	17.5	28
2500	3150	26	36	50	68	96	135	210	330	540	860	1350	2.1	3.3	5.4	8.6	13.5	21	33

注：公称尺寸大于 500mm 的 IT1～IT5 的标准公差数值为试行的。

公称尺寸小于或等于 1mm 时，无 IT14～IT18。

附表A-15　轴的基本偏差数值（摘自GB/T1800.1—2009）

单位为微米（μm）

基本尺寸/mm 大于	至	基本偏差数值（上极限偏差 es）所有标准公差等级											js
		a	b	c	cd	d	e	ef	f	fg	g	h	js
—	3	-270	-140	-60	-34	-20	-14	-10	-6	-4	-2	0	
3	6	-270	-140	-70	-46	-30	-20	-14	-10	-6	-4	0	
6	10	-280	-150	-80	-56	-40	-25	-18	-13	-8	-5	0	
10	14	-290	-150	-90		-50	-32		-16		-6	0	
14	18											0	
18	24	-300	-160	-110		-65	-40		-20		-7	0	
24	30											0	
30	40	-310	-170	-120		-80	-50		-25		-9	0	
40	50	-320	-180	-130								0	
50	65	-340	-190	-140		-100	-60		-30		-10	0	
65	80	-360	-200	-150								0	
80	100	-380	-220	-170		-120	-72		-36		-12	0	
100	120	-410	-240	-180								0	
120	140	-460	-260	-200		-145	-85		-43		-14	0	
140	160	-520	-280	-210								0	
160	180	-580	-310	-230								0	
180	200	-660	-340	-240		-170	-100		-50		-15	0	
200	225	-740	-380	-260								0	
225	250	-820	-420	-280								0	
250	280	-920	-480	-300		-190	-110		-56		-17	0	
280	315	-1050	-540	-330								0	
315	355	-1200	-600	-360		-210	-125		-62		-18	0	
355	400	-1350	-680	-400								0	
400	450	-1500	-760	-440		-230	-135		-68		-20	0	
450	500	-1650	-840	-480								0	
500	560					-260	-145		-76		-22	0	
560	630											0	
630	710					-290	-160		-80		-24	0	
710	800											0	
800	900					-320	-170		-86		-26	0	
900	1000											0	
1000	1120					-350	-195		-98		-28	0	
1120	1250											0	
1250	1400					-390	-220		-110		-30	0	
1400	1600											0	
1600	1800					-430	-240		-120		-32	0	
1800	2000											0	
2000	2240					-480	-260		-130		-34	0	
2240	2500											0	
2500	2800					-520	-290		-145		-38	0	
2800	3150											0	

js 栏：偏差 $=\pm\dfrac{IT_n}{2}$，式中 IT_n 是 IT 值数。

机械检测技术

续附表A-15

基本偏差数值（下极限偏差 ei）　所有标准公差等级

基本尺寸/mm 大于	至	j IT5和IT6	j IT7	j IT8	k IT4~IT7	k ≤IT3>IT7	m	n	p	r	s	t	u	v	x	y	z	za	zb	zc
—	3	−2	−4	−6	0	0	+2	+4	+6	+10	+14		+18		+20		+26	+32	+40	+60
3	6	−2	−4		+1	0	+4	+8	+12	+15	+19		+23		+28		+35	+42	+50	+80
6	10	−2	−5		+1	0	+6	+10	+15	+19	+23		+28		+34		+42	+52	+67	+97
10	14	−3	−6		+1	0	+7	+12	+18	+23	+28		+33		+40		+50	+64	+90	+130
14	18	−3	−6		+1	0	+7	+12	+18	+23	+28		+33	+39	+45		+60	+77	+108	+150
18	24	−4	−8		+2	0	+8	+15	+22	+28	+35		+41	+47	+54	+63	+73	+98	+136	+188
24	30	−4	−8		+2	0	+8	+15	+22	+28	+35	+41	+48	+55	+64	+75	+88	+118	+160	+218
30	40	−5	−10		+2	0	+9	+17	+26	+34	+43	+48	+60	+68	+80	+94	+112	+148	+200	+274
40	50	−5	−10		+2	0	+9	+17	+26	+34	+43	+54	+70	+81	+97	+114	+136	+180	+242	+325
50	65	−7	−12		+2	0	+11	+20	+32	+41	+53	+66	+87	+102	+122	+144	+172	+226	+300	+405
65	80	−7	−12		+2	0	+11	+20	+32	+43	+59	+75	+102	+120	+146	+174	+210	+274	+360	+480
80	100	−9	−15		+3	0	+13	+23	+37	+51	+71	+91	+124	+146	+178	+214	+258	+335	+445	+585
100	120	−9	−15		+3	0	+13	+23	+37	+54	+79	+104	+144	+172	+210	+254	+310	+400	+525	+690
120	140	−11	−18		+3	0	+15	+27	+43	+63	+92	+122	+170	+202	+248	+300	+365	+470	+620	+800
140	160	−11	−18		+3	0	+15	+27	+43	+65	+100	+134	+190	+228	+280	+340	+415	+535	+700	+900
160	180	−11	−18		+3	0	+15	+27	+43	+68	+108	+146	+210	+252	+310	+380	+465	+600	+780	+1000
180	200	−13	−21		+4	0	+17	+31	+50	+77	+122	+166	+236	+284	+350	+425	+520	+670	+880	+1150
200	225	−13	−21		+4	0	+17	+31	+50	+80	+130	+180	+258	+310	+385	+470	+575	+740	+960	+1250
225	250	−13	−21		+4	0	+17	+31	+50	+84	+140	+196	+284	+340	+425	+520	+640	+820	+1050	+1350
250	280	−16	−26		+4	0	+20	+34	+56	+94	+158	+218	+315	+385	+475	+580	+710	+920	+1200	+1550
280	315	−16	−26		+4	0	+20	+34	+56	+98	+170	+240	+350	+425	+525	+650	+790	+1000	+1300	+1700
315	355	−18	−28		+4	0	+21	+37	+62	+108	+190	+268	+390	+475	+590	+730	+900	+1150	+1500	+1900
355	400	−18	−28		+4	0	+21	+37	+62	+114	+208	+294	+435	+530	+660	+820	+1000	+1300	+1650	+2100
400	450	−20	−32		+5	0	+23	+40	+68	+126	+232	+330	+490	+590	+740	+920	+1100	+1450	+1850	+2400
450	500	−20	−32		+5	0	+23	+40	+68	+132	+252	+360	+540	+660	+820	+1000	+1250	+1600	+2100	+2600
500	560					0	+26	+44	+78	+150	+280	+400	+600							
560	630					0	+26	+44	+78	+155	+310	+450	+660							
630	710					0	+30	+50	+88	+175	+340	+500	+740							
710	800					0	+30	+50	+88	+185	+380	+560	+840							
800	900					0	+34	+56	+100	+210	+430	+620	+940							
900	1000					0	+34	+56	+100	+250	+470	+680	+1050							
1000	1120					0	+40	+66	+120	+260	+520	+780	+1150							
1120	1250					0	+40	+66	+120	+300	+580	+840	+1300							
1250	1400					0	+48	+78	+140	+370	+640	+960	+1450							
1400	1600					0	+48	+78	+140	+400	+720	+1050	+1600							
1600	1800					0	+58	+92	+170	+440	+820	+1200	+1850							
1800	2000					0	+58	+92	+170	+460	+920	+1350	+2000							
2000	2240					0	+68	+110	+195	+550	+1000	+1500	+2300							
2240	2500					0	+68	+110	+195	+580	+1100	+1650	+2500							
2500	2800					0	+76	+135	+240		+1250	+1900	+2900							
2800	3150					0	+76	+135	+240		+1400	+2100	+3200							

注：基本尺寸小于或等于1mm时，基本偏差 a 和 b 均不采用。公差带 js7~js11，若 IT_n 值数为奇数，则取偏差 $=\pm\dfrac{IT_n-1}{2}$。

附表A-16　孔的基本偏差数值（摘自GB/T 1800.1—2009）　　　　　单位为微米（μm）

基本偏差数值

基本尺寸/mm 大于	至	下极限偏差EI（所有标准公差等级）												上极限偏差ES									
		A	B	C	CD	D	E	EF	F	FG	G	H	JS	J IT6	J IT7	J IT8	K ≤IT8	K >IT8	M ≤IT8	M >IT8	N ≤IT8	N >IT8
—	3	+270	+140	+60	+34	+20	+14	+10	+6	+4	+2	0		+2	+4	+6	0	0	−2	−2	−4	−4
3	6	+270	+140	+70	+46	+30	+20	+14	+10	+6	+4	0		+5	+6	+10	−1+Δ	0	−4+Δ	−4	−8+Δ	0
6	10	+280	+150	+80	+56	+40	+25	+18	+13	+8	+5	0		+5	+8	+12	−1+Δ	0	−6+Δ	−6	−10+Δ	0
10	14	+290	+150	+95		+50	+32		+16		+6	0		+6	+10	+15	−1+Δ	0	−7+Δ	−7	−12+Δ	0
14	18	+290	+150	+95		+50	+32		+16		+6	0		+6	+10	+15	−1+Δ	0	−7+Δ	−7	−12+Δ	0
18	24	+300	+160	+110		+65	+40		+20		+7	0		+8	+12	+20	−2+Δ	0	−8+Δ	−8	−15+Δ	0
24	30	+300	+160	+110		+65	+40		+20		+7	0		+8	+12	+20	−2+Δ	0	−8+Δ	−8	−15+Δ	0
30	40	+310	+170	+120		+80	+50		+25		+9	0		+10	+14	+24	−2+Δ	0	−9+Δ	−9	−17+Δ	0
40	50	+320	+180	+130		+80	+50		+25		+9	0		+10	+14	+24	−2+Δ	0	−9+Δ	−9	−17+Δ	0
50	65	+340	+190	+140		+100	+60		+30		+10	0		+13	+18	+28	−2+Δ	0	−11+Δ	−11	−20+Δ	0
65	80	+360	+200	+150		+100	+60		+30		+10	0		+13	+18	+28	−2+Δ	0	−11+Δ	−11	−20+Δ	0
80	100	+380	+220	+170		+120	+72		+36		+12	0		+16	+22	+34	−3+Δ	0	−13+Δ	−13	−23+Δ	0
100	120	+410	+240	+180		+120	+72		+36		+12	0		+16	+22	+34	−3+Δ	0	−13+Δ	−13	−23+Δ	0
120	140	+460	+260	+200		+145	+85		+43		+14	0		+18	+26	+41	−3+Δ	0	−15+Δ	−15	−27+Δ	0
140	160	+520	+280	+210		+145	+85		+43		+14	0		+18	+26	+41	−3+Δ	0	−15+Δ	−15	−27+Δ	0
160	180	+580	+310	+230		+145	+85		+43		+14	0		+18	+26	+41	−3+Δ	0	−15+Δ	−15	−27+Δ	0
180	200	+660	+340	+240		+170	+100		+50		+15	0		+22	+30	+47	−4+Δ	0	−17+Δ	−17	−31+Δ	0
200	225	+740	+380	+260		+170	+100		+50		+15	0		+22	+30	+47	−4+Δ	0	−17+Δ	−17	−31+Δ	0
225	250	+820	+420	+280		+170	+100		+50		+15	0		+22	+30	+47	−4+Δ	0	−17+Δ	−17	−31+Δ	0
250	280	+920	+480	+300		+190	+110		+56		+17	0		+25	+36	+55	−4+Δ	0	−20+Δ	−20	−34+Δ	0
280	315	+1050	+540	+330		+190	+110		+56		+17	0		+25	+36	+55	−4+Δ	0	−20+Δ	−20	−34+Δ	0
315	355	+1200	+600	+360		+210	+125		+62		+18	0		+29	+39	+60	−4+Δ	0	−21+Δ	−21	−37+Δ	0
355	400	+1350	+680	+400		+210	+125		+62		+18	0		+29	+39	+60	−4+Δ	0	−21+Δ	−21	−37+Δ	0
400	450	+1500	+760	+440		+230	+135		+68		+20	0		+33	+43	+66	−5+Δ	0	−23+Δ	−23	−40+Δ	0
450	500	+1650	+840	+480		+230	+135		+68		+20	0		+33	+43	+66	−5+Δ	0	−23+Δ	−23	−40+Δ	0
500	560					+260	+145		+76		+22	0					0		−26		−44	
560	630					+260	+145		+76		+22	0					0		−26		−44	
630	710					+290	+160		+80		+24	0					0		−30		−50	
710	800					+290	+160		+80		+24	0					0		−30		−50	
800	900					+320	+170		+86		+26	0					0		−34		−56	
900	1000					+320	+170		+86		+26	0					0		−34		−56	
1000	1120					+350	+195		+98		+28	0					0		−40		−66	
1120	1250					+350	+195		+98		+28	0					0		−40		−66	
1250	1400					+390	+220		+110		+30	0					0		−48		−78	
1400	1600					+390	+220		+110		+30	0					0		−48		−78	
1600	1800					+430	+240		+120		+32	0					0		−58		−92	
1800	2000					+430	+240		+120		+32	0					0		−58		−92	
2000	2240					+480	+260		+130		+34	0					0		−68		−110	
2240	2500					+480	+260		+130		+34	0					0		−68		−110	
2500	2800					+520	+290		+145		+38	0					0		−76		−135	
2800	3150					+520	+290		+145		+38	0					0		−76		−135	

JS：偏差 = ±$\frac{IT_n}{2}$，式中 IT_n 是 IT 值数。

P 至 ZC（IT7）：在大于 IT7 的相应数值上增加一个 Δ 值。

续附表A-16

基本尺寸/mm 大于	至	P	R	S	T	U	V	X	Y	Z	ZA	ZB	ZC	IT3	IT4	IT5	IT6	IT7	IT8
—	3	—6	—10	—14		—18		—20		—26	—32	—40	—60	0	0	0	0	0	0
3	6	—12	—15	—19		—23		—28		—35	—42	—50	—80	1	1.5	1	3	4	6
6	10	—15	—19	—23		—28		—34		—42	—52	—67	—97	1	1.5	2	3	6	7
10	14	—18	—23	—28		—33		—40		—50	—64	—90	—130	1	2	3	3	7	9
14	18		—23	—28		—33	—39	—45		—60	—77	—108	—150						
18	24	—22	—28	—35		—41	—47	—54	—63	—73	—98	—136	—188	1.5	2	3	4	8	12
24	30		—28	—35	—41	—48	—55	—64	—75	—88	—118	—160	—218						
30	40	—26	—34	—43	—48	—60	—68	—80	—94	—112	—148	—200	—274	1.5	3	4	5	9	14
40	50		—34	—43	—54	—70	—81	—97	—114	—136	—180	—242	—325						
50	65	—32	—41	—53	—66	—87	—102	—122	—144	—172	—226	—300	—405	2	4	5	6	11	16
65	80		—43	—59	—75	—102	—120	—146	—174	—210	—274	—360	—480						
80	100	—37	—51	—71	—91	—124	—146	—178	—214	—258	—335	—445	—585	2	4	5	7	13	19
100	120		—54	—79	—104	—144	—172	—210	—254	—310	—400	—525	—690						
120	140	—43	—63	—92	—122	—170	—202	—248	—300	—365	—470	—620	—800	3	4	6	7	15	23
140	160		—65	—100	—134	—190	—228	—280	—340	—415	—535	—700	—900						
160	180		—68	—108	—146	—210	—252	—310	—380	—465	—600	—780	—1000						
180	200	—50	—77	—122	—166	—236	—284	—350	—425	—520	—670	—880	—1150	3	4	6	9	17	26
200	225		—80	—130	—180	—258	—310	—385	—470	—575	—740	—960	—1250						
225	250		—84	—140	—196	—284	—340	—425	—520	—640	—820	—1050	—1350						
250	280	—56	—94	—158	—218	—315	—385	—475	—580	—710	—920	—1200	—1550	4	4	7	9	20	29
280	315		—98	—170	—240	—350	—425	—525	—650	—790	—1000	—1300	—1700						
315	355	—62	—108	—190	—268	—390	—475	—590	—730	—900	—1150	—1500	—1900	4	5	7	11	21	32
355	400		—114	—208	—294	—435	—530	—660	—820	—1000	—1300	—1650	—2100						
400	450	—68	—126	—232	—330	—490	—595	—740	—920	—1100	—1450	—1850	—2400	5	5	7	13	23	34
450	500		—132	—252	—360	—540	—660	—820	—1000	—1250	—1600	—2100	—2600						
500	560	—78	—150	—280	—400	—600													
560	630		—155	—310	—450	—660													
630	710	—88	—175	—340	—500	—740													
710	800		—185	—380	—560	—840													
800	900	—100	—210	—430	—620	—940													
900	1000		—220	—470	—680	—1050													
1000	1120	—120	—250	—520	—780	—1150													
1120	1250		—260	—580	—840	—1300													
1250	1400	—140	—300	—640	—960	—1450													
1400	1600		—330	—720	—1050	—1600													
1600	1800	—170	—370	—820	—1200	—1850													
1800	2000		—400	—920	—1350	—2000													
2000	2240	—195	—440	—1000	—1500	—2300													
2240	2500		—460	—1100	—1650	—2500													
2500	2800	—240	—550	—1250	—1900	—2900													
2800	3150		—580	—1400	—2100	—3200													

$\frac{IT_n}{2}$

注1: 公称尺寸小于或等于1mm时，基本偏差A和B及大于IT8的N均不采用。公差带JS11，若IT，值是奇数，则取偏差=±(IT-1)/2。

注2: 对小于或等于IT7的K、M、N和小于或等于IT8的P至ZC，所需Δ值从表内右侧选取。例如：18mm~30mm段的K7，Δ=2+8+6μm；18mm~30mm段的S6，Δ=4μm。特殊情况，250mm~315mm段的M6，ES=—9μm（代替—11μm）。

参考文献

[1] 卢志珍.互换性与测量技术.成都:电子科技大学出版社,2007

[2] 张铁,李旻.互换性与测量技术.北京:清华大学出版社,2010

[3] 徐茂功.公差配合与技术测量(第三版).北京:机械工业出版社,2009

[4] 何贡.互换性与测量技术(第二版).北京:中国计量出版社,2005

[5] 付风岚,胡业发,张新宝.公差与检测技术.北京:科学出版社,2006

[6] 甘永立.几何量公差与检测(第八版).上海:上海科学技术出版社,2008

[7] 黄镇昌.互换性与测量技术.广州:华南理工大学出版社,2003

[8] 李军.互换性与测量技术.武汉:华中科技大学出版社,2007

[9] (日)技能士の友编辑部,徐之梦,翁翎.测量技术.北京:机械工业出版社,2009

[10] 孔庆华,母福生,刘传绍.极限配合与测量技术基础(第 2 版).上海:同济大学出版社,2008

[11] 陈晓华.机械精度设计与检测.北京:中国计量出版社,2006

[12] 庞学慧,武文革.互换性与测量技术基础.北京:电子工业出版社,2009

[13] 王伯平.互换性与测量技术基础.北京:机械工业出版社,2009

[14] 陈于萍.互换性与测量技术.北京:高等教育出版社,2005

[15] 韩进宏.互换性与测量技术基础.北京:中国林业出版社,2006

[16] 周湛学,赵小明,雒运强.图解机械零件精度测量及实例.北京:化学工业出版社,2009

[17] 吴静.机械检测技术(中职数控).四川:重庆大学出版社,2008

[18] 张国雄.三坐标测量机.天津:天津大学出版社,1999

机械精品课程系列教材

序号	教材名称	第一作者	所属系列
1	AUTOCAD 2010 立体词典：机械制图（第二版）	吴立军	机械工程系列规划教材
2	UG NX 6.0 立体词典：产品建模（第二版）	单岩	机械工程系列规划教材
3	UG NX 6.0 立体词典：数控编程（第二版）	王卫兵	机械工程系列规划教材
4	立体词典：UGNX6.0 注塑模具设计	吴中林	机械工程系列规划教材
5	UG NX 8.0 产品设计基础	金杰	机械工程系列规划教材
6	CAD 技术基础与 UG NX 6.0 实践	甘树坤	机械工程系列规划教材
7	ProE Wildfire 5.0 立体词典：产品建模（第二版）	门茂琛	机械工程系列规划教材
8	机械制图	邹凤楼	机械工程系列规划教材
9	冷冲模设计与制造（第二版）	丁友生	机械工程系列规划教材
10	机械综合实训教程	陈强	机械工程系列规划教材
11	数控车加工与项目实践	王新国	机械工程系列规划教材
12	数控加工技术及工艺	纪东伟	机械工程系列规划教材
13	数控铣床综合实训教程	林峰	机械工程系列规划教材
14	机械制造基础—公差配合与工程材料	黄丽娟	机械工程系列规划教材
15	机械检测技术与实训教程	罗晓晔	机械工程系列规划教材
16	机械 CAD（第二版）	戴乃昌	浙江省重点教材
17	机械制造基础（及金工实习）	陈长生	浙江省重点教材
18	机械制图	吴百中	浙江省重点教材
19	机械检测技术（第二版）	罗晓晔	"十二五"职业教育国家规划教材
20	逆向工程项目实践	潘常春	"十二五"职业教育国家规划教材
21	机械专业英语	陈加明	"十二五"职业教育国家规划教材
22	UGNX 产品建模项目实践	吴立军	"十二五"职业教育国家规划教材
23	模具拆装及成型实训	单岩	"十二五"职业教育国家规划教材
24	MoldFlow 塑料模具分析及项目实践	郑道友	"十二五"职业教育国家规划教材
25	冷冲模具设计与项目实践	丁友生	"十二五"职业教育国家规划教材
26	塑料模设计基础及项目实践	褚建忠	"十二五"职业教育国家规划教材
27	机械设计基础	李银海	"十二五"职业教育国家规划教材
28	过程控制及仪表	金文兵	"十二五"职业教育国家规划教材